众神的星空

oi Θεοί καί οι Αστέρες

稻草人语 著

清華大學出版社

北　京

图书在版编目(CIP)数据

众神的星空 / 稻草人语 著.— 北京 ：清华大学出版社，2014.1(2019.6 重印)

ISBN 978-7-302-34629-6

Ⅰ．①众… Ⅱ．①稻… Ⅲ．①西方文化—文化史 Ⅳ．①K103

中国版本图书馆 CIP 数据核字(2013)第 291312 号

责任编辑：张立红　熊　力
封面设计：周晓亮　顾励超
版式设计：方加青
责任校对：吕海茹
责任印制：沈　露

出版发行：清华大学出版社
　　　　　网　　　址：http://www.tup.com.cn，http://www.wqbook.com
　　　　　地　　　址：北京清华大学学研大厦 A 座　　　　邮　　编：100084
　　　　　社 总 机：010-62770175　　　　　　　　　　邮　　购：010-62786544
　　　　　投稿与读者服务：010-62776969，c-service@tup.tsinghua.edu.cn
　　　　　质 量 反 馈：010-62772015，zhiliang@tup.tsinghua.edu.cn
印 装 者：河北画中画印刷科技有限公司
经　　销：全国新华书店
开　　本：180mm×250mm　　　印　张：22.5　　　字　数：328 千字
版　　次：2014 年 1 月第 1 版　　　　　　　　印　次：2019 年 6 月第 8 次印刷
定　　价：79.00 元

产品编号：054248-02

刚刚过去的两天一夜参加了一个培训，在国内属于比较高端和专业，侧重于商业模式策划、绩效考核、人员管理、企业机制的完善等。培训师在 20 岁就开始了创业，至今有了很多年的商战经验。自始至终，培训师没有看过一次教材，没有讲过一条枯燥的理论知识，仅仅凭借生动的案例和旁征博引，游刃有余地控制了课堂的秩序和进度。培训结束，感觉学到了很多，有马上接了地气和耳目一新的感觉。

但我相信，看完这本书，你的收获绝对已经难以用上边的言语来表达了。因为，将天文、文化、星期的概念、希腊罗马神话和古典油画作品这些元素以英语词汇的词源为主线串起来，这样的书在国内目前是没有的，而读者你，现在真真实实看到了，你已经可以为自己的幸运雀跃了！

赞美之词不适合多说，但今天不得不说。这本书的作者极为深厚的全方位立体知识、娓娓道来的语言组织功底和令人不得不佩服的对英语词源的厚重理解，已经不是文字所能赞叹的了。更重要和令人惊讶的是，本书的作者只有二十多岁！

有人说 2013 年开始了，70 后和 80 后要开始滚蛋了，因为 90 后一代最大的 23 岁了，已经大学毕业开始工作了。好，即使是 90 年的孩子让他提前出生 5 年，现在 28 岁，按照现在国内年轻人的现状，那也是刚好的适婚年龄，应该正在为婚房和小家庭而忙碌，而这本书的作者，却已经写出了这本应该让很多以专业和资深自居的学者汗颜的书！

十几年前，自己还是个拿着全波段收音机听 BBC 广播、读读英文的《二十一世纪报》、看看刘毅的《英文字根字典》的懵懂无知的家伙。说好听点，英语中大二学生 sophomore（字面意思是一半聪明一半傻子，词根 soph- 的意思是聪明智慧，词根 mor- 的意思是愚钝蠢笨）的状态就是那时候的自己。可是差不多的年龄，这本书的作者的字里行间却已经有了很多显得陌生、高傲、神秘和有趣的字眼。

写这个序时，作者 QQ 的签名是：买了很多好书，都看不过来了。我们扪心自问，有多久没有静静地看过一本好书了？

这个世界和社会是如此的浮躁，每个人看起来都很忙，但又显得很恐慌。唯有知识，唯有沉醉于大美的知识中才能忘记凡身吧，我想。

我所在的城市空气污染很严重，记忆中还是小时候看到过银河和满天的星星，后来偶然间在美国内华达州荒漠中的州际公路旁停车休息时被美国夜空中的繁星所震撼，于是很俗套地感慨了一番环境呀污染呀这些话题。但现在，如果你在夜间抬起头来，先暂时忘掉车子票子房子儿子这些世俗的东西，看看天空，想想宇宙，观观星象，问问自己：为什么金星也叫长庚和启明星？水星在哪里？英语单词 Monday 中的 -day 是白天那 Mon- 是什么呢？欧洲人干吗要把银河叫做 Milky Way 呢？希腊神话中那么多神真的住在宇宙深处吗？西方人的十二个星座怎么得来的，为什么不是十一个或者十三个？……

不知道答案，没关系，想不出结果，没关系，懒得想，没关系。因为你眼前的这本书已经告诉了你很多很多，more than you expected！请允许我这么说！但我说的已经够了，剩下的时间交给你，请你自己开始阅读这本书吧。

摩西，英语词源爱好者，

摩西英语网站（www.mosesenglish.com）站长

2013/5/27

一、书中神话人物均从希腊语、拉丁语原名，大部分按照罗念生先生《罗氏希腊拉丁文译音表》（1957年）译出，个别神话人物名采用意译，或使用通用译名；古代地名翻译也同按此标准。书中现代人名和地名均按照中国地名委员会、新华通讯社译名室相关标准翻译。

二、书中神话人物名称英文部分，如非特殊强调，皆使用英文转写的希腊语、拉丁语神名。比如神使墨丘利在拉丁语中作 Mercurius，本书中皆使用其英文转写的 Mercury。

三、书中天文类名称术语均使用中国天文学会天文学名词审定委员会标准翻译校对。比如 Aquarius 译为"宝瓶座"，而不译为"水瓶座"。

四、书中出现的"词干"概念皆对应古希腊语和拉丁语语法中的词干。为了方便讲解词汇构成，引入"词基"的概念，后者指去掉词干末尾元音后的剩余部分。词干和词基非完整的单词，故表示为诸如 graph-'写'。

五、为了区分书中的英语词汇和非英语词汇，凡是以单引号注解的词汇皆非现代英语单词，而以双引号注解的词汇为现代英语单词，比如：希腊语的 mater'母亲'，英语中的 mother"母亲"；前缀、后缀、词干、词基等非完整单词也使用单引号，比如：luc-'光'。在其他情况下，双引号常规使用。

六、【】号在全书中仅仅用来对词汇进行词源解释，以区别于词汇的一般含义解释。比如：所谓的"忧郁的、伤感的"dismal 则源于拉丁语的 dies malus，意思是【今天很不爽】。

七、英文中的连字符遵从词源和词构中的使用标准，一般表示非完整单词的概念，以与完整的单词相区别。前缀和词汇的前半部分表示为诸如 con-'with'；后缀和词汇的后半部分表示为诸如 -ory '……之地'；词汇的中间部分表示为诸如 -mat-。

八、*号表示该词汇未见于书面记载，是词源学中拟构的词汇，比如：共同日耳曼语中的 *dagaz '天'。

九、书中"衍生"一词表示后词由前词与其他词汇（或前缀、后缀）结合而来，或经过语法变化生成而来，比如：希腊语的 mater '母亲'衍生出了英语中的"大都市"metropolis【母亲城】；"演变"一词表示后词由前词本身（未与任何词汇或前后缀合成）变化而来，比如：拉丁语的 porta '门'演变为了西班牙语的 puerta '门'；"同源"表示几个词汇有着共同的词源（一般并非互相演变而来），比如：希腊语的 aster '星星'、拉丁语的 stella '星星'和英语中的 star "星星"同源。

目录

第 1 章
引　子

人类对宇宙之好奇和探索的历史可以追溯到很远很远。不难想象，即使在遥远的蛮荒时代，当人类仰望头顶的苍穹时，心中肯定会升起一种无比的敬畏：太阳升起，给予世界以温暖光明；月亮则在夜间接替太阳，守望着宁静或者不安的大地；众星东升西落，永恒而周期地悬坠于高高的苍穹。这种敬畏使得人们自然而然地认为，天上寓居着主宰一切的神灵，他们为生命带来温暖光明，为干渴带来雨雪滋润，他们用雷电狂风来威慑大地上的所有生命，并主宰万物生死枯荣和季节变迁。既然天上寓居着神明，那么神的旨意或者这世间万物荣枯变迁的法则自然也应该在天穹中寻求。这种寻求产生了一个伟大结果——天文学的诞生。

两河流域的古代文明最早产生较系统的天文学知识。从后来出土的泥板文书中，我们可以对其天文建树一窥端倪。古代两河流域的天文学家们经过长期观察，发现太阳在天空中位置变动的周期固定，一个太阳回归年周期约为 12 至 13 个朔望月周期（一个朔望月约为 29.5 个昼夜），约为 365 个昼夜。由此产生了古巴比伦的历法，该历法规定一年有 12 个月，由 30 天的大月和 29 天的小月交替组成。如此一来，12 个月涵盖了太阳周期中的 354 天，为了平衡太阳周期和月亮周期之间的不对等，在 19 年里设置 7 个闰月。这部历法成了人类有史以来最早的历法，也是最早的阴阳历。为了方便记录太阳所在的位置，巴比伦天文学家从春分点开始，将太阳运行路线的黄道等分为 12 部分，因此就有了黄道 12 宫。太阳经过春分点时昼夜等长，巴比伦历法中也将这一天定为新年的起点。另外，巴比伦人还将一个朔望月周期分为 4 部分，分别为新月到上弦月、从上弦月到满月、从满月到下弦月、从下弦月到新月，每一部分周期为 7 天（最后一个周期为 8 或 9 天），并将每个周期的第 7 天作为献给特殊神灵的日子，这一点无疑是今天我们将一周分为 7 天的源由。他们还识别了日月和金木水火土五星，并用巴比伦神话中的重要神明来命名了这 7 颗重要的天体。

古埃及人在天文方面也有着不少的建树，至今犹存的金字塔的构造和位置就与夜空中的星座有着精准而密切的联系。埃及人还发现，尼罗河在每年天狼星偕日升起的日子里周期性泛滥，并通过观测天狼星得到较精确的一年的周期长度，规定一年为 365 天。一年分为 12

个月，每月都为 30 天，余下的 5 天另作为节日使用。由此，埃及人发明了最早的太阳历。他们不但将一年等分为 12 个月，还将白天和黑夜各等分为 12 小时，并在夜里通过不同的星座位置来判断时间。

　　古希腊人继承借鉴了两河流域和埃及的天文学知识，并发展提出自己独特且系统的宇宙模型。他们认为：大地是圆球形的，居于宇宙最中央；围绕着地球运转的，有 7 颗游走不定的行星即月亮、水星、金星、太阳、火星、木星、土星，它们各占据一个行星天层；在这 7 个行星天层之外，是被称为恒星天的天球层，所有的星星都恒定地镶嵌在这个恒星天层中，与整个恒星天一起绕着地球匀速运转。之所以称其为恒星，因为其在夜空背景下相对位置保持恒定不变。于是人们把一片天区的恒星组合想像成为具体的事物或人物，便有了星座；人们将其与神话传说中的英雄故事等联系起来，便有了关于星座的众多神话故事。

　　公元二世纪初，托勒密继承了早期天文学家的研究成果，将当时能够观测到的恒星划分为 48 个星座。其中，太阳运行的黄道带一共

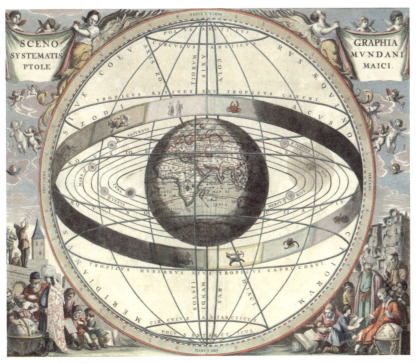

▷ 图 1-1　地心说宇宙体系

有 12 个星座，从春分点开始依次为：白羊座、金牛座、双子座、巨蟹座、狮子座、室女座、天秤座、天蝎座、人马座、摩羯座、宝瓶座、双鱼座。这些星座对应的星空位置被称为黄道 12 宫。①黄道星座形象多以动物为主，因此黄道十二宫也被称为 zodiac【动物圈】。在黄道的北面，有 21 个星座，分别为：大熊座、小熊座、御夫座、蛇夫座、北冕座、牧夫座、武仙座、天琴座、天鹰座、飞马座、三角座、英仙座、仙女座、仙后座、仙王座、天鹅座、天龙座、海豚座、小马座、长蛇座、天箭座。在黄道的南面，则有 15 个星座，分别为：大犬座、小犬座、猎户座、水蛇座、天兔座、巨爵座、乌鸦座、半人马座、天狼座、南鱼座、巨鲸座、波江座、南船座、南冕座、天坛座。这 48 个星座基本覆盖了当时已知的所有恒星。

希腊人沿用巴比伦的星象传统，将七大行星与神话中的七位重要神明相对应，其对应分别为：太阳以太阳神赫利俄斯命名，月亮以月亮女神塞勒涅命名，金星对应爱与美之女神阿佛洛狄忒，木星对应雷神宙斯，水星对应信使之神赫耳墨斯，火星对应战神阿瑞斯，土星对应农神克洛诺斯。后来因为受到希伯来文化的影响，希腊人也采用了一周七天的说法，并创造性地将七大行星与一周七天对应，于是星期天被称为太阳之日，星期一被称为月亮之日，星期二被称为战神之日，星期三被称为神使之日，星期四被称为雷神之日，星期五被称为爱神之日，星期六被称为农神之日。现代英语、法语、意大利语、德语、西班牙语、印地语、日语等语言中星期的名称皆源于此。

地心说的宇宙体系因其系统的理论和完美的体系而盛行了一千多年，直到十六世纪上叶波兰天文学家哥白尼质疑并指出其疏误之处。后来，意大利天文学家伽利略用自制的望远镜观测夜空，并证实了哥白尼的观点。从此也拉开了近代天文学的帷幕。

现代天文学告诉我们：我们所生活的地球其实只是太阳系中的一颗行星，月亮是围绕着地球运转的卫星；太阳系共有八大行星，从内到外分别为水星、金星、地球、火星、木星、土星、天王星、海王星。这些行星的命名都来自希腊神话中对应的神灵，水星以信使之神赫耳墨斯之名命名，金星以爱与美之女神阿佛洛狄忒之名命名，火星以战神阿瑞斯之名命名，木星以雷神宙斯之名命名，土星以农神克洛诺斯之名命名，天王星以天神乌剌诺斯之名命名，海王星以海神波塞冬之名命名，同时行星的名称国际上一般使用其相应的拉丁语名。而卫星的命名则使用行星对应神明的家属和仆从。于是火星的卫星就是战神的两个儿子，木星的卫星多为宙斯的妻妾女儿，土星的卫星为克洛诺斯手下的各种巨神族神灵，海王星的卫星为海神波塞冬的妻妾家眷等。这样看来，太阳系实在是一个诸神寓居的地方啊。

如果说以行星为首的太阳系乃是诸神寓居的地方，那么，夜空中各种恒星所组成的星座则满满刻写着英雄们的史诗。每个星座都有一个生动的传说故事，而且这些形象并不孤零零悬于夜空之中。在古希腊人眼中，夜空这些形象相互交织，深邃而幽暗的星空中似乎一直在上演着传说中那些激动人心的神话故事和英雄传说：

将要被巨鲸怪 Cetus（鲸鱼座）吃掉的少女 Andromeda（仙女座）、前来相救并与 Cetus 战斗着的英雄 Perseus（英仙座）、坐在王座上对女儿忧心忡忡的王后 Cassiopeia（仙后座）、不知所措的国王 Cepheus（仙王座）；

被 Perseus 砍下的女妖墨杜萨的头颅 Algol（大陵五）、从女妖断颈中一跃而出的飞马 Pegasus（飞马座）；

啄食盗火者普罗米修斯肝脏的巨鹰 Aquila（天鹰座）、前来解救他的大英雄 Hercules（武仙座）、英雄射向鹰鸷的箭矢 Sagitta（天箭座）、愿意献出自己不死之身以替普罗米修斯承担苦难的半人半马 Centaur（半人马座）智者喀戎；

大英雄 Hercules 婴儿时代因吃奶而形成的银河 Milky Way（银河）、英雄所除灭的涅墨亚食人狮 Leo（狮子座）、勒耳那沼泽里的水怪 Hydra（水蛇座）、在背后想偷袭大英雄的螃蟹 Cancer（巨蟹座）、守卫着极西园金苹果的巨龙 Draco（天龙座）；

载着孩子逃离刑场的金毛牡羊 Aries（白羊座）、载着寻找金羊毛的英雄们的阿耳戈号船 Argo Navis（南船座）、船员俄耳甫斯为抵制海妖

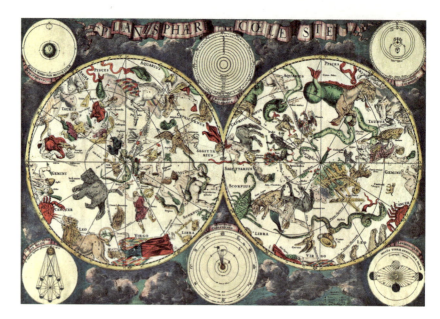

➢ 图1-2 古代星图

诱惑而弹奏的七弦琴 Lyra（天琴座）、手足情深的双胞胎 Gemini（双子座）英雄、英雄们的人马族导师喀戎射箭形象 Sagittarius（人马座）；

仙子卡利斯托被变成母熊 Ursa Major（大熊座）、她的儿子在险些误杀自己母亲的瞬间变成的那只小熊 Ursa Minor（小熊座）、追赶着两只熊的牧夫 Bootes（牧夫座）或者看熊人 Arcturus（大角星）、牧夫身边的猎犬 Canes Venatici（猎犬座）；

在夜空中远远躲避着毒蝎 Scorpius（天蝎座）的猎户 Orion（猎户座）、逃离着猎户追求的七仙女 Pleiades（昴星团）……

希腊文化和罗马文化是欧洲文明的起源，至今整个欧洲仍无不浸淫在其文化的熏陶和影响之下。这种影响表现在诸多方面，无论从科学、艺术、美术、文学、语言或者从社会形态、思想意识等众多方面，欧洲文明的各个领域几乎无不汲取着希腊罗马文明的乳汁。这也导致欧洲诸语言词汇的希腊罗马化。就英语来说，据统计英语中常用的 10 000 词汇中，源自拉丁语（罗马文明的载体语言）和古希腊语（希腊文明的载体语言）的词汇共占56%。这个比率将随着统计词汇量的扩大而增大，在常用的 80 000 词汇中该比例则上升至64%[1]。因此，对古希腊语概念和拉丁语基础概念的解析，总能涉及

① 10 000词汇中的拉丁语古希腊语词源统计来自Joseph M. Williams 在*Origins of the English Language*中的统计报告；80 000词汇中的拉丁语古希腊语词源统计来自Thomas Finkenstaedt 和 Dieter Wolff在*Shorter Oxford Dictionary (3rd ed.)*中的统计报告。

众多的英语词源知识，而这些知识无疑会给英语单词的学习带来极大的便利。

更值得一提的是，古希腊语、拉丁语和英语之间还有一层更加亲密的关系：这些语言都源自一个共同的古老祖先。因此它们在基本词汇和语法上有着众多的、有对应规律的相似性。对比古希腊语、拉丁语、英语里的部分基础词汇：

表1-1 古希腊语、拉丁语和英语中的同源词对比

	古希腊语	拉丁语	英语
父亲	pater	pater	father
母亲	mater	mater	mother
兄弟	phrater	frater	brother
星星	aster	stella	star
夜晚	nyx	nox	night
田地	agros	ager	acre
脚	pous	pes	foot
角	ceras	cornu	horn
名字	onoma	nomen	name
我	ego	ego	i
新的	neos	novus	new
携带	phero	fero	bear
上方	hyper	super	over
一	oinos	unus	one
二	duo	duo	two
六	hex	sex	six
七	hepta	septem	seven

表中任意拿出一个希腊语或者拉丁语词汇，都能找到众多的英语衍生词。古希腊单词 pous '脚'衍生出了英语中：章鱼 octopus【八只脚】、水螅 polypus【多只脚】、鸭嘴兽 platypus【扁足动物】、三脚架 tripod【三只脚】、六足昆虫 hexapod【六只脚】等；而拉丁语的 pes '脚'则衍生出了英语中：蜈蚣 centipede【百足】、底座 pedestal【立足之处】、妨碍 impede【束缚住脚】、脚踏板 pedal【脚的】、花梗 pedicle【小足】、修脚 pedicure【足部护理】、计步器 pedometer【足表】等。

从希腊语、拉丁语基础词汇到英语词源，这样的例子比比皆是。

当我们回到希腊神话或罗马神话中（罗马神话在很大程度上继承了希腊神话的内容，因此二者有着很多一致的故事情节，不过是神祇的名字变成了拉丁语名了而已），我们不难发现，希腊神话和罗马神话对英语文化、艺术、语言等有着深重的影响，至今英语中仍有大量来自神话内容的俗语或词汇。另一方面，神话人名的解析所涉及的希腊、拉丁语基础词汇更是普及英语词源的绝好材料。

　　这也正是本书知识体系构架的来源：通过对西方古代天文宇宙的描绘和解析，较全面解析希腊神话中的众神故事和英雄传说，并通过星空这一媒介分析相关的西方历史文化，通过古希腊语和拉丁语为读者展现有趣的英语词源。因为书籍篇幅的原因，关于古代宇宙体系下的行星体系及其相关的希腊众神的故事部分汇集为本书《众神的星空》，而关于托勒密 48 个古典星座与其相关的希腊神话中的英雄故事则作为另一本《星座神话》出版发行。

第 2 章
七大行星与
星期的起源

2.1　星期的起源

我们都知道，一个星期有七天，在汉语中按数字分别称做星期一、星期二、星期三、星期四、星期五、星期六、星期日。除了星期日以外其他的都很好理解，按照顺序从一数到六就是。然而其他语言中似乎都非常复杂。在英语中，一周七天分别称为 Monday、Tuesday、Wednesday、Thursday、Friday、Saturday、Sunday，除去后缀 -day 以外我们似乎只能看出来 Sunday 中的 sun 部分，即太阳，这也为我们透漏了一个有趣的信息，正好在中文里这一天也被称为星期"日"。这实在是非常有趣，可是其他六个星期名称该怎么解释呢？

中文的"星期日"和英语的 Sunday 不禁让人想到日语中对这一天的称呼：日曜日，这又是一个多么美丽的巧合啊，或者说这其中一定有着一致的规律吧。学过日语的朋友都知道，日语中从周一到周日分别称为：月曜日、火曜日、水曜日、木曜日、金曜日、土曜日、日曜日。Monday 在日语中称为月曜日，这似乎在暗示我们 Monday 中的 mon- 和英语中表示"月亮"的 moon 有关系！我们还能够看到，日语对星期的称呼中正好包含了"七曜"[①]的概念。然而这些星期的概念到底和七曜有着什么样的关系，各种语言中的星期名称又是怎么样来的呢？

① 七曜，即中国古代对日、月和水、木、金、火、土五行的一种总称，最早可追溯到春秋战国时期的记载。

第一个问题：为什么一周有七天？

起初神创造天地。

地是空虚混沌，渊面黑暗；神的灵运行在水面上。神说："要有光"，就有了光。神看光是好的，就把光暗分开了。神称光为昼，称暗为夜。有晚上，有早晨，这是头一日。

神说："诸水之间要有空气，将水分为上下。"神就造出空气，将空气以下的水、空气以上的水分开了。事就这样成了。神称空气为天。有晚上，有早晨，是第二日。

神说："天下的水要聚在一处，使旱地露出来。"事就这样成了。神称旱地为地，称水的聚处为海。神看着是好的。神说："地要发生青草和结种子的菜蔬，并结果子的树木，各从其类，果子都包着核。"事就这样成了。于是地发生了青草和结种子的菜蔬，各从其类；并结果子的树木，各从其类，果子都包着核。神看着是好的。有晚上，有早晨，是第三日。

神说："天上要有光体，可以分昼夜，作记号，定节令、日子、年岁，并要发光在天空，普照在地上。"事就这样成了。于是神造了两个大光，大的管昼，小的管夜，又造众星，就把这些光摆列在天空，普照在地上，管理昼夜，分别明暗。神看着是好的。有晚上，有早晨，是第四日。

神说："水要多多滋生有生命的物，要有雀鸟飞在地面以上，天空之中。"神就造出大鱼和水中所滋生各样有生命的动物，各从其类；又造出各样飞鸟，各从其类。神看着是好的。神就赐福给这一切，说："滋生繁多，充满海中的水。雀鸟也要多生在地上。"有晚上，有早晨，是第五日。

神说："地要生出活物来，各从其类；牲畜、昆虫、野兽，各从其类。"事就这样成了。于是神造出野兽，各从其类；牲畜，各从其类；地上一切昆虫，各从其类。神看着是好的。神说："我们要照着我们的形像，按着我们的样式造人，使他们管理海里的鱼、空中的鸟、地上的牲畜和全地，并地上所爬的一切昆虫。"神就照着自己的形像造人，乃是照着他的形像造男造女。神就赐福给他们，又对他们说："要生养众多，遍满地面，治理这地；也要管理海里的鱼、空中的鸟，和地上各样行动的活物。"神说："看哪，我将遍地上一切结种子的菜蔬，和一切树上所结有核的果子，全赐给你们作食物。至于地上的走兽和空中的飞鸟，并各样爬在地上有生命的物，我将青草赐给它们作食物。"事就这样成了。神看着一切所造的都甚好。有晚上，有早晨，是第六日。

天地万物都造齐了。

到第七日，神造物的工已经完毕，就在第七日歇了他一切的工，安息了。神赐福给第七日，定为圣日，因为在这日神歇了他一切创造的工，就安息了。

——《圣经·创世纪》1~2 章

➤ 图2-1 The Creation

①希伯来人为犹太人的先祖，犹太教即为希伯来人的宗教，并且《旧约》最早就是用希伯来语写成。基督教脱胎自犹太教，并将源自犹太教的经文编纂为《旧约》，将记述耶稣言行及之后的经文编纂成《新约》。

《圣经》开篇即讲到，上帝用六天来创造世界，第七天休息。因此这整个创世周期共有七天。虔诚的希伯来人①与后来的基督教徒谨遵上帝的教诲，六天劳作，一日礼拜，以感谢圣主的创生之恩。于是"劳作—休息"的周期便在基督教世界固定并传承下来，这一个周期即七天，纪念上帝创世的全过程。基督教认为，人之所以要劳作是因为受到神的惩罚，而敬神则要远比劳作重要，因为就《圣经》所述，亚当夏娃违背神意偷食禁果而使全人类犯下原罪，虔诚敬神便成为赎罪的一个重要方式。于是人们将星期日作为了一周的第一天，而我们汉语中的"星期六"则变成一周的第七天。关于这一问题我们将在后文讲解。

第二个问题：星期和七曜之间的关系。

汉语中"星期"无疑暴露了此概念的一个重要内涵，即【星之周期】，这一点和古代的天文学说融合了起来。因为很早之前，欧洲人一直认为地球是宇宙的中心，宇宙中绕着地球运动的行星共有七个，分别是：月亮、水星、金星、太阳、火星、木星、土星，即在古代广泛流行的"七大行星"的宇宙观。我们看到，从托勒密的古典天文巨著《至大论》到文艺复兴时但丁的《神曲》诸古代作品中，无不描述着这样的宇宙观。七大行星的地心说宇宙观在天文学中至少盛行了一千年，并且实际或许要远远高于这个数字。上帝创世用了七天，围绕着地球转动的有七颗行星，这二者之间的融合使得每一天被对应上了一颗行星，从日语中显然能看到这对应的形式：星期天称为日曜日，对应太阳；星期一称为月曜日，对应月亮；星期二称为火曜日，对应火星；星期三称为水曜日，对应水星；星期四称为木曜日，对应木星；星期五称为金曜日，对应金星；星期六称为土曜日，对应土星。土星对应星期六，英语中土星称为 Saturn，而星期六称为 Saturday，我们沿着 Sunday 即 sun-day【太阳日】、Monday 即 moon-day【月亮日】的逻辑，会发现 Saturday 其实正是 saturn-day【土星日】之意。

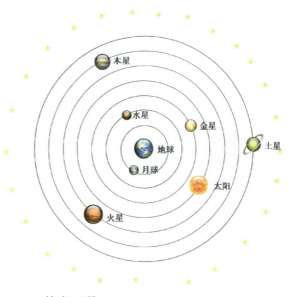

▶ 图 2-2 Ptolemy's geocentric model

可是我们能否照此思路分析下去，来解决所有的问题呢？

要解决这个问题，我们似乎要先弄清楚这些语言中行星名称的来历。

早在两河流域的古巴比伦文明时，人们就将行星视为神灵——崇拜，并为每颗行星都命名以一个具体的神名，这个对应表现为：

太阳对应太阳之神 Shamash

月亮对应月亮女神 Sin

火星对应战神 Nergal

水星对应智慧之神 Nabu

木星对应雷神 Marduk

金星对应爱神 Ishtar

土星对应农神 Ninurta

后来，这种拜星文化传到了古希腊，希腊人也效仿巴比伦人，用对应的神祇来命名这些行星。古巴比伦的占星学家还发现，一个月大概有 28 天，这二十八天根据月相可以分为四个部分，分别是新月到上弦月、上弦月到满月、满月到下弦月、下弦月到新月，每个部分正好是七天时间。于是他们将这七天与日月五行相结合，用"七大行星"的名字命名了这七天。希腊人借鉴了古巴比伦人的发明创造，于是就有了古希腊语中的星期：

表 2-1　巴比伦、希腊诸神与星期对应

行星	神职	巴比伦神话	希腊神话	希腊语的星期	释义	释义2
太阳	太阳之神	Shamash	Helios	hemera Heliou	day of Helios	太阳日
月亮	月亮女神	Sin	Selene	hemera Selenes	day of Selene	月亮日
火星	战神	Nergal	Ares	hemera Areos	day of Ares	火星日
水星	智慧之神	Nabu	Hermes	hemera Hermou	day of Hermes	水星日
木星	雷神	Marduk	Zeus	hemera Dios	day of Zeus	木星日
金星	爱神	Ishtar	Aphrodite	hemera Aphrodites	day of Aphrodite	金星日
土星	农神	Ninurta	Cronos	hemera Cronou	day of Cronos	土星日

我们看到，希腊人效仿了古巴比伦人，而罗马人则效仿了希腊人，日耳曼人又效仿了罗马人。我们不妨对比一下希腊神话、罗马神话和日耳曼神话[1]中对应的神灵名称以及这些语言中对应的星期名称[2]：

①英国的主体民族来自日耳曼人的后裔，古英语属于日耳曼语中的一支。

②注意到希腊神话中的Cronos、罗马神话中的Saturn这样的神职，似乎在日耳曼神话中找不到对应的神灵，因此表格中留下了空缺。或许也正是由于此空缺，古英语中关于星期六采用了罗马神话的Saturn（Sæternesdæg即【Saturn's day】），而不是来自本民族语言和神话的内容。

表 2-2　罗马、日耳曼诸神与星期对应

行星	神职	罗马神话	拉丁语中的星期	日耳曼神话	古英语中的星期	现代英语中的星期
太阳	太阳之神	Sol	dies Solis	Sunna	Sunnandæg	Sunday
月亮	月亮女神	Luna	dies Lunae	Mani	Monandæg	Monday
火星	战神	Mars	dies Martis	Tyr	Tiwesdæg	Tuesday
水星	智慧之神	Mercury	dies Mercurii	Odin	Wodnesdæg	Wednesday
木星	雷神	Jupiter	dies Jovis	Thor	Þunresdæg	Thursday
金星	爱神	Venus	dies Veneris	Frigg/Freya	Frigedæg	Friday
土星	农神	Saturn	dies Saturni		Sæternesdæg	Saturday

而现代英语中关于星期的名称都来自于古英语，于是 Sunnandæg【Sunna's day】变成了 Sunday、Monandæg【Mani's day】变成了 Monday、Tiwesdæg【Tyr's day】变成了 Tuesday、Wodnesdæg【Odin's day】变成了 Wednesday、Þunresdæg【Thor's day】变成了 Thursday、

Frigedæg【Frigg's day】变成了 Friday、Sæternesdæg【Saturn's day】变成了 Saturday。

至此，英语中从星期一到星期日的名称来历都已明了。这些名称都是由古巴比伦的拜星文化所衍生，每一天对应着一颗行星，或者说对应这颗行星相关的神祇。虽然我们绕了一个弯子，途中提及希腊神话、罗马神话、日耳曼神话，但应该说，引入这些概念还是非常有意义的。且比较一下这些语言中关于星期的词汇。

日耳曼语族各语言中的星期对比：

表2-3 日耳曼语族各语言中的星期

星期	日耳曼神祇	英语	德语	瑞典语	挪威语	荷兰语
星期日	Sunna	Sunday	Sonntag	söndag	søndag	zondag
星期一	Mani	Monday	Montag	måndag	mandag	maandag
星期二	Tyr	Tuesday	Dienstag	tisdag	tirsdag	dinsdag
星期三	Odin	Wednesday	Mittwoch	onsdag	onsdag	woensdag
星期四	Thor	Thursday	Donnerstag	torsdag	torsdag	donderdag
星期五	Frigg / Freya	Friday	Freitag	fredag	fredag	vrijdag
星期六		Saturday	Samstag	lördag	lørdag	zaterdag

罗曼语族各语言中的星期对比：

表2-4 拉丁语和罗曼语族各语言中的星期

星期	罗马神祇	拉丁语名称	法语	意大利语	西班牙语	罗马尼亚语
星期日	Sol	dies Solis	dimanche	domenica	domingo	duminică
星期一	Luna	dies Lunae	lundi	lunedì	lunes	luni
星期二	Mars	dies Martis	mardi	martedì	martes	marţi
星期三	Mercury	dies Mercurii	mercredi	mercoledì	miércoles	miercuri
星期四	Jupiter	dies Jovis	jeudi	giovedì	jueves	joi
星期五	Venus	dies Veneris	vendredi	venerdì	viernes	vineri
星期六	Saturn	dies Saturni	samedi	sabato	sábado	sâmbătă

后文中将对这些语言中星期名称的构成，逐一进行详细的分析。

2.2　日耳曼诸语中的星期

我们已经知道，日耳曼语族部分子语中的星期表达方式，如下表所述：

表 2-5　日耳曼语言中的星期

星期	古英语	英语	德语	瑞典语	挪威语	荷兰语
星期日	Sunnandæg	Sunday	Sonntag	söndag	søndag	zondag
星期一	Monandæg	Monday	Montag	måndag	mandag	maandag
星期二	Tiwesdæg	Tuesday	Dienstag	tisdag	tirsdag	dinsdag
星期三	Wodnesdæg	Wednesday	Mittwoch	onsdag	onsdag	woensdag
星期四	Thurresdæg	Thursday	Donnerstag	torsdag	torsdag	donderdag
星期五	Frigedæg	Friday	Freitag	fredag	fredag	vrijdag
星期六	Sæternesdæg	Saturday	Samstag	lördag	lørdag	zaterdag

注意到古英语中表示星期概念的词汇都有一个共同的后缀 -dæg，这个词演变为现代英语中的 day。对比古英语的 dæg、瑞典语中的 dag、挪威语中的 dag、荷兰语中的 dag、德语的 Tag[①]，会发现这些词汇惊人地相似。很明显，这些语言源自一个共同的祖先，这个共同的祖先被称为原始日耳曼语，根据各同源子语形态的分析对比，学者们拟构出该词在原始日耳曼语中的古老形式 *dagaz。

4 世纪末，西罗马帝国衰微，居住在帝国的北部防线外（即莱茵河东北、多瑙河以北地区）的蛮族部落开始蠢蠢欲动。凯撒大帝曾将这些蛮族人称为日耳曼人 Germani，因为他们在打仗时发出【振聋发聩的吼声】。虽然这些人自称为条顿人 Teutonicus【多民族共同体】，至今我们依然使用日耳曼人 Germanic Peoples 来指代这些民族。375 年，当匈人越过顿河并打败日耳曼民族中的一支——东哥特人时，整个帝国边境上的日耳曼民族开始了大逃亡，他们冲破了帝国业已脆弱不堪的防线，并最终导致了西罗马帝国的陷落（西罗马帝国于 476 年灭亡）。帝国的广大领土被日耳曼各个部落相继攻陷占领。从此，野蛮人建立的支离破碎的王国取代了文明一统的罗马帝国，日耳曼各部族的语言和罗马帝国的方言取代了通用的拉丁语，并最终发展演变为

① 德语中名词首字母大写。

如今欧洲的各种语言。这些新生语言主要分为两支：由共同日耳曼语发展而来的各子语言构成日耳曼语族，包括现在的英语、德语、荷兰语、丹麦语、瑞典语、挪威语、冰岛语等；由拉丁语发展而来的各子语言构成罗曼语族，包括现在的法语、西班牙语、意大利语、葡萄牙语、罗马尼亚语等。这也是为什么这些日耳曼子语中基本词汇如此相像的原因，因为它们有着一个共同的起源。

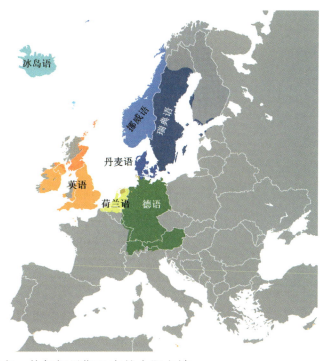

约在 3 至 4 世纪期间，日耳曼人仿效罗马人的星期体系，将星期名中的罗马神名改为对应的日耳曼神名。他们把星期日中的太阳之神索尔 Sol 改为日耳曼神话中的太阳神苏娜 Sunna，将星期一中的月亮之神路娜 Luna 改为日耳曼神话中的月亮之神曼尼 Mani，将星期二中的战神玛尔斯 Mars 改为日耳曼神话中的战神提尔 Tyr，将星期三中的亡灵引导之神墨丘利 Mercury 改为日耳曼神话中的亡灵引导之神奥丁 Odin，将星期四中的雷神朱庇特 Jupiter 改为日耳曼神话中的雷神托尔 Thor，将星期五中的爱神维纳斯 Venus 改为日耳曼神话中的爱神芙蕾娅 Freya 或女神弗丽嘉 Frigg①。因为星期六中的农神萨图尔努斯 Saturn 没有对应的日耳曼神祇，于是人们干脆借用这个罗马神名表示星期六的概念，比如古英语中的 Sæternes dæg【萨图尔努斯之日】；或者以日耳曼民族重要的节庆风俗命名，比如瑞典语中的 lördag 和挪威语的 lørdag，即【洗澡日】。

举英语为例来分析这些星期名称，星期的名称一般由"属格神名"加上表示"日"的对应词汇构成，字面意思都是【** 之日】。古英语中的'太阳'sunne 之属格为 sunnan，而 sunnan dæg 即【太阳之日】，于是就有了古英语中的星期日 Sunnandæg 和现代英语的

> 图 2-3 欧洲各主要日耳曼语的分布

① 由于共同日耳曼语没有书面文献留下来，我们对于日耳曼神话和日耳曼语的了解来自于各个子语。在各子语言中，诸神灵的名字稍有不同，没有一个统一的书写。此处的日耳曼神话人物名，采用日耳曼神话中流传最广的北欧神话人名。其他日耳曼子语中，这些人物的名称稍有不同，比如战神 Tyr 在古英语中称为 Tiw、雷神 Thor 在古英语中称为 punor、主神奥丁 Odin 在古英语中称为 Woden、女神 Frigg 在古英语中称为 Frig。后文如未特殊提及，凡日耳曼神话神名皆使用北欧神话中的神名版本。

Sunday；'月亮'mona 属格为 monan，而 monan dæg 即【月亮之日】，于是就有了古英语中的星期一 Monandæg 和现代英语的 Monday；战神 Tiw 的属格为 Tiwes，而 Tiwes dæg 即【战神之日】，于是就有了古英语中的星期二 Tiwesdæg 和现代英语的 Tuesday；亡灵引导之神 Woden 属格为 Wodnes，而 Wodnes dæg 即【亡灵引导神之日】，于是就有了古英语中的星期三 Wodnesdæg 和现代英语的 Wednesday；雷神 Þunor 属格为 Þunres，而 Þunres dæg 即【雷神之日】，于是就有了古英语中的星期四 Þunresdæg 和现代英语的 Thursday；女神 Frig 属格为 Frige，而 Frige dæg 即【女神弗丽嘉之日】，于是就有了古英语中的星期五 Frigedæg 和现代英语的 Friday；农神 Sætern 属格为 Sæternes，而 Sæternes dæg 即【农神之日】，于是就有了古英语中的星期六 Sæternesdæg 和现代英语的 Saturday[1]。

再看德语。德语中将周日到周六分别称作 Sonntag、Montag、Dienstag、Mittwoch、Donnerstag、Freitag、Samstag。德语的 -tag 即相当于英语中的 day，相信大家都能轻松看出德语的 Montag 跟英语 Monday 如出一辙，德语的 Sonntag 和英语的 Sunday 也非常地相似。英语中说 good day，而德语中则说 Guten Tag，仔细听你会发现这两种语言在基本词汇上是何其地相似。瑞典语、挪威语、荷兰语亦是如此，既然上文给出了这些语言中星期的对比，此处不妨简单对比一下太阳和月亮这两个基础概念：

表2-6　日耳曼语言中太阳和月亮的概念

词汇	古英语	德语	瑞典语	挪威语	荷兰语	现代英语
太阳	sunne	Sonne	sol	sol	zon	sun
月亮	mona	Mond	måne	måne	maan	moon

星期日

罗马人将这一天称为 dies Solis【太阳之日】，日耳曼人用自己的语言仿造了类似的词汇。很明显，德语的 Sonntag、瑞典语的 söndag、挪威语的 søndag、荷兰语的 zondag、英语的 Sunday，都与古英语的 Sunnandæg【太阳之日】如出一辙。

对比 sun 的同源词汇我们可以看到，英语、德语、瑞典语、挪威语中的 s 往往对应荷兰语中的 z，因此英语中的 Saturday 对应变为了荷兰语中的 zaterdag。对比下述英语与荷兰语同源词汇：

柔软 soft/zacht，七 seven/zeven，航行 sail/zeil，酸 sour/zuur，盐 salt/zout，灵魂 soul/ziel，姐妹 sister/zuster。

类似的，从 day 的同源词对比上我们发现，英语、瑞典语、挪威语、荷兰语中的 d 往往对应德语的 t，此处举英语与德语同源词为例：

舞蹈 dance/Tanz，死亡 dead/tot，门 door/Tür，鸽子 dove/Taube，梦 dream/Traum，耳聋 deaf/ taub，中间 middle/mittel，喝 drink /trinken。

星期一

罗马人将这一天称为 dies Lunae【月亮之日】或【月神之日】；相似的，dies Solis 也可以理解为【太阳神之日】。日耳曼人将其改为本民族对应的神灵，即太阳神苏娜 Sunna 和月亮神曼尼 Mani[①]。

德语的 Montag 即 Mond-Tag【月亮之日】，同样英语中的 Monday 即 moon-day，相似的道理，瑞典语的 måndag 可以认为是瑞典语的 måne-dag，挪威语的 måndag 可以认为是挪威语的 måne-dag，荷兰语的 maandag 可以认为是荷兰语的 maan-dag。

星期二

罗马人将这一天称为 dies Martis【战神玛尔斯之日】，玛尔斯 Mars 是罗马神话中的战神。日耳曼神话中的战神为提尔 Tyr，于是人们用他的名字来命名了这一天，便有了英语中的 Tuesday、德语中 Dienstag、瑞典语的 tisdag、挪威语的 tirsdag、荷兰语的 dinsdag，意思都是【Tyr's day】。对比古英语的 Tiwesdæg 就会发现，上述词汇中间位置的 -s- 都来自属格标志，基本上相当于现代英语中的名词属格 's。

① 需要注意的一点是，日耳曼神话中太阳神为女性形象，表示太阳的词汇亦为阴性，比如德语中的 die Sonne。而月亮神的形象为男性，并且表示月亮的词汇为阳性，比如德语中的 der Mond。这一点正好与罗马神话和拉丁语相反，拉丁语 Sol 为阳性，因此太阳神为男性形象；Luna 为阴性，因此月亮之神为女神。

星期三

罗马人将周三称为 dies Mercurii ，即【亡灵引导神墨丘利之日】，墨丘利 Mercury 是罗马神话中的神使，并负责将亡灵引领至冥界。日耳曼神话中负责引领亡灵的神为主神奥丁 Odin，于是人们用他的名字来命名这一天，即【奥丁之日】。奥丁在英语中称作 Woden，于是就有了英语中的 Wednesday【Woden's day】。其中 Wednes 即 Woden 的属格，字面意思为 Woden's，因此我们可以解读英国的地名 Wednesfield【Woden's field】、Wednesbury【Woden's hill】。对比荷兰语的 Woensdag，会发现 woden 中的 d 音脱落了，而 Woens- 部分即 Woden's 之意，荷兰有一个叫 Woensdrecht 的小城，意思显然是【Woden's strand】。同样的道理，从神名 Odin 到瑞典语和挪威语 Onsdag，我们看到其中的 Ons- 部分也是 Odin's 之意，北欧有一座山叫做 Onsbjerg，字面意思即【Odin's mountain】。当然，这个对比还告诉我们英语与荷兰语更相近一些，同样的，瑞典语和挪威语则更相近一些。

至于德语中的 Mittwoch ，对比一下这个词和英语中的 midweek①，因此德语的星期三 Mittwoch 本意为【一周的中间】，如果我们按照顺序从星期天数到星期六，最中间的一天即星期三，没错吧！

星期四

罗马人称这一天为 dies Jovis【雷神朱庇特之日】②，朱庇特 Jupiter 是罗马神话中的天神和雷神，后者对应希腊神话中的宙斯 Zeus。宙斯是雷电之神，他的"必杀技"是释放闪电雷鸣，希腊神话中被他电死电伤的神祇、怪物和凡人不计其数。在德语中，表示雷的单词为 Donner ，于是便有了德语对星期四的称呼 Donnerstag【thunder's day】，荷兰语中的 donderdag 也是类似的道理。日耳曼神话中的雷神为托尔 Thor，于是便有了英语中的 Thursday、瑞典语中的 torsdag、挪威语中的 torsdag，意思都是【Thor's day】。雷神托尔用来发出雷电的武器为"雷神之锤"，相信玩《魔兽》、《DOTA》等游戏的朋友对其应该非常熟悉了。

对比英语中的 thunder 和荷兰语中的 donder，我们发现英语中的 th 经常对应荷兰语中的 d，对比下述英语与荷兰语同源词汇：

拇指 thumb/ duim，嘴巴 mouth/mond，月份 month/maand，
牙齿 tooth/tand，细小 thin/dun，渴 thirst/dorst，地球 Earth/ Aarde

仔细听德语中表示雷鸣的 Donner、荷兰语的 donder 和英语的 thunder 读音，会觉得非常像雷鸣声"咚——咚"。在原始日耳曼语中，这个词被称为 *thunraz，英语中的 thunder、德语的 Donner、荷兰语的 donder 以及雷神托尔的名字 Thor 皆来自这个词。

星期五

罗马人将这一天称为 dies Veneris，即【爱神维纳斯之日】，维纳斯 Venus 是罗马神话中的爱与美之女神。维纳斯对应日耳曼神话中的爱神芙蕾雅 Freya，于是便有了瑞典语中的 fredag、挪威语中的 fredag，字面意思都是【Freya's day】；爱神芙蕾雅有时被等同于婚姻女神弗丽嘉 Frigg，因此有了英语中的 Friday、德语中的 Freitag、荷兰语中的 vrijdag，字面意思都为【Frigg's day】。注意到英语中的 Friday 对应荷兰语中的 vrijdag，我们发现英语中的 f 经常对应荷兰语中的 v，对比下述英语与荷兰语中的同源词汇：

父亲 father/vader，火 fire/vuur，狐狸 fox/vos，肉 flesh/vlees，
禽鸟 fowl/vogel，自由 free/vrij

注意到在日耳曼神话中，婚姻女神弗丽嘉 Frigg 有时与爱神芙蕾雅 Freya 等同，或许与 Frigg 一名本身表示'爱'有关。对比古英语中表示'爱'的动词 freogan，-an 是古英语中的动词不定式标志。这个词的现在分词为 freond，字面意思是【the loving one】，英语中的朋友 friend 即由其演变而来。而相应的恶魔 fiend 则来自古英语的 feond，后者是动词'恨'feogan 的现在分词，字面意为【the hating one】，对比敌人 foe。

星期六

罗马人称这一天为 dies Saturni，即【农神萨图尔努斯之日】，萨图尔努斯 Saturn 为罗马神话中的农神。日耳曼神话中没有和他对应的神祇，因此有的部族直接借用罗马神来命名这一天。便就有了古英语中的 Sæternesdæg【Sætern's day】，其中 Sætern 即古英语版的 Saturn。现代英语中的 Saturday，荷兰语的 Zaterdag 亦如此演变而来。

再看德语的 Samstag，其由古高地德语[①]中的 sambaztag 演变而来，后者即相当于英语中的 sabbath day。《圣经·出埃及记》中写到：

当记念安息日，守为圣日。六日要劳碌做你一切的工，但第七日是向耶和华你神当守的安息日。

——《圣经·出埃及记》20:8-10

注意到《圣经》最早用希伯来文书写的，在希伯来语中'安息日'被称为 shabbat。或许下文最能解释这个词的来历了：

神赐福给第七日，定为圣日，因为在这日神歇了（shavat）他一切创造的工，就安息了。

——《圣经·创世纪》2：3

希伯来语原文中使用了 shavat 一词，意思是'他歇息'，这正解释了安息日 shabbat 的来历。而英语中的 sabbath day、德语的 Samstag 也都是由希伯来语的 shabbat 演变而来。

[①] 古高地德语为西日耳曼语中一支，现代的德国、奥地利、列支敦士登、瑞士和卢森堡的各种德语方言都由其演变而来。

2.3 罗曼诸语中的星期

拉丁语在欧洲的胜利进军无疑是举世无双的。这个最初只是意大利台伯河流域拉丁姆[1]平原上所使用的语言，随着罗马帝国的兴起和强大而遍及帝国的每一个角落。公元前 3 世纪初，罗马人统一了意大利半岛；公元前 3 世纪中叶至前 2 世纪中叶，罗马人通过布匿战争和马其顿战争，征服了迦太基、西班牙、马其顿和希腊诸地区，控制了地中海；公元前 51 年，罗马完成对高卢的征服，将其划入帝国版图；公元 43 年，罗马人渡过海峡占领不列颠岛。约在公元 117 年，罗马帝国版图到达顶峰，西起不列颠，东至黑海，南到北非，北至莱茵、多瑙河的大片土地都在罗马帝国的统治下。在帝国境内，拉丁语作为帝国的官方语言被广泛接受[2]。

公元 395 年，狄奥多西大帝[3]临终前，将帝国分与两个儿子继承，从此罗马帝国一分为二：西罗马帝国定都罗马，疆域包括今天的意大利、西班牙、葡萄牙、法国、英国以及部分北非地区；东帝国定都君

① 拉丁姆Latium一词的本意即【平原、宽阔之地】，因为最初在拉丁姆地区使用，所以这个语言也被称为拉丁语Latin。

② 罗马帝国的西部主要使用拉丁语，而帝国东部除拉丁语外还大量使用希腊语，因为罗马人宣布希腊语为帝国东部的第二官方语言。

③ 狄奥多西大帝（Theodosius，约公元346~395年），最后一位统治统一罗马帝国的君主。

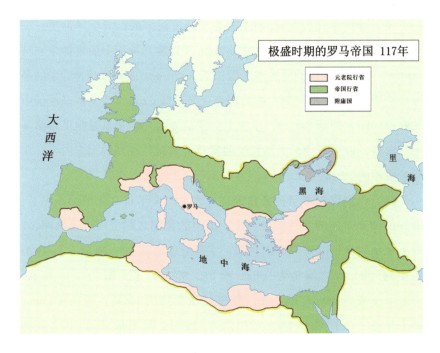

▷ 图 2-4　极盛时期的罗马版图

士坦丁堡 Constantinopolis【君士坦丁大帝之城】，疆域包括现代的希腊、塞浦路斯、埃及、小亚细亚等地中海东部和黑海南部的广大地区。公元 476 年，西帝国在日耳曼人的入侵下，最终土崩瓦解。从此西帝国分成众多大大小小的王国，欧洲开始进入中世纪的封建割据时代。政治统一的丧失、语言交流的缺少、异族民众的大量涌入使得拉丁语在各地区发生着不同的变化，同时地域性差异越来越大，最终导致拉丁语的死亡和诸多新语言的生成。于是拉丁语在不同地区演变为不同的语言，成为我们今天见到的法语、意大利语、西班牙语、葡萄牙语、罗马尼亚语、普罗旺斯语等语言。因为这些语言都是从罗马帝国（Roman Empire）的拉丁语演变而来，人们便将这些语言统称为罗曼语族（Romance languages）。

因此，拉丁语中关于星期的概念也被诸罗曼语言所继承。

起初，罗马人从希腊人那里学来了星期的划分，并用罗马神名取代希腊神名称呼一周里的每一天。他们将星期日中的太阳之神赫利俄斯 Helios 改为罗马神话中的太阳神索尔 Sol，将星期一中的月亮女神塞勒涅 Selene 改为罗马神话中的月亮女神路娜 Luna，将星期二中的战神阿瑞斯 Ares 改为罗马神话中的战神玛尔斯 Mars，将星期三中的亡灵引导神赫耳墨斯 Hermes 改为罗马神话中的亡灵引导神墨丘利 Mercury，将星期四中的雷神宙斯 Zeus 改为罗马神话中的雷神朱庇特 Jupiter，将星期五中的爱神阿佛洛狄忒 Aphrodite 改为罗马神话中的爱神维纳斯 Venus，将星期六中的农神克洛诺斯 Cronos 改为罗马神话中的农神萨图尔努斯 Saturn。事实上，罗马神话几乎全盘复制了希腊神话的内容，以至于今天当我们谈起罗马神话时，说到的大多内容其实是希腊神话中的故事。

而当我们讲起希腊神话在天文、艺术、文学与文化中的表现时，看到的却是对应的罗马名字。拉丁语中的星期名称也由"属格神名"加上表示"日"的对应词汇构成，字面意思都是【** 神之日】。拉丁语中的太阳 sol 之属格为 solis，而 dies Solis 即【太阳之日】，即 the sun's day 或者 day of the sun；月亮 luna 属格为 lunae，而 dies Lunae 即【月亮之日】；战神 Mars 的属格为 Martis，而 dies Martis 即【战神之日】；亡灵引导之神 Mercury 属格为 Mercurii，而 dies Mercurii 即【亡灵引导神之日】；雷神 Jupiter 属格为 Jovis，而 dies Jovis 即【雷神之日】；爱与美之女神 Venus 属格为 Veneris，而 dies Veneris 即【爱神之日】；农神 Saturn 属格为 Saturni，而 dies Saturni 即【农神之日】[①]。注意到上述属格中，出现最频繁的一种为"名词词基 + -is"[②]构成的属格，这是拉丁语中最常见的属格变化法之一。对比该属格与前文中讲到古英语中"名词词基 +-es"的属格构成，会发现它们是如此的相似。确实，这两种语法变格也有着共同的起源。所以 Mars 的属格 Martis 可以直接翻译为英语的 of Mars，于是 dies Martis 就是【day of Mars】了。

拉丁语中的星期名称以及罗曼诸语中的星期名称如下：

①英语在转述罗马神话时，有时会对部分名称进行改动，比如拉丁语中的Mercurius在英语中转写为Mercury，Saturnus在英语中转写为Saturn。文中如非特殊提及，皆使用英语转写的罗马神话人名。
②词基，指拉丁语和希腊语中的名词、形容词在语法变位中最基础部分。此处与"词干"概念相区别。

表 2–7　希腊语、拉丁语与罗曼诸语中的星期名称

星期	希腊语	拉丁语	法语	意大利语	西班牙语	罗马尼亚语
星期日	hemera Heliou	dies Solis	dimanche	domenica	domingo	duminică
星期一	hemera Selenes	dies Lunae	lundi	lunedì	lunes	luni
星期二	hemera Areos	dies Martis	mardi	martedì	martes	marţi
星期三	hemera Hermou	dies Mercurii	mercredi	mercoledì	miércoles	miercuri
星期四	hemera Dios	dies Jovis	jeudi	giovedì	jueves	joi
星期五	hemera Aphrodites	dies Veneris	vendredi	venerdì	viernes	vineri
星期六	hemera Cronou	dies Saturni	samedi	sabato	sábado	sâmbătă

注意到拉丁语星期概念中都有一个 dies，很明显，这个词与日耳曼语种的 *dagaz 一样，都表示'日、天'的含义，可以翻译为英语中的 day。拉丁语中的 dies '天'演变成了西班牙语的 día、葡萄牙语的 dia、罗马尼亚语的 zi；而 dies 的形容词 diurnus[③]则演变出意大利语的 giorno 和法语的 jour。对比一下这些语言中对应 good day 的问候语：

西班牙语：　Buenos días.
葡萄牙语：　Bom dia.
罗马尼亚语：Bună ziua.

③拉丁语的diurnus由词基di–加–urnus后缀组成，后缀–urnus最初用来构成时间概念的形容词，对比拉丁语中的夜晚nocturnus，后者源自黑夜nox（属格为noctis，词基noct–）。英语中的diurnal和nocturnal即源自这两个词。

意大利语：Buon giorno.

法语：Bonjour.

法语、意大利语的星期中基本上都出现后缀 -di，这些 -di 便源自拉丁语的 dies。dies 的词基为 di-，其衍生出了英语中：日记 diary 本意为【关于一天之事】；正午是一日正中，因此拉丁语称为 meridies【一天的中间】，其衍生了英语中的正午 meridian，而我们常说的 a.m 和 p.m，分别为拉丁语 ante meridiem【正午之前】和 post meridiem【正午之后】的缩写；如果医生给你开药，上面写着 b.i.d 或 t.i.d，那就是告诉你让你一日两次（bis in die）或者一日三次（ter in die）；所谓的"忧郁的、伤感的"dismal 则源于拉丁语的 dies malus【今天很不爽】；介绍一句罗马诗人贺拉斯[1]的名言 Carpe diem，我们国家一般翻译为"及时享乐"，我觉得非常的不妥，而且简直就是用汉语的相近意思歪曲作者的本意！这句话说土点就是【抓住今天】，让我们懂得珍惜自己的时间，我想贺拉斯肯定很伤心，因为中国学生听完这句话都娱乐去了。

星期日

希腊人将这一天称为 hemera Heliou【太阳之日】，罗马人仿造出了拉丁语的 dies Solis。solis 是 sol '太阳' 的属格，后者演变为西班牙语的 sol、葡萄牙语的 sol、意大利语的 sole 和罗马尼亚语的 soare。sol 的指小词形式 *soliculus[2] 则演变为法语的 soleil。

基督教徒们称这一天为 dies Dominica【主之日】，因为第一天上帝开始创世。因为基督教在欧洲的影响，人们越来越倾向于使用 dies Dominica 来表示星期日的概念。法语的 dimanche 即由此演变而来，而其他语言中则干脆去掉 dies 成分，从而有了意大利语的 domenica、西班牙语 domingo、罗马尼亚语 duminică。

注意到西班牙语中的 domingo 源自拉丁语的 domincus，我们发现拉丁语的 c 往往进入西班牙语中对应变为 g。对比一下拉丁语和西班牙语的词汇：

① 贺拉斯（Quintus Horatius Flaccus，公元前65—公元前8），古罗马诗人、批评家。

② -culus/-cula/-culum 即拉丁语中的指小词后缀，一般构成小事物的概念，比如花 flos 的指小词为 flosculus【小花】，后者进入英语中变为 floscule；嘴巴 os 的指小词为 osculum【小口】，这个词也被英语借用，表示"出水孔"等。但很多词汇在使用中已经丢失了表达小的概念了，比如眼睛 oculus、耳朵 auriculus。

朋友 amicus/amigo，猫 cattus/gato，蚂蚁 formica/hormiga，

第二 secundus/segundo，无花果 ficus/higo，肝 ficatum/hígado。

星期一

希腊人将这一天称为 hemera Selenes【月亮之日】，罗马人仿造出了拉丁语的 dies Lunae。lunae 是'月亮'luna 的属格，后者演变为西班牙语的 luna、葡萄牙语的 lua、意大利语的 luna、法语的 lune 以及罗马尼亚语的 lună。dies Lunae 演变成法语的 lundi 和意大利语的 lunedì，而西班牙语的 lunes 和罗马尼亚语的 luni 则直接由 Lunae 演变而来。注意到西班牙语中从周一到周五的词汇 lunes、martes、miércoles、jueves、viernes 本身就都是复数概念，这或许是受西班牙语常用表达的影响，毕竟西班牙语中表示日常时间的句子经常使用复数形式。对比西班牙语和其他语言对应句子的不同：

表 2-8   西班牙语、法语、意大利语和英语中的日常问候

西班牙语	法语	意大利语	英语
buenos días.	bonjour.	buon giorno.	good day.
buenas tardes.	bon après-midi.	buon pomeriggio	good afternoon.
buenas noches.	bonsoir.	buona sera.	good evening.
复数	单数	单数	单数

注意到对应的西班牙语皆为复数，而其他几种语言中则都为单数。这或许与西班牙语中星期词汇使用复数有着同样的语言心理。

星期二

希腊人将这一天称为 hemera Areos【战神阿瑞斯之日】，阿瑞斯 Ares 是希腊神话中的战神。罗马人将这一天改为对应罗马神灵【玛尔斯之日】，即 dies Martis。

玛尔斯 Mars 是罗马神话中的战神，他的名字也被用来命名火星，英语中表示火星的 Mars 就沿用了这个称呼；相似地，表示火星的法语的 Mars、意大利语的 Marte、西班牙语的 Marte、葡萄牙语的 Marte、罗马尼亚语的 Marte 都由此而来。而拉丁语中的 dies Martis 演变出了法语的 mardi、意大利语的 martedì，其简写 Martis 演变出西

班牙语的 martes 和罗马尼亚语的 marți，这些词都可以理解为【战神之日】或者【火星之日】。

星期三

希腊人将这一天称为 hemera Hermou【亡灵引导神赫耳墨斯之日】，赫耳墨斯 Hermes 是希腊神话中的信使之神，并且负责将亡灵引领至冥界。罗马人将这一天改为对应罗马神灵，即 dies Mercurii【亡灵引导神墨丘利之日】。墨丘利 Mercury 是罗马神话中的信使之神，他的名字也被用来命名水星，英语中表示水星的 Mercury 就来自于此；相似地，表示水星的法语的 Mercure、意大利语的 Mercurio、西班牙语的 Mercurio、葡萄牙语的 Mercúrio、罗马尼亚语的 Mercur 都由此而来。而拉丁语中的 dies Mercurii 演变出了法语的 mercredi、意大利语的 mercoledì，其简写 Mercurii 则演变出西班牙语的 miércoles 和罗马尼亚语的 miercuri，这些名称都可以理解为【神使之日】或者【水星之日】。

星期四

希腊人将这一天称为 hemera Dios【雷神宙斯之日】，宙斯 Zeus 是希腊神话中的主神，也是掌握闪电雷鸣之神，罗马人将这一天改命以对应的罗马神灵【雷神朱庇特之日】，即 dies Jovis。Jovis 是拉丁语中朱庇特 Jupiter 的属格，朱庇特的名字也被用来命名木星，英语中的木星 Jupiter 就来自于此；相似地，表示木星的法语的 Jupiter、西班牙语的 Júpiter、葡萄牙语的 Júpiter、罗马尼亚语的 Jupiter 都由此而来；而意大利语中表示木星的 Giove 则来自拉丁语的 Jovis。对比拉丁语的 Jovis 和意大利语的 Giove，会发现拉丁语的 j 进入意大利语往往变为 gi，对比拉丁语和意大利语的对应词汇：

年轻 juvenis/giovane，五月 majus/maggio，正义 justus/giusto，玩耍 Jocare/giocare，较大 major/maggior，较小 pejor/peggiore，已经 jam/già，雅各布 Jacobus/Giacobbe，星期四 dies Jovis/giovedì。

拉丁语中的 dies Jovis 演变出了法语的 jeudi、意大利语的 giovedì，其简写 Jovis 则演变出西班牙语的 Jueves 和罗马尼亚语的 joi，这些词都可以理解为【雷神之日】或者【木星之日】。对比拉丁语的 Jovis 和西班牙语的 jueves，会发现拉丁语的 o 进入西班牙语往往变为 ue，对比拉丁语和西班牙语的对应词汇：

门 porta/puerta，角 cornu/cuerno，乌鸦 corvus/cuervo，

韭菜 porrum/puerro，好的 bonus/bueno，位置 positus/puesto

星期五

希腊人将这一天称为 hemera Aphrodites【爱神阿佛洛狄忒之日】，阿佛洛狄忒 Aphrodite 是希腊神话中爱与美之女神，罗马人将这一天改命以对应的罗马神灵【维纳斯之日】，即 dies Veneris。Veneris 是拉丁语中爱与美之女神维纳斯 Venus 的属格。维纳斯的名字也被用来命名金星，英语中的金星 Venus 就来自于此；相似地，表示金星的法语的 Vénus、西班牙语的 Venus、葡萄牙语的 Vénus、意大利语的 Venere、罗马尼亚语的 Venus 都由此而来。

而拉丁语中的 dies Veneris 则演变出了法语的 vendredi、意大利语的 venerdì，其简写 Veneris 演变出西班牙语的 viernes 和罗马尼亚语的 vineri，这些词汇都可以理解为【爱神之日】或者【金星之日】。

星期六

希腊人将这一天称为 hemera Cronou【农神克洛诺斯之日】，克洛诺斯 Cronos 是希腊神话的农神。罗马人将这一天改命以对应的罗马神灵【农神萨图尔努斯之日】，即 dies Saturnii。Saturnii 是拉丁语中农神萨图尔努斯 Saturn 的属格。萨图尔努斯的名字也被用来命名土星，英语中的土星 Saturn 就来源于此；相似地，表示土星的法语的 Saturne、西班牙语的 Saturno、葡萄牙语的 Saturno、意大利语的 Saturno、罗马尼亚语的 Saturn 等词汇都由此而来。

罗马帝国境内的基督教徒将这一天称为 dies Sabbati【休息日】。

《圣经》上说，上帝六天创世，在这最后一天休息，因此称为 dies Sabbati，法语的 samedi 即由此演变而来。dies Sabbati 的简写 Sabbati 则演变出了意大利语的 sabato、西班牙语的 sábado、罗马尼亚语的 sâmbătă 等。

至此，罗曼语族几个代表语言中的星期概念已经分析完毕。因为文中涉及各语言中关于行星的称呼，此处总结如下：

表2-9　拉丁语、罗曼诸语与英语中的七大行星名称

行星	太阳	月亮	火星	水星	木星	金星	土星
拉丁语	Sol	Luna	Mars	Mercurius	Jupiter	Venus	Saturnus
法语	Soleil	Lune	Mars	Mercure	Jupiter	Vénus	Saturne
意大利语	Sole	Luna	Marte	Mercurio	Giove	Venere	Saturno
西班牙语	Sol	Luna	Marte	Mercurio	Júpiter	Venus	Saturno
葡萄牙语	Sol	Lua	Marte	Mercúrio	Júpiter	Vénus	Saturno
罗马尼亚语	Soare	Luna	Marte	Mercur	Jupiter	Venus	Saturn
英语	Sun	Moon	Mars	Mercury	Jupiter	Venus	Saturn

2.4　星期日 造物主和太阳神

星期日是一周的第一天。希腊人用太阳神来命名这一天，称其为 hemera Heliou 即【太阳神之日】。hemera 是希腊语[1]中的 day，heliou 是希腊语中 helios 的属格，因此 hemera Heliou 字面意思即【day of Helios】。赫利俄斯 Helios 是希腊神话中的太阳神，每天负责驾驶太阳车在天空中巡视，给大地带来光明。在希腊神话中，太阳神赫利俄斯的领地为罗得岛[2]，罗得岛上曾经矗立着非常壮观的赫利俄斯巨像，因其巨大宏伟，曾被列入古代世界的七大奇迹之一。

希腊语的 helios 意为'太阳'，同时也是太阳神的名字。拉丁语的 sol 与此相似，也为表示太阳的基本词汇，因此就有了英语中：太阳的 solar，比如太阳能 solar energy，对比月亮的 lunar；冬至和夏至之所以称为 solstice，因为在这一天仿佛【太阳停留】在了南回归线或北回归线上，运动变得极为缓慢；阳伞叫做 parasol，因为它能【挡开太阳光】；还有暴晒 insolate【放在日光下】、日光浴室 solarium【日光室】、菊芋 girasol【朝向太阳】等。

虽然星期天被称为 dies Solis，但因为在基督教中，星期天是上帝创世的第一天，教徒们将这一天献给上帝，称为 dies Dominica【主之日】。dominica 是拉丁语中 dominus'主人'的形容词阴性形式，因为其所修饰的 dies 为阴性形式[3]。多米尼克 Dominica 得名于西班牙的探险者哥伦布，哥伦布于 1493 年 11 月 3 日来到此地，当时正逢星期日，水手们便为此地取名为'星期日'Dominica。dominica 表示'主的、上帝的'之意，来自拉丁语的 dominus'主人'。在拉丁语《圣经》中，上帝被称为 Dominus Deus'神主'。

Istae generationes caeli et terrae quando creatae sunt in die quo fecit Dominus Deus caelum et terram[4].

——《圣经·创世纪》2:4

圣经后文简称为 Dominus，人类共同的主人即上帝（The Lord），

> 图 2-5　Colossus of Helios in Rhodes

[1] 此处的希腊语为古希腊语。全书中如非特指，希腊语皆指古希腊语。

[2] 罗得岛 Rhodes，爱琴海最东部的一个岛屿。

[3] 拉丁语形容词具有三种形式：阳性、阴性和中性，其对应后缀一般为阳性-us、阴性-a、中性-um，根据一致性原则，形容词的性属应与其所修饰的名词的性属（阳性、阴性、中性）保持一致。此处所修饰名词 dies 为阴性，故使用形容词阴性形式的 dominica。

[4] 这段话的意思为：创造天地的来历，在神主造天地的日子，乃是这样。

① 拉丁语中，annus domini
意为【year of the Lord】，
而anno domini则为其离格
形式，字面意思是【by the
year of the Lord】即【以
主耶稣纪年】。

所以首字母大写时 Dominus 也用来表示上帝。而我们所说的 A.D 即 Anno Domini【以主（耶稣）纪年】①，相应的 B.C 则为 Before Christ【在耶稣之前】。牛津大学校训是 Dominus illuminatio mea，翻译成英语就是 The Lord is my light；渥太华大学的校训则是 Deus Scientiarum Dominus Est，即【God is the Master of Science】。

在拉丁语中，dominus 为阳性名词，因而表示'男主人'之意，而对应的阴性形式 domina 用来表示'女主人'。拉丁语的子语言西班牙语中，dominus 被简化为 don，女主人 domina 被简化为 doña，这些词汇在早期被用来表示有身份的男性和女性，一般译为"先生"和"女士"。dominus 在拉丁语中常常用来称呼贵族人物（对比中文的"老爷"），因此其衍生词汇 Don 作为西班牙的贵族姓氏流传了下来，比如我们所熟悉的 *Don Quixote*《唐·吉诃德》和 *Don Juan*《唐·璜》。

dominus 在意大利语中变为 donno，并演变为现代意大利语的 don，而 domina 则演变为了意大利语的 donna。意大利歌剧中最早出场的女性被称为 prima donna【first lady】，英语中也借用了这个词，一般用来指女主角或者首席女歌手；意大利人尊称圣母玛利亚为

ma donna【my lady】，这个尊称后来演变出了人名 Madonna，即我们熟知的麦当娜；中世纪时，意大利贵妇们为了使眼睛更有神采，用一种可以放大瞳孔的植物制剂滴入眼睛，让眼睛看起来更加深邃动人，人们将这种植物称为 bella donna【beautiful lady】，后者进入英语中变为 belladonna，这种植物在我们国家被称为颠茄。

Domina 在法语中变为 dame，其指小词为 demoiselle，这些法语词汇也进入英语中，于是便有了：女士 dame【lady】、少女 damsel【young lady】、少女 demoiselle【young lady】、小姐 mademoiselle【my young lady】等词汇。

拉丁语名词 dominus 又衍生出了动词不定式 dominari '成为主人'，引申为'统治、驾驭'

之意。因此有了英语中：统治 dominate【驾驭】、主宰 predominate【君临】、控制 domination【驾驭】；统治者 dominator【驾驭者】、（性虐）女王 dominatrix【女驾驭者】、压制 domineer【统治、凌驾】、领土 domain【统治区域】。

拉丁语的 dominus‘主人’源自 domus‘房子’一词，因此 dominus 的字面意思为【房子的（主人）】。domus 进入英语中变为 dome，注意到拉丁语的 -us 进入英语中经常变为 -e，对比拉丁语词汇和对应的英语单词：

俘虏 captivus/captive，奔跑 cursus/course，烟 fumus/fume，出身 genus/gene，情况 casus/case，方式 modus/mode，赤裸的 nudus/nude，首要的 primus/prime，健康的 sanus/sane，元老院 senatus/senate，感觉 sensus/sense，单独的 solus/sole，诗句 versus/verse。

domus 一词还衍生出了一大批英语单词：家庭的 domestic【房屋里的】，对比乡间的 agrestic【田地里的】；由 domestic 又衍生出动词 domesticate，字面意思是【使变成家养】，即"驯化"动物[1]；还有住所 domicile【住的屋子】、虫菌穴 domatium【居住之地】等。

① 有意思的是，表示驯服的 tame 也是 domus 的同源词。

2.5 星期一 月亮女神

星期一是一周的第二天。希腊人用月亮女神来命名这一天，称之为 hemera Selenes 即【月亮女神之日】。Selenes 是希腊语 Selene 的属格，塞勒涅 Selene 是希腊神话中的月亮女神，该词的词基为 selen-，加 -es 变为对应的属格，注意到星期五中 Aphrodite 的属格也是在词基上加 -es 构成 Aphrodites。希腊语中的这个属格后缀 -es 与拉丁语的属格 -is、古英语中的 -es、现代英语中的 's 同源，因此 hemera Selenes 字面意思即【Selene's day】。塞勒涅是希腊神话中的月亮女神，她是太阳神赫利俄斯的妹妹。根据希腊神话，月亮女神是一位美丽的女性，她生有双翼，衣裳熠熠生辉；她每夜都在大海中沐浴，再从大海中升起，将清凉而朦胧的月光洒向满是灌木和狗的大地。

希腊语的 selene 意为'月亮'，同时也是月亮女神的名字。拉丁语的 luna '月亮'与之相似，该词同时也是月亮女神的名字。因此罗马人称星期一为 dies Lunae【月亮女神之日】。拉丁语的 luna '月亮'一词衍生出了英语中：月亮的 lunar，阴历 lunar calendar 字面意思就是【月亮历】，对比阳历 solar calendar【太阳历】；登月宇航员被称为 lunarnaut【登月船船员】，对比宇航员 astronaut【星际船船员】、宇航

➤ 图 2-7 Selene and Endymion

员 cosmonaut【太空船船员】、航天员 taikonaut【太空船员】、潜水员 aquanaut【水中船员】；在绕月航行中，近月点为 perilune【月之周围】，远月点为 apolune【远离月亮】，对比近地点 perigee、远地点 apogee、近日点 perihelion、远日点 aphelion；欧洲人认为月亮的盈亏会影响到人的心智，在满月出现时，甚至有可能引得人发狂，传说狼人在圆月之夜变成狼更是说明了这一点，英语中的 lunatic 即来源于这个传说，该词可以解释为 moonstruck，一般用来表示"精神错乱、发狂"之意。

拉丁语中的 luna 进入英语中，变为了 lune[1]，其指小词为 lunette【小月亮】。对比拉丁语的 luna 和其演变为的英语词汇 lune，会发现拉丁语中以 -a 结尾的名词往往进入英语中变为 -e，对比拉丁语和对应的英语词汇：

> 自然 natura/nature，名声 fama/fame，玫瑰 rosa/rose，
> 海盗 pirata/pirate，运气 fortuna/fortune，演讲 lectura/lecture，
> 造物 creatura/creature，医药 medicina/medicine。

① luna 一词进入英语中变为 lune，但词义上稍微有些小变动，拉丁语的 luna 表示基本的'月亮'之意，而英语中的 lune 多用来表示"月牙形"的意思。

月亮 luna 一词与拉丁语中 lux '光'同源，后者的词基为 luc-，luna 一词可以认为是由 luc-na → luna 构成，因此 luna 一词的字面意思可以理解为【阴性的发光体】。月亮发光，并且在罗马神话中为女神，正符合这一词源。这不禁让人想到《圣经·创世纪》中的内容：

> 于是神造了两大光，大的管昼，小的管夜。
> ——《圣经·创世纪》1：16

如果我们把其中的大小对应理解为阳性和阴性，那么月亮就是"阴性的光"了，这和 luna 一词的概念又是何其相像呢。

luna 和拉丁语中的 lux '光'同源，洗护发品牌力士 Lux 便来自该词，这个品牌名称暗示着【闪亮动人】之意。lux 的属格为 lucis，词基为 luc-，于是就有了英语中：

lucifer 字面意思是'带来光'，这个词最初也被用来指启明星，因为 Lucifer 为【带来黎明】，Lucifer 作为名字专指基督教里的一位六翼

天使，他因背叛上帝而成为恶魔的象征，汉语一般翻译为路西法。发光的 luciferous 即【带来光的】，比如萤火虫，于是萤火虫身上提取的一种酶被称为萤光素酶 luciferase【萤火虫之酶】，而萤火虫体内提取出的一种生物素则称为荧光素 luciferin【荧光虫素】；清澈的 lucid【光亮的】，对比生动的 vivid【充满生命的】、潮湿的 humid【泥土般湿润的】、清澈的 limpid【水一般清澈的】①，lucid 衍生出透明的 pellucid【完全透光的】；强光油灯 lucigen 字面意思为【产生光】，对比光源photogen【产生光】、生源体 biogen【产生生命】、氢气 hydrogen【生成水】、氧气 oxygen【生成酸】、氮气 nitrogen【来自硝石】；该词还衍生出了人名卢修斯 Lucius 和露西娅 Lucia，Lucius 为阳性，故为男性名字，阴性的 Lucia 则为女孩名字，女名露西 Lucy 便源于 Lucia，后者可以理解为【阳光少女】；男性人名还有卢卡斯 Lucas、卢西恩Lucien，这些名字可以理解为【阳光男孩】。

词基 luc-‘光’还衍生出了拉丁语动词 lucere‘to shine’。其现在分词为 lucens（属格为 lucentis，词基为 lucent-），意思为【shining】，英语中的 lucent 即来自于此②，于是也有了英语中的夜间发光的 noctilucent【shining in the night】、半透明的 translucent【shining through】。动词 lucere 则衍生出了名词 lumen‘光亮’（属格为 luminis，词基为 lumin-）③，这个词衍生出了英语中：流明lumen【光】、发光体 luminary【发光之物】、发光的 luminous【亮的】、亮度 luminance【光度】、发光的 luminiferous【带来光的】、透照 transilluminate【光照通透】；照射 illuminate 字面意思是【用光照亮】，于是就有了发光体 illuminant【施照体】、启发 illumine【使见到光】；发光的名词概念为 luminescence【发光】，于是有了自发光 autoluminescence【自身发光】、生物荧光 bioluminescence【生物发光】、电致发光 electroluminescence【电发光】、电流发光galvanoluminescence【电流发光】等。

①–id类形容词来自拉丁语的后缀–idus，后者一般缀于名词与动词词基后构成表达'事物所具有的状态、性质'的形容词。

②英语中–ent后缀的词汇基本都源自拉丁语的动词现在分词，对应为英语动词进行时V–ing，这种现在分词一般作为名词使用，对应为the V–ing one。比如student【the studying one】、agent【the acting one】、patient【the suffering one】、president【the presiding one】。

③在拉丁语中，动词词基后加–men后缀构成动作对象动作本身所对应的名词，动词lucere词基为luc，加–men衍生出luc–men→lumen。

2.6　星期二　战争之神

星期二是一周的第三天。希腊人用战争之神来命名这一天，称其为 hemera Areos 即【战神之日】。Areos 是希腊语 Ares 的属格，阿瑞斯 Ares 即希腊神话中的战争之神。因此 hemera Areos 字面意思即【Ares' day】。阿瑞斯是战争之神，对应罗马神话中的战神玛尔斯 Mars。因此星期二在拉丁语中被转写为 dies Martis【战神玛尔斯之日】。战神性情残暴、酷爱血腥，于是人们用战神的名字 Mars 来称呼火星，因为火星呈腥红色。而中文之所以称之为"火星"，也正是因为这颗星呈红色。我国古代将这颗星称为荧惑，因其呈红色，荧荧像火，亮度常有变化，故名惑。①

罗马人尚武（说白了就是好战，要不哪来罗马帝国那么大的地盘呢），因此对战神玛尔斯供奉有加。他们一般选择冬去春来的日子开始出征，出征前祭祀主战之神 Mars 以祈求军队战斗胜利，这时恰好适值公历三月（从我们现在的历法来看是三月，但罗马人最初可不这样想）。罗马人将此月定为一年的第一个月份，称为 Martius。罗马新年也是从这月一日开始，新当选的执政官在这一天上任，国家庆祝等大事也多放在这个月举行。奇怪的是，起初罗马人只命名了 10 个月，包括一年中的 304 天，余下冬季里的 60 余日没有命名，这十个月分别称为：

一月 Martius：即战神之月，这一月军队出征，故以战神来命名。

二月 Aprilis：此时大地回春、阳光明媚，故名 Aprilis '阳光充足的'，可以对比一下非洲 Africa，Africa 可能与 Aprilis 同源，字面意思是【阳光灼热的】②。

三月 Maius：此月因祭祀掌管春天和生命的女神迈亚 Maia 而名。

四月 Junius：此月正值初夏，正是年轻人结婚的大好时光，故以婚姻和家庭女神朱诺 Juno 之名命名该月，称为 Junius。

①《广雅·释天》有言：荧惑谓之罚星，或谓之执法。在古人看来，这颗星实属威严，它运行时碰到了哪颗星，这颗星对应的人物就有凶兆。比如心宿二代表皇帝。在政治比较黑暗的年代，遇到荧惑冲犯心宿的现象总被政治家当做杀死敌党的借口，汉成帝时的丞相翟方进就是这样冤死的。

▷ 图 2-8　Ares and Aphrodite

②关于二月 Aprilis 的来历还有一种说法认为来自爱神阿佛洛狄忒 Aphrodite，为【爱神之月】。

五月 Quintilis：quintilis 字面意思为'第五个'月，对比英语中 quintessence【第五元素】，现用来表示事物的精华。

六月 Sextilis：sextilis 字面意思为'第六个'月，对比六分仪 Sextant【六个的】。

七月 September：september 字面意思为'第七个'月，对比大家都熟知的服装品牌七匹狼 Septwolves【七狼】。

八月 October：october 字面意思为'第八个'月，章鱼有八只脚因此被称为 octopus【八足】，还有我们的八进制用 O 表示，全称 octal【八个的，基数为八的】。

九月 November：november 字面意思为'第九个'月，来自拉丁语中表示'九'的 novem，后者与英语中的 nine 同源。

十月 December：december 字面意思为【第十个】月，来自拉丁语中表示'十'的 decem。英语中十进制缩写为 D，全称是 decimal【十个的，基数为十的】，十年我们称之为 decade【十个的】，还有薄伽丘的大作《十日谈》Decameron【十天】。

在古罗马的历法中，五月起初称作 Quintilis，因凯撒大帝[1]生于 5 月，于是他将五月改为了 Julius 即【凯撒之月】，以弘扬自己的功绩。六月本称作 Sextilis，罗马元老院授予皇帝屋大维[2]以奥古斯都 Augustus '伟大的'尊号时，也将他出生的 6 月改为了 Augustus，即【奥古斯都之月】。

公元 154 年，罗马帝国的伊斯帕尼亚行省[3]爆发了反对罗马统治的起义，时值十月 December（注意，十月之后还有 60 余日才能到第二年的一月 Martius）。元老院认为应该马上授命新当选的两位执行官去镇压起义，而按照习俗执政官却要在第二年年初才能上任。为了尽快的迎来这一天，他们决定，这一年 December 之后便开始庆祝新年。很久之后，这个方法终于被广泛接受，于是原来所有的月份都往后推迟两个月时间，并在 Martius 之前新增了 Januarius 和 Februarius 两个月份，于是一年的十二个月份名字最终确定下来，英语、法语、西班牙语、意大利语、葡萄牙语中的月份由拉丁语中的月份演变而来。对比这些语言中关于月份的称呼：

① 凯撒大帝（Julius Caesar，公元前102~公元前44），罗马共和国末期杰出的军事统帅、政治家。
② 屋大维（Augustus Octavianus，公元前63~公元14），罗马帝国的开国君主，元首制的创始人。凯撒大帝的接班人。
③ 伊斯帕尼亚行省Hispania，即相当于现在的西班牙。当时西班牙尚属于罗马帝国西部的一个行省。

表2-10 拉丁语、罗曼诸语与英语中的月份名称

拉丁语	西班牙语	意大利语	法语	葡萄牙语	英语	汉语
Januarius	enero	gennaio	janvier	janeiro	January	一月
Februarius	febrero	febbraio	février	fevereiro	February	二月
Martius	marzo	marzo	mars	março	March	三月
Aprilis	abril	aprile	avril	abril	April	四月
Maius	mayo	maggio	mai	maio	May	五月
Junius	junio	giugno	juin	junho	June	六月
Julius	julio	luglio	juillet	julho	July	七月
Augustus	agosto	agosto	août	agosto	August	八月
September	septiembre	settembre	septembre	setembro	September	九月
October	octubre	ottobre	octobre	outubro	October	十月
November	noviembre	novembre	novembre	novembro	November	十一月
December	diciembre	dicembre	décembre	dezembro	December	十二月

　　至于二月称为 Februarius，是因为二月一般要进行名为 Februa 的赎罪仪式，可能是罗马人老是打仗，忏悔忏悔吧，呵呵。真想不通罗马人怎么想的，二月刚赎完罪洗涤好灵魂，到了三月 Martius 祭祀好了战神又出去打杀去了。唉，实在是……

　　新历法的一月 Januarius 字面意思为【属于雅努斯神的】，雅努斯 Janus 乃是古罗马的门户之神，名字源于拉丁语的'门'ianua。当然，这跟咱们过年贴在大门上的门神可大不一样，这个神有两张面孔，一张面向过去，一张面向未来，用门户之神来命名一月，乃是寄予辞旧迎新之意。Januarius 这个词到了葡萄牙语中变成了 janeiro，1502 年 1 月，葡萄牙航海探险队登陆巴西一港口，时值一月，他们误认为登岸的海湾为河流，故将这里命名为里约热内卢 Rio de Janeiro【一月之河】。

　　战神玛尔斯的名字 Mars 一词可能源自拉丁语的 mas '男性、阳刚'，后者衍生出了英语中：雄性的 masculine【男性的】、男性的 male【男性的】、男子汉 macho【雄性】、阉割 emasculate【除去雄性】等。类似的，战神被视为男性的象征，玛尔斯的符号♂则被用来作为雄性的象征，对比来自爱神维纳斯的符号♀，后者则被用作雌性的象征。中国的武术被认为是源于以及主要应用于战争，故亦称为 martial arts；由 Mars 产生一个人名叫 Martin，从词源的角度来讲，请大家尽量不要和这种人吵架，要是他真人如其名，那你可就惨了。

2.7　星期三　商业之神

▷ 图 2-9　Hermes and Paris

星期三是一周的第四天。希腊人用信使之神来命名这一天，称其为 hemera Hermou 即【信使神之日】。Hermou 是 Hermes 的属格，赫耳墨斯 Hermes 是神话中的信使之神、商业之神，他还司掌着将亡灵带领至冥界的任务，并且是被小偷们所敬拜的神。赫耳墨斯是主神宙斯和仙女迈亚 Maia 所生，这个迈亚就是上一节中的司管春天和生命的女神（五月最初被称为 Maius【迈亚女神之月】，英语的 May 即由此演变而来）。

关于赫耳墨斯，或许有人还记得小学课本里的一篇名叫《赫耳墨斯和雕像者》的伊索寓言，讲的是商神赫耳墨斯的故事。原文如下：

赫耳墨斯想知道他在人间受到多大的尊重，就化作凡人，来到一个雕像者的店里。他看见宙斯的雕像，问道：值多少钱？

雕像者说：一个银元。

赫耳墨斯又笑着问道：赫拉的雕像值多少？

雕像者说：还要贵一点。

后来，赫耳墨斯看见自己的雕像，心想他身为神使，又是商人的庇护神，人们会对他更尊重些，于是问道：这个多少钱？

雕像者回答说：假如你买了那两个，这个算饶头，白送。

赫耳墨斯对应罗马神话中的墨丘利 Mercury，后者也是信使之神和商业之神，因此罗马人将这一天称为 dies Mercurii【信使神墨丘利之日】。

作为众神的信使，墨丘利健步如飞，总是能飞快地传达神祇的旨意。水星是距离太阳最近的一颗行星，其绕太阳公转的速度也在所有行星中最快。古代天文学家观察到这颗星在夜空中出没的周期非常短，显然是一颗运行速度极快的行星，是行星界响当当的"飞毛腿"，因此人们用信使之神墨丘利 Mercury 来命名水星，于是就有了英语中的水星 Mercury。神使墨丘利健步如飞、非常灵活，所以活性非常大的金属元素水银，人们就用信使之神的名字命名了，于是就有了英语中的 mercury。

在神话作品中，赫耳墨斯经常被描述为一位脚踩戴翼飞鞋、头戴隐身头盔、手持一柄双蛇杖的年轻人，罗马神话对应的墨丘利也仿照了这个形象，脚踩戴翼飞鞋，因此他行动迅速，是当之无愧的诸神信使；头戴隐身头盔，因此他的出现可以做到神不知鬼不觉，故广受小偷们的膜拜；手持的双蛇杖[1]是商业的象征，世界各国也经常使用该标志表示商业，比如我国的海关标志[2]。

> 图 2-10　中国海关

既然墨丘利 Mercury 是商业之神，我们就不难理解其名字源于拉丁语的'交易、买卖'merx（属格为 mercis，词基 merc-），该词衍生出了拉丁语的 merces（属格 mercedis、词基 merced-[3]），意思是'好处、回报'，做生意就是为了获取回报。由此衍生出英语单词：贸易 commerce 就是【一起做生意】，我们更常用它的形容词形式 commercial；【做生意的人】就是商人 merchant，其对应的动词形式就是交易 merchandise【做生意】；卖布的人被称为 mercer【生意人】，只为谋取金钱利益的人被称为 mercenary 即【逐利的】。当一个人对着你喊 mercy，这句话里面暗含着这样一个信息"给我点好处吧"，这是以前街上乞丐的最常用的一句台词；而在法语中，如果一个人对你说 merci[4]，这说明他从你那里得到了好处。

merx 衍生出了拉丁语动词 mercari '做生意'，后者的完成分词为 mercatus（属格 mercati，词基 mercat-）。于是就有了英语中的市场 market【做买卖的地方】，把各种不同职能的市场（如菜市场、日用品市场、小家电市场等）组合起来就变成一个超大型的市场，英语中称之为超市 supermarket【超级市场】。mercatus 一词还衍生出了英

① 信使之神所持的双蛇杖称为 Caduceus，其为商业贸易的象征。希腊神话中还有一种蛇杖，即医神阿斯克勒庇俄斯的蛇缠藤手杖（Rod of Asclepius），该手杖成为了医学的象征，比如世界各国医学部、各种医科大学、救护车等医务类的标志就来自于此。注意不要把两种标志相混淆，双蛇杖是商业的标志，而蛇缠藤则是医学的标志。

② 我国的海关标志由商神手杖与金色钥匙交叉组成。商神手杖是商业及国际贸易的象征，钥匙则象征海关部门的用来把守通关大门的权力，寓意海关为祖国把关。

③ 该词进入西班牙语，演变为名词 merced，复数为 mercedes，人们将圣母玛利亚尊称为 María de las Mercedes 即【Mary of the Mercies】，人名梅赛德斯 Mercedes 即由此而来。奔驰全称为 Mercedes-Benz，而汽车名中的 Mercedes 部分，则来自奔驰创始人之一的 Emil Jellinek 的女儿的名字 Mercedes Jellinek。

④ 法语中的 merci 和英语中的 mercy 同源，不过 merci 已经成为法语中的日常用语，相当于英语中的 thanks。

语中的商业中心 mart，字面意思也是【市场】。于是我们就不难理解，沃尔玛 Walmart 是由沃尔顿 Walton 家族控股的一家世界性连锁大超市；乐天玛特 Lottemart 是韩国乐天 Lotte 集团下属的专营性大超市；大润发 RT-mart 则是台湾润泰集团旗下的超市品牌，RT 即润泰的首字母缩写；还有来自日本的西友商店的子公司 FamilyMart，字面意思是【家超市】，在中国叫做全家；来自韩国的零售超市易买得 E-mart，不知道这个 E 具体代表什么，或许是说这个超市什么都有卖吧【mart of everything】；歌诗玛 Cosmart 明显就是一个专卖化妆品的超市，即【mart of cosmetics】；号称世界上最大的中国商品海外贸易中心位于迪拜，被称为龙城 DragonMart【龙超市】；还有曾经在零售业非常辉煌的凯马特 K-mart 公司，以及各种其他的购物 mart 等。可以说，由于 mart 的影响以及几个世界级大玛特的巨大成功，现在零售业也卷起一股"玛特"热了，世界新兴的零售业都竞相以取名 mart 为荣呢。

2.8　星期四　众神之神

星期四是一周的第五天。希腊人用雷神宙斯来命名这一天，称其为 hemera Dios 即【雷神宙斯之日】。Dios 是宙斯 Zeus 的属格[1]，因此 hemera Dios 字面意思即【Zeus' day】。宙斯是希腊神话中的天神和雷神，同时也是奥林波斯神系的统治者，是众神之王。在希腊神话中，宙斯实在牛得太离谱了，古希腊神话中神界的故事脉络和人间的英雄事迹都得从他这里展开，要不然整个希腊神话体系就散架了。神话中的大英雄，往往其母亲或者外婆或老祖母在年轻美丽的时候都被宙斯给坑蒙拐骗过。希腊神话中的大英雄一般都是神的后代，并且，最著名大英雄里面至少有一半体内都有宙斯的基因。经常大英雄打架的时候，不消你问是谁家的孩子，因为他们一般情况下都应该喊宙斯叫爹或爷爷。有时宙斯在天上看得都心疼呢，心想两个骨肉打起来了，都不知道该帮哪一边好。而这还没算进去宙斯和女神生下的青年神呢，像太阳神阿波罗 Apollo、月亮女神阿耳忒弥斯 Artemis、智慧女神雅典娜 Athena、战神阿瑞斯 Ares、神使赫耳墨斯 Hermes、青春女神赫柏 Hebe、文艺女神缪斯 Muses、美惠三女神 Charites、时序三女神 Horae 等。

在希腊语中，Zeus 的属格是 Dios，词基为 di-。解释一下为什么在分析希腊拉丁语名词时要引入属格：在希腊拉丁语中，名词词基是词汇形态和变位的核心，而名词词基是通过属格来判断的，形容词亦是如此。这些古语言中重要词汇的词基都有着很强的构词能力，很多进入英语中成为重要的英语词根，比如 Zeus 的词基 di-。dios 一词在特指的情况下表示主神宙斯，而在泛指时表示普遍的'神灵'的概念，对比拉丁语中表示'神'的 divus（后者属格为 divi，词基为 div-），或许我们可以再对比一下梵

▶ 图 2-11　Zeus and Hera

① 在希腊语中，Zeus属于不规则变格名词，其属格为Dios。在一些悲剧作品中，也有用Zenos作为其属格的，但非常少见。

① 在梵语中天神被称为 Deva（该词阳性形式），而相应的天女则称为 Devi（阴性形式），梵文所使用的天城体字母即称为 Devanagri【神之城】。"天龙八部"中的"天"部在梵语中即为 Deva。
② 拉丁语中有时也将神称为 deus，这个词似乎是受了希腊语 dios 的影响，从希腊语中借过来的。

语中表示'天神'的 deva①（属格为 devasya，词基为 dev-）。我们发现古希腊语的 dios、拉丁语的 divus②、梵语中的 deva 都表示'天神'的概念，并且在词基上都非常近似。事实上，它们都源自古印欧语中的 *dewos'神'。于是我们就不难理解英语中的神 deity【神灵】、神化 deify【使如神】、神论者 deist【信仰神者】、神圣的 divine【神的】；而人名戴夫斯 Dives 源于拉丁语中的 dives'有钱人'，这个词本来指被神赏识的人。还有希腊神话中的著名人物：双子座的两个孩子被称为狄俄斯库洛 Dioscuri【宙斯之子】、特洛亚战争中希腊联军方面的著名英雄狄俄墨得斯 Diomedes【宙斯之智】、酒神狄俄倪索斯 Dionysus【宙斯在倪萨山上所生】、罗马神话中的月亮女神狄安娜 Diana【女神】等。

中世纪的基督徒在道别时，经常会说 a Dieu vous comant【把您托付给神】，这里的 dieu 便源自'神'dios③。在中古英语中，人们将这句话对应改为 God be with ye【神与你同在】，现代英语中的 goodbye 即由此而来。

③ 此处 dieu 已经用来特指上帝了。如今法国人道别时说的 adieu，西班牙人说 adiós，意大利人说 addio，葡萄牙人说 adeus 都源于此。

注意到希腊语中的词基 di- 对应拉丁语中的词基 div-，我们发现希腊语和拉丁语中的同源词汇往往出现了一种"加 v 法则"，比较下列希腊语和拉丁语的同源词汇：

船只 naus/navis，新的 neos/novus，看 eido/vido④，
黄昏 hesperos/vesperus，房子 oikos/vicus，葡萄酒 oinos/vinus。

④ 拉丁语动词不定式后缀为 -ere/-ire/-are，而希腊语不定式后缀为 -ein，差别比较大。为了方便对比，此处采用动词的陈述式第一人称单数形式，因为这两种语言中，第一人称单数陈述式都是在动词词基后加 -o。

宙斯对应罗马神话中的主神朱庇特 Jupiter，于是罗马人将星期四对译为 dies Jovis【主神朱庇特之日】。为了表示对主神的尊敬和崇拜，罗马人将朱庇特敬称为朱庇特 Jupiter，后者可以理解为 Zeus pater → Jupiter；拉丁语中的 pater 意思为'父'，因此 Jupiter 字面意思为【众神之父朱庇特】。朱庇特是众神之王，是所有神灵中最强大的一位，他的名字也被用来命名木星，很有趣的一点是，木星正好也是所有行星中最大的一颗。而 Jovis 一名常用在中世纪的占星术中，于是就有了英语中 jovial 指【属于木星类的】，木星类的人被认为天性快活，故 jovial 也有了"天性快活"之意，这样的人被称为

jovian【木星类的人】。

Jupiter 一词由 Zeus '宙斯' 和 pater '父' 组成，直译为【父神宙斯】。pater 和英语中的 father 同源，我们发现拉丁语中的 p 往往对应英语同源词汇中的 f，对比拉丁语和英语中的同源词汇：

牲畜 pecus/fee，往前 pro/fro，鱼 piscis/fish，河港 portus/ford，家禽 pullus/fowl，脚 pes/foot。

由 pater '父' 衍生出的英语词汇有：同胞 compatriot '有共同父亲'，即【有着共同祖先】；家长 patriarch【父亲主管】，弑父 patricide【杀死父亲】；中世纪的基督徒在祈祷时一般以 pater noster【我们的父啊】开始，由此衍生出主祷文 paternoster。

神话中的宙斯，留给人最深的印象莫过于他诱拐美女的招数。他化身公牛将美女欧罗巴 Europa 拐骗到克里特岛将其强行征服，欧洲人被认为是欧罗巴的后代，欧洲 Europe 由此而得名。他变成天鹅趁斯巴达王后勒达 Leda 在河里沐浴时与其结合，勒达怀孕后生下了两个蛋，这蛋中孵化出了四个孩子，分别是著名的美女海伦 Helen、阿伽门农的妻子克吕泰涅斯特拉 Clytemnestra、英雄卡斯托尔 Castor、英雄波吕丢刻斯 Polydeuces，其中海伦的美貌导致了震惊古今希外的特洛亚战争；而卡斯托尔和波吕丢刻斯兄弟后来变成了双子座。他还诱骗了月亮女神的侍女卡利斯托 Callisto，一向爱好童贞的月亮女神因此大怒，把她变成一只熊，这只熊后来变成了大熊星座；卡利斯托生下的儿子阿耳卡斯 Arcas 则变为了小熊座。被宙斯坑蒙拐骗的美女实在太多太多，像身世凄惨的少女伊俄 Io，阿耳戈斯美丽的公主达那厄 Danae，忒拜公主塞墨勒 Semele 等等。因为宙斯被用来命名木星，后人就用宙斯的这些"情人"们为木星的卫星命名，比较著名的有 Io（木卫一）、Europa（木卫二）、Callisto（木卫四）、Leda（木卫十三）。

2.9　星期五　爱与美之女神

星期五是一周的第六天。希腊人用爱与美之女神来命名了这一天，称其为 hemera Aphrodites 即【爱神阿佛洛狄忒之日】。Aphrodites 是阿佛洛狄忒 Aphrodite 的属格，阿佛洛狄忒是希腊神话中的爱与美之女神，是所有女神中最美丽动人的一位。根据赫西俄德[1]的说法，以提坦首领克洛诺斯 Cronos 为首领的第二代神系反抗并推翻了以天神乌剌诺斯 Uranus 为首领的第一代神系，战斗中克洛诺斯砍掉了乌剌诺斯的生殖器，并将其扔进喧嚣的大海中。生殖器落进海水中后，海中不停地冒出大量白色的泡沫，并从白色的泡沫花中诞生了爱与美之女神阿佛洛狄忒，罗马名为维纳斯 Venus。出生后女神被风和海浪带到了塞浦路斯岛，她的绝伦美色让神仙和凡人无不为之着迷，就连动物、植物也都为之所动，她所到之处百花盛开。正如赫西俄德所言：

> 话说那生殖器由坚不可摧之刃割下，
> 从坚实大地扔到喧嚣不息的大海，
> 随波漂流了很久。一簇白色水沫
> 在这不朽的肉周围漫开。有个少女
> 诞生了，她先是经过神圣的库忒拉，
> 尔后去到海水环绕的塞浦路斯，

[1] 赫西俄德（Hesiod，约生活在公元前八世纪），古希腊著名诗人，与荷马同时代。著有《神谱》《工作与时日》《赫剌克勒斯之盾》等长诗。其作品《神谱》是公认的古希腊神话诸神谱系的范本。

▶ 图 2-12　The birth of Venus

美丽端庄的女神在这儿上岸，荫草

从她的纤足下冒出。阿佛洛狄忒（Aphrodite），

神和人都这么唤她，因她在水沫（aphros）中生成

——赫西俄德《神谱》188-196

从诗文中我们看到 Aphrodite 一名的来历，因为她是【从泡沫中生成的】。这个名字由希腊语的 aphros‘泡沫’和后缀 -ite 组成，-ite 后缀经常被用来表示“来自……”或者“……后裔”之意，比如以色列人 Israelite 乃是【Israel 的后裔】、利未人 Livite【Livi 之后裔】、摩押人 Moabite【Moab 之后裔】、迦南人 Canaanite【来自 Canaan】以及亚摩利人 Amorite、赫梯人 Hittite、耶布斯人 Jebusite 等，读过《圣经》的朋友应该对这样的名字都非常熟悉了。

-ite 后缀由古希腊语的形容词后缀 -ites 演变而来，-ites 一般缀于名词词基后，构成表示与该名词相关的形容词，对应的阴性形式为 -itis。比如‘血’haima（属格为 haimatos，词基 haimat-）加 -ites 构成 haimatites【如血的】。根据形容词与所修饰名词保持性属一致的原则，该后缀在修饰阳性名词时使用 -ites，修饰阴性名词时则使用 -itis。

希腊语的 lithos‘石头’为阳性名词，于是 haimatites lithos 就是【血色之石】，英语中的赤铁矿 hematite 即源于此。更进一步地说，英语中 -ite 后缀经常被用来表示‘石头’概念即源于此，比如：石墨 graphite【写字石】、陨石 meteorite【流星石】、花岗岩 granite【布满颗粒的石头】、萤石 fluorite【发光之石】、蓝晶石 kyanite【蓝色之石】①。

希腊语中，nosos‘疾病’为阴性词汇，于是关节部分疾病被称为 arthritis nosos【关节疾病】，现代英语中的关节炎 arthritis 便由此而来。需要注意的是，古希腊语中的 -itis 后缀被用来修饰任何类型的疾病，而其进入现代英语中后，这个后缀多数用来表示“炎症”一类的疾病②，例如：阑尾炎 appendicitis、胃炎 gastritis、结肠炎 colitis、咽炎 pharyngitis、支气管炎 bronchitis、乳腺炎 mastitis、膀胱炎 cystitis、

① 各种化石的名称，如三叶虫 trilobite、菊石 ammonite、箭石 belemnite、葵盘石 receptaculite、笔石 graptolite；各种矿产名称，比如菱锌矿 smithsonite、蓝椎矿 benitoite、镍黄铁矿 nicopyrite、亚历山大石 Alexandrite、虎纹石 tigerite；各种玉石名称，比如软玉 nephrite、硬玉 jadeite、绿碧玺 verdelite、黑碧玺 aphrizite、红碧玺 daurite、无色碧玺 achroite。

② 需要注意的是，-itis 后缀来自于修饰‘疾病’nosos 的形容词后缀，所以其本意只表示某种疾病。虽然英语中一般用此指代某种炎症，但偶尔也有并非表示炎症的例词，比如 localitis 即【局部利益病症】。

➤ 图 2-13　Venus and Cupid

扁桃体炎 tonsillitis、前列腺炎 prostatitis、肠炎 enteritis、喉炎 laryngitis、胰脏炎 pancreatitis 等。

　　阿佛洛狄忒一出生便以美色征服了世界，后来好色的主神宙斯不断地向她献殷勤，但是她连宙斯理都不理。宙斯终于抓狂了，以主神的名义把她许给诸神中瘸腿的长相不适合照镜子的火神赫淮斯托斯 Hephaestus。可怜的火神像武大郎一样，娶了个美女当老婆自己却镇不住，妻子经常在外面和野男人偷情，一个非常著名的情夫就是战神阿瑞斯 Ares，而且她还和战神生下了小爱神厄洛斯 Eros，小爱神的罗马名叫丘比特 Cupid。丘比特大家肯定很熟，可能都被他的箭给射伤过，这种伤全世界只有一种药能治，要么你得熬好多年的痛苦伤口才能基本痊愈。而且丘比特这个小家伙很调皮，还没穿开裆裤时就会戏弄他大爷阿波罗了。唉，这孩子，在当今大学校园里射箭就像发射机关枪一样。

　　阿佛洛狄忒对应罗马神话中的维纳斯 Venus，后者也是司管爱与美之女神。因此星期五被罗马人称为 dies Veneris【爱神维纳斯之日】。Veneris 为 Venus 的属格，词基为 vener-，英语中的 "性欲的" venereal【维纳斯女神的】便由此而来，性病则被称为 venereal disease【维纳斯病】，一般简写为 VD。相似地，Aphrodite 一名也衍生出了英语中表示引起性欲的 aphrodisiac【属于阿佛洛狄忒的】、性欲旺盛 aphrodisia【阿佛洛狄忒状态】。阿佛洛狄忒是塞浦路斯的守护神，因此也被称为 Cyprian【塞浦路斯的】，这个词也被用来表示 "淫荡的"，因阿佛洛狄忒被认为是性爱之神。

　　古人观察到，夜空中有一颗星星非常耀眼迷人，于是便用最耀眼迷人的女神之名来命名了这颗星，就有了金星 Venus。维纳斯被认为是女性的象征，而战神玛尔斯则被认为是男性的象征。在生物学中，维纳斯的符号♀被用来表示雌性生物，相应的，战神玛尔斯的符号♂则被用来表示雄性生物。

➤ 图 2-14　雌性符号和雄性符号

2.10 星期六 农神

　　星期六是一周的最后一天。古希腊人用提坦神王克洛诺斯来命名了这一天，称其为 hemera Cronou【克洛诺斯之日】。Cronou 是 Cronos 的属格，因此 hemera Cronou 字面意思即【Cronos' day】。克洛诺斯 Cronos 是希腊神话中的提坦神族的神王。当然，克洛诺斯在希腊神话中有着非常重要的身份：他是第一代神系之主神乌剌诺斯 Uranus 最小的一个儿子；他推翻父亲的统治，并建立起第二代神系，统治着整个世界；他还是宙斯的父亲，后者推翻了他的统治，并建立起第三代神系，统治着世间万物。

　　传说第一代神族为远古神族，其统治者为天空之神乌剌诺斯 Uranus。乌剌诺斯的统治异常残暴，为了防止自己的后代谋反，他甚至强迫所有孩子都居住在黑暗阴冷的大地深处，生活在大地女神的子宫之中。大地女神痛苦不堪，便唆使儿女们反抗天王统治。但儿女们个个都畏惧于天神的残忍和暴虐，只有年少的克洛诺斯站了出来，愿意承受这可怖的冒险。他接过大地女神手中一把锋利的镰刀，在夜晚来临之时将天空之神阉割，并将其生殖器扔进海中（爱与美之女神阿佛洛狄忒就因此出生）。战胜了远古神族之后，克洛诺斯建立起了以十二位提坦神为首的巨神族统治，也就是希腊神话中的第二代神系。克洛诺斯的妻子则生下了后来著名的天神宙斯、海神波塞冬、冥神哈得斯，这些神组成了第三代神系的中坚力量，并经过十年战争，终于推翻了提坦神的统治。

　　克洛诺斯经常被尊为时间之神，大概因为其名 Cronos 与希腊语的'时间'chronos 非常相近的原因，后者衍生出了英语中：年代学 chronology【关于时间的研究】、年代错误 anachronism【时间错误】、历时 diachronic【沿着时间演变】、共时 synchronic【相同的时间】、同步的 synchronous【时间一致的】、异步的 asynchronous【时间不一致的】。

➢ 图 2-15　Hera and Cronos

克洛诺斯有时也被认为是丰收之神或者农神，这一点可能与镰刀有关。镰刀是收获的象征，而克洛诺斯的武器即为镰刀（他用这把镰刀阉割了暴虐的父亲，从而夺得王位）。在古希腊，每年都在丰收的季节举办献祭克洛诺斯神 Cronos 的节日，后者则演变成一个固定的被称为 Cronia【克洛诺斯节】的节日。

克洛诺斯的农神职位与罗马神话中的农神萨图尔努斯 Saturn 不谋而合，因此罗马人将这一天称为 dies Saturni【农神萨图尔努斯之日】。像众多的罗马神祇一样，萨图尔努斯的形象基本上继承了希腊神话中的克洛诺斯。罗马人还将土星命名为 Saturn。很有意思的一点是，木星以神话中最强大的主神宙斯命名（以其罗马名 Jupiter 命名），而土星则用曾经最强大的且仅被宙斯打败的第二代主神克洛诺斯命名（以其罗马名 Saturn 命名）。最强大的宙斯被用来命名太阳系中最大的一颗行星，而仅次于宙斯的克洛诺斯则被用来命名仅次于木星的第二大行星。当然，这只能解释为巧合而已，毕竟罗马人并不知道什么是太阳系，在他们看来，日月五行不过是围绕着地球旋转的七个行星而已，这早在大天文学家托勒密的著作中就写得清清楚楚的了。

在托勒密的七大行星宇宙模型中，土星是离地心最远的一颗行星。古代天文学家发现土星运动周期最大，故认为其运动速度最慢，从而推导出它离地心最远这一结论。也正是因为这个原因，在占星学中，土星类的人被认为是"阴沉的、冷漠的"saturnine【土星类的】。相反的，水星 Mercury 的运动速度非常快，因此水星类的人被认为"活泼善变的"mercurial【水星类的】；木星对应的天神 Jupiter 天性好色追求快活，因此木星类的人被认为"天性快活的"jovial【木星类的】；火星对应的战神 Mars 好战喜杀戮，因此火星类的人被认为"尚武的"martial【火星类的】；金星对应的爱神 Venus 经常与其他神灵私通，因此金星类的人被认为"生性淫荡的"venereal【金星类的】；月亮善变，从缺到圆从圆到缺，因此月亮类的人被认为是"敏感、善变的"lunar【月亮类的】；相反的，太阳几乎恒久不变，因此太阳类的人被认为是"沉稳、不易改变的"solar【太阳类的】。

➤ 图2-16　七大行星金属符号对应

　　中世纪欧洲炼金术兴起时，这些术士们将已知的七种古老金属和七大行星的宇宙观对应结合起来。这七种古老金属早已经被人们认识并利用，它们分别是：金、银、铁、汞、锡、铜、铅。太阳被认为是最完美的天体，散发出金色的光辉，因此对应金；月亮是银白色的天体，因此对应银；火星对应战神，而铁器坚硬锋利，经常被用来制成兵器，因此对应铁；水星运动速度极快，其对应的信使之神更是机灵善跑，因此对应灵活性强的液体金属汞；木星对应雷神宙斯，而锡箔晃动时声音非常像打雷闪电的声音[1]，因此木星对应金属锡；金星对应的爱神维纳斯是塞浦路斯之女神，而塞浦路斯富产铜矿，因此金星对应金属铜[2]；土星距地球遥远，运动缓慢迟钝，因此对应性质最不活泼的金属铅。

[1] 早期欧洲剧院在演出时，经常晃动锡箔来模仿打雷的声音。
[2] 英语中的铜copper一词，便源自塞浦路斯的名字Cyprus。

表2-11　炼金术中的七大金属和七大行星

金属名称	金属符号	对应行星
金	☉	太阳
银	☽	月亮
铁	♂	火星
汞	☿	水星
锡	♃	木星
铜	♀	金星
铅	♄	土星

至于农神萨图尔努斯一名 Saturn 的词源，学界还没有定论。有人认为其源于拉丁语的 saturare '使足够、使满意'，后者衍生自形容词 satis '足够'。英语中的 satisfy 即由 satis 加使动后缀 -fy 组成，字面意思即【使足够】；satis 的抽象名词 satietas '满足' 演变为英语的满足 satiety；而动词 saturare '使满足' 则演变为英语中的 saturate "使变饱和"。

根据《圣经》记载，上帝六天创世，在最后一天休息。因此基督徒们将这一天称为 dies Sabbati【休息日】，英语中的 "安息日" sabbath day 即由此而来。当然，法语的 samedi、意大利语的 sabato、西班牙语的 sábado、罗马尼亚语的 sâmbătă、德语的 Samstag 都源于此。而表示星期六的 dies Saturni 则演变出了英语中的 Saturday 和荷兰语中的 zaterdag。

第3章
关于天文宇宙等
基本概念的解析

3.1 垂天之象

当黑夜被抹上星点，或者月亮高悬深空，总会激起我们沉思与遐想。很久很久以前，古人们就已经对此充满了遐思和一探究竟的向往。是什么力量驱使太阳、月亮、星星的升落？世界到底有多大？宇宙究竟是什么样子？总有很多星星周期性地去而复返，那些关于星空的好奇和迷思总在很多人的成长中刻下印记。夜空对于久远以前，那些蒙昧中却充满幻想的先民们来说，更是充溢着神秘的魔力。当先民们开始为这神秘星空寻求起源时，便有了牵牛织女的故事，有了各种神秘的星占，有了诸民族关于星空和宇宙起源的故事和传说。

在文明初期，很多民族为了探究世界的奥秘，组织专门人员对星空的秩序法则进行长期观察。后来这变成一种特殊的职业，比如中国古代的巫祝、古埃及的法老、古巴比伦的占星家等。对古人来说，阅读星空仿佛就在阅读神的旨意一样，一般人是无法胜任的。神的旨意在今天的我们看来，其实大都是天体运行法则和自然规律，对古人来说却是极为神圣可敬的，违背这些神旨会受到极其严重的报应和惩罚。因此，天文的神圣性和权威性使得它成为诸多重要知识的来源。

一、认识世界

古希腊先哲们通过观测分析星体运动，提出了地心说的宇宙观。该学说认为：地球是一个巨大球体，处于宇宙中心静止不动；从地球

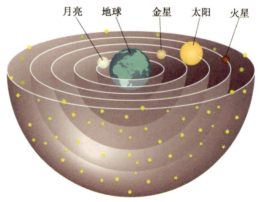

月亮　地球　金星　太阳　火星

➤ 图 3-1　地心说宇宙模型

向外依次有月球、水星、金星、太阳、火星、木星和土星七颗星体，它们在各自的天球轨道上绕地球运转，这七颗星体因为运转速度不一，看上去就好像在夜空中行走一样，故被称为'行星'planetes【漂泊之星】，英语中的planet即由此而来；七颗行星的外层，是镶嵌着所有恒星的恒星天层，恒星天层绕地球做圆周运动，这些被镶嵌在恒星天层的星体相对位置永恒不变，因此这些星体被称为恒星，英语中叫做fixed star【固定之星】。地心说的宇宙观在天文学界盛行了一千多年，其影响更是异常深远。欧洲的语言词汇、文化、艺术作品等等，无不深刻地反映出这些观点。

二、制定历法

从天明到天黑的时间范围，人们称之为"天"，后来这个词被扩大为表示一整天的概念，为了区分天的整体概念和天的部分概念，人们将部分概念称为"白天"，与黑夜对应；英语中的day也有着类似的性质，在a day中表示一整天，在day and night中则仅表示白天。月亮的阴晴圆缺具有非常稳定的周期性，中文将这个周期称为"月"，英语中的month同样也暗含了moon的信息。每日太阳中天的位置变化也具有极强的周期性，冬天太阳位置偏北，夏天偏南，整个位置的变化周期约包含365个"天"的周期数，约包含12个"月"的周期数，人们将这个周期命名为一年，一年约有12个月约有365天。需要注意的是，一个自然的年周期并不恰好等于12个自然的月周期。于是，怎样处理这两个不兼容的重要周期，侧重于从哪个周期来描述历法，则导致了阴历和阳历的产生，阴历即【以月亮周期为基础的历法】，相应的，阳历则是【以太阳周期为基础的历法】，对比英语中的阴历lunar calendar【月亮历】和阳历solar calendar【太阳历】。

三、识别时节

日照和气温每年都呈现周期性的变化，人们根据特征将这个变化分为四个主要部分，即春夏秋冬，又将这季节细分为各种节气等。于是，怎么样识别季节和节气的标志，以便及时地进行农业耕种、祭祀大典、国家规划等，就变得异常重要。古人发现，季节和节气往往与夜空中星星的位置有关，于是重要的星体便成为识别各种时节的重要参考。《尚书》有言：日中星鸟，以殷仲春；日永星火，以正仲夏；宵中星虚，以殷仲秋；日短星昴，以正仲冬。乃是通过星宿的中天来判断季节。北斗七星也是我国古代判定季节的标志，《鹖冠子》曰：斗柄东指，天下皆春；斗柄南指，天下皆夏；斗柄西指，天下皆秋；斗柄北指，天下皆冬。是指在傍晚时分，依照北斗的勺柄指向来进行季节的判断。

四、指导农业

对于大多数古代文明来说，农业乃是立邦之本，是关系百姓温饱和民族兴亡的大事情。因此农业受到统治者们极大的重视。农业与历法息息相关，因此也依赖于天文和历法。荀子云：春耕、夏耘、秋收、冬藏，四时不失时，故无不绝而百姓有余食也。也就是说，历法和天文对农时有着非常重要的意义，不误农时，才能保证国家社稷和民族繁荣。古埃及人则通过观测天狼星偕日升起的时间来判断尼罗河的大洪水期，并以此来指导农业生产。

五、辨识方向

中国人用北斗七星来寻找北极星，从而在迷路时找到方向。相似地，生活在地中海沿岸的希腊人和罗马人也使用北斗七星来判断方位，希腊语中表示'北'的 arctos 和拉丁语中表示的'北'septentrio 最初都来自北斗七星的概念。希腊语中的 arctos 本意为'熊'，一般用来指大熊星座，北斗七星即位于大熊星座，因此用 arctos 表示'北'的概念，该词汇衍生出了现代英语中：北冰洋 Arctic Ocean【北面的大洋】；南极 Antarctica【与北相反方向的】；拉丁语的 septentrio 字面意思为【七牛】，因为北斗七星在罗马文化中最初是七头牛的形象。

当然，早期的天文还被用来占卜凶吉、寄予神意等。与天文有关的内容太多太多，实难一一举证。然而，不同的民族对星空有着不同的见解。可以想象，当我们的古人和西方人的古人一同仰望着浩瀚星空，心中涌起的感觉毕竟是很不一样的。为什么呢？

在此我们需要区分一个重要概念：什么是天文？

天文，从汉语来看，乃指【天之文】；或者称为天象，即【垂天之象】。所以从中文角度来看，天文其实就是对天上出现的征象之研究。这个范围就广了，比如我国古代的天文还包括对天气的预测。比如《诗经》中说：月离于毕，俾滂沱兮①。而夜观天象而知风雨，更是我国传统的天文气象知识，至今也不应该全然否定。引述东汉王充在《论衡》中记述的一个小故事：

> 孔子出，使子路赍雨具。果大雨。子路问其故，孔子曰：昨暮月离于毕。后日，月复离于毕。孔子出，子路请赍雨具，孔子不听，果不雨，子路问其故，孔子曰：昔日月离其阴，故雨；昨暮月离其阳，故不雨。

欧洲的天文学起源于古希腊，古希腊人将天文称作 astronomia，其由希腊语中的'星'aster 和'法则'nomos 组成，字面意思是【星体运行的法则】。从这个意义上我们就不难理解，为什么西方天文学人一直致力于研究天体运行规律并尝试对此作出合理的解释，从地心说到日心说再到对整个宇宙天体规律的探索。语言词汇往往界定了事物概念的范畴和界限。这也导致了很多中文概念和西方概念本身在自我定义上的不同，具体到天文概念上，汉语的宇宙、卫星、彗星、银河、星系和英语中的对应概念其实是有很大差别的，后文中将对此一一详述。

希腊语的 aster 与拉丁语的 stella、英语的 star 同源，于是也有了英语中：占星术 astrology【关于星体的学问】，或称为 astromancy【关于星体的占卜预测】；宇航员被称为 astronaut【星际船员】，对比潜水员 aquanaut【水下船员】、宇航员 cosmonaut【太空船员】；以及星形符 asterisk【小星星】、小行星体 asteroid【如星一般的】、灾难 disaster【星之错乱】、星座 constellation【星之汇聚】、星体的 stellar【星星的】。

希腊语的 nomos 则衍生出了英语中：经济学 economy【持家法则】、自治 autonomy【自己管理】、烹调法 gastronomy【胃的法则】等。

3.2 不一样的星空

古老的星象文化最神秘玄奥的地方莫过于各种占星术了，通过星象与人的对应来解说个人的性格、命运、爱情以及预测事件发展等。经常看到身边的少女少男们痴迷于各种星座命理，热衷于相信某个星座对应什么样的性格，今年该星座爱情有着什么样的走势，与恋人的星座是不是匹配等等。这说明占星文化至今仍颇有余音。那么，占星到底是怎么一回事情呢？

占星术的英文名称很好的回答了我们这个问题，占星术astromancy一词由希腊语的'星星'aster和'预测'mantis组成，即【星体的占卜】。在遥远的古代，天空被认为是神灵寓居之地，因此天空中的星之排布就被当成神的旨意。占星术士观察天体位置变化，并与人间发生的事件对应起来，试图以此寻求星象中给予的启示。或许最初在很多事情上，这个法则是屡试不爽的。巴比伦的占星术士发现当太阳进入白羊宫时，正是万物开始从严寒中复苏，春天降临大地的时节；当太阳进入巨蟹宫时，正好是一年中阳光最充足的时节，这一天昼最长夜最短；当太阳进入天平宫时，正好是昼夜恢复等长，并且是作物收获的时节；当太阳进入摩羯宫时，正好是一年中最凋敝萧条的时候，这时夜最长昼最短。埃及的祭祀们发现当天狼星偕日升起的时候，尼罗河就要开始泛滥了，并带给沿岸人民非常肥沃的土地。中国司星人员观察到，当那颗奇亮的行星在东方地平线上出现时，黎明很快就会降临，因此古人将这颗星称为"启明星"。这样的例子还有很多很多，并且每一次夜空中出现这样的星象，人间就会对应发生上述事情，一切如同神意一般，或者说是宇宙的法则。大概这些司星人员们觉得这些法则用起来很high，便大有把星象和世间万物对应的想法，从此，占星术开始在各种司星人员的观测总结中红红火火地开展起来。接下来要解决对应的问题，简单地说，想知道一件事情、一个人的发展趋势，就必须把他同某一种天体对应起来，当天体命名和划分完成之后，最容易的对应就是时间或空间的对应了，比如你出生在太阳位于白羊宫的月份，那你就是白羊座，然后你的特点就和白羊座的共性以及它在星空的发展趋势有关，而白羊座的特点解释大概源自白羊座的神话故事等内容，以及星职人员对大量白羊座人的统计总结信息。最初的星座占卜便如此形成，中国的生辰八字基本也是相似的道理。

把人和七大行星联系起来，于是就有了西方的行星占。行星占认为：土星类的人生性忧郁 saturnine，木星类的人生性快活 jovial，太阳类的人生性沉稳 solar，金星类的人沉迷性欲 venereal，水星类的人活泼善变 mercurial，月亮类的人生性易变 lunar。这从原理上倒是有点像中医中认为有些人属火，有的人属金一样。有的人认为孩子五行缺金，就取名叫什么什么鑫的，名字中有淼焱森垚的同样道理，应该都已屡见不鲜了吧。

然而，中国人和西方人眼中的星空，却有着很大的差别。为什么呢？

在我国，除了七曜以外，古人将星空分为三垣和四象两大部分。三垣由太微垣、紫薇垣和天市垣三片星区组成。紫薇垣和太微垣对应朝廷的官职，比如紫薇右垣的星官顺时针排列依次为右枢、少尉、上辅、少辅、上卫、少卫、上丞。很明显，这些星都是古代的官职，相似的星还有很多，正由于这个原因中国人将星星称为星官，新科状元郎是文曲星下凡什么的，不一而足。天市垣则是天上的市场，买卖之地也。

▶ 图 3-2　王莽九庙出土的四象瓦当

四象指青龙、白虎、朱雀、玄武四种动物，它们各占据东西南北一方，并又细分为二十八个星宿。所谓星宿，最早指的是【月亮运行留宿的地方】[1]，一个自然月约为 28 天，故其运行轨迹的星域被划分为了 28 部分。这 28 个星宿分别为：

东方苍龙七宿：角、亢、氐、房、心、尾、箕；

西方白虎七宿：奎、娄、胃、昴、毕、觜、参；

南方朱雀七宿：井、鬼、柳、星、张、翼、轸；

北方玄武七宿：斗、牛、女、虚、危、室、壁；

[1] 东坡居士在《赤壁赋》中写道：月出于东山之上，徘徊于斗牛之间。就是说月亮那时正处在斗宿和牛宿之间的位置。《诗经》中的"月离于毕，俾滂沱兮"等等，也是一样的道理。毕即毕宿。

我们常说的"前朱雀后玄武，左青龙右白虎"就源于此。因为当一个人面南时①，他的左边就是东方的青龙位，右边是西方的白虎位（痞子们也都是这样纹身的），前面是南方的朱雀位，后面是北方玄武位②。

这是中国星象文化的基本雏形。在春秋战国年代，诸侯各据其地，竞相争霸，逐鹿中原，星职人员把天上的星宿和地上的诸侯国相对应，于是出现了古代的分星和分野。《星经》有云：

角、亢，郑之分野，兖州；

氐、房、心，宋之分野，豫州；

尾、箕，燕之分野，幽州；

南斗、牵牛，吴越之分野，扬州；

须女、虚，齐之分野，青州；

危、室、壁，卫之分野，并州；

奎、娄，鲁之分野，徐州；

胃、昴，赵之分野，冀州；

毕、觜、参，魏之分野，益州；

东井、舆鬼，秦之分野，雍州；

柳、星、张，周之分野，三河；

翼、轸，楚之分野，荆州也。

分星和分野是一对相应的概念，比如雍州③的分星为井宿，那么井宿的分野就是雍州。李白过蜀道而赋诗曰：扪参历井仰胁息，以手抚膺坐长叹。为什么是"扪参历井"呢？李白从雍州之地入蜀，雍州分星为井宿，而益州④之分星为参宿，所以叫"扪参历井"。王勃的《滕王阁序》中有：星分翼轸，地接衡庐。为什么呢？因为翼、轸二宿皆为楚国之分星，南昌为楚国之地，所以星分翼轸，意思是其分星为翼、轸二宿。顺便提一下，早在战国以前轸宿中心的一颗星就被命名为"长沙"，后来用来指楚国的一个重要城邑，就是现在的长沙。

与中国不同的是，当古希腊人仰望星空时，心中涌起的却往往是出生入死的英雄事迹，一幕幕活生生的正在上演的故事：追逐七仙女

Pleiades（昴星团）的猎户 Orion（猎户座），猎户身边的猎犬 Canis Maior（大犬座）；大英雄珀耳修斯 Perseus（英仙座），他正要拯救的受到海妖 Cetus（鲸鱼座）威胁的公主安德洛墨达 Andromeda（仙女座），担心公主生命安危的国王 Cepheus（仙王座）和王后 Cassiopeia（仙后座），以及珀耳修斯杀死蛇发女妖时腾空而出的飞马 Pegasus（飞马座）等等。

西方人的星空与中国人的星空大不相同。除了七大行星以外，古希腊人将夜空中的星星分为 48 个星座。在他们眼里，夜空中到处上演着可歌可泣的英雄故事和绚丽迷人的神话传说。后来在大航海时代，人们发现并记载了很多只有南半球才能看到的星星，并命名了许多南天星座。天文学家们在古代星座和后来发现并命名星座的基础上，将我们现在观察到的夜空中的恒星划分为 88 个星座。这 88 个星座中，黄道星座有 12 个，就是我们常说的黄道十二星座。从春分点开始算起依次为：白羊座、金牛座、双子座、巨蟹座、狮子座、室女座、天秤座、天蝎座、人马座、摩羯座、宝瓶座、双鱼座。因为这十二个星宫里大多是动物形象，人们便将黄道称为 Zodiac【动物环】，源自希腊语中的 zoe '生命、动物'。该词衍生出了英语中：人名 Zoe 意思即【生命】；动物学 zoology 即【研究动物】，而动物园 zoological garden 则为【研究动物的园子】，其缩写 zoo 已经成为常用的基本词汇；动物圈称为 zoosphere【动物圈】，对比生物圈 biosphere、大气层 atmosphere、平流层 stratosphere；而地质年代中显生宙 Phanerozoic【生物显现】则分为古生代 Paleozoic【古老生命】、中生代 Mesozoic【中古生命】和新生代 Cenozoic【新近生命】。

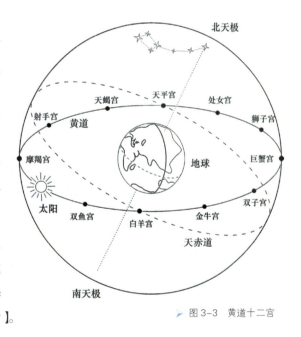

▶ 图 3-3　黄道十二宫

3.3 宇宙的秩序以及关于"牛奶街"的误会

在近代科学诞生之前，天文学界普遍接受地心学说，这个学说认为地球是宇宙的中心，它永恒静止不动；从地球向外依次有月球、水星、金星、太阳、火星、木星和土星七大行星；行星以外是镶嵌着所有恒星的恒星天层，这些恒星在宇宙背景中组成了固定的图形，永不变动。人们将这些恒星所构成的图形与古老的神话联系起来，便有了各种星座的故事传说。除此以外，还有多年难得一见的彗星，以及夜空中那条长长的银河等。这便是古人眼中的星空，他们还发现，这些星体的运动都有着固定的规律，于是希腊人将这宇宙称为 cosmos【和谐的规律】，而将研究宇宙的学问命名为 astronomia【星体运行法则】，英语中的宇宙 cosmos 和天文 astronomy 便由其演变而来。

那么，什么是宇宙呢？

古希腊学者将宇宙称为 cosmos，该词字面意思是'秩序'，他们认为宇宙中一切星体之运动都是有规律的，便将这个由规律构成的世界称为 cosmos，并且将对此规律的研究称为 astronomia【星体运行法则】。因此，人们对天文研究的最初理念，甚至直到今天仍然是致力

▷ 图 3-4 宇宙与和谐

于描述和解释这些"秩序和法则"，从托勒密地心说、哥白尼日心说、开普勒三大定律到牛顿经典力学等，无不致力于描述这些天文法则以及解释其成因。按照希腊神话中的说法，最初世界一片混乱，只有一个太初混沌卡俄斯 Chaos①，从它的体内诞生了最初的创世五神：大地女神该亚 Gaia、地狱深渊之神塔耳塔洛斯 Tartarus、昏暗之神厄瑞玻斯 Erebus、黑夜女神倪克斯 Nyx 以及爱欲之神厄洛斯 Eros。神成为了世界的秩序②。因此，从无序的混沌之中诞生了最初的众神，也就是诞生了最初的秩序，宇宙 cosmos 便由此形成。

而拉丁语中的'宇宙'universum 由 unus'一'与 versus'turned'组成③，字面意思可以理解为【包罗万象、合众为一】，这个"一"也就是普适性，也就是"宇宙一法"。英语中的 universe 即由此而来。universe 一词因此也暗含了"共同法则"这一信息，因此有了形容词 universal "普遍的"④。

然而，在中国人心中，宇宙却是另一幅图景，为什么呢？

先秦《尸子》有言："四方上下曰宇，古往今来曰宙"。从中文词汇来看，宇宙就是无穷时间和空间体的集合。所以，与西方人提到宇宙时心中充满的秩序与和谐不同，当中国人说起宇宙的时候，总是不由得感到浩瀚无垠、漫无边际，提起宇宙就自然而然地想到人类渺小、生命短暂。透过语言文字，我们能够看到一个民族根深蒂固的世界观以及思维模式。

什么是行星呢？

希腊人将行星称为 planetes aster【漂泊之星】，因为相对于固定在恒星天层上的星星而言，这些星在夜空中的相对位置一直是变动的。英语中的 planet 由此而来。这一点上似乎与中文的"行星"有异曲同工之处，其名称都暗示这些星星在移动。

什么是彗星呢？

希腊人将彗星称为 cometes aster【长发之星】，因为在他们看来，彗星是一颗头，长长的彗尾就是这头上的头发⑤（这想起来挺恐怖的，

① 英语单词 chaos 意为"混沌、混乱"，出于此。

② 神是世界的秩序，万物的法则。这不禁让人想到《新约·约翰福音》的开篇：太初有道，道与神同在，道就是神。

③ 拉丁语的 unus'一'衍生出了英语中：团结 unite【化为一体】、制服 uniform【一个样子】、独角兽 unicorn【一根犄角】、统一 union【变为一】。而 versus'turned'则衍生出了：腐败 malversation【变坏】、周年纪念 anniversary【一年一次】、诗句 verse【换行】、背面 verso【翻过了】。

④ 这种共同与统一对应的抽象名词为 universitas'联合'。现代意义上的大学产生于欧洲，最初由一些学者和教师联合组建，称为 universitas magistrorum et scholarium【教师与学者之联合组织】，英语中的 university 即来自于此。

⑤ 希腊人将彗星称为长发星，于是就有了古希腊作家琉善在《真实的故事》中所讲的："也许长发星上面的人们认为留长发才是漂亮的呢。"

对吧）。英语中的 comet 由此而来。'彗星'cometes 一词源自希腊语的'头发'come，后发座的学名 Coma Berenices 即为【Berenice 之发】。当然，中国人眼中的彗星则是另一种图景，我们也称其为扫把星，因为长长的彗尾就像一根扫把一样。

什么又是银河呢？

银河是一条乳白色的长长的道路，绕地球一圈，希腊人称之为 cyclos galaxias【奶之环】，英语将这个概念意译为 Milky Way【奶之路】。据说曾经有人主张将 Milky Way 翻译为"牛奶路"，我看了很疼，就像看见 *The Gadfly* 一书被翻译成《牛虻》一样的疼[①]。英语中的 Milky Way 是对希腊语中的 cyclos galaxias 的意译，galaxias '奶的'一词来自于希腊语的 gala '奶'（属格为 galactos，词基 galact-），后者衍生出了英语中：催乳药 galactagogue【使产生奶之物】、促乳的 galactopoietic【产生奶的】。希腊语的 galact- 与拉丁语的'奶'lac（属格 lactis，词基 lact-）同源，于是也有了英语中：泌乳 lactation【产乳】、乳糖酶 lactase【乳汁酶】、乳糖 lactose【乳糖】。

为什么 Milky Way 不能翻译为"牛奶路"呢？要说清楚这一点，我们需要请出希腊神话中最牛逼最勇敢最强大最著名的大英雄赫剌克勒斯 Heracles，为啥？且听下文故事：

天神宙斯趁英雄安菲特律翁 Amphitryon 出征之时，化身英雄的模样将其未婚妻阿尔克墨涅 Alcmene 诱奸，阿尔克墨涅怀孕生下赫剌克勒斯。赫剌克勒斯因为遗传了宙斯的基因，从小力大无比、勇猛过人，众神们都非常看好这个孩子，认为他将来肯定能成为一位空前伟大的英雄。这使得天后赫拉醋意大发，她派出两条毒蛇去杀死摇篮中的赫剌克勒斯，没想到两条蛇竟被这个襁褓中的孩子活活扼死。宙斯愈发喜欢这个孩子，也想着让他能在人间和天界建立起辉煌的业绩，就谋划着让天后赫拉哺育一下这个小家伙，赫拉打心里面非常讨厌这个野种，打死都不肯给他喂奶。后来或许是奉宙斯之命，神使赫耳墨斯趁赫拉熟睡之际把孩子放在她的怀里，小家伙可能没吃过这么好吃

①在柏拉图《申辩篇》一书中，苏格拉底为自己的罪名辩解道：

如果你们杀了我，将不容易找到像我这样与本邦结有不解之缘的人，打个比较好笑的比方，就像马虻粘在一匹高大且品种优良的马身上，马因其庞大形体而懒惰迟钝，需要蛇的刺激。我想神将我给予城邦，是让我以这样的方式到处粘着你们，整天不停地刺激、劝告和责备你们。

原文中的马虻myo-pos后来被翻译为英语的gadfly，后者字面意思是【会叮咬的飞虫】，没有固定的所指，而译成牛虻就有问题了。原文是苏格拉底自喻中那只叮马的虻。英语翻译为gadfly并没有错，而汉语翻译为"牛虻"就错了，因为事实上这是一只叮马的"马虻"。

的奶，天生神力的他吃得兴奋一使劲居然差点把赫拉的乳房给捏爆，乳汁一下子喷射出来，那射程可不是一点点的远啊，据说夜空中的银河就来自赫拉喷射出来的乳汁。

所以古希腊人管夜空中这条乳白色星路称为"奶环"，指的是赫拉溅撒在星空的无数乳滴，英语中译为 Milky Way，意思是这银河是由赫拉的乳汁组成的，不知道哪位学者心血来潮要给翻译成"牛奶路"。牛奶！！？

➤ 图 3-5 The origin of the Milky Way

希腊语中的 cyclos galaxias 进入英语中变为 galaxy，因为银河是人类最初认识到的星系，于是拿银河的名字来泛指所有的星系，因此 galaxy 就有了"星系"之意。

与西方人认为这是一条乳汁铺成的路不同，中国人认为这是一条白色的河，故称为银河。也有故事说王母娘娘为了将牛郎和织女分开，用发簪在空中划出一条河，分开了牛郎（星）和织女（星），这条河就是现在的银河。

再讲讲题外话，赫拉很不喜欢宙斯的这个私生子，便对其好生迫害，逼迫他完成十二件几乎都是不可能完成的任务，除灭了很多人间怪兽和恶匪，并得了世人的尊重和敬仰。后人将他称为赫剌克勒斯 Heracles[①]，这个名字由赫拉 Hera 和 -cles '荣誉、名声'组成，意为【赫拉的荣耀】，因为正是赫拉的迫害才成全了这个盖世无双的大英雄。-cles 源自希腊语中 cleos '有名'，于是就不难理解：著名的古希腊三大悲剧家之一的索福克勒斯 Sophocles 的名字意为【有名的智者】，雅典明君伯里克利 Pericles 名字意为【远近有名】，著名的埃及艳后克莱奥帕特拉 Cleopatra 则是【名望的家系】，希腊统帅阿伽门农的妻子克吕泰涅斯特拉 Clytemnestra【著名的新娘】，希波战争中希腊方统帅忒弥斯托克勒斯 Themistocles【荣耀的立法者】，最早提出四元素学说的哲学家恩培多克勒 Empedocles【永久的荣耀】等。

① 赫剌克勒斯原名叫阿尔喀得斯Alcides，因为赫拉的迫害而使得他完成了种种伟大功绩，因此人们尊称他为赫剌克勒斯Heracles【赫拉的荣耀】。

3.4 关于宇宙

16世纪中叶，哥白尼对古老的地心说体系提出了质疑，指出该学说存在的漏洞，并建立起能更能准确解释天体运动现象的日心说体系。日心说的提出，同时也宣告了近代自然科学的诞生。当人们抛弃旧的宇宙体系，重新用科学来观测解释星空，并逐渐揭开宇宙真实的面纱时，无疑都曾被她的宏伟和壮观所深深震撼。宇宙的尺度远远超过了任何人所能想象的大小，并且远比早先古人所认为的复杂。

从现代天文学中我们得知，宇宙是由空间、时间、物质和能量所构成的统一体。在这浩瀚的巨大空间中，分布着难以计数的巨大的星系galaxy；每个星系中又有着成千上万的恒星fixed star，绕着星系的中心运动；恒星身边又有很多行星planet，绕着它不停转动；而绕着行星转动的，则被称为卫星satellite。就拿我们所处的位置来说，我们位于银河星系的太阳系中，太阳系Solar system主要由恒星太阳sun、八大行星planet和各自的卫星satellite组成，除此之外，在火星和木星之间还存在着众多的小行星asteroid所组成的小行星带，以及围绕太阳运转的彗星comet和一些星际物质。

➤ 图3-6　星系

星系 galaxy

我们所知的宇宙，由一千多亿个星系组成，而这些星系则各由几亿甚至上万亿颗恒星以及星际物质构成。这实在是一个大到普通人想象力难以企及的单位。想象一下，地球上最长的河流为尼罗河，其总长度为 6 670 千米，而光速为每秒 300 000 千米，也就是说，光在一秒钟可以绕着世界上最长的河流来回跑 22 圈。这是光在一秒钟所走过的路程，而光经过一个小型的星系，则需要几十万年时间，而已知的宇宙的尺度，则更在九百亿光年以上——光需要走九百多亿年才能完成的巨大尺度，你能够想象得出来吗？

人类最早认识的星系即银河系（the Milky Way galaxy），因为我们就生活在银河系内，很早很早以前，人类就开始观察夜空中美丽的银河。古人并不知道星系是什么，更不可能知道银河其实是一个巨大的星系。希腊人将这条乳白色的带子称为 cyclos galaxias【奶之环】，这个名称也简称为 galaxias，古希腊人认为其来自天后赫拉飞溅出来的乳汁。现代英语中的 galaxy 一词即来源于此。该词最初用来表示银河系，后来当人们发现除了银河以外，宇宙中还有多得数不清的类似的星系，于是便用 galaxy 一词泛指任何星系。而 galaxias 的意译词汇 Milky Way 被用来专门表示银河了。

太阳系

我们所生活的太阳系位于银河系猎户旋臂靠近内侧边缘的位置上，太阳是银河系数千亿颗恒星中的一颗。太阳系主要由中心的恒星太阳、以八大行星为代表的众多行星、绕行星运转的卫星、彗星以及一些星际物质组成。

我们知道，行星绕着恒星转，卫星绕着行星转，彗星就是我们通俗话里的扫把星，因为它的一条长长的尾巴就像一根扫把一样。语言文字与民族认知是息息相关的，透过文字我们无疑能找到古人对这些事物的理解认识：

早期的甲骨文中，"恒"字（𠄟）其实相当于现在的"亘"字，由

➤ 图3-7　太阳系

表示天地的上下两个横线和中间表示太阳的日字组成，太阳亘古至今都一直屹立在天地间从未改变，故以此来表示永恒不变之意。甲骨文的"行"字（𣓁）看起来是一个十字路口的样子，十字路口用来表示东来西往，行走流通之意，因此行星字面上为"走动之星"。为什么呢？当古代司星人员开始观察星空，了解了星体的基本规律之后，他们发现夜空中很多星星相对位置是从来都不会改变的，这些星星就被称为恒星。而与恒星不同的是，有五六颗特别的亮星相对于夜空大背景似乎一直都在"行走"，于是给它们取名行星。卫星的卫字繁体为"衞"，甲骨文的卫字（𣎴）意思更加清晰，表示有很多只脚在一个十字路口来回走动，本意乃是来回巡逻，守卫地盘。因此从中文来看，之所以称之为卫星，因为它们保卫自己的"老大"行星。而甲骨文的"彗"字（𥱼）更让我们叫绝，彗字乃是一只手拿着扫把，这个所谓的扫把星实在是名副其实啊。

而在西方人看来，这种体系则有另一种味道。

英语中恒星称为 fixed star【被固定之星】，因为在古代，这些星星被认为是镶嵌固定在恒星天的。而在恒星天以内天球层流浪漂泊的星体，被称为行星 planet【漂泊之星】。卫星 satellite 概念的出现比较晚一些，起初用肉眼是观察不到卫星的（当然，月亮除外，毕竟那时没有人能认识到地球是颗行星，而月亮则是唯一一颗真正绕这个行星转动的星体）。直到 1609 年，伽利略用自制望远镜观察了木星以后。他惊奇地发现，木星的周围有几颗小星体，伴随着木星一起运动。后来的开普勒给这些小星体取名为 satellites【伴随者、伴侣】，因为这些星伴随在木星周围和木星一起运动，英语中的 satellite 由此演变而来，中文对译为"卫星"。天文学家们给这些新发现卫星取的名字更是生动地说明了 satellites 一词的内涵，注意到木星得名于主神宙斯，而其卫星都被命名为宙斯的配偶、伴侣，比如木卫一 Io、木卫二 Europa、木卫四 Callisto，这些无一不是宙斯情人的名字，个个都是地地道道的木星（宙斯）之卫星（伴侣）。这一点上和中文有着很大的差别：中文中的卫星乃是"保卫之星"，与英语中的 satellite【伴侣星】俨然不同，且说围绕木星旋转的这些"少女们"又怎么可能来保卫强大威武法力无边的木星之神宙斯呢？从这个角度，我们也就不难理解为什么英语中所有卫星名称都来自行星对应神明之亲属或"情人"之名了。

彗星我们已经讲过，在中国人看来名副其实的扫把星，在西方人看来则是名副其实的长发星。因为彗星 comet 一词，来自希腊语的 cometes aster【长发之星】。

希腊语中星星被称为 aster，于是就有了：行星 planetes aster【漂泊之星】，彗星 cometes aster【长发之星】，英语中的 planet 和 comet 由其转写而来；所谓的天文 astronomy 即【星体运行的法则】，而占星 astromancy 则是【由星体而来的预言】；小行星 asteroid 由 aster 和 -id '像……一样'组成，【像星星一样的物体】，对比机器人 android【如人一般】；星形符号 asterisk 即【小星星】，对比毒蜥 basilisk【小君王】、方尖碑 obelisk【小尖】；灾难 disaster 由 dis- '表否定'和 aster 组成，字面意思是【星位不正】，在古代诸多星象文化中，星位不正都被认为是大灾难的前兆，尤其是几个最重要的王星。拉丁语中'星星'为 stella，于是便有英语中：星座 constellation 字面意思是【聚在一起的星星】；还有星的 stellar【与星相关的】以及星际的 interstellar【星与星之间的】等。值得一提的是，英语中的 star 和古希腊语的 aster、拉丁语的 stella 都为同源词汇。

除了被开除了的冥王星以外，太阳系共有八大行星，从内到外分别为水星 Mercury、金星 Venus、地球 Tellus、火星 Mars、木星 Jupiter、土星 Saturn、天王星 Uranus、海王星 Neptune。除水星和金星外，其他行星都有其卫星，后文将逐一介绍这些行星及其卫星名称的来历。毕竟星体的命名都有其出发点和原因。扩大一点讲，所有语言中事物的命名都暗含着人们对该事物的认知印象，而且这在不同的语言中往往是不同的。明白了这一点，我们就不难看出各语言和对应民族文化的根本差异，也只有这样，才能真正地走入所习语言以及其文化的核心，从而真正意义上理解言语和词汇的含义。

第 4 章
太阳系行星及其
卫星体系分析

4.1　八大行星

　　太阳系有八大行星，从内到外分别为水星 Mercury、金星 Venus、地球 Earth、火星 Mars、木星 Jupiter、土星 Saturn、天王星 Uranus 和海王星 Neptune。其中，水木金火土都比较亮，用肉眼就能观察到，所以人类很早就开始认识它们了。中文之所以称为水星、木星、金星、火星、土星，因为古人观察到，水星色灰、木星色青、金星色白、火星色赤、土星色黄，对应我国古老的阴阳五行理论，分别给它们取名为水星、木星、金星、火星和土星。希腊人则用神话中的重要神明来命名这些行星，罗马人将其翻译为罗马神话中对应的神名，水星为信使之神墨丘利 Mercury、金星为爱与美之女神维纳斯 Venus、火星为战神玛尔斯 Mars、木星为主神朱庇特 Jupiter、土星为农神萨图尔努斯 Saturn。天王星直到 1781 年才被人们用天文望远镜发现，学者们延续古代的行星命名习惯，用天空之神乌拉诺斯 Uranus 命名了这颗行星，中文译为天王星。海王星发现得更晚一些，到 1846 年才被天文望远镜捕捉到，学者们用海神涅普顿 Neptune 命名了这颗星，中文译为海王星。

➤ 图 4-1　The planets

水星　Mercury☿

　　墨丘利 Mercury 是罗马神话中的信使之神，说白了就是主要负责跑腿给主神送情报什么的，所以是神话里面最能跑腿的。水星距离太阳最近，因此运行速度也最快。而古人很早就发现这颗星出没周期短，从而推得该星运行速度较快，故以信使之神的名字来命名水星。墨丘利对应希腊神话中的赫耳墨斯 Hermes。

在中国，最初将水星称为辰星，因为它在地球的绕日轨道内，我们能看到它的时间只有大清早或黄昏时距离地平线不超过一辰（即 30度）[1]的角度范围内，所以称为辰星。

水星的符号☿来自神使的手杖。

水星没有卫星。

金星 Venus ♀

维纳斯 Venus 是罗马神话中爱与美之女神，被认为是最漂亮迷人的女性。金星是所有星星中最亮的一颗，其视星等可达 -4.6 等，而夜空中最亮的恒星天狼星视星等才不到 -1.4，其相对亮度相差 16 倍[2]。因其如此之华美，闪耀夺目，故以最美女神维纳斯命名。维纳斯相当于希腊神话中的阿佛洛狄忒 Aphrodite。

金星在中文中又称为太白金星，意思就是说这颗星十分的亮。有时也称为明星，比如《诗经·郑风·女曰鸡鸣》中有"女曰鸡鸣，士曰未旦；子兴视夜，明星有灿"；或者称为启明星、长庚星，即早上的金星和傍晚的金星，比如《诗经·小雅·大东》中有"东有启明，西有长庚；有捄天毕，载施之行"。

金星的符号♀为一枚铜镜，乃为爱神的象征。

金星没有卫星。

地球 Tellus ⊕

忒路斯 Tellus 是罗马神话中的大地女神，一般在天文中指称地球时使用她的名字，后期拉丁语中一般使用忒拉 Terra 一名，本意都是'土、地'。同样的道理，英语中的 Earth 也被用来指地球。拉丁语的 terra '土地'一词衍生出了英语中：地中海 Mediterranean Sea【在大地中间的海域】，埋葬 inter 乃是【入土】之意，挖出来就是 disinter 了，地下室就是 subterrane（对比【地下道路】subway，【水下】潜艇 submarine），地盘 territory【土地区域】。忒拉相当于希腊神话中的地母该亚 Gaia，这个名字来自希腊语的'大地'ge，其衍生出了英语中：人名乔治 George 本指'农夫'，【在地里干活】之意；地理学说中最早的大陆是一体的，被称为 Pangaea【整片的大地】，中文译为"泛古大陆"；所谓的几何之所以命名 geometry，是因为几何诞生于农业中的【丈量土地】，还有地理学 geography【地形的描述】和地质学 geology【大地的研究】。

地球的符号⊕来自于表示地球的圆形符号，以及代表经线和纬线的十字符号，后者也可以认为是大地上的东西南北四个方位。

地球的卫星为月亮 the moon 。

火星 Mars ♂

玛尔斯 Mars 是罗马神话中的战争之神，战争离不了嗜血和屠戮，而火星呈红色，正象征着嗜血和疯狂，因此西方人使用战神玛尔斯的名字来命名腥红色的火星。玛尔斯相当于希腊神话中的战神阿瑞斯 Ares。

在我国古代，火星被称为荧惑，因其光度常有变化，顺行逆行使人迷惑，故名。因为其善变（光度和顺逆行的变化），古人认为它的顺逆行和亮度变化乃是上天给的暗示，荧惑运行时遇到哪个星官哪颗星官所代表的朝廷官员就要倒霉，古代有不少官员就是这么被坑死的。

火星的符号♂为矛和盾牌，是战争中最常用的武器。

火星有两颗卫星，分别为火卫一 Phobos 和火卫二 Deimos，这两颗卫星都是用战神阿瑞斯的两个儿子命名的。两个人的名字意思都为"恐怖、可怕"，想想战争给人的感觉你就知道了。

木星 Jupiter ♃

朱庇特 Jupiter 是罗马神话中的雷神兼主神，这个名字可以认为由 Zeus pater 演变而来，意思是【父神宙斯】。宙斯乃是希腊神话中最专权，色情故事最多的男主角，神话故事中的名花大都被他采过。以至于很多朋友读过希腊神话都不禁感慨这么纯真善良的美女们……古人之所以用主神之名命名这颗行星，因为他们发现这颗星非常明亮（其视星等最高可达 -2.9），除了闪耀夺目的金星以外木星无疑是最耀眼的一位了。因此人们以神话中的主神命名了这颗行星。[①]

在古代中国，木星也被称为岁星，因为人们发现他的运行周期约为 12 年（实际周期为 11.86 年），故认为其一岁走过一个地支，所以命名为岁星。后来因发现有一些小偏差，星象学家们便将岁星轨道十二等分[②]，用一个相似于岁星的假想星来纪年，这颗星被称为太岁。人们常说的"太岁头上动土"即与此有关。

木星的符号♃表示闪电，因为朱庇特乃雷神。

木星现在已发现 66 颗卫星，其中 50 颗被正式命名。这些名字一般来自于被宙斯所强行霸占的少女，比如木卫一 Io、木卫二 Europa、木卫四 Callisto、木卫十三 Leda；还有一些是宙斯的女儿们，比如木卫四十一 Aoede、木卫四十二 Thelxinoe、木卫四十三 Arche、木卫四十四 Callichore；当然，还有像木卫三这种被他强行占有的小伙子 Ganymede，口味有点重就不说了。

土星 Saturn ♄

萨图尔努斯 Saturn 是罗马神话中的农神，也是时间之神，他对应希腊神话中的时间之神克洛诺斯 Cronos。克洛诺斯是第二代神系中提坦神族 Titans 的领袖，他带领提坦神族打败了以其父乌剌诺斯 Uranus 领导的第一代神系，后来又被其子宙斯领导的第三代神系所打败，并被关押在地狱深渊之中。古代天文学家观察发现，土星的运行周期是所有行星中最长的一位，因此用时间之神来命名了这一颗行星。罗马人用时间之神萨图尔努斯命名了这颗行星，因此也有了英语中的 Saturn。

在我国古代，土星被称为镇星，古人观察到它的运行周期约为二十八年（实际周期为 29.5 年），相当于其坐镇着天上的二十八宿，故曰"岁镇一宿"。

土星的符号♄来自于克洛诺斯手中的镰刀。

目前已经发现的土星卫星有 61 颗，其中正式命名的有 53 颗。这些名字大多源自希腊神话中巨神族的各种神灵，比如土卫三 Tethys、土卫五 Rhea、土卫七 Hyperion、土卫八 Iapetus、土卫九 Phoebe、土卫十一 Epimetheus、土卫十五 Atlas、土卫十六 Prometheus、土卫

[①] 有趣的是，从现代天文的角度看，木星是太阳系最大的行星，而其名称则来自神话中最强大的主神 Jupiter。

[②] 这十二个部分分别为：星纪、玄枵、娵訾、降娄、大梁、实沉、鹑首、鹑火、鹑尾、寿星、大火、析木。

十七 Pandora 等。还有一些用北欧神话及其他神话中的巨神或巨人，比如土卫十九 Ymir、土卫四十一 Fenrir、土卫四十二 Fornjot。

天王星 Uranus ♅

乌剌诺斯 Uranus 是希腊神话中的第一代神主，天空之神，罗马神话也照搬了这个名字。天神乌剌诺斯与其母大地女神结合，生下了十二位巨神，称为提坦神 Titans[①]。他们第二次结合生出来一群怪物，史称独目巨人族 Cyclops，他们都只有一只眼睛，巨大如轮，嵌于额头；还生出了百臂巨人族 Hecatonchires，他们个个身有百臂，力大无比。他们第三次结合生出了蛇足巨人族 Gigantes，他们个个身材巨大，长发长须，大腿之上为人形，以两条蛇尾为足。之所以用乌剌诺斯 Uranus 命名天王星，主要因为挨着他的儿子萨图尔努斯 Saturn。

天王星的符号♅来自其发现者威廉·赫歇尔爵士的名字 William Herschel，由其名首字母 H 和一个表示行星的球形符号组成，代表是由赫歇尔爵士发现的行星。

天王星有 27 颗卫星，这些卫星名字都比较个性，他们大都来自莎士比亚戏剧中的人物，比如天卫一 Ariel、天卫二 Umbriel、天卫三 Titania、天卫四 Oberon、天卫五 Miranda、天卫七 Ophelia、天卫十一 Juliet。

海王星 Neptune ♆

涅普顿 Neptune 是罗马神话中的海王，相当于希腊神话中的海王波塞冬 Poseidon，波塞冬是宙斯的哥哥。在第三代神系对提坦神的战争胜利后，宙斯和他的两个哥哥通过抓阄决定各自的属地，结果宙斯抓到了天空，波塞冬抓到了海洋，哈得斯抓到了冥界。

海王星的符号♆为他的武器三叉戟 Trident【三个齿】。

之所以用海神的名字命名海王星，因为该星呈海蓝色。

海王星有 13 颗卫星，这些卫星大多用海王的情人、子女命名，比如海卫一 Triton 、海卫二 Nereid、海卫五 Despina 、海卫六 Galatea、海卫九 Halimede、海卫十 Psamathe。

[①] 因为提坦神为巨神族，身形庞大，因此 Titan 一词被赋予'大'的含义，由 Titan 而取名的那艘据说上帝都凿不沉的船泰坦尼克 Titanic 就有着这样的寓意。

4.2 金星到底叫什么名字

金星也叫太白金星。当然，此"金"并非黄金，而是泛指的金属，且是水木金火土之"金"。根据五行应色理论，金在色为白[1]，而金星乃因呈白色，故名。所谓"太白"其实就是"非常白、非常亮"之意，因此这个名字告诉我们金星是一颗【非常亮的呈白色的行星】。这颗星的确非常亮，亮到夜空中没有星星能与之匹敌。因此金星也获得了"明星"的美誉，即【明亮的一颗星】。

在诗经的年代，金星也被称为"启明星"或"长庚星"。事物的名称往往包含着人们对事物的理解以及认知角度。《诗经·小雅·大东》中有"东有启明，西有长庚"，也就是说这颗星在东边时正值黎明将至，当它在东边地平线上闪烁，光芒盖过所有繁星时，正预示着将至的黎明，人们便称其为"启明星"，意思是【开启黎明】；而当这颗星在日落时出现在西方地平线以上时，人们称之为"长庚星"，庚乃延续之意，故意为【延续太阳的光芒】。起初人们并不知道傍晚时看到的这颗亮星和黎明前看到的那颗亮星为同一颗星，因此给它取了两个不一样的名字，在他们看来，这是两颗截然不同的行星。

无独有偶，在古希腊，金星也曾经被认为是两颗不同的星。

[1] 在中国古代的五行学说中，每个元素对应的颜色为：水在色为黑，木在色为青，金在色为白，火在色为红，土在色为黄。

东有启明，西有长庚

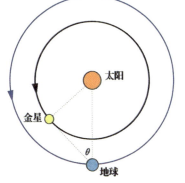

金星是内行星，其 θ 角小于47度

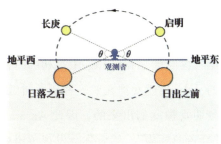

▷ 图 4-2　启明星与长庚星

古希腊人最早将清晨时升起于地平线上的明星称为 eosphoros aster【带来黎明之星】，或者 phosphoros aster【带来光明之星】；而将黄昏时西边天际最亮的一颗星称为 hesperos aster【黄昏之星】；一般这三个词也会简称为 eosphoros、phosphoros 和 hesperos。

注意到 eosphoros 和 phosphoros 都有一个共同的 -phoros 部分，其来自希腊语动词 phoreo '带来'①，词基为 phor-。希腊语的 phor- 与英语动词 bear 同源，意为"带来"、"产生"或"承载"。所以 eosphoros 即【带来黎明】，phosphoros 即【带来光】之意。希腊语的 phoreo 衍生出了英语中：兴高采烈 euphoria 意思是【带来愉快】，因此安乐药被称为 euphoriant【带来愉快感受之物】，而带来坏心情则为 cacophoria【带来不悦】；植物的柄是支撑果实、叶片、花蕊的，因此有雄蕊柄 androphore【支撑雄（蕊）】、雌蕊柄 gynophore【支撑雌（蕊）】、花冠柄 anthophore【支撑花】；所谓的卵巢 oophore 就是【产生卵子】的地方，相似的道理，精囊 spermatophore 为【产生精子】的地方；而色素体则为 chromatophore 即【带来色素】（对比染色体 chromosome【染色物】，染色质 chromatin【染色素】）②。

既然 eosphoros 意思是【带来黎明】，那 eos 就是 '黎明' 之意了。的确，这个词在希腊语中表示 '黎明'，同时也是传说中的黎明女神厄俄斯 Eos 的名字。在希腊神话中，黎明女神有着玫瑰色的纤指，她每天负责在朝霞和云彩升起的东方打开两扇紫色的天门，太阳神驾着太阳车从里面奔出，于是清晨降临。黎明是白天的最初阶段，于是最早期出现的人被称为曙人 eoanthropus【最早的人】，还有很多地质学和古生物学中的名词，比如：原始生命体 eobiont【最早的生命】、始寒武纪 eocambrian【寒武纪的最初】、始新世 eocene【最初的时代】、始石器时代 eolithic age【最初的石器时代】、始祖马 eohippus【最初的马】。黎明女神在罗马神话中叫做奥罗拉 Aurora，人们认为极光是黎明女神变幻出来的，因此 Aurora 也被称为极光女神③。人们常说"金色的朝霞"，然后你会发现英语中的金 Aurum（化学符号 Au，来自 Aurum 的缩写）也与 Aurora 同源。

因此就不难理解，Eosphoros 即"带来黎明"。

①phoreo是该动词的第一人称单数现在时形式，意思为'我带来'，因为第一人称单数容易判断词基，故在此处使用。

②拉丁语的fero希腊语的phoreo一词同源，意思都为'带来、承载'。拉丁语的fero衍生出了英语：推断infer【带入其中】、对照confer【拿到一起】、提供offer【带来】、参考refer【带回来】、相异differ【分开带走】、喜好prefer【与生俱来的偏好】、转移transfer【从一处带到另一处】、忍受suffer【在底下承受】等。

③张韶涵的那首叫《欧若拉》的歌曲，指的就是这是极光女神。

phosphoros 意思是【带来光】，这告诉我们 phos 意思就是'光'了。的确如此。'光'在希腊语中即为 phos（属格 photos，词基 phot-）。该词衍生出了英语中：人们将照片称为 photograph，因为它是【用光来描绘之图】，现在一般简写为 photo；物理中的光子称作 photon【光粒子】，比较质子 proton、中子 neutron；太阳的光球层叫做 photosphere【光球层】，比较色球层 chromosphere；所谓的光源 photogen 即【产生光】，对比生源体 biogen；生物学中的光合作用为 photosynthesis【光的合成作用】，对比合成作用 synthesis【放在一起加工】。

phosphoros '带来光'一词的拉丁转写 phosphorus 还被用来表示磷，因为磷会自燃，产生火光，所谓的"鬼火"便来自磷的自燃。化学元素磷 phosphorus 即来自这个拉丁语词汇，其化学符号 P 为首字母。

如此看来，将早晨的金星称为 Eosphoros '带来黎明'或 Phosphoros '带来光'，和我们的祖先命名的"启明星"又何其神似呢！

再看'昏星'hesperos aster，一般也简称为 hesperos，后者同时也是传说中黄昏之神赫斯珀洛斯 Hesperos 的名字，他的女儿们被称为赫斯珀里得斯姐妹 Hesperides【赫斯珀洛斯之后裔】，也称作黄昏仙子，她们负责看守世界极西园里的金苹果。hesperos 一表示'黄昏'之意，为阳性名词，有时也阴性化为 hespera。著名的古希腊女诗人萨福[1]曾经写过一首名为 Ἕσπερε 的同名诗，作为婚歌的一部分，此处与读者分享，并附我的拙译：

Ἕσπερε,[2] πάντα φέρεις, ὅσα φαίνολις ἐσκέδασ' Αὔως.

傍晚的星星哟，你带回晨光熹熹洒下的一切吧

φέρεις ὄιν,

你带回绵羊

φέρεις αἶγα,

你带回山羊

φέρεις ἄπυ μάτερι παῖδα.

你领着孩子 回到母亲身旁

➤ 图4-3 Sappho

注意到拉丁语中的'黄昏'为 vesper，对比希腊语的 hesperos 会发现，希腊语的 h（事实上，h 在希腊文这只是一个送气音，并不是单独字母）对应拉丁语的 v，或者说，从希腊语到拉丁语会出现一个"加 v"音变。

我们都知道，黎明时太阳在东方升起，黄昏时太阳在西方坠落。而英语中的 east "东方"与希腊语的 eos '黎明'同源，英语中的 west "西方"则与希腊语中的 hesperos '黄昏'以及拉丁语中的 vesper '黄昏'同源。这一点可以对比英语中的东方 oriental【（太阳）升起】与西方 occidental【（太阳）坠落】，以及位于东方的亚洲 Asia【日出之地】与位于西方的欧洲 Europe【日落之地】。

4.3　火星 战神和他的儿子们

　　火星 Mars 一名来自罗马神话中的战神玛尔斯 Mars。之所以用战神的名字命名火星，因为火星呈猩红色，乃是嗜血的战神所喜好的颜色。玛尔斯对应希腊神话中的战神阿瑞斯 Ares，阿瑞斯乃是主神宙斯与天后赫拉唯一的一个儿子。根据神话中的说法，阿瑞斯是一个体格健壮、相貌英俊，但生性强暴好斗、凶残无比的人物，相比于象征战争策略的雅典娜来说，阿瑞斯基本就是一个只知道屠戮的没有大脑和情感的战争狂。他最大的爱好就是到处打打杀杀了，哪里打仗他就往哪里跑，挤进去乱杀一通，也不管哪边代表正义哪边代表邪恶，反正自己杀得开心就行。这哥们儿酷爱战争、残暴无比，却拜倒在爱神阿佛洛狄忒的石榴裙下，并与这个有夫之妇偷情，生下了两个儿子和一个女儿，分别是福玻斯 Phobos、得摩斯 Deimos 和哈耳摩尼亚 Harmonia[1]。

> 图 4-4　Mars and Venus

　　话说这两个儿子完全继承了老爹的血统，个个生性残暴无比，看一下他们名字就知道，Phobos '恐怖'、Deimos '可怕'。在战场上，福玻斯和得摩斯两兄弟也常常陪伴着战神屠戮这些脆弱的人间生灵。战神的女儿哈耳摩尼亚却与这些嗜好杀戮的父兄截然相反，她温顺、文静又热爱和平，看一下名字就知道，harmonia 对应英语中的和谐 harmony[2]。战神阿瑞斯在忒拜 Thebes[3] 受到崇拜，据说忒拜城的建造者大英雄卡德摩斯 Cadmus 娶了战神的女儿哈耳摩尼亚，因此忒拜人也认为战神阿瑞斯是他们的祖先。关于忒拜城的建立有一个非常著名的传说，传说卡德摩斯为了寻找被宙斯拐走的妹妹欧罗巴 Europa，从腓尼基来到了希腊，并根据阿波罗的神谕，在忒拜这块地方建立了城市。人们认为，卡德摩斯从腓尼基带来了 16 个字母，希腊字母就是在此基础之上形成的。

　　既然火星被命以战神之名，学者们顺水推舟，用两个同样好战的儿子来命名火星的两颗卫星，分别是火卫一 Phobos，火卫二 Deimos。这两颗卫星一直陪伴着火星，就好像两个儿子一直陪伴着战场上的战神一样。关于福玻斯和得摩斯并没有什么特殊的神话故事，这哥俩

[1] 这是赫西俄德在《神谱》中的说法。还有一个流行的说法认为，战神和爱神生下了小爱神厄洛斯，后者对应罗马神话中的丘比特。

[2] 事实上，拉丁语中 –ia 结尾的名词有很多进入英语中，变为 –y，对比下列拉丁语词汇与其演变而来的英语单词：

家庭 familia / family，光荣 gloria/glory，哲学 philosophia/philosophy，意大利 Italia/Italy，痛苦 miseria/misery，胜利 victoria/victory，伤害 injuria/injury。

[3] 忒拜Thebes又译"底比斯"，注意到埃及境内也有一个叫做底比斯的城市，不要把这两个城市混为一谈。

儿在希腊神话中好像真没干啥实事儿，只是在神话故事中挂着名字罢了。即使在荷马的史诗中，他们也只是同战神阿瑞斯一起被提了一下而已。这样看来，倒像我们常见的什么什么荣誉主席什么什么荣誉教授一样，只是挂一个名声收收好处而已。

当然，仔细分析的话，这两个名字却还有些来头的：

火卫一 Phobos

福玻斯的名字 Phobos 一词在希腊语中表示'恐惧、惊恐'之意。因此我们也可以尊其为"恐惧之神"。早期的神话一般都是称谓即神明，比如古希腊神话中太阳神为 Helios，而希腊语的 helios 一词意思即'太阳'；月亮女神为 Selene，而希腊语的 selene 一词意思即'月亮'；死亡之神为 Thanatos，而希腊语的 thanatos 一词意思即'死亡'等。当然，还有一些神话人物的名字与其生平有关，比如赫剌克勒斯 Heracles【赫拉的荣耀】之所以得此名，因为赫拉对他的万般陷害成就了他辉煌的一生；阿佛洛狄忒 Aphrodite【浪花所生】之所以得此名，因为她从浪花中出生；俄狄浦斯 Oedipus【肿痛的脚】之所以得此名，因为他幼年时曾被父亲刺穿双足，双足肿胀不堪。这就好像中国神话中的刑天一样，是人们根据其生平给他取的名字，"刑天"一名乃【断头】之意，而关于他故事中最引人注目的当属他被黄帝轩辕氏断头了[1]。

phobos 一词表示恐惧，其对应的抽象名词为 phobia'畏惧'，后者一般用于医学术语中，用以表示"对……的畏惧"，凡是让人害怕的和让人产生畏惧心理的状况，这种畏惧的心理就被称为 -phobia，比如：

得了狂犬病的人怕听到水声，所以狂犬病被命名为 hydrophobia【怕水】；怕高就称作 acrophobia【怕高】、怕狗就叫 cynophobia【害怕狗】；所谓世界之大无奇不有，有的人害怕骑马 hippophobia【害怕马】，有的人害怕干活 ergophobia【害怕工作】，有的人害怕黑夜 noctiphobia【害怕夜晚】（可能大脑里装的恐怖镜头太多），有的人害怕回忆 mnemophobia【害怕记忆】（小时候有过阴影吧），有的人害怕结婚 gamophobia【害怕结婚】（哥们可能没钱买房），还有怕谈恋爱的 philophobia【害怕爱】（受伤过好几次了大概），还有人有性

①《山海经·海外西经》有记："刑天与天帝争神，帝断其首，葬之常羊之山。乃以乳为目，以脐为口，操干戚以舞。"

恐惧 sexophobia【害怕性】（这个为啥咱就不说了），有的人啥都害怕 panophobia【害怕所有】（这……）[1]。

火卫二 Deimos

得摩斯的名字 Deimos 一词意为'恐惧的'，源于希腊语名词 deos'畏惧'。deos 还衍生出了形容词 deinos'可怕的'。1841 年英国学者理查德·欧文[2]爵士研究恐龙化石时，被这些庞大的怪兽所震惊，他认为这些大型爬行动物和现代的蜥蜴是近亲，于是给这些巨大的爬行动物取名为 dinosaurus，来自希腊语的 deinos sauros【恐怖的蜥蜴】，英语中的 dinosaur 由此演变而来。希腊语的 sauros'蜥蜴'因此成为了恐龙名称的座上宾，于是就有了剑龙 Stegosaur、翼龙 Pterosaur、速龙 Velocisaur、霸王龙 Tyrannosaur、蛇颈龙 Plesiosaur 等。从英语来看，所谓恐龙无非是一种庞大的类似蜥蜴类的动物。不知道哪位"先贤"把这个词汉译为恐"龙"，龙在我们心中是这种形象吗？中华儿女从古至今一直自称为龙的传人，怎能把这种东西叫龙呢！而西方传说中邪恶的喷火的怪物 dragon 居然也译作龙。至今一提到 dragon 大家就想到龙，一提到龙就译成 dragon，这简直是辱没列祖列宗啊！现在的学生高傲地把"龙的传人"翻译成"怪兽的后代"，还在别人面前显摆自己水平很高，真是悲哀啊。你说你是"dragon 的传人"，老外说你好邪恶，你还抱怨老外不懂中国文化的博大精深。这真是一件让人无语的事情。我们需要反思——我们借助汉语学习外语，我对自己文化足够了解吗？我们对外国文化真正了解吗？除了寒暄问候，我们该拿什么和别人交流呢？

 V.S

> 图 4-5 龙 versus dragon

4.4　木星 伽利略卫星和宙斯的风流故事

　　1608 年，一位荷兰磨眼镜工人偶然发现，两只透镜按一定的比距装进一只直筒之中，居然可以清晰观测到目力不及的很远的地方。意大利天文学家伽利略[1]在得知这个消息后备受启发，他对其中的原理进行了深入研究，并发明了世界上第一架可以放大三十多倍的望远镜。当他将望远镜对准夜空中的点点繁星时，他的所见无疑震撼了欧洲乃至整个世界：夜空中并不像基督教宣传的那样只有行星天和恒星天；月亮并不是一个完美的球体，上面也有山和谷地；传说中的银河根本就不是什么闪光的乳汁，里面到处是耀眼的恒星；木星并非独自在自己的轨道上运转，旁边还有一群绕着它旋转的小星体。这一切都说明，宇宙根本就不像托勒密地心说以及基督教经典中所描述的那样。伽利略的这些发现，后来成为哥白尼日心说体系的一个强有力的证据，并最终宣告了传统宗教宇宙观和地心说宇宙体系的崩溃。

　　卫星 satellite 一词就是当时发明的。伽利略最早发现了四颗小星体，围绕着木星来回旋转，并且伴随着木星一起在太空中遨游，人们将这四颗卫星以其发现者命名为伽利略卫星，开普勒[2]将这些小星体命名为 satellites【伴随者】[3]，英语中的 satellite 由此而来。因为木星 Jupiter 是用神话中的主神宙斯（对应罗马神话中的朱庇特 Jupiter）命名的，作为主神宙斯的"伴随者"，学者分别将这四颗卫星命名为木卫一 Io、木卫二 Europa、木卫三 Ganymede、木卫四 Callisto。satellite 一词，汉语中翻译成卫星。

　　既然 satellite 是【伴随者】，那伴随主神宙斯 Jupiter 的自然少不了他的那些情人们，当然，这里叫情人可能有点不恰当，因为从故事的脉络来看，很多少女都是被逼无奈被宙斯占有的。我们暂且就这么称呼吧。木星一共 63 颗卫星，至今已正式命名了 50 颗，还有 13 颗卫星没有正式命名。而这 50 颗卫星中绝大多数都是以宙斯的情人所命名，少数是其情人所生的女儿以及个别养育过宙斯的女神等。

[1] 伽利略（Galileo Galilei, 1564 – 1642），16–17 世纪的意大利物理学家、天文学家，他在科学上为人类作出过巨大贡献，被誉为"现代科学之父"。

[2] 开普勒（Johanns Kepler, 1571—1630），杰出的德国天文学家，他发现了行星运动的三大定律。

[3] 注意到开普勒在创造 satellites 一词时，最早指的是伴随木星的卫星，后来发现很多行星都有着类似的星体伴随，于是该词被用来指代普通意义上的卫星。

木卫一 Io

伊俄 Io 是河神伊那科斯 Inachus 的女儿。主神宙斯被她美丽非凡的容貌所吸引。一天，伊俄在河边为父亲牧羊时，宙斯变成一团浓雾紧紧地将她包裹住。话说主神宙斯在云雾中爽得正 high 时，听到小道消息说老婆赫拉怀疑自己出轨，正在赶来的路上，情急之下主神将少女变成一只白色的小母牛。天后赫拉可不是吃素的，一看现场就知道发生了啥事，虽然宙斯死皮赖脸就是不肯承认。既然不承认，赫拉就要求宙斯把这头俊美的小母牛送给她，宙斯无奈，只好照办。事后赫拉怕宙斯再拿伊俄开荤，就派阿耳戈斯 Argos 看守这头母牛。这个阿耳戈斯可不是一般的人物，据说他有一百只眼睛，困了休息的时候只闭一双眼睛，敢情这差事让他干是再合适不过了。宙斯没辙，只好求助于满脑袋坏点子的信使之神赫耳墨斯。赫耳墨斯扮作一位牧人来到阿耳戈斯看守小白牛的山坡，拽着他狂侃家常，唧唧歪歪地说个没完没了。阿耳戈斯本来一点都不想搭理他，但又不好意思不给面子，就只好听他 blabla 地闲扯，扯了半天还拿出一支长笛给自己吹曲子听。哪知这长笛是下了

> 4-6　Zeus and Io

> 4-7　Hermes, Argos and Io

魔药的，阿耳戈斯才听了一会儿就已扛不住，一百只眼皮都沉沉地闭上了，整个人呼呼大睡。赫耳墨斯见时机成熟，拿出一把刀杀死了这位百眼的看守者。

阿耳戈斯恪守职责、因公丧命。为了纪念这位忠诚的看守者，天后将他的眼睛全部摘下来装饰在自己最宠爱的孔雀身上，相传孔雀羽毛上的眼状斑点就是这么来的。

如果你认为赫拉会就此放过这位可怜的少女的话，那你就大错特错了。赫拉派出一群牛虻，不断叮咬被变为小母牛的伊俄，少女四处奔跑躲藏，沿着广阔的海岸向东方逃亡，从此，这个海便以她的名字命名，叫伊奥尼亚海 Ionian Sea①。后来她又过了一个渡口，这个渡口

① Ionian Sea 为地中海的一个支海，在希腊、西西里岛和意大利之间。据说爱琴海对岸的陆地也因伊俄得名，被称为伊奥尼亚 Ionia【伊俄之地】。

被后人命名为博斯普鲁斯海峡 Bosporus【牛渡】。后来的后来，她逃到了埃及，在那里定居了下来。可能因为伊俄已经逃出了自己的势力范围，赫拉也只好就此作罢。

少女伊俄的名字 Io 一词意为'走、流浪'①。我们所说的物理和化学中的离子 ion 就源于此②，字面意思是【游离者】，因此也有了电离层 ionosphere【离子层】、电离质 ionogen【产生离子者】。io 一名意为'流浪'，这位少女在被宙斯强行占有了之后又遭到赫拉的百般迫害，于是她只身从希腊逃到了埃及，多么可怜的流浪者啊！

看守小母牛的阿耳戈斯之名 Argos 一词意为【明亮】，因为他有着一百只眼睛，目光明亮。'明亮'argos 一词衍生出了英语中：争论 argument，意思是说把事情说【明白】了；银之所以称为 Argent 因为其【闪闪发亮】，其化学符号为 Ag；1516 年，当西班牙殖民者登上南美大陆时，看见当地土著穿戴很多的银饰，认为这里盛产白银，便称此地为【白银之国】Argentina，这个地方也就是现在的阿根廷。而阿耳戈斯是著名的百目看守者，英语中借用这个典故，用 argus 表示"机警的看守者"，有一种眼蝶也被命名为 Argus，因为这蝴蝶上有众多眼睛般的纹理，就如同传说中拥有一百只眼睛的阿耳戈斯一样。

木卫二 Europa

欧罗巴 Europa 的故事相信很多人都耳熟能详了。根据希腊神话传说，宙斯贪恋腓尼基公主欧罗巴的美色，化身为一头白色的公牛来到腓尼基王宫附近，那时候欧罗巴正和女伴们在河畔采花，这白牛温顺地来到欧罗巴脚边，并恭敬地舔着她的小手。少女见这只公牛非常温和俊美，便大胆地骑在了牛背上。哪知公牛一见少女坐稳，立即撒腿就跑，飞似地奔过丛林和海滩，跃入海中越游越远。它游啊游啊游啊游（小姑娘肯定吓

➤ 4-8 The rape of Europa

傻了，在茫茫大海中喊着救命，可却一点作用都没有），第二天终于游到了茫茫大海深处的克里特岛 Crete。于是宙斯又爽了一把，完事把欧罗巴一个人留在岛上。到了这个地步，欧罗巴也只能认命了。她为宙斯生了三个孩子，分别是弥诺斯 Minos、剌达曼堤斯 Rhadamanthys、萨耳珀冬 Sarpedon，其中老大老二因为正直，死后成为了冥界的两大判官[1]。因为克里特岛位于腓尼基（腓尼基约相当于今天黎巴嫩地区）以西，从此人们便将这个地方称为 Europa，后来范围有所扩大，就变成了泛指的西方世界，也就是现在的欧洲。表示欧洲的 Europe 一词，就来自欧罗巴的名字。

① 还记得《圣斗士》中的冥界三巨头吗，他们分别是埃阿科斯 Aeacus、弥诺斯 Minos 和剌达曼堤斯 Rhadamanthys。这冥界三巨头就来自古希腊神话中的冥界三大判官，其中有两个都是欧罗巴的儿子。

话说宙斯对自己化身的白牛形象非常满意，便将白牛放到夜空中，于是就有了金牛座 Taurus。

欧罗巴到底长啥样呢？我们来看她的名字。Europa 一名由希腊语的 eurys '宽的、广的' 和 ops '眼睛，脸' 组成，我们看到，这或许是一个大眼睛美女。希腊语的 eurys 一词经常以前缀 eury- 出现在词构中，于是便有了英语中：广盐性 euryhaline【广盐的】、广光性的 euryphotic【广光的】、广温性 eurythermic【广温的】。ops 意为 '眼睛、脸'，因此神话人物珀罗普斯 Pelops 就是【黑脸】，他后来统一了希腊半岛的南部，这一片地区因此被称为 Peloponnesos 即【珀罗普斯之岛】，著名的伯罗奔尼撒战争 Peloponnesian War 就发生在这个地方。神话中的巨人 Cyclops【圆眼睛】据说都长着一只大眼睛，巨大如轮，镶嵌于额头，史称"独目巨人"。埃塞俄比亚 Ethiopia 本意乃是【晒黑面孔的国度】，最初用来泛指非洲人，这些人因为强烈的日光而皮肤黝黑，现在该词被用来专指非洲的一个国家。ops 表示 '眼睛、光'，还衍生出英语中：亲自查看 autopsy【自己看】、近视 myopia【短目光症】、远视 hyperopia【长目光症】、视黄症 xanthopia【视黄症】、光学 optics【光的技术】、眼镜商 optician【制造眼镜者】等。

木卫三 Ganymede

有人说，宙斯是个帅哥美女通吃的神。这种说法应该是对的，木星最大的一颗卫星木卫三 Ganymede 正向我们说明着这一点。伽倪墨得斯 Ganymede 是特洛亚城的建立者特洛斯 Tros[2] 的儿子，他是远近

② 特洛亚城的建立者为达耳达诺斯的孙子特洛斯 Tros，因此这个城市被称为 Troia【特洛斯之城】，该词在英语中转写为 Troy。著名的特洛亚战争就发生在这里。

闻名的俊美少年。宙斯第一眼看到他时就喜欢上这个年轻俊美的小伙子。一天，主神趁伽倪墨得斯在山上放羊时，变成鹰一把抓起少年，并带回了奥林波斯山。

接下来发生的事我也说不清楚。之后的之后，少年做了宙斯的侍童，负责主神的起居，并在诸神的宴席上负责给大家斟酒。斟酒这件事本来是青春女神赫柏 Hebe① 负责的。自从大英雄赫剌克勒斯功成名就后，他被迎入神界，封为大力神，宙斯还将青春女神赫柏嫁与了他。赫柏当了家庭主妇后忙着烧菜做饭看孩子伺候老公，所以就不能做这份酒童的兼职了，这个工作便由伽倪墨得斯接手。这位少年工作干得非常出色，得到了众神的赞赏，而且主神宙斯更是对他宠爱有加，还把他斟酒的形象置于夜空之上，于是就有了夜空中的宝瓶座 Aquarius。

Aquarius 是罗马人对宝瓶座的称呼，由拉丁语中表示'水'的 aqua 演变而来，Aquarius 字面意思为【斟水的人】。相似的，我们可以对比拉丁语中的'箭矢'sagitta，和'持弓箭的人'sagittarius②。拉丁语的 aqua'水'还衍生出了英语中：水族馆 aquarium【储水的容器】、水管 aqueduct【导水】、含水土层 aquifer【bear water】、水中表演 aquacade【水幕】、氧气罩 aqualung【水肺】、潜水员 aquanaut【水中航员】、水产 aquaculture【水中养殖】、水彩画 aquarelle【水彩】、蓝晶 aquamarine【海水色】、王水 aqua regia【水之王】，而水疗 SPA 则为 salus per aquam【health by water】的首字母缩写。

那伽倪墨得斯的名字 Ganymede 又是什么意思呢？这个词或许可以解读为 ganyo'开心、快乐'和 medea'聪明'，字面意思为【又快乐又聪明】，这哥们的名字倒是挺自恋的啊。medea 表示'聪明'，古希腊三大悲剧之一的《美狄亚》主人公 Medea 的名字意思就是【狡猾、善于计谋】；特洛亚战争中希腊主帅之一的大英雄狄俄墨得斯 Diomedes 名字意为【宙斯的智慧】；著名的数学家阿基米德 Archimedes 可谓是【绝顶聪明】了，真是人如其名。英语中与该词同源的词汇还有很多，冥想 meditation 本意乃【思索】；希腊语的动

① 台湾的少女组合 S.H.E 中的 Hebe 一名就来自希腊神话中的青春女神 Hebe，而 Selena 则来自希腊神话中的月亮女神。

② 天箭座 Sagitta 本意即【箭矢】，而人马座 Sagittarius 字面意思则为【持箭者】。

词 mathein 意思是'思考、学习',从而有了数学 mathematics【学习、思考的技艺】①,英语中有时也简写为 math;还有盗火神普罗米修斯 Prometheus【先知先觉】以及他那被宙斯用美女潘多拉欺骗了的弟弟厄庇米修斯 Epimetheus【后知后觉】等。

①mathematics是希腊语mathema的形容词阴性形式,因其修饰阴性的episteme`知识'或者techne`技艺'。这个词演变为英语中的mathematics。而mathema则源自动词mathein`学习'。

木卫四 Callisto

卡利斯托 Callisto 本是一位水泽仙女,也是月亮女神阿耳忒弥斯 Artemis 的侍女。阿耳忒弥斯是著名的贞洁女神,她还要求所有的侍女都要像自己一样,起誓永远保持贞洁的处女之身。当然也包括卡利斯托。然而不幸的是,卡利斯托的美貌却激起了宙斯的爱欲,宙斯为了得到她而费尽心思。终于有一天,宙斯假扮成月亮女神的样子引诱卡利斯托,当卡利斯托午睡中醒来,发现自己正躺在女主人的怀里,主子抱着她亲热,并在她身体各处爱抚起来。卡利斯托不敢违抗,便依从着自己的女主人(此处删去 352 个汉字)。

等到卡利斯托发现和自己亲热的不是月亮女神而是好色的主神宙斯时,已经羊入虎口,米已蒸熟。宙斯又爽了一把。完事之后卡利斯托一直不敢跟任何人谈起这件事,可是日复一日肚子却慢慢大了起来。一天她在水中沐浴时,终于被月亮女神发现。愤怒的女神诅咒卡利斯托,并把她变成了一只母熊。后来这位苦命的少女生下了一个儿子,并不得不将他遗弃在丛林中。林中的仙女发现并抚养了这个孩子,为他取名为阿耳卡斯 Arcas。十几年过去了,这只可怜的母熊一直在山林中游荡,直到有一天遇见了她的儿子。那时阿耳卡斯已经长大成人,成为一位技术娴熟的猎人。相遇的一刻她便认出了自己的儿子,于是母熊缓下脚步想接近他抚摸他可爱的脸庞,而阿耳卡斯看到的却是一头野兽向他扑来,于是他举起长矛刺向这一头野兽。

▷ 图 4-9 Zeus and Callisto

人们说，天上的两只熊就是这母子俩，母亲是大熊座 Ursa Major，儿子是小熊座 Ursa Minor。拉丁语的 ursa 意为'熊'，而希腊语中称为 arctos '熊'。很明显，卡利斯托的儿子阿耳卡斯的名字 Arcas 也源于 arctos 一词，而牧夫座的主星 Arcturus 本意就是【看熊的人】。因为大熊星座与小熊星座是古希腊人用于辨识北方的重要参照，故 arctos 也有了'北方'之意，因此也有了英语中的北冰洋 Arctic Ocean【北方的大洋】，北极圈 arctic circle【极北之圈】，以及南极洲 Antarctica【北对面之地】。

呀，这个故事讲得有点伤感了。那再往后讲一些吧。在阿耳卡斯将长矛刺向母亲的胸脯时，天上的宙斯发现了他们。话说宙斯当时正在天上没事做，闲着，从天空俯视人间，想发现点什么，比如新一代的美少女什么的，猛一看一个哥们儿在准备杀熊，仔细一看这头熊好面熟啊，不禁想起了当年大明湖畔的夏雨荷……宙斯心想这不成，儿子要杀自己当年的小情人，就赶忙把儿子也变成了一头熊，并把这两头熊提升到天空，变成夜空中的大熊星座和小熊星座。据说这两只熊的尾巴之所以比一般熊长，就是因为当时提着尾巴时给拖长的。

赫拉又不干了。心想这小贱人和一个孽种怎么可以在天空中如此光辉耀眼呢！但她又不敢直接跟老公表达不满①。赫拉就跑去跟老一辈的环河之神俄刻阿诺斯 Oceanus 诉苦，俄刻阿诺斯说闺女看在你受委屈的份上，我以后永远不让那两只熊来我这洗澡了。于是，一直到今天，大熊星座和小熊星座也没有下沉到海面以下沐浴过②。

水泽仙女卡利斯托 Callisto 到底有多美呢？居然让主神宙斯日思夜想，不顾一切地想搞到手。我们来看她的名字，Callisto 一名源自希腊语中 calos '美丽的'的最高级 callistos '最美丽的'，在"名即为实"的古老神话中叫这名字有多美还用再描绘？ calos '美丽的'一词衍生出了英语中：书法 calligraphy 乃是【漂亮的书写】，对比书法拙劣 cacography；健美体操 calisthenics 则为【优美之力】；缪斯女神中的史诗女神卡利俄珀 Calliope 则是【优美的声音】；万花筒称为 kaleidoscope，因为里面【看到的是很美的图形】；还有美臀的 callipygian、美体的 callimorph 等。

4.4.1　木卫　天上的姨太太们

木星已发现 66 颗卫星，其中有 50 颗已经命名，从木卫一到木卫五十皆已经正式命名，从木卫五十一到六十六现今尚未取名。木卫牵扯到的希腊神话人物太多，难以一一细讲，现将相关名称与神话渊源简述如下。后面的文章中会择重要人物进行细节分析[①]。

➤ 图 4-10　Jupiter family

木卫一　Io

水泽仙女伊俄。河神伊那科斯 Inachus 的女儿，宙斯的情人之一。

木卫二　Europa

腓尼基公主欧罗巴 Europa，国王阿革诺耳 Agenor 的女儿，宙斯的情人之一。

木卫三　Ganymede

伽倪墨得斯 Ganymede，特洛亚王子，宙斯的酒童。

木卫四　Callisto

宁芙仙子卡利斯托 Callisto，月亮与狩猎女神阿耳忒弥斯 Artemis 的侍女，宙斯的情人之一。

木卫五　Amalthea

山羊仙女阿玛尔忒亚 Amalthea，她原形为一只母山羊，并曾用自己的羊奶养育幼年宙斯。除木卫五外，羊神星（113 号小行星）也被命名为 Amalthea。

木卫六　Himalia

仙女希玛利亚 Himalia。宙斯爱上了她，并与她结合。她与宙斯生了三个儿子。

木卫七　Elara

仙女厄拉剌 Elara，宙斯的情妇之一，与其结合生下巨人提堤俄斯 Tityos。

① 因为故事来源的古希腊作品很多，有不少故事和人物都有好几种说法，本文中所涉及人物之故事也或有几个比较混淆的说法。此处尽量选择与主神宙斯有关的说法。

木卫八　Pasiphae

克里特王后帕西法厄 Pasiphae，弥诺斯王之妻。传说她与宙斯所变的一头公牛结合，生下了牛头怪弥诺陶洛斯 Minotaur。[①]

木卫九　Sinope

水泽仙女西诺珀 Sinope，河神阿索波斯之女。宙斯抢走了她，后人用她的名字命名了黑海南岸的一个城市。

木卫十　Lysithea

大洋仙女吕西忒亚 Lysithea。环河之神俄刻阿诺斯 Oceanus 和大海女神忒堤斯 Tethys 所生的大洋仙女之一。宙斯的情人之一。

木卫十一　Carme

克里特女神卡耳墨 Carme，宙斯情人之一。

木卫十二　Ananke

定数女神阿南刻 Ananke，宙斯情人之一，与宙斯结合生下三位命运女神。

木卫十三　Leda

斯巴达王后勒达 Leda，国王廷达瑞俄斯 Tyndareus 之妻。宙斯变成一只天鹅与她结合，当夜勒达又与其夫同床，后生下了两只鹅卵，一只孵出了波吕丢刻斯 Polydeuces 和绝世美女海伦，另一只孵出卡斯托耳 Castor 和克吕泰涅斯特拉 Clytemnestra。

木卫十四　Thebe

水泽仙女忒柏 Thebe，河神阿索波斯之女。宙斯将她劫至玻俄提亚地区。仙女后来嫁给了这里一个城邦的国王，从此这个城邦得名为忒拜 Thebes。

木卫十五　Adrastea

克里特岛水泽仙女阿德剌斯忒亚 Adrastea，曾经在宙斯幼年的时候哺育过他。

木卫十六　Metis

大洋仙女墨提斯 Metis。宙斯的第一任妻子。她和宙斯结合并生下了智慧女神雅典娜 Athena。

木卫十七　Callirrhoe

水泽仙女卡利洛厄 Callirrhoe，被宙斯诱骗的仙女之一。

木卫十八　Themisto

水泽仙女忒弥斯托 Themisto，河神伊那科斯的女儿，被宙斯诱骗的仙女之一。

木卫十九　Megaclite

仙女墨伽克利忒 Megaclite，被宙斯诱骗的仙女之一。

木卫二十　Taygete

仙女陶革塔 Taygete，扛天巨神阿特拉斯 Atlas 之女，普勒阿得斯七仙女 Pleiades 之一。宙斯的情人，为宙斯生下斯巴达王拉刻代蒙 Lacedaemon。

木卫二十一　Chaldene

仙女卡尔得涅 Chaldene，宙斯的情人之一。

木卫二十二　Harpalyke

哈耳帕吕刻 Harpalyke，一位阿卡迪亚公主，宙斯的情人之一。

木卫二十三　Kalyke

仙女卡吕刻 Kalyke，风神埃俄罗斯 Aeolus 之女，与宙斯生美少年恩底弥翁 Endymion。

木卫二十四　Iocaste

伊俄卡斯忒 Iocaste，俄狄浦斯王 Oedipus 的母亲和妻子，自杀而亡。一说她曾为宙斯生有一子。

木卫二十五　Erinome

仙女厄里诺墨 Erinome，受到爱与美之女神阿佛洛狄忒的诅咒而爱上宙斯。

木卫二十六　Isonoe

阿耳戈斯公主伊索诺厄 Isonoe，宙斯的情人之一。她死后被变为一眼泉水。

木卫二十七　Praxidike

惩罚女神普拉克西狄刻 Praxidike，宙斯的情人之一。

木卫二十八 Autonoe

奥托诺厄 Autonoe，忒拜的建立者卡德摩斯 Cadmus 之女，宙斯的情人。

木卫二十九 Thyone

堤俄涅 Thyone，忒拜的建立者之女，原名塞墨勒 Semele，与天神宙斯生酒神狄俄倪索斯 Dionysus。后来狄俄倪索斯从冥府将已死的母亲升为神灵，成为女神后改名堤俄涅。

木卫三十 Hermippe

赫耳弥珀 Hermippe，宙斯的情人之一。

木卫三十一 Aitne

宁芙仙女埃特娜 Aitne，宙斯的情人。西西里岛的埃特纳火山 Etna 即以其名命名。

木卫三十二 Eurydome

女神欧律多墨 Eurydome，或说与宙斯生下美惠三女神卡里忒斯 Charites[①]。

木卫三十三 Euanthe

女神欧安忒 Euanthe，宙斯的情人。或说与宙斯生下美惠三女神卡里忒斯 Charites。

木卫三十四 Euporie

丰饶女神欧波里亚 Euporie，宙斯之女，时序三女神 Horae 之一。[②]

木卫三十五 Orthosie

繁荣女神俄耳托西亚 Orthosie，宙斯之女，时序三女神 Horae 之一。

木卫三十六 Sponde

奠酒女神斯蓬得 Sponde，宙斯之女，时序三女神 Horae 之一。

木卫三十七 Kale

仙女卡勒 Kale，宙斯之女，美惠三女神卡里忒斯 Charites 之一。

木卫三十八 Pasithea

仙女帕西忒亚 Pasithea，宙斯之女，美惠女神卡里忒斯 Charites

[①]部分希腊神话人物在不同的著述中有所不同，比如此处的美惠女神的母亲，在不同的古典作家笔下，可能是 Eurynome、Eurydome 或 Euanthe。而关于美惠女神的具体人物，赫西俄德认为是Aglaia、Euphrosyne、Thalia三位，而荷马则只提到 Cale 和 Pasithea 两位。帕萨尼亚斯则提到了 Hegemone。

[②]关于时序女神也有不同的说法，一般认为是时令三女神 Thallo、Auxo、Carpo，或者秩序三女神 Eunomia、Dice、Eirene。

之一。

木卫三十九 Hegemone

引导女神赫革摩涅 Hegemone，宙斯之女，美惠女神卡里忒斯 Charites 之一。

木卫四十 Mneme

记忆女神谟涅墨 Mneme，文艺三女神缪斯 Muses 之一。[1]或与宙斯的第五任妻子谟涅摩绪涅相混同。

木卫四十一 Aoede

歌曲女神阿俄伊得 Aoede，文艺三女神缪斯 Muses 之一。或为宙斯之女。

木卫四十二 Thelxinoe

陶醉女神忒尔克西诺厄 Thelxinoe，宙斯之女，缪斯女神 Muses 之一。

木卫四十三 Arche

开场女神阿耳刻 Arche，宙斯之女，文艺女神缪斯 Muses 之一。

木卫四十四 Kallichore

女神卡利科瑞 Kallichore，宙斯之女，文艺女神缪斯 Muses 之一。

木卫四十五 Helike

宁芙仙女赫利刻 Helike，曾在宙斯幼年时养育过他。

木卫四十六 Carpo

果实女神卡耳波 Carpo，宙斯之女，时序女神 Horae 之一。

木卫四十七 Eukelade

女神欧刻拉得 Eukelade，宙斯之女，缪斯女神 Muses 之一。

木卫四十八 Cyllene

水泽仙女库勒涅 Cyllene，宙斯之女。

木卫四十九 Kore

仙女科瑞 Kore，宙斯和丰收女神得墨忒耳 Demeter 之女，被冥王哈得斯抢走，成为冥后。后改名为珀耳塞福涅 Persephone。

木卫五十 Herse

露珠女神赫耳塞 Herse，宙斯与月亮女神塞勒涅 Selene 所生之女。

[1] 关于缪斯女神，在古典作品中也有不同的说法。根据帕萨尼亚斯记述，最早的缪斯女神只有三位，分别为Melete、Mneme、Aoede。而流传更为广泛的莫过于赫西俄德关于九位缪斯女神的说法，她们分别为Calliope、Clio、Erato、Urania、Euterpe、Terpsichore、Polyhymnia、Thalia、Melpomene。也有部分版本中包括Arche、Callichore、Eukelade等。

4.4.2 缪斯之艺

我们已经知道，木星的卫星中有六位是以缪斯女神命名的。那么，缪斯们到底是什么样的神灵，又有着什么样的传说呢？

根据赫西俄德的说法，主神宙斯和提坦神族中的记忆女神谟涅摩绪涅 Mnemosyne 在连续九个夜里结合，女神怀孕后生下了九位聪颖漂亮的女儿，也就是后来的九位缪斯女神 Muses①。她们居住在帕耳那索斯群山中的赫利孔山中，她们各自司掌一种艺术，并将文艺之神阿波罗尊为领袖。我们又从帕萨尼亚斯②那里得知，缪斯最初只有三位，她们由天神乌剌诺斯和地母该亚所生，这三位女神分别为实践女神墨勒忒 Melete、记忆女神谟涅墨 Mneme、歌唱女神阿俄伊得 Aoede。③

希腊人认为，诗人、艺术家的灵感都源于缪斯女神，诗人们在叙诗前往往都要向缪斯祈祷，以获得艺术的灵感。比如荷马在史诗《奥德赛》开篇即唱道：

> 告诉我，缪斯，那位精明能干者的经历，
> 在攻破神圣的特洛亚城后，他浪迹四方。

——荷马《奥德赛》1 卷 1-2

缪斯象征各种艺术，因此艺术之一的音乐被称为 music，该词来自希腊语的 mousike（techne）'缪斯之技艺'，其中 mousike 一词演变为英语中的 music。在希腊语中，名词词基后加 -ikos/-ike/-ikon 构成相应的形容词，表示'……的'④，其与拉丁语中的形容词后缀 -icus/-ica/-icum 同源，英语中的 -ic 大多源于此，诸如：讽世者 cynic【犬儒学

➤ 图 4-11 Apollo and the Muses

派的】、禁欲主义者 stoic【廊下学派的】、学术 academic【学院的】、塑料 plastic【塑造成形的】、色情的 erotic【关于爱欲的】、神秘的 mystic【秘密的】、诗的 poetic【诗人的】、古代的 archaic【古老的】、public【公众的】、评论家 critic【分辨好坏的】。拉丁语中的 -icus/-ica/-icum 演变为了法语的 -ique，于是也有了英语中：独一无二的 unique【唯一的】、古老的 antique【古代的】、公报 communique【公共的】。

根据形容词与所修饰名词性属一致的原则，在修饰阴性名词'技艺'techne 时使用希腊语的 -ike，英语中很多暗含"技艺"含义的 -ic 类名词皆源于此，诸如：魔术 magic【术士之艺】、技术 technic【技艺】、算术 arithmetic【计算之术】、医术 iatric【医生之技艺】、语音学 phonetics【声音之术】等[1]。因为这些形容词概念大多已名词化，我们也经常使用其复数形式 -ics，于是就有了英语中：数学 mathematics【思考之技艺】、政治学 politics【政治技术】、战术 tactics【机智之术】、弹道学 ballistics【发射之技术】、杂技 acrobatics【高处行走之术】、教学法 pedagogics【教师之技术】、辩论术 polemics【争吵之术】、物理学 physics【自然之术】、电子学 electronics【电子技术】、经济学 economics【治家之术】、动力学 dynamics【力之技艺】等。[2]

而英语中的博物馆 museum 则来自希腊语的 mousion，即【置放缪斯作品的地方】。在希腊化时代，埃及的亚历山大城兴建了一座专门收集各种艺术作品的殿堂，称为 Mouseion，并成为古代西方文化艺术之象征。拉丁语将其转写为 museum，并用来泛指各种收藏陈放艺术作品的殿堂，后者演变为英语中的博物馆 museum。希腊语中 -ion 后缀本为中性形容词形式，因为所表达的'场所、地方'概念为中性，故用该后缀表示'……之场所'之意，拉丁语一般将其转写为 -ium 或者 -eum，亦表示'……之场所'，故有 museum 一词。因此也有了英语中：礼堂 auditorium 乃是【容纳听众的地方】，疗养院 sanatorium 则为【恢复健康之地】以及火葬场 crematorium【烧成灰的地方】、游泳池 natatorium【游泳之地】、水族馆 aquarium【容水的地方】、美容院 beautorium【美容之处】、天文台 observatorium【容纳观测者之地】，后者演变出了英语中的 observatory 一词。注意到拉丁语

① 注意到 -ic 虽然本为形容词后缀，但很多形容词都名词化了，比如 music、magic、classic、plastic 等，这些名词加后缀 -al 变为形容词，于是就有了 musical、magical、classical、plastical 等词汇。一般也加 -ian 构成职业身份一类的名词，比如乐师 musician、殡葬业者 mortician、政治家 politician、魔术师 magician、美容师 beautician。

② 医生在希腊语中称为 iater，从而有了英语中各种'医术'-iatrics【医生之技艺】，比如儿科治疗 pediatrics、物理疗法 physiatrics、精神病学 psychiatrics，以及 cresciatrics、dermiatrics、geriatrics、gyniatrics、hippiatrics、hydriatrics、otiatrics、phoniatrics、theriatrics 等。

中 -ium 后缀表示场所时经常以 -arium、-orium、-erium 等形式出现，英语中一般将这类词对应转写为 -ary、-ory、-ery。这类的词汇很多，诸如英语中：图书馆 library【存放书籍的地方】、词典 dictionary【收藏各种单词的地方】、卵巢 ovary【卵子的老巢】、实验室 laboratory【劳作的地方】、工厂 factory【做工的地方】、小餐馆 eatery【吃的地方】、面包房 bakery【烘面包的地方】、养鱼场 fishery【养鱼的地方】、陶器厂 pottery【做陶器的地方】、手术室 surgery【做手术的地方】、女修道院 nunnery【修女生活的地方】、墓地 cemetery【安眠之地】、养猪场 piggery【养猪之处】等。

根据帕萨尼亚斯的说法，最初的缪斯女神共有三位，她们分别是歌唱女神阿俄伊得 Aoede、记忆女神谟涅墨 Mneme 和实践女神墨勒忒 Melete，这些名字都是什么意思呢？背后又有着什么样的词源信息呢？

歌唱女神 Aoede

歌唱女神阿俄伊得的名字 Aoede 一词意为【歌唱】，希腊语中一般将歌曲、诗歌称为 aoide，有时元音紧缩为 oide 或 ode，希腊人将'悲剧'称为 tragodia，由'山羊'tragos 和'歌曲'oide 组成，字面意思是【山羊之歌】。相应的，'喜剧'称为 comoidia【狂欢之歌】，由'狂欢'comos 和'歌曲'oide 组成。英语中的悲剧 tragedy 和喜剧 comedy 便由此而来。大诗人赫西俄德的名字 Hesiod 字面意思为【歌咏者】。oide 还衍生出了英语中：音乐厅 odeon 或 odeum【表演音乐之地】、韵律 prosody【to the song】、悲歌 threnody【悲伤之歌】、狂想曲 rhapsody【吟诵诗歌】、颂歌 ode【歌曲】等。

记忆女神 Mneme

记忆女神谟涅墨的名字 Mneme 一词意为【记忆】，是动词 mnaomai '想起、记起'对应的抽象名词形式，动词 mnaomai 的词干为 mna-，加 -me 构成表示动作对象的名词，即 mneme '记忆'。在希腊语中，动词词干加 -me（或 -ma）构成动作状态或者对象的名词，而加 -mon 则构成表示对应的形容词概念，因此就有了 mnemon '记性好的'。大英雄阿喀琉斯就有个仆人叫谟涅蒙 Mnemon，他的职责是提醒阿喀琉斯不要误杀太阳神阿波罗的儿子，这个名字叫得真是到位呢。形容词词干后加 -syne 构成形容词对应的抽象名词，因此 mnemon 对应的抽象名词就是 mnemosyne '好记性'。注意到缪斯们的母亲之名 Mnemosyne 即来自于此。该词还衍生出了英语中：记忆术 mnemonics【记忆之术】、不计前嫌 amnesty【不记得】、失忆 amnesia【忘却之状态】；有时候我们会忽然觉得，一些正在发生的场景、片段似乎曾经在梦里或哪里发生过，虽然完全不可能是真实地发生过，却在我们的记忆里那么相似，这种幻知在法语中被称为 déjà vu "似曾相识"，英语中叫 promnesia【提前知道】，可能很多人都觉着这种幻知不靠谱，便用该词表示 "记忆错误" 之意。广泛地说，希腊语的 mneme '记忆' 与拉丁语中的 '思考' mens（属格 mentis，词基 ment-）、英语中的 mind 都是同源词汇，因此就不难理解英语中：精神活动 mentation【思考】、脑力的 mental【思考的】、提及 mention【使想起】、班长 monitor【提醒者】、怀旧 reminiscence【再记起】、记忆 remember【再想起】、评价 comment【再思考，再解读】、痴呆 dementia【思想错乱】、提醒 remind【使再记起】。罗马神话中天后朱诺的全名为 Juno Moneta 即【Juno the reminder】，罗马人曾经在女神庙前建造一个铸币厂，于是将钱币用女神的名字命名为 moneta，后者进入英语中，于是就有了钱 money 和造币厂 mint。

实践女神 Melete

实践女神墨勒忒的名字 Melete 一词意为【实践、练习】，该词汇在英语中并无太多重要衍生词汇，不再详谈。

4.4.3　缪斯九仙女

根据赫西俄德在《神谱》中的记述，缪斯女神一共有九位，她们是主神宙斯与记忆女神谟涅摩绪涅所生的后代。这九位女神分别司掌文艺的九大方面，分别是史诗女神卡利俄珀 Calliope、历史女神克勒俄 Clio、爱情诗女神厄剌托 Erato、天文女神乌剌尼亚 Urania、歌舞女神忒耳普西科瑞 Terpsichore、音乐与抒情诗之女神欧忒耳珀 Euterpe、颂歌女神波吕许尼亚 Polyhymnia、田园诗与喜剧女神塔勒亚 Thalia、悲剧女神墨尔波墨涅 Melpomene。她们分别代表着一种特定的艺术形式。

表4-1　缪斯九仙女

缪斯女神	译名	神职	标志
Calliope	卡利俄珀	史诗女神	笔和蜡板
Clio	克勒俄	历史女神	月桂花冠和羊皮纸卷
Erato	厄剌托	爱情诗女神	七弦琴
Urania	乌剌尼亚	天文女神	地球仪
Terpsichore	忒耳普西科瑞	歌舞女神	手持弦琴
Euterpe	欧忒耳珀	音乐与抒情诗之女神	双管长笛
Polyhymnia	波吕许尼亚	颂歌女神	面纱
Thalia	塔勒亚	田园诗与喜剧女神	牧笛和喜剧面具
Melpomene	墨尔波墨涅	悲剧女神	悲剧面具

在古希腊，还有一位被称为第十缪斯的女诗人，她就是被誉为西方美学之母的萨福。这个来自希腊莱斯博斯岛 Lesbos 的女诗人在西方文艺史，特别是诗歌史上可是大名鼎鼎的人物。女同性恋 lesbian 一词【莱斯博斯岛之人】最初就用来特指女诗人萨福，该词由近代心理学家所造，因为有流传说认为萨福是个女同性恋者。这个词让莱斯博斯岛的居民大为光火，他们曾经多次对该词提出抗议，因为 lesbian 字面意思表示该岛上的居民，但结果依然无济于事。这是一件好笑又很无奈的事情，就比如你是该岛上的居民，你跟别人说我是"莱斯博斯人"，人家会说哦原来你是个 lesbian 啊！这真是躺着也中枪啊。塞浦路斯岛上的居民也很中枪，因为他们不方便说"我是一个【塞浦路斯人】Cyprian"，因为这无异于在说，他是一个淫荡的人。

那么，这九位缪斯女神名字都代表什么意思，她们又有着什么样的故事呢？

史诗女神 Calliope

最初的史诗是通过吟唱、歌咏而口口相传的，因此史诗女神必然应是一个好的吟唱者。卡利俄珀 Calliope 一名即暗含着这样的信息。这个名字由希腊语的'美好的'calos 和'声音'ops①组成，字面意思是【美好的声音】，美好的声音正是史诗女神所必备的特质。calos 的名词形式为 callos，后者经常用来构成复合词，比如希腊神话中的一些人物：卡利洛厄 Callirrhoe 名字意为【优美的水流】，还记得我们讲的木卫十七吗？就是她了，她爹是河神，河神生了一个漂亮的女

①注意到古希腊语中还有一个 ops 表示'眼睛、脸庞'之意，与其写法相同，但并非同一个词。并且这二者的词源并不相同。表示'声音'的 ops 与拉丁语的 vox 同源，后者则衍生出了英语中的 vocal、voice、vowel、invoke、revoke、convoke、vocabulary、equivocal 等词汇。

儿，取这个名字，真是太合适不过了；卡利狄刻 Callidice【美丽与公正】是一位女王，奥德修斯流浪期间曾娶她为妻，既然是一个女王，取此名也是非常合适的。还有地名加里波利 Callipolis【美丽的城市】，现在一般写作 Gallipoli，一战时著名的加里波底战役即发生于此。

　　大概是这位缪斯女神与文艺之神阿波罗一直相伴，日久生情，她们相爱并生下了俄耳甫斯 Orpheus。俄耳甫斯继承了父母的文艺基因，并表现出非常高的音乐才能。阿波罗很喜欢这个儿子，并将自己最钟爱的一把七弦琴送给了他。俄耳甫斯将这种乐器演奏得出神入化，能用它弹出天籁般美好的旋律，不论人类、神灵还是动物，闻之皆欣然陶醉，就连凶神恶煞、洪水猛兽听到他的琴声也会变得温和安静，在这音乐中忘记了狂躁凶恶的本性。他曾经参加阿耳戈号远航夺取金羊毛的探险，并在途中用琴声压制住了用美妙歌声迷醉水手的海妖塞壬 Siren。后来他的爱妻欧律狄刻 Eurydice 被毒蛇咬伤致死。俄耳甫斯悲痛不已，孤身闯入冥府，用优美的琴声打动了冥河渡夫，用动人的音乐驯服了守卫冥界大门的三头犬，连复仇女神都为他的真情和音乐所动容。最后他终于来到冥王与冥后面前，请求他们把妻子还给自己。冥王不禁感动，答应了这个请求。思妻心切的俄耳甫斯急于见到自己的妻子，还

➤ 图 4-12　Head of Orpheus

未走出冥界时就忘记了冥王的嘱咐，急不可待地回头看妻子，结果就在看到的那一刹那，妻子却永远地坠入冥界永恒的深渊之中。

　　后来他心灰意冷，四处流浪，并尽量避开所有女人，却因此得罪了酒神狂热的女信徒们。这些女信徒们残忍地将他杀死，将尸体撕成碎片后到处抛弃。俄耳甫斯的头颅和七弦琴被扔进海里，随着海浪漂泊到了莱斯博斯岛，人们将他埋在当地的阿波罗神庙旁，并把七弦琴悬挂在神庙的墙壁上。人们相信这个岛上出过那么多著名歌手与才华横溢的诗人，就与此有关。被誉为第十缪斯的女诗人萨福就是其中一位。

历史女神 Clio

　　历史记述著名的人物和著名的历史事件，因此就不难理解历史女神的名字克勒俄 Clio【使成名】之意，这个词对应的名词形式为 cleos '名声、荣耀'。该词经常被用在人

名中，比如雅典明君伯里克利 Pericles【远近闻名】，在他的领导下，雅典的精神和物质文明达到了一个顶峰，最下层的奴隶和普通人民的生活也有了很多的保障。又比如著名的埃及艳后克莱奥帕特拉 Cleopatra【名望的家系】，可惜红颜祸水，粉黛薄命，最后自杀以终，给后世留下了很多传说和遐想。而古希腊著名数学家，《几何原本》的作者欧几里得 Euclid 则【名声很好】，这个名字也是的确名副其实，至今他的作品仍是几何学的奠基和权威。

历史女神克勒俄和一位斯巴达国王相爱，并生下了著名的美少年许阿铿托斯 Hyacinthus。许阿铿托斯长得非常俊美，就连太阳神阿波罗和西风之神仄费洛斯 Zephyrus 都不禁爱上了这个少年，两位神明争风吃醋，最后却害死了这个美少年。为了纪念自己的恋人，阿波罗将许阿铿托斯变为一种美丽的植物，后来人们便用少年的名字来命名这种植物，英语中的 hyacinth 便由此而来，汉语中称为风信子。

爱情诗女神 Erato

爱情诗女神厄剌托 Erato 一名意为【爱情、渴望】，源自希腊语中的‘爱’eros（属格 erotos，词基 erot-）。爱情诗女神司掌关于爱恋之诗歌，厄剌托一名正暗含着这样的信息。eros 意为‘爱’，故爱欲之神厄洛斯 Eros 之名亦由此而来，厄洛斯使得世界因爱而交合，于是万物得以产生和繁衍，也产生了后来的各种各样的神灵。eros‘爱’一词衍生出了英语中：色情的 erotic【关于性爱的】、色情作品 erotica【关于性爱的作品】、色情 eroticism【性爱的行为】、色情狂 erotomaniac【对性痴迷】、性欲发作 erotogenesis【情欲产生】、性爱学 erotology【关于性爱的研究】。

天文女神 Urania

天文女神司掌天空中一切星象以及对应的寓意。她的名字乌剌尼亚 Urania 一词即为【天文、天象】，该词源自希腊语中的‘天空’uranos，Urania 一词为 uranos 的抽象名词，故有‘天文’之意。注意到希腊语中名词或形容词词基后加 -ia 往往构成对应的抽象名词形式，对比希腊语中的词汇：

聪明的 sophos，智慧 sophia；父亲 pater，家系 patria；

国王 basileus，王国 basileia；酒神 Dionysus，酒神节 Dionysia；

被召唤者 eccletos，公民大会 ecclesia；公民 polites，公民权 politeia。

因此有了'天文女神'Urania，其由 uranos'天空'抽象而来。远古神族中的天神乌剌诺斯 Uranus 的之名即来自后者。天神乌剌诺斯的名字还被用来命名了一种化学元素，即 uranium【乌剌诺斯元素】，缩写为 U，中文音译为铀①；uranos'天空'一词还衍生出了英语中：天象图学 uranography【天象的绘图】、天体学 uranology【关于天体的研究】、天体测量 uranometry【天体的测量】、陨石 uranolite【天上飞来的石头】、杞人忧天 uranophobia【害怕天】。

歌舞女神 Terpsichore

既然是歌舞女神，那自然是喜欢唱歌跳舞的了，忒耳普西科瑞 Terpsichore 就是这样的女神。从她的名字即能看出来，该名由希腊语的 terpsis'喜欢'和 choros'歌舞'组成，字面意思是【喜欢歌舞】，这无疑非常适合用来称呼歌舞女神了。terpsis 意为'喜欢'，因此抒情诗女神欧忒耳珀 Euterpe 之名即为【很讨人喜欢】，这大概也是对抒情诗细腻而柔和之美的一种诠释。'歌舞'choros 最初指那种舞队一起跳的舞蹈，并且伴着合唱的歌子。其衍生出了英语中：唱诗班为 choir【合唱】，唱诗班的成员叫做 chorister【唱诗人】；合唱为 chorus，因此也有了赞美诗 choral【合唱之诗歌】；还有颂歌 carol【合唱之歌】、舞蹈症 chorea【跳舞之病症】。

忒耳普西科瑞有三个女儿，她们本来都是丰收女神得墨忒耳 Demeter 之女珀耳塞福涅 Persephone 的同伴。一次，珀耳塞福涅和这些女伴在河畔采摘水仙花时，可怕的冥王从大地深处跃出，抢走了惊愕中的少女。后来少女的母亲得墨忒耳怪罪三个女孩没有保护好自己的女儿，便将这三位女孩变成了海妖，也就是海妖塞壬 Siren。这些海妖个个上身美若天仙，下身为鱼尾②，她们生活在墨西拿海峡附近的一个海岛上，遇到船只经过时，就用美妙的歌声诱惑他们。水手们一听到塞壬的歌声都会情不自禁着迷，不顾一切地将船只驶向该岛，并且在途中触礁溺水而死。因此这个海岛周边四处都是皑皑的白骨。

传说大英雄奥德修斯曾率领船队经过墨西拿海峡，为了能够听到这传说中让人无限着迷的歌声并活下来，他命令水手们把自己紧紧捆绑在在桅杆上，并吩咐所有水手用蜡塞住各自的耳朵。在船只驶过这个海岛附近时，奥德修斯听到了女妖们销魂的歌声，那歌声是如此令人神往，他绝望地挣扎着要解除身上的束缚，并渴望能够离塞壬们更近一些，便吼叫着命令水手们驶向该岛。但没人理他。海员们驾驶船只一直向前，直到再也听不到歌声。

➤ 图 4-14 Odysseus and the Sirens

现代英语中，siren 一般用来指极度诱惑的让人无法抵挡的美女，也可以指歌声迷人的女歌手。

音乐与抒情诗之女神 Euterpe

音乐与抒情诗之女神欧忒耳珀 Euterpe 一名由希腊语中的 eu '好' 和 terpsis '喜欢' 组成，字面意思是【很讨人喜欢】。希腊语的 eu '好' 衍生出了英语中：安乐死 euthanasia【快乐的死亡】、颂词 eulogy【赞美的话】、幸福 eudemonia【心里面感觉很美】、优生学 eugenics【优秀遗传之术】、谐音 euphony【悦耳的声音】、委婉语 euphemism【说好听的话】、心情愉快 euphoria【带来美好】、真核生物 eukaryote【完好的核】。桉树被称为 eucalyptus【覆盖完好】，因为桉树花芽有一个特有的圆锥形的遮盖或花瓣粘合成帽状，其对花芽形成了

"很好的保护性覆盖"；著名的古希腊数学家欧几里得 Euclid 一名意思即为【名声很好】，至今他仍是数学界响当当的人物。

颂歌女神 Polyhymnia

颂歌女神波吕许尼亚 Polyhymnia 一名由希腊语的'多、非常'polys 和'颂歌'hymnos 组成，字面意思是【很多颂歌】。希腊语中，polys 一词经常以前缀 poly- 出现在构词中，于是我们就不难理解：海伦的哥哥波吕丢刻斯 Polydeuces 应该很讨人喜欢，他的名字意思为【非常甜美】，或许嘴巴很甜很会说话吧；俄狄浦斯王的大儿子波吕涅刻斯 Polyneices【爱吵架】，为争夺忒拜城的王位而与其弟互相残杀；大英雄伊阿宋之母名字叫波吕墨得 Polymede【非常聪慧】（much cunning）；还有【臭名昭著】的巨人波吕斐摩斯 Polyphemus（much rumor）；有一个【杀人如麻】的哥们取了个名字叫波吕丰忒斯 Polyphontes（many killing）；赫耳墨斯的情人波吕墨勒 Polymele 很【爱唱歌】（many songs）。这些神话人物名字都取得非常合人物特点。我们再来看英语中由前缀 poly- 构成的词汇：波利尼西亚 Polynesia 本意为【多岛群岛】，对比印度尼西亚 Indonesia【印度群岛】，密克罗尼西亚 Micronesia【小岛群岛】；水螅 Polypus 有【很多脚】，对比章鱼 octopus【八只脚】；多项式 polynomial【诸多项】，对比单项式 monomial，二项式 binomial，三项式 trinomial 等等；多头垄断 polypoly【多家出售】，对比独家垄断 monopoly，双头垄断 duopoly 等。

希腊语的 hymnos'颂歌'演变为英语中的颂歌 hymn，这种颂歌一般在婚礼等场合使用，于是也就不难理解婚姻之神许门 Hymen；膜翅目的动物被称为 Hymenoptera，其中 ptera 是'翅膀'之意（而 helicopter【旋转的翅膀】就是咱们所说的直升机了），这说明表示婚姻的 hymen 还跟什么膜一类的东西有关。你可以尽情地猜。

田园诗女神 Thalia

田园诗女神塔勒亚 Thalia 司掌田园诗和喜剧，她的名字意为【草木繁荣】，由希腊语的'绿枝、植物繁茂'thalos 的词基加 -ia 构成。既然是田园诗女神，自然是与植物、大自然很贴近了，而塔勒亚一名似乎也暗含着"美好的田园"这一概念。古希腊七贤之首的泰勒斯[1]

[1] 泰勒斯（Thales，约前624 – 前546），古希腊思想家、科学家、哲学家，伊奥尼亚学派的创始人。古希腊七贤之首。

被誉为"科学和哲学之祖",他的名字 Thales 意思为【繁荣】,亦来源于此。化学元素铊学名为 thallium,因为其光谱呈嫩绿色;植物学中的叶状体英文为 thallus,也是因为其呈绿色;而植物学中的原植体植物 thallophytes 字面意思为【绿色的植物】。

悲剧女神 Melpomene

悲剧女神墨尔波墨涅 Melpomene 之名源于希腊语动词 melpo'歌唱',其对应的名词即为 melpomene。墨尔波墨涅最初本为歌唱女神,后来成为司掌悲剧的女神。

需要注意的是,希腊语中表示'歌唱'的 melpo 与表示'歌曲'的 melos 并不同源,虽然二者形态和含义上都比较接近。'歌曲'melos 一词本意为'肢体',歌曲由一节一节的音乐组成,就如同一节一节的肢体组成躯体一样。希腊语的 melos 则衍生出了英语中的旋律 melody【歌曲】、花唱 melisma【歌曲】①、音乐剧 melodrama【音乐戏剧】。

4.4.4 时令三女神

根据神话中的说法,最初司掌秩序与时令的神祇为提坦女神忒弥斯 Themis,她是律法和正义的象征。她公正无私,经常为诸神和人类评定公正对错。她一手高举天秤,象征绝对的公平与正义;另一手秉持宝剑,象征诛杀世间一切邪恶,不畏强权;在评判时,她经常蒙住双眼,以做到公正无私,不徇私情。女神忒弥斯因其公正严明而受到人们的尊崇和敬仰。

忒弥斯女神是主神宙斯的第二个妻子。她与天神宙斯第一次结合后,生下了三个女儿,这三个女儿成为了后来的时令三女神 Horae。她们分别代表着一年的三个季节,分别是代表"萌芽季"的塔罗 Thallo,代表"生长季"的奥克索 Auxo 以及代表"成熟季"的卡耳波 Carpo 三位女神。早先在古希腊,人们将一年分为三个季节,而这三位时令女神则每人司掌着其中的一个季节。

女神忒弥斯与天神宙斯第二次结合,生下了三个女儿,这三个女儿成为了后来的秩序三女神 Horae。她们代表着世界和人间的各种

➤ 图 4-15 香港立法会大楼正义女神雕像

秩序，分别是象征"良好秩序"的欧诺弥亚 Eunomia，象征"公正"的狄刻 Dike 以及象征"和平"的厄瑞涅 Eirene 三位女神。[1]

那么时序女神的名字 Horae 又是怎么来的呢？

时序女神在希腊语中作 Horai，是 hora'季节、时间'的复数形式。所谓季节，是人们对大地上万物兴荣衰败周期的一种人为的划分。比如我们所说的春生夏长秋收冬藏，就是大自然、作物兴衰周期的一种人为划分。其实春夏秋冬是连续渐变的，实际上并没有明显的界限，对于春夏秋冬的划分只是人们的一种人为分界而已。划分的标志不同，其结果就可能不同，因此在早期的不同文化中，对于季节的区分往往是有所差异的，比如古埃及人根据尼罗河涨落周期对农业的影响，就将一年分为来水季（7~10月）、播种季（11~2月）和收获季（3~6月）三个季节。希腊人可能受埃及的影响，也将一年分为三个季节，分别为'绿色季'earos hora、'热季'theroeos hora、'冷季'cheimas hora。这或许正是时令女神之所以有三位的来历。

hora 一词在英语中演变成 hour，因此时令女神在英语中也翻译为 the Hours。希腊语的 hora'时间'还衍生出了英语中：时间的 horal【时间的】、时计 horography【时间记录】、日晷 horologe【时间指示】、星占 horoscope【观时占命】。

[1] 比较有意思的是，虽然普遍将这六位女神统称为时序女神Horae，但因为是两组女神，每组三位，所以经常会说Horae三女神。为了区分这两组女神，我们将代表季节的三女神称为时令三女神，因为她们各司一年中的某一个时令；将代表秩序的三女神称为秩序三女神，因为她们象征着世间的各种秩序；同时将这六位女神总称为时序女神，其包含时令三女神和秩序三女神。

➤ 图 4-16 The birth of Venus with Horae on the right

讲到这里，我们顺便再看看小时以下的时间单位是怎么"细分"的。我们知道，一个小时有 60 个 minute，这个 minute 一词和'迷你'mini 同源（对比最小 minimum、迷你裙 miniskirt、小步舞曲 minuet），本意为"细小、细分"，所以 munite 就像中文中的"分钟"一样，就是把一个钟头细分为了更小的六十部分的意思。而 second 一词乃是 second minute 概念的缩写，字面意思是【再细分】（second 一词本意为"紧接着"，故有了"第二"之意），于是就有了一个 minute 分为六十个 second。

我们来分析这三位时序女神。

塔罗 Thallo

塔罗为代表作物之萌芽的女神，所司掌时令基本相当于我们现在的春季。春季万物生发，大地重新披上一片新绿。而女神塔罗的名字 Thallo 则和我们讲过的缪斯九仙女之一的 Thalia 一样，都来自希腊语的中的 thalos '绿枝、嫩叶'，因此就有了英语中：叶状体 thallus【嫩叶】、似叶状体 thalloid【如叶状体】、叶状植物 thallogen【产生绿枝】。春天植物萌芽，到处一片青绿，塔罗乃是司掌这个萌芽季节的季节之神，她所经指处严寒渐散，天地万物开始萌生，草长莺飞，一片欣欣向荣的景象。

绿色无疑是春天最好的象征了，希腊人将春天最初长出来的青绿色或者黄绿色嫩芽叫 chloe，因此有了形容词 chloros '嫩绿的'，而春之女神克洛里斯 Chloris 一名便源于此。chloros '嫩绿的'一词还衍生出了英语中：化学元素氯 chlorine【黄绿色】，因为氯气呈黄绿色，其化学符号 Cl 即取自该词汇，因此也有了氯酸盐 chlorate、氯胺 chloramine、氯奎因 chloroquine 等词汇；叶绿素 chlorophyll 字面意思为【叶之绿色】；绿霉素为 chloromycetin【绿色霉素】，对比红霉素 erythromycin、土霉素 terramycin。人的胆汁呈黄绿色，因此希腊语中将'胆汁'称为 chole，与 chloe '嫩芽'同源，于是就有了英语中的胆囊 cholecyst【胆囊】、胆固醇 cholesterol【胆固醇】；体液学说认为，胆汁过多的人易怒，因此就有了英语中的易怒的 choleric【胆汁质的】、脾气暴躁 choler【胆汁】；古代医学还曾认为，霍乱是因为体内的胆汁异常引起的，从而也有了英语中的霍乱 cholera【胆汁病】。

希腊语中表示春季的词汇为 er（属格 eros，词基 er-），其本意即‘绿色’，拉丁语中表示春季的 ver（属格 veris，词基为 ver-）与其同源。拉丁语 ver‘春季’衍生出了英语中：春季 primavera【最初的春】、青翠 verdure【绿色】、翠绿的 verdant【绿色的】、春天的 vernal【春天的】、铜绿 verdigris【希腊绿】[1]、绿鹃 vireo【绿色鸟】；美国佛蒙特州 Vermont 因为多山并葱翠而得名，Vermont 一词本意即为【绿色的山】，对比勃朗峰 Mont Blanc【白色的山】、蒙特内格鲁 Montenegro【黑色之山】、蒙特利尔 Montreal【皇家之山】。

奥克索 Auxo

奥克索为代表作物之生长的女神，所司掌季节基本相当于我们现在的夏季。什么是生长呢？生长就是动植物的从小到大的过程，奥克索的名字即来自于此，auxo 一词意为【增长】。希腊语的 auxo‘增长’衍生出了英语中：生长素 auxin，其后缀 -in 多用来表示生物和化学中的各种"提取物"，一般汉译为"……素"，比如毒素 toxin、胰岛素 insulin、肾上腺素 adrenalin、红霉素 erythromycin；附件 auxiliary 的字面意思则是【增加的、附加的】，还有细胞变大 auxesis【增大】、生长学 auxology【生长之学问】、增长细胞 auxocyte【增大的细胞】等。

希腊语的 auxo‘增长’与拉丁语的 augere‘增大’同源，后者衍生出了英语中：扩大 augment【变大】，因此也有了语言学中的指大词 augmentative【变大的】，对比指小词 diminutive【变小的】；增到最大就是 Augustus【最伟大的】，罗马帝王屋大维曾经被元老院授予这个尊号，因此一般称为奥古斯都·屋大维 Augustus Octavianus【至尊者屋大维】，他出生在八月，因此罗马人用他的名字命名了这个月份，称为 Augustus，英语的 August、西班牙语的 agosto、意大利语的 agosto、法语的 août 都由此演变而来。动词 augere 的完成分词为 auctus（属格 aucti，词基 auct-），而英语中所谓的拍卖 auction 不就是一个【价位增长】的过程么？写作也是一个从无到有、从少到多的增长过程，于是就不难理解作家为什么被称为 author【使增加者】了，因为著书就是个使内容增添的一个过程。

[1] 英语的 verdigris 一词源自古法语的 verte grez【希腊绿色】，这样称呼可能因为希腊盛产铜矿。

古人常说，春生夏长秋收冬藏，夏天是万物生长的主要阶段，这样的理解和象征夏天的生长女神奥克索 Auxo 的概念又何其相似呢。

卡耳波 Carpo

卡耳波为代表作物之收获的女神。基本对应于我们所说的秋天，秋天作物成熟，为收获之季节。女神卡耳波之名 Carpo 一词字面意思即为【结果实】，其来自希腊语的名词 carpos '果实'，后者衍生出了英语中：植物学中的内果皮 endocarp【果实内部】、中果皮 mesocarp【果实中间】、外果皮 exocarp【果实外部】、果瓣 carpel【小果实】；还有果柄 carpophore【支撑果子】、吃果实的 carpophagous【吃果子的】、果实学为 carpology【果实之研究】等等。

果子是收获采摘得来的，这也解释了希腊语的 '果实' carpos 和拉丁语中的 '采摘' carpere、英语中的 "收获" harvest 同源的原因。拉丁语的 carpere 的单数命令式为 carpe '请摘取'，于是就不难理解贺拉斯的那句名言 Carpe diem【收获今天、抓紧今天】。而摘录 excerpt 无疑就是【摘选出来】，对比除去 except【拿出来】、抽出 extract【拔出来】等。

4.4.5 秩序三女神

根据《神谱》中的记载，司掌法律和正义的提坦女神忒弥斯与主神宙斯结合，生下了三位秩序女神 Horae，她们分别为象征 "良好秩序" 的欧诺弥亚 Eunomia，象征 "公正" 的狄刻 Dike，以及象征 "和平" 的厄瑞涅 Eirene 三位女神。注意到忒弥斯是司掌法律的女神，而法律的作用无非就是使社会能够拥有 '良好秩序' eunomia、矛盾得到 '公正' 处理 dike、人与人之间 '和平' 相处 eirene，这大概正是忒弥斯生下这三位秩序女神之理念的来源。

忒弥斯的名字 Themis 一词源自希腊语中的 thema，后者字面意思为【制定之事】，而 Themis 一名乃是该词的阴性人称形式[1]。法律即制定之事，所以忒弥斯可以说是法律概念的女性形象，也就是法律女神。而 thema 一词表示 '制定之事'，源自希腊语的动词 tithemi '做、制定'，后者的词干为 the-。在希腊语中，动词词干加后缀 -sis 常用来

---

[1] -is 后缀于名词词基，表示女性的人物意义，比如希腊语中保护人 phylax，而 phylacis 则表示女保护人。

构成表示该动作的抽象名词，动词词干加后缀 -tes 用来构成表示动作施动者的事物名词，而动词词干加后缀 -ma 用来构成表示行为本身或者行为对象的名词。举个例子，动词词干 the- 加后缀 -sis 构成表示该动作的抽象名词，也就是'放置、制定'，因此就有了英语中的假设 hypothesis【放在下面作为讨论基础】、合成 synthesis【放在一起】、光合作用 photosynthesis【光的合成】；词干 the- 加后缀 -tes 构成表示动作施动者的概念，于是'放置者、抵押者'就是 thetes，对应的女性形式为 thetis，宙斯恋人之一的海洋女神忒提斯之名 Thetis 即来于此；词干 the- 加后缀 -ma 构成表示行为本身或者行为对象的名词，于是就有了 thema'制定之事'，因而也就有了英语中：主题 theme【所定】、主题的 thematic【主题的】。这样的例子还有很多，比如希腊语的动词 poeo'做、写诗'词干为 poe-，于是就有了'诗人'poetes【写诗者】，英语中的 poet 由此而来；也有了希腊语的'诗歌'poema【所写之诗】，英语中的 poem 由此而来；生成 poesis【做】，于是就有了英语中的致病机理 pathopoiesis【病症之产生】。

这告诉我们，同一个词根不同的变化形式（即语法形式）所表达的意义是有区别的[1]。此处分析一下从希腊语中来的 -ma 型后缀。在希腊语中，在动词词干后加 -ma，构成表示该动作的行为本身或者行为对象的名词。为了尽可能不引进过多的希腊语内容，此处尽量多举一些被英语所借用的词汇：

表4-2 -ma后缀构词

希腊语动词	动词含义	词干	-ma后缀构成名词	-ma类名词解释	名词含义	衍生英语词汇
gignosco	认识	gno-	gnoma	所知	见解	gnome
grapho	写、画	graph-	gramma	所写	文字	gram、grammar
horao	看	ora-	horama	所见	景象	panorama
doceo	教授	doc-	dogma	所授	信条	dogma、dogmatic
drao	表演	dra-	drama	所演	戏剧	drama、dramatic
speiro	播种	sper-	sperma	所播撒	种子	sperm、spermatozoon
poeo	作诗	poe-	poema	所创作	诗歌	poem
proballo	扔出	probal-	problema	所扔	障碍	problem
nao	流动	na-	nama	河流	河流	naiad
ceimai	躺下	cei-	coma	躺下	昏迷	comatose

[1] 英语中的词根 graph- 在构词中表意一般为动作的画和写，而 gram- 多表示已经写好了的文字之义，比如 photograph 就表示【用光来描绘】，而 cryptogram 则表示【隐藏的文字】。同样的道理，从希腊语中来的 -sis 后缀则表示'动作的过程、状态'之意，所以 thesis 一词应该理解为"做该事情的过程"，比如合成 synthesis、光合作用 photosynthesis 这类词汇都偏重于强调该行为的过程。再扩展一点地说，对于不同形式的同源词根，不能只用一个固定的模式去解释，知道音变的来由以及其所带来的表意差别，对准确分析词汇含义会有很大的帮助。

可以看到，希腊语中动词词干加 -ma 后缀变成了表示动作对象或者动作自身的名词了，表示动作对象概念的一般可以字面理解为【所为之事物】，比如 graph-'写'，其构成的 gramma '文字、符号'（graph-ma → gramma）即【所写】。另外，-ma 类名词的属格为 -matos，词基 -mat-，因此英语中 drama 的形容词就变为了 dramatic，dogma 的形容词就成为了 dogmatic。

我们再来分析一下秩序三女神 Horae 各自名字的来历。

欧诺弥亚 Eunomia

欧诺弥亚为代表世间良好秩序的女神，她的名字 Eunomia 由希腊语的 eu '好' 和 nomos '法则、秩序' 组成，后缀 -ia 用来构成抽象概念的名词，因此 eunomia 一词即【良好的秩序】。

希腊语的 eu '好' 在构词时经常以前缀 eu- 的形态出现，如几何之父欧几里得 Euclid【名声很好】；人名尤多拉 Eudora【好的赐予】，比如两口子一直想要一个孩子，努力了好多年都没有成功，后来终于有一次成功了，妻子怀孕生下一个小孩，取名叫尤多拉就很恰当；人名尤金 Eugene 和尤金尼娅 Eugenia 都是【出生高贵】之意；而尤妮丝 Eunice 意思为【大获全胜】；【话说得好】就是 euphemism，比如一个人比较笨，你说他单纯，这就是委婉语 euphemism 了；消化良好就是 eupepsia【消化好】。

希腊语的 nomos 表示 '法则、秩序'，于是有了英语中：天文学 astronomy【星体运行法则】、经济学 economy【持家法则】、烹饪法 gastronomy【养胃的法则】、农学 agronomy【事田之法】；《圣经》中的申命记 *Deuteronomy* 本意为【第二律法】；而自治 autonomy【自己制定法则】，对应形容词为 autonomous；反常 anomie 意思是【不按套路来】，而矛盾 antinomy 则意为【法则相悖】等。

狄刻 Dike

狄刻是代表公正的女神，她的名字 Dike 一词意思即为 '公正'。这个词经常被用在神话的人名中，比如俄耳甫斯的老婆欧律狄刻 Eurydice【非常公正】；奥德修斯曾经娶过一位女王，名叫卡利狄刻 Callidice【又漂亮又公正】；阿伽门农王有一个女儿名叫拉俄狄刻 Laodice【人民的公正】。希腊语的 dike '公正' 还衍生出了：审判官员 dicast【判定公正的人】，法院 dicastery【公正之处】。

厄瑞涅 Eirene

厄瑞涅是代表和平的女神，她的名字 Eirene 一词在希腊语中意思就为 '和平' [1]。eirene '和平' 一词衍生出了英语中：和平的 eirenic【关于和平的】，和平提议 eirenicon【和平的】。女神厄瑞涅的名字 Eirene 还演变出了女名艾琳 Irene。当然，由神话人物名字演变而来的人名很多，常见的比如戴安娜 Diana、格雷丝 Grace、海伦 Helen、菲比 Phoebe、阿多尼斯 Adonis、赛琳娜 Selena 等。

4.4.6 美惠三女神

根据《神谱》记载，宙斯的第三位妻子为大洋仙女欧律诺墨 Eurynome。欧律诺墨为宙斯生下了三个女儿，她们就是后来的美惠三女神 Charites，这三位女神分别为：代表光辉的阿格莱亚 Aglaia、代表快乐的欧佛洛绪涅 Euphrosyne、代表鲜花盛放的塔勒亚 Thalia。传说美惠女神们常常头戴花冠，舞步轻盈，从浑茫而深邃的背景中走出来，好像灵感般在人们眼前显现。她们妩媚、优雅和圣洁，后世的诗人和画家常常歌咏她们，祈求她们能赋予自己不竭的艺术创造力。

欧律诺墨是环河之神俄刻阿诺斯 Oceanus 和提坦女神忒堤斯 Tethys 的女儿，是三千位大洋仙女之一。她的名字 Eurynome 一词由 eurys '宽广' 和 nomos '秩序' 组成，表示【广泛的秩序】。eurys 表示 '宽广'，而蛇发三女妖戈耳工之一的欧律阿勒 Euryale 意思是【宽阔的海】，她们居住在宽阔的大洋尽头，故得此名；特洛亚战争中的希腊联军先行官叫欧律巴忒斯 Eurybates，这名字大概是个称号吧，意思是【大步流星】，怪不得会让他做先行官呢；还有奥德修斯的乳母欧律克勒亚 Euryclea【名声远播】、乐师俄耳甫斯的恋人欧律狄刻 Eurydice【广泛的正义】。

既然美惠女神被称为 Charites，那这个名字又有着什么样的内涵呢？

希腊语的 charites 是 charis '优美、漂亮' 的复数形式，因为美惠女神一共有三位。希腊语的 charis '优美' 与拉丁语中的 carus '美好的、

[1] 至此，读者们应该已经非常明显地看到一点：神话中的神灵名称往往是名副其实的。太阳神即以太阳为名，月亮神即以月亮为名，各种神灵几乎都是如此。由此来看，神话学往往包含着很重要的语言学信息。很多朋友非常喜欢希腊神话，却为希腊神话中复杂的人名和地名所苦恼，很重要的一个原因就是不懂希腊语，对这些朋友来说，音译的名字过于抽象绕口，却没有什么实际意义。而但凡学过一些希腊语，然后再去看这些经典的希腊神话，其兴致与味道自然完全不一样了。

> 图 4-18 Venus and the three Graces tending Cupid

珍爱的'同源。后者衍生出了英语中的爱抚 caress【爱护】。carus 的抽象名词形式为 caritas '尊敬、爱心'，英语中也借用了这个词，不过一般用来表示"博爱"之意。拉丁语的 caritas 演变为了古法语的 charité，后者进入英语中，从而有了英语中的慈悲 charity【爱怜】、珍惜 cherish【爱惜】。

注意到拉丁语的 ca- 音节进入法语中一般变为 cha-，因为拉丁语和古法语对英语的影响，很多 ca- 与其衍生的 cha- 类词汇都进入英语中，比如拉丁语的 carta '纸张'进入法语中变为 charte、拉丁语的 carrus '车、马车'进入法语中变为 char、拉丁语的 calx '石头'进入法语中变为 chaux、拉丁语的 caput '头'进入法语中变为 chef 等。这些词汇对英语都有着非常深刻的影响。此处各举几个例子。

拉丁语的 carta 演变为法语的 charte 以及英语中的 card，意思都为"纸张"。同时也衍生出了英语中：卡通 cartoon【纸工】、地图 carte【图纸】、图表 chart【纸】、许可证 charter【纸文件】、条约书 cartel【纸约】、不详的 uncharted【未在地图上标志出来的】。

拉丁语的 carrus 演变为法语的 char，英语的 car，意思都是"车辆"。同时也衍生出了英语中：货运 cargo【车载货物】、四轮马车 carriage【马车】、运载 carry【车载】、前程 career【跑马道】、战车 chariot【车辆】；装货 charge 为【车辆装载】，装的太多了叫 surcharge【装载过多】，卸货为 discharge【卸载下来】。

拉丁语的 calx 演变为法语的 chaux，本意为 '小石头、石灰'，英语中的 chalk "粉笔"亦由此而来，因为粉笔是由石灰制成的。同时也衍生出了英语中：钙 calcium【石头元素】、钙化 calcify【使成为钙】、粉刷涂料 calcimine【石灰矿】；罗马人用小石子进行数学运算，于是就有了计算法 calculus【小石子】和运算 calculate【计算】。

拉丁语的 caput 演变为法语中的 chef，意思都为 '头、脑袋'，其同时也衍生出了英语中：头部 caput【头】、首领 captain【头儿】、首长 chief【头儿】、海角 cape【大地之头部】、卷心菜 cabbage【脑袋】、二头肌 biceps【两个头】、三头肌 triceps【三个头】、斩首 decapitate【除

去头 】、首都 capital【首要的】。

当然，这类词汇还有很多，拉丁语的 caballus 演变为法语的 cheval，意思都为'马匹'；拉丁语的 calceus 演变为法语的 chaussure，意思都是'鞋子'；拉丁语的 caro 演变为法语的 chair，意思都为'肉'；拉丁语的 campus 演变为了法语的 champ，意思都为'田野'；拉丁语的 calor 演变为了法语的 chaleur，意思都为'热'；拉丁语的 capsa 演变为了法语的 châsse，意思都为'盒子'……

美惠三女神在罗马神话中称为 Gratiae，后者是 gratia '恩惠、美好'的复数形式，gratia 一词演变为英语中的 grace，因此美惠三女神一般也在英语中意译为 the Graces。注意到拉丁语的 -tia 后缀往往演变为英语中的 -ce，对比下述拉丁语词汇与其所演变的英语词汇：

> 图4-19 The Primavera with 3 Graces on the left

区别 differentia /difference，浮现 emergentia/emergence，智慧 sapientia/sapience，科学 scientia/science，宣判 sententia/sentence，能力 potentia/potence，勤劳 diligentia /diligence。

根据赫西俄德的说法，美惠三女神分别为阿格莱亚、欧佛洛绪涅、塔勒亚。这些名字中又藏着什么样的信息呢？

阿格莱亚 Aglaia

阿格莱亚的名字 Aglaia 一词意为'非常荣耀'。该词为形容词 aglaos '非常著名'的抽象名词形式。所以，女神阿格莱亚的名字 Aglaia 可以理解为【非常荣耀】。阿格莱亚司掌运动会上的胜利，因为古希腊人认为运动之协调和肉体之美是无比光荣的一件事情。这也解释了为什么奥林匹克会产生在古希腊这样的地方，而不是在古代中国这个对人体和肌肉美并不怎么感冒的民族。

据说爱神阿佛洛狄忒虽然嫁给了火神赫淮斯托斯，但经常与战神阿瑞斯偷情，后来终于被火神发现，于是夫妻离婚。后来火神与美惠女神阿格莱亚相爱，他们结合并生下了：欧克勒亚 Eucleia【好名声】、欧斐墨 Eupheme【美好言辞】、欧忒尼亚 Euthenia【美好前景】、菲罗佛洛绪涅 Philophrosyne【友爱善良】四位女儿。

欧佛洛绪涅 Euphrosyne

欧佛洛绪涅的名字 Euphrosyne 一词意思为'快乐、善心',该词是形容词 euphron '愉快的'的抽象名词形式。后者由 eu '好'与 phren '理智、精神'组成。词根 eu 衍生词汇我们已经讲解了不少,此处不再赘述,补充一个生物学知识:生物学术语命名中的 eu- 前缀一般汉译为'真',比如真细菌 eubacteria、真核细胞 eukaryote。希腊语的 phren '理智、精神'(属格 phrenos,词基 phren-)衍生出了英语中:精神的 phrenic【神志的】、精神错乱 phrenetic/frantic【精神问题】、精神分裂 schizophrenia【精神分裂之症】,人名索夫罗尼娅 Sophronia 则是【智慧的思想】。

① 在英语中,–ness、–tude 等后缀置于形容词后,表示偏向于形容词性意义的抽象名称,比如 happyness、carefulness、illness、solitude、longitude、altitude 等。当我们要进行词汇变换时,一般都是自觉或不自觉地遵守这样的构词方式,比如我们要使用一个形容词的名词形式,我们一般都将其变为 adj+ness,部分也用 adj+tude 的形式。相似的,可以对比英语中的 –ion、–ment 等后缀,其置于动词词干后,用来构成抽象动作意义的名词,比如 creation、action、ambition、movement、treatment、engagement 等。而 –ure 后缀则用在动词词干后,多构成表示动作对象的名词,比如 creature【所创造之物】、mixture【所混合之物】、lecture【所讲之物】。

euphron 为希腊语的形容词中性形式。希腊语中,形容词词干后加 -syne 构成相应的抽象名词概念,相当于英语中的 -ness 或 -tude①。所以欧佛洛绪涅的名字 Euphrosyne 字面意思就是【快乐、善心】。同样的道理,缪斯女神的母亲谟涅摩绪涅之名 Mnemosyne,乃是由形容词 mnemon '记性好的'和后缀 -syne 组成,而 mnemon 则是动词词干 mne- '记忆'对应的形容词形式(-mon 是古希腊语中形容词的标志),所以缪斯之母 Mnemosyne 的名字应该准确的解释为 thoughtfulness,即【好记性】,而不是我们经常所简单解释的'记忆、思想'。

塔勒亚 Thalia

赫西俄德在《神谱》中提到,塔勒亚为三位美惠女神之一。而荷马则把这个女神划入了九位缪斯的行列。时令三女神中的 Thallo 名字也是与此同源。

Thalia 名字中的 -ia 部分和 Aglaia 名字中的 -ia 一样,构成抽象意义的名词,所以 Thalia 名字我们可以理解为【丰盛、富足】。

荷马史诗中的美惠女神

荷马史诗中也提到到美惠女神,但是荷马只提及了两位,分别是卡勒 Kale 和帕西忒亚 Pasithea。注意到如果将这两个名字连在一起,即 Kale pasi thea【goddess who is beautiful to all】,这正好充分诠释了美惠女神的内涵。不过话说回来,这个不关我们的事,我们且来分析一下这些名字吧。

卡勒的名字 Kale 为形容词 calos'美丽'的阴性形式，因为卡勒乃是一位女神，故名称使用阴性，可以翻译为【美丽女神】。

帕西忒亚的名字 Pasithea 由 pas'全部'（属格 pantos，词基 pant-）和 thea'女神'组成，字面意思是【在所有女神之中】。pas 在构词中经常以前缀 pan- 出现，于是就有了：潘多拉 Pandora 即【被给予众多的女人】，她是火神所造的美女，诸神都曾经送给她一样礼物，故得名；地理上的泛古大陆称为 Pangaea，因为当时地壳尚未分裂，是【一整片的陆地】；以及英语中的万能药 panacea【啥都治】、胰岛 pancreas【全是肉】、全景 panorama【整个景色】、全副盔甲 panoply【全身武装】等。thea 为 theos'神祇'对应的阴性形式，故意思为【女神】，因此也有了英语中：神学 theology【关于神的学问】、无神论 atheism【无神主义】、神权统治 theocracy【神之统治】；而整个希腊神话中的众神谱系，基本上都采用古希腊诗人赫西俄德的《神谱》，该书原名为 *Theogonia*，即【神之创生】。

在特洛亚战争的第十年，赫拉为了帮助处于劣势的希腊联军，便召请睡神许普诺斯 Hypnos 出马蒙蔽主宰着一切的主神宙斯。为了得到睡神的支持，天后答应事后将美丽的帕西忒亚下嫁给他。许普诺斯对这位美惠女神暗恋已久，苦于不敢直面向她表白。得到了赫拉的许诺，睡神欣喜若狂，立刻答应了赫拉的请求。尽管事发后宙斯气得到处追杀许普诺斯，并重重地处罚了他，不过当他刑满获释以后，如愿以偿地娶到了心爱的大美人做老婆，这也算很值了。

4.4.7 木星的神话体系

在《木卫 天上的姨太太们》一文中我们已经说过，木星以神话中的天神宙斯命名，Jupiter 是宙斯的罗马名。木星已发现 66 颗卫星，其中有 50 颗已经正式命名，从木卫一到木卫五十。这些卫星的名字都来自于神话中宙斯之情人或女儿的名字。很明显，这非常符合卫星 satellite 一名背后的逻辑，因为 satellite 一词即【伴随者】。

我们也已经讲到宙斯的不少情人，这些人物大多是被宙斯欺骗的

> 图 4-20　Zeus and
Thetis

少女，比如木卫一 Io、木卫二 Europa、木卫三 Ganymede（这个例外，应该算作宙斯的好基友）、木卫四 Callisto。她们生下的孩子大多数成为神灵或仙女、声名显赫的大英雄、著名国王。比如木卫十三勒达 Leda 为宙斯生下了传说中的美女海伦和双子英雄；木卫十六墨提斯 Metis 为宙斯生下了智慧女神雅典娜；木卫二十陶革塔 Taygete 为宙斯生下了著名的斯巴达王拉刻代蒙；木卫二十三卡吕刻 Kalyke 为宙斯生下了著名的美少年恩底弥翁；木卫二十九堤俄涅 Thyone 为宙斯生下了著名的酒神狄俄尼索斯……

从木卫三十四以后，大多是以宙斯的女儿命名的，其中有缪斯女神 Muses、时序女神 Horae、美惠女神 Charites 等。

在缪斯的相关篇章中，我们介绍了赫西俄德笔下的九位缪斯女神：Calliope、Clio、Erato、Urania、Euterpe、Terpsichore、Polyhymnia、Thalia、Melpomene。而传说中早期的缪斯女神只有三位：Aoede、Mnema、Melete。还有另外一些古代作家笔下缪斯仙女的分类，包括 Arche、Callichore、Eukelade 等，因为这些说法的影响并不广，故我们未进行深入探讨。

现在，我们来看看天上围着宙斯唱歌跳舞的缪斯们：

Mneme　木卫四十

Aoede　木卫四十一

Thelxinoe　木卫四十二

Arche　木卫四十三

Kallichore 木卫四十四

Eukelade 木卫四十七

在时序女神的相关篇章中，我们看到，经典的神话作品主要将 Horae 分为代表自然秩序的时令三女神 Thallo、Auxo、Carpo，或者分为代表人间秩序的秩序三女神 Eunomia、Dike、Eirene。也有一些作品认为 Sponde、Orthosie、Euporie 等女神也在时序女神之列。

我们来看看绕着她爹转的时序女神们：

Euporie 木卫三十四

Sponde 木卫三十六

Orthosie 木卫三十五

Carpo 木卫四十六

在美惠三女神相关篇章中，我们看到，赫西俄德笔下的美惠女神分别是 Euphrosyne、Aglaia、Thalia，诗人荷马说是 Kale、Pasithea，而帕萨尼亚斯则提到了 Hegemon。关于美惠女神的母亲，也有人认为是 Euanthe、Eudryome 或者 Autonoe。

我们来看木星周围的美惠女神一家：

Autonoe 木卫二十八

Eurydome 木卫三十二

Euanthe 木卫三十三

Kale 木卫三十七

Pasithea 木卫三十八

Hegemone 木卫三十九

你可能感到很奇怪，怎么这些神名这么混乱不统一啊。造成这种分歧的原因很多，一个重要的原因是因为古希腊城邦的相互独立，各自的神话体系都有些许不同，而不同的作家都从自己故乡的神话体系来叙述神话故事，像荷马、赫西俄德所著影响较大的作品和其对诸神体系的解说就留了下来，成为人们所熟知的神系。而影响较小的一般都不为大众所知。举一个简单的例子，雅典人崇拜的美惠女神为 Auxo、Hegemone、Pitho，而斯巴达人崇拜的美惠女神则为 Cleta、Phaënna；虽然同属伊俄尼亚地区，赫西俄德的记载中说美惠女神为 Euphrosyne、Aglaia、Thalia，荷马则说是 Cale、Pasithea。这种现象造成了说法的多样性。

另外还有木卫四十八 Cyllene、木卫四十九 Kore、木卫五十 Herse 也都是宙斯的女儿。

还有三个卫星，木卫五 Amalthea、木卫十五 Adrastea、木卫四十五 Helike 本为曾经哺育过幼年宙斯的女仙。

4.5　土星 古老的巨神族

土星以神话中提坦神族之神主克洛诺斯 Cronos 命名，其对应罗马神话中的农神萨图尔努斯 Saturn，因此也就有了英语中表示土星的 Saturn，以及对应的星期六 Saturday【土曜日】。根据希腊神话传说，克洛诺斯是第二代神系之神王，是巨神族的首领。这代神都因为体型巨大而出名，其所组成的神族也被称为巨神族。巨神族包括提坦神族、独目巨人族、百臂巨人族、蛇足巨人族等。巨神族的领导阶级是以 12 位提坦巨神为首的提坦神族，他们个个体型巨大，法力无边，因此成为实力强大、威力无比的象征。①

目前已经发现的土星卫星有 61 颗，其中国际上正式命名的有 53 颗，从土卫一到土卫五十三。注意到土星由提坦巨神神主之名命名，那么陪伴该星的卫星自然应该是臣属于他的各位巨神了。事实正是如此，从土卫一到土卫十八皆以希腊神话中的巨神及其后裔命名，因为天文星体的命名在学界一直都有着这样不成文的规定：星体的命名都取材于希腊神话。后来当其他民族的科学家也加入这项研究探讨时，他们希望自己民族中的神话人物也能在天空中秀一把，便向国际天文协会申请新发现或未命名的星体以本民族的神话人物来命名，于是也就有了不少以其他神话人物命名的卫星。土卫十九之后的卫星大多以

①二十世纪初，一艘被认为"连上帝都不能凿沉"的巨型邮轮就被命名为泰坦尼克 Titanic【如提坦巨神般】。可能是上帝真的为这句话生气了，拿起一只冰棒扔到大西洋中，于是这船就给冰棒刮蹭沉了。

▷ 图 4-21　Planet Saturn

非希腊罗马神话的其他欧洲神话人物命名，但为了和土星的巨神族身份相呼应，这些神话人物都同样取材于传说中的巨神或巨人。这些相关神话中，主要有北欧神话、高卢神话和因纽特神话，而土卫一至土卫十八多使用希腊神话和罗马神话中的人物名称[1]。

下文为方便起见，用 < 希腊 > 代指希腊神话人物、< 罗马 > 代指罗马神话人物、< 北欧 > 代指北欧神话人物、< 高卢 > 代指高卢神话人物、< 因纽特 > 代指因纽特神话人物。

土卫一 Mimas

< 希腊 > 蛇足巨人弥玛斯 Mimas，地母该亚受天神乌剌诺斯精血所生之子，号称"效仿者"。在巨灵之战中，被赫淮斯托斯用一块炽铁击中身亡。

土卫二 Enceladus

< 希腊 > 蛇足巨人恩刻拉多斯 Enceladus，地母该亚受天神乌剌诺斯精血所生之子，号称"冲锋号"。在巨灵之战中，被雅典娜囚死于西西里岛的火山之下。

土卫三 Tethys

< 希腊 > 提坦女神忒堤斯 Tethys，十二位提坦主神之一。环河之神俄刻阿诺斯之妻，众大洋仙女之母。

土卫四 Dione

< 希腊 > 女神狄俄涅 Dione，提坦神族成员。环河之神俄刻阿诺斯与忒堤斯之女，大洋仙女之一。

土卫五 Rhea

< 希腊 > 流逝女神瑞亚 Rhea，十二位提坦主神之一。提坦神主克洛诺斯的妻子，天王宙斯、海王波塞冬与冥王哈得斯之母。

土卫六 Titan

< 希腊 > 提坦神 Titan，提坦众神的单数名词形式。提坦神族即天神乌剌诺斯与地母该亚所生之六儿六女所创建的神族。

土卫七 Hyperion

< 希腊 > 高空之神许珀里翁 Hyperion，十二位提坦主神之一。太阳神赫利俄斯、月亮女神塞勒涅之父。

[1] 后期发现的卫星依照轨道倾角划分为三组：轨道倾角在90°～180°的逆行卫星归为北欧群，以北欧神话命名（早期发现的土卫九除外，因为国际上已经定名）；轨道倾角在36°左右的顺行卫星归为高卢群，以高卢古神话故事人物命名；轨道倾角在48°左右的顺行卫星归为因纽特群，以因纽特神话传说命名。

土卫八 Iapetus

<希腊>冲击之神伊阿珀托斯 Iapetus，十二位提坦主神之一。扛天巨神阿特拉斯与盗火神普罗米修斯之父。

土卫九 Phoebe

<希腊>光明女神福柏 Phoebe，十二位提坦主神之一。暗夜女神勒托与星夜女神阿斯特赖亚之母。

土卫十 Janus

<罗马>门神雅努斯 Janus，农神萨图尔努斯之子。生有双面，一面朝向过去一面朝向未来。

土卫十一 Epimetheus

<希腊>后觉之神厄庇米修斯 Epimetheus，提坦神族一员，普罗米修斯之弟。因迎娶潘多拉而为人类带来灾祸。

土卫十二 Helene

<希腊>美女海伦 Helene，宙斯变为白鹅与王后勒达结合所生。因被帕里斯劫掠而引发著名的特洛亚战争。该名一般也转写为 Helen。

土卫十三 Telesto

<希腊>忒勒斯托 Telesto，大洋仙女之一。

土卫十四 Calypso

<希腊>卡吕普索 Calypso，大洋仙女之一。英雄奥德修斯的情人，曾将英雄留藏在俄古葵亚岛上七年之久。

土卫十五 Atlas

<希腊>巨神阿特拉斯 Atlas，普罗米修斯之兄。提坦神族战败后被罚在世界极西背负天穹。

土卫十六 Prometheus

<希腊>普罗米修斯 Prometheus，因替人类盗取火种而被囚罚于高加索山上，受尽痛苦折磨。

土卫十七 Pandora

<希腊>神造美女潘多拉 Pandora，宙斯命火神制造出的女人。嫁与后觉之神厄庇米修斯，给人类带来了无穷灾祸。

土卫十八 Pan

<希腊>牧神潘 Pan，神使赫耳墨斯之子。他有着人的躯干和头，有山羊的腿、犄角和耳朵。

土卫十九 Ymir

<北欧>太初巨人伊密尔 Ymir，霜巨人族之始祖。为主神奥丁所杀。

土卫二十 Paaliaq

<因纽特>巨神帕利阿克 Paaliaq。

土卫二十一 Tarvos

<高卢>牛神塔沃斯 Tarvos。

土卫二十二 Ijiraq

<因纽特>变形怪伊耶拉克 Ijiraq，常绑架孩童，并将他们藏匿起来。

土卫二十三 Suttungr

<北欧>巨人苏特顿 Suttungr，从矮人族那里获得了具有魔力的灵酒。神王奥丁骗过苏特顿的女儿，化为蛇偷饮了灵酒。

土卫二十四 Kiviuq

<因纽特>巨神基维尤克 Kiviuq，因纽特传说中的英雄，常化作熊或海怪。

土卫二十五 Mundilfari

<北欧>巨人蒙迪尔法利 Mundilfari，太阳女神苏娜和月亮神曼尼之父。

土卫二十六 Albiorix

<高卢>世界之王阿尔比俄里克斯 Albiorix，亦为战争之神。

土卫二十七 Skathi

<北欧>雪猎女神斯卡蒂 Skathi，巨人之女。她为父报仇来到仙宫，后与大海之神结为夫妻。传说挪威第一代王即为女神和神王奥丁所生。

土卫二十八 Erriapus

<高卢>巨神厄里阿波斯 Erriapus。

土卫二十九 Siarnaq

<因纽特>巨神西阿尔那克 Siarnaq。

土卫三十 Thrymr

<北欧>风巨人索列姆 Thrymr，空气巨人卡利之子，巨人族之王。他盗走了雷神之锤，要求用爱神芙蕾亚作为交换。后被雷神托尔用计谋杀死。

土卫三十一 Narvi

<北欧>巨人那维 Narvi，邪神洛基 Loki 之子。众神施计谋杀那维，并用那维的肠子捆绑邪神洛基，将之囚禁于地穴中。

土卫三十二 Methone

<希腊>仙女墨托涅 Methone，蛇足巨人阿尔库俄纽斯的七个女儿之一。在父亲死后，投入海中化为翠鸟。

土卫三十三 Pallene

<希腊>仙女帕勒涅 Pallene，蛇足巨人阿尔库俄纽斯的七个女儿之一。在父亲死后，投入海中化为翠鸟。

土卫三十四 Polydeuces

<希腊>波吕丢刻斯 Polydeuces，宙斯与斯巴达王后勒达之子，英雄卡斯托耳的同母异父兄弟。

土卫三十五 Daphnis

<希腊>牧羊人达佛尼斯 Daphnis，神使赫耳墨斯之子。

土卫三十六 Aegir

<北欧>海巨人埃吉尔 Aegir，火巨人洛格与空气巨人卡利之兄弟。九位美丽的波浪仙女之父。

土卫三十七 Bebhionn

<凯尔特>生育女神贝芬 Bebhionn，美貌出众的女巨人。

土卫三十八 Bergelmir

<北欧>勃尔格尔密尔 Bergelmir，霜巨人族的始祖。当太初巨人伊密尔被杀死时，唯有他的父母乘舟逃出血海。

土卫三十九 Bestla

<北欧>女巨人贝丝特拉 Bestla，守卫智慧之泉的巨人米密尔

Mimir 之妹，神王奥丁的母亲。

土卫四十 Farbauti

<北欧> 闪电巨人法布提 Farbauti，他化身闪电击中繁叶女巨人，生邪神洛基。

土卫四十一 Fenrir

<北欧> 巨狼芬利尔 Fenrir，邪神洛基之子。在众神的黄昏到来时，它将神王奥丁杀死。

土卫四十二 Fornjot

<北欧> 始源巨人佛恩尤特 Fornjot，海巨人埃吉尔、空气巨人卡利与火巨人洛格之父。

土卫四十三 Hati

<北欧> 逐月恶狼哈梯 Hati，巨狼芬利尔之子。在众神的黄昏到来时，它吞蚀月亮，将月神曼尼杀死。

土卫四十四 Hyrrokkin

<北欧> 火烟女巨人希尔罗金 Hyrrokkin。在光明神巴尔德 Balder 的葬礼上，她帮助众神将沉重的葬船推进水中。

土卫四十五 Kari

<北欧> 空气巨人卡利 Kari，始源巨人佛恩尤特之子，风巨人索列姆之父。

土卫四十六 Loge

<日耳曼> 火巨人洛格 Loge，始源巨人佛恩尤特之子。或与邪神洛基相混同。

土卫四十七 Skoll

<北欧> 逐日恶狼斯库尔 Skoll，巨狼芬利尔之子。在众神的黄昏到来时，它吞蚀太阳，将太阳女神杀死。

土卫四十八 Surtur

<北欧> 焚世巨人苏尔特尔 Surtur，在众神的黄昏到来时，他与霜巨人族联手将整个世界毁灭。

土卫四十九 Anthe

<希腊> 仙女安忒 Anthe，蛇足巨人阿尔库俄纽斯的七个女儿之

一。在父亲死后，投入海中化为翠鸟。

土卫五十　Jarnsaxa

＜北欧＞铁刀女巨人雅恩莎撒 Jarnsaxa，雷神托尔的情人。

土卫五十一　Greip

＜北欧＞女巨人格蕾普 Greip，曾与姐姐密谋杀死雷神托尔，被雷神发现后杀死。

土卫五十二　Tarqeq

＜因纽特＞月神塔尔科克 Tarqeq。

土卫五十三　Aegaeon

＜希腊＞风暴巨人埃该翁 Aegaeon，蛇足巨人之一。

4.5.1　巨神族的时代

根据赫西俄德在《神谱》中的记载，天神乌剌诺斯和大地女神该亚多次结合，生下了三批神灵，分别是提坦神族 Titans、独目巨人族 Cyclops、百臂巨人族 Hecatonchires。那时天神乌剌诺斯带领着第一代神系的远古神族统治着整个宇宙。然而天神残暴不堪、暴虐成性，他逼迫自己的孩子们居住在大地女神的子宫里，不许他们出来。大地女神因此痛苦不堪，她腹中的子女们也遭受着同样的痛苦。于是该亚鼓动她腹中的子女们叛乱。但所有儿女都畏惧天神淫威而不敢反抗，只有提坦神中最年轻的克洛诺斯 Cronos 勇敢地站了出来。他接过母亲手中的镰刀，在一个落日黄昏时分将其父阉割，并将这生殖器

➤ 图 4-22　The mutilation of Uranus by Cronos

抛入大海。生殖器沉入海中，海水里不断产生白色的泡沫，从这泡沫中诞生了爱与美之女神阿佛洛狄忒 Aphrodite。天神生殖器上的血滴溅落在大地上，迫使大地女神再一次受孕，从而生下了蛇足巨人族癸干忒斯 Gigantes、复仇三女神厄里倪厄斯 Erinyes 以及梣木三女神墨利亚 Meliae。因为大地女神所生的这些后代都身形庞大[1]，魁梧无比，所以这一代神灵共同组成的神族被称为巨神族。

巨神族在克洛诺斯的带领下反抗天神的统治，并最终取得胜利，于是世界进入了由提坦神族领导的巨神族的统治，也就是第二代神系统治。克洛诺斯成为众神之王，统治着宇宙万物。

既然巨神族由天神和大地女神所生，而巨神族又细分为提坦神族 Titans、独目巨人族 Cyclops、百臂巨人族 Hecatonchires、蛇足巨人族 Gigantes、复仇三女神 Erinyes 和梣木三女神 Meliae。那么，这些神都是什么样的呢？又包括哪些人物呢？

1 注意到爱神阿佛洛狄忒并不属于巨神族，因为她并非大地女神所生。

提坦神族 Titans

提坦神族主要由十二位提坦主神，以及大部分提坦神的后裔组成[2]。这十二位提坦主神六男六女，分别是：环河之神俄刻阿诺斯 Oceanus、光明之神科俄斯 Coeus、力量之神克瑞俄斯 Crius、高空之神许珀里翁 Hyperion、冲击之神伊阿珀托斯 Iapetus、时间之神克洛诺斯 Cronos 六位神灵，以及光体女神忒亚 Theia、流逝女神瑞亚 Rhea、秩序女神忒弥斯 Themis、记忆女神谟涅摩绪涅 Mnemosyne、光明女神福柏 Phoebe、海洋女神忒堤斯 Tethys 六位女神。正如赫西俄德在《神谱》中所说：

> 图 4-23 A giant

2 克洛诺斯的后代宙斯、波塞冬、哈得斯、得墨忒耳、赫斯提亚、赫拉并不属于提坦神，这些后代是第三代神系奥林波斯神的中坚力量，因此不被归入提坦神族。

大地女神和天神欢爱，生了涡流深深的俄刻阿诺斯、

科俄斯、克瑞俄斯、许珀里翁、伊阿珀托斯、

忒亚、瑞亚、忒弥斯、谟涅摩绪涅、

头戴金冠的福柏和可爱的忒堤斯。

在这些孩子之后，狡猾多谋的克洛诺斯降生，

在所有孩子中最可怕，他憎恨性欲旺盛的父亲。

——赫西俄德《神谱》133-138

当然，除了这十二位主神，他们的大多数后裔也被称为提坦神。比如冲击之神伊阿珀托斯之后代阿特拉斯 Atlas、墨诺提俄斯 Menoetius、普罗米修斯 Prometheus、厄庇米修斯 Epimetheus，高空之神许珀里翁的后代赫利俄斯 Helios、塞勒涅 Selene、厄俄斯 Eos 等。

这些神之所以被称为提坦神，赫西俄德在《神谱》中也给出了解释：

于是父亲给了他们一个诨名，

广袤的天神称他们为提坦 Titan【紧张者】。

他们曾在紧张中犯过一个可怕的罪恶，

总有一天，他们要为此遭到报应。

——赫西俄德《神谱》207-210

很久以后，提坦神族败给了以宙斯为首的奥林波斯神族，提坦神的领袖被打入地狱深渊之中，正好应了天神乌剌诺斯当年的预言。

独目巨人族 Cyclops

独目巨人族由三位独目巨人组成，分别是：【雷鸣】巨人布戎忒斯 Brontes，【闪电】巨人斯忒洛珀斯 Steropes、【强光】巨人阿耳革斯 Arges。他们个个体形巨大、身怀绝技，并具有十分精湛的手艺，能造出鬼斧神工无与伦比的武器来，后来宙斯的雷霆、波塞冬的三叉戟、哈得斯的隐身头盔都是他们打造的。这些巨人个个都只有一只眼睛，巨大如轮，镶嵌于额头。赫西俄德曾这样说道：

大地女神还生下狂傲无比的独目巨人，

布戎忒斯、斯忒洛珀斯和暴厉的阿耳革斯。

他们送给宙斯雷鸣，为他铸造闪电。

他们模样和别的神一样，

只是额头正中长着一只眼。

他们被称作库克罗普斯，

全因额头正中长着一只圆眼。

他们的行动强健有力而灵巧。

——赫西俄德《神谱》139-146

百臂巨人族 Hecatonchires

百臂巨人族由三位百臂巨人组成，分别是：【狂暴者】科托斯 Cottus、【强壮者】布里阿瑞俄斯 Briareus、【巨臂者】古厄斯 Gyes。他们也个个身材高大、强力无比，这些巨人各有一百只手，五十颗头，打起仗来一个人相当于五十个人，不是一般的强悍。因此赫西俄德如是说道：

大地女神和天神还生下别的后代，

三个硕大无朋、难以称呼的儿子，

科托斯、布里阿瑞俄斯和古厄斯，全都傲慢极了。

他们肩上吊着一百只手臂，

难以名状，还有五十个脑袋

分别长在身躯粗壮的肩膀上。

这三个兄弟力大无穷让人惊骇。

——赫西俄德《神谱》147-153

蛇足巨人族 Gigantes

当克洛诺斯阉割其父，并将生殖器抛出后，上面的血滴洒落在大地上，于是大地母亲受孕，后来生下了一群蛇足巨人。这些孩子被称为癸干忒斯 Gigantes，他们个个身材高大、披坚执锐，并且人身蛇足，因此中文一般称为蛇足巨人族。赫西俄德在《神谱》中这样说道：

广大的天神带来了夜幕，

他整个儿覆盖着该亚，渴求爱抚

万般热烈。那个埋伏在旁的儿子

伸出左手，右手握着巨大的镰刀，

奇长而有尖齿。他一挥手割下

父亲的生殖器，随即往身后一扔。

那东西也没有平白从他手心丢开。

从中溅出的血滴，四处散落，

大地悉数收下，随着时光流逝，

生下复仇三女神和蛇足巨人族

——他们穿戴闪亮铠甲手执长枪，

还有广漠上的梣木仙子墨利亚。

——赫西俄德《神谱》176-187

关于蛇足巨人的具体名单，赫西俄德并未给出，因此后世的著述中各有不同看法，该内容我们将在后面的文章中述及。后来，新生的奥林波斯神族在宙斯的带领下，对提坦诸神展开了长达十年的"提坦之战"Titanomachia【对提坦神的战争】，并推翻了提坦诸神的统治。从此巨神族开始走向没落。很久以后，地母该亚为了恢复提坦神族的荣耀，便怂恿蛇足巨人们向奥林波斯诸神挑起战争，史称"巨灵之战"Gigantomachia【对蛇足巨人的战争】，却仍然无法恢复巨神们曾经的荣耀，败给了奥林波斯永生的神灵们。神界的秩序从此永恒地确定了下来。

4.5.2 提坦神族

希腊神话中的第一代神系 Protogenoi 为最初的神灵，该神系的主神包括创世五神即地母该亚 Gaia、地狱深渊之神塔耳塔洛斯 Tartarus、爱欲之神厄洛斯 Eros、昏暗之神厄瑞玻斯 Erebus 和黑夜女神倪克斯 Nyx 以及创世五神生下的天空之神乌剌诺斯 Uranus、远古海神蓬托斯 Pontos、远古山神乌瑞亚 Ourea、天光之神埃忒耳 Aether、白昼女神赫墨拉 Hemera，和五位后辈海神中象征"海之友善"的海中老人涅柔斯 Nereus、象征"海之奇观"的陶玛斯 Thaumas、象征"海之愤怒"的福耳库斯 Phorcys、象征"海之危险"的刻托 Ceto、象征"海之力量"的欧律比亚 Eurybia。

第一代神系的神主为天神乌剌诺斯，他同创世五神之一的大地女神该亚结合，生下了巨神族。他们第一次结合时，生出了 12 位提坦巨神，分别为：环河之神俄刻阿诺斯 Oceanus、光明之神科俄斯 Coeus、力量之神克瑞俄斯 Crius、高空之神许珀里翁 Hyperion、冲击之神伊阿珀托斯 Iapetus、时间之神克洛诺斯 Cronos，以及光体女神忒亚 Theia、流逝女神瑞亚 Rhea、秩序女神忒弥斯 Themis、记忆女神谟涅摩绪涅 Mnemosyne、光明女神福柏 Phoebe、海洋女神忒堤斯 Tethys。他们第二次结合，生下了三位独目巨人，分别为：雷鸣巨人布戎忒斯 Brontes、闪电巨人斯忒洛珀斯 Steropes、强光巨人阿耳革斯 Arges。他们第三次结合，生下了三位百臂巨人，分别为：狂暴者科托斯 Cottus、强壮者布里阿瑞俄斯 Briareus、巨臂者古厄斯 Gyes。

因为天神统治残暴不堪，众巨神们奋起反抗，于是爆发了天神之战。战争结束后，巨神族取代远古神族称霸世界。世界进入提坦神统治的第二代神系时期。海洋的统治权由远古海神蓬托斯和五位老一辈海神转移到提坦神族的环河之神俄刻阿诺斯和海洋女神忒堤斯手中；光明的统治权由天光之神埃忒耳、白昼女神赫墨拉转移到提坦神族的高空之神许珀里翁、光明之神科俄斯、光体女神忒亚、光明女神福柏手中；天空的统治权由天神乌剌诺斯转移至时间之神克洛诺斯手中。

十二位提坦主神中，环河之神俄刻阿诺斯 Oceanus 和其妹妹海洋女神忒堤斯 Tethys 结合，生了 3000 位河神 Potamoi【众河流】和 3000 位大洋仙女 Oceanids【俄刻阿诺斯之后裔】。这些仙女们个个生得美丽动人，大多成为众神的伴侣、爱人，或者与人间的国王、英雄相爱，留下了很多美丽的传说。

高空之神许珀里翁 Hyperion 与光体女神忒亚 Theia 结合，生下了太阳神赫利俄斯 Helios、月亮女神塞勒涅 Selene、黎明女神厄俄斯 Eos。这个神话似乎并不难理解，太阳、月亮日日在我们头顶的高空中行走，是为世界带来光明的两个重要光体，因此他们是高空之神与光体女神的后代；而黎明也是太阳活动的一部分，因此也被认为是太阳神的妹妹。

冲击之神伊阿珀托斯 Iapetus 与秩序女神忒弥斯 Themis 结合[1]，生

① 赫西俄德在《神谱》中提及，伊阿珀托斯与大洋仙女克吕墨涅 Clymene 生下了 Atlas、Prometheus、Epimetheus。而在埃斯库罗斯的著名悲剧《普罗米修斯》中，这些神是由提坦女神中的秩序女神忒弥斯 Themis 所生。此处采用伊阿珀托斯与忒弥斯生下三位神灵的说法。

下了阿特拉斯 Atlas、墨诺提俄斯 Menoetius、普罗米修斯 Prometheus 和厄庇米修斯 Epimetheus。后来奥林波斯神族打败了提坦神族，这些儿子们个个都遭到迫害。阿特拉斯被罚去扛天，墨诺提俄斯被打入地狱深渊中，普罗米修斯因帮人类盗火而被囚禁于高加索山上，厄庇米修斯则遭宙斯算计娶了潘多拉而成为千古罪人。

力量之神克瑞俄斯 Crius 娶上代海神欧律比亚 Eurybia 为妻，他们生下了战争之神帕拉斯 Pallas、众星之神阿斯特赖俄斯 Astraeus、破坏之神珀耳塞斯 Perses。战争之神帕拉斯与冥河女神斯堤克斯 Styx 结合，生下了强力之神克剌托斯 Cratos、暴力女神比亚 Bia、热诚之神仄罗斯 Zelos 以及胜利女神尼刻 Nike。众星之神阿斯特赖俄斯与黎明女神厄俄斯结合，生下了各种各样的星神以及诸风神，这些风神分别为：西风之神仄费洛斯 Zephyrus、南风之神诺托斯 Notus、北风之神玻瑞阿斯 Boreas。她还生下了启明星厄俄斯福洛斯 Eosphoros 和天上所有的星辰。破坏之神珀耳塞斯则娶星夜女神阿斯特赖亚，并与她生下了幽灵女神赫卡忒 Hecate。

光明之神科俄斯 Coeus 与光明女神福柏 Phoebe 结合，生下了暗夜女神勒托 Leto 和星夜女神阿斯特赖亚 Astraea。勒托和天神宙斯结合，生下了后来的太阳神阿波罗 Apollo 和月亮女神阿耳忒弥斯 Artemis。阿斯特赖亚则为破坏之神珀耳塞斯生下了幽灵女神赫卡忒 Hecate。

记忆女神谟涅摩绪涅 Mnemosyne 与宙斯生下了九位缪斯女神。

神王克洛诺斯 Cronos 和妹妹瑞亚 Rhea 结合，生下了六个孩子，分别是后来的天神 Zeus、海神 Poseidon、冥神 Hades、农神 Demeter、灶神 Hestia、婚姻女神 Hera。在提坦之战结束后，这六个孩子成为了第三代神系之统治核心奥林波斯神族的中坚力量。

需要注意的是，除了力量之神克瑞俄斯和记忆女神谟涅摩绪涅以外，其他十位提坦神各两两结合，生下了诸多神灵。这些神灵与十二位提坦神一起，共同组成了提坦神族。当然，克洛诺斯的六个儿子除外，因为他们后来成为奥林波斯神。谟涅摩绪涅生下的九位缪斯女神也除外，因为她们是奥林波斯神宙斯的后代。

提坦神个个都是巨神，他们法力高强、难以匹敌。因此，二十世纪初，英国白星海运公司将其所造的当时世界上最大最豪华的游轮命名为"泰坦尼克号"Titanic，意思是【像提坦神一般】，喻指其船之巨大与坚不可摧，就像古老传说中的提坦神一样。白星公司对此十分自信，他们宣称这是一艘"连上帝也凿不沉的船"。1912年4月14日，这艘不沉之船在其处女航上终于被一座相对运动速度为40km/h的冰山给

> 图4-24 《泰坦尼克》海报

刮蹭，在大西洋中喝汤了。这个所谓的不沉神话刚面世就沉了，让人不禁想起了《东成西就》里终于练就"天下无敌"的王重阳，刚出山就被一只从天而降的鞋子砸死了，唉……

另外，化学元素钛被称为Titanium，就是用提坦神来命名的。当然，用神话人物来命名的化学元素还有不少，对比：

表4-3　源于神话人物的化学元素

元素学名	汉语译名	化学符号	原子序数	源于神名	神话类别
Helium	氦	He	2	太阳神Helios	希腊
Titanium	钛	Ti	22	提坦神Titan	希腊
Vanadium	钒	V	23	爱神Vanadis	北欧
Selenium	硒	Se	34	月亮女神Selene	希腊
Niobium	铌	Nb	41	忒拜王后Niobe	希腊
Palladium	钯	Pd	46	智慧女神Pallas Athena	希腊
Cadmium	镉	Cd	48	忒拜建立者Cadmus	希腊
Tellurium	碲	Te	52	大地女神Tellus	罗马
Promethium	钷	Pm	61	盗火神Prometheus	希腊
Tantalum	钽	Ta	73	宙斯之子Tantalus	希腊
Iridium	铱	Ir	77	彩虹女神Iris	希腊
Mercury	汞	Hg	80	神使Mercury	罗马
Thallium	铊	Tl	81	时序女神Thallo	希腊
Thorium	钍	Th	90	雷神Thor	北欧
Uranium	铀	U	92	天神Uranus	希腊
Neptunium	镎	Np	93	海神Neptune	罗马
Plutonium	钚	Pu	94	冥王Pluto	希腊

从该表不难看出，-ium后缀为化学元素常用标志。事实上，-ium本为拉丁语中性形容词标志，因为拉丁语中的'元素'elementum本

为中性名词，根据"形容词与所修饰名词性属一致"的原则，我们可以看到 Titanium 其实是 elementum Titanium【提坦元素】概念的一种简约表达，同样的道理 Helium 其实就是【太阳神赫利俄斯之元素】、Selenium 就是【月亮女神塞勒涅之元素】了。从这点也可以看出，拉丁语中的名词词基后加 -ius/-ia/-ium 构成对应的形容词概念，而化学元素的常用后缀 -ium 无疑便来源于此。

4.5.3　提坦之战

天神之战结束后，提坦神族取代老一辈的远古神族成为世界的统治者，克洛诺斯被尊为主神。然而克洛诺斯的统治并不比他的父亲强多少。他惧怕实力强大的独目巨人或百臂巨人族会推翻自己的统治，便将独目巨人和百臂巨人们囚禁于地狱深渊之中，以巩固自己的统治。更可怕的是，当克洛诺斯得到一则预言说自己的后代将比自己更强大时，居然丧心病狂地将妻子瑞亚生下的几个孩子一一吞噬。瑞亚见丈夫如此残忍，一连五个孩子都被丈夫活活吞进腹中，不禁心生畏惧。她将第六个孩子偷偷藏在克里特的一个山洞中，并在褓褓中放进一块石头交给了丈夫。克洛诺斯不假思索地吞进肚中。这个小儿子名为宙斯，他长大后为了救出自己的哥哥姐姐，便设计谋给克洛诺斯吃下一种催吐药，使其吐出了曾经吃下的五个孩子。这五个孩子分别是波塞冬、哈得斯、得墨忒耳、赫斯提亚、赫拉。于是六位兄弟姐妹联合一起，努力反抗，试图推翻克洛诺斯的暴虐统治，从而发动了"提坦之战"Titanomachia。但因为势单力薄，他们长期处于被围剿的一

➤ 图 4-25　Cronos eating his children

方而到处奔逃，毕竟以他们当时的法力和武器，远不是法力高强的提坦神的对手。因此这场战争进行了十年，仍然没有任何进展。

宙斯认识到，六位兄弟姐妹论实力远不及提坦众神。于是聪明的他想到了被囚禁在地狱深渊中的独目三巨人和百臂三巨人。为了解救出被囚的巨人，并联合他们一同对抗提坦诸神，宙斯只身闯入冥界最深处的塔耳塔洛斯深渊中，

并经历了重重的艰难险阻。被解放的巨人们出于感恩，也出于对当权者的愤慨，加入以宙斯为首领的奥林波斯阵营，他们结成统一战线，和当权的提坦神族对抗。手艺精湛的独目巨人们为了感谢这些青年神明的救恩，为大恩人宙斯打造了霹雳 Thunderbolt，并为他的兄长波塞冬打造了三叉戟 Trident，为哈得斯打造了隐身头盔 Helm of Darkness。反抗的时间到了！宙斯三兄弟的武器皆可谓厉害万分，再加上六位巨人相助——在战场上，三位百臂巨人用三百只手不断地向提坦神投掷巨石，速度之快堪比现代的机关枪；独目巨人也英勇地与提坦神相抗衡，加上后辈的青年神们。这场战争打得天昏地暗，赫西俄德如此描述道：

> 一时里，无边的海浪鸣声回荡，
> 大地轰然长响，连广天也动憾
> 呻吟。高耸的奥林波斯山底
> 在永生者们重击之下颤动。强烈的振鸣
> 从他们脚下传到幽暗的塔耳塔洛斯，
> 还有厮杀混战声，重箭呼啸声。
> 双方互掷武器，引起呜咽不绝。
> 两军呐喊，呼声直上星天。
> 短兵相接，厮杀与喧嚷不尽。

——赫西俄德《神谱》678-686

▷ 图 4-26　Fall of the Titans

胜利最终倒向了反抗者一边，十年的艰苦战争终于获得了胜利。

战胜提坦神族后，以宙斯为首的第三代神系开始统治整个宇宙。宙斯和他的两个哥哥波塞冬、哈得斯通过抓阄分掌诸领域，宙斯抓到了天空，成为了至尊的天神之王；波塞冬抓到了海洋，成为了众海之王；哈得斯抓到了冥界，成为了冥界之王。这也就是我们所熟知的神王宙斯、海王波塞冬、冥王哈得斯。

① 事实上，并不是所有的提坦神都对反叛进行了镇压，所以被打入地狱深渊的只是提坦神中的部分神灵。诸如首领克洛诺斯、冲击之神伊阿珀托斯、狂傲的墨诺提俄斯等。

他们将几位暴虐的提坦神头目打入塔耳塔洛斯深渊①，并由三位百臂巨人看守出口。三位独目巨人则在火山口建了一个锻造作坊，专门打造顶级武器和华丽无比的装饰品。后来火神赫淮斯托斯Hephaestus拜他们为师，苦学锻造之艺，学到了有三四成吧，也自己开作坊店造各种神器，并先后打造了：赫利俄斯的太阳车、阿波罗和阿耳忒弥斯的神弓、宙斯的神盾、天后赫拉的宝座、酒神狄俄倪索斯的权杖、大英雄阿喀琉斯的盔甲和盾牌、美女潘多拉等等。虽然这些神器比起独目巨人们手艺还有很大差距，但是在独目巨人们被阿波罗杀死之后，赫淮斯托斯无疑是世界上手艺最好的一位匠人了。

话说回来，阿波罗为什么要杀死三位独目巨人呢？

这得牵扯到另外一个故事。话说阿波罗的儿子阿斯克勒庇俄斯Asclepius习医多年，医术精湛到能够起死回生，救了人间很多垂死或重伤的人，甚至连好多已经断了气的人都给救活了。人间到处将他尊为医神。这下冥王哈得斯可不干了，说这严重地影响到了冥界的兴旺，因为好几个月都没有亡魂来冥界了，搞得自己的王国萧条得不行。冥王多次向宙斯申诉，要求主神为他主持公道。宙斯一怒之下，用霹雳将这位神医击死。而阿波罗痛失爱子，欲找宙斯报仇，但私下寻思自己压根不是老爹的对手，便迁怒于制造霹雳的三位独目巨人，在人家全神贯注搞工艺制造的时候从背后放了三支冷箭，将其一一射死。可怜的三位独目巨人就这样命丧黄泉了。他们死后，灵魂一直环绕在火山口周围，据说火山口的形状就是独目巨人的眼睛变化而来的。

> 图 4-27 火山口

火山口的形状是不是很像一只巨大的眼睛呢？这一点上，我们应该对古人的想象力表示敬佩。

➤ 图4-28　眼睛

至此，地母该亚所生的几支重要的巨神族：提坦神族、独目巨人族、百臂巨人族、蛇足巨人族中，独目巨人族已经被奥林波斯神祇杀死；提坦神族被囚禁在地狱深渊中，他们的后人也一个个的被宙斯清除（阿特拉斯被迫扛天、普罗米修斯被抓去喂鹰、赫利俄斯让位于阿波罗、塞勒涅让位于阿耳忒弥斯……）；百臂神族被宙斯奴役，变成他的仆人。只剩下蛇足巨人族，他们也到处被奥林波斯神族排挤，不得不生活在蛮荒、寒冷、阴暗的地方。奥林波斯神祇对于巨神族的迫害导致了巨神们的母亲——地母该亚的强烈不满，在她的怂恿下，蛇足巨人们对奥林波斯神族发动了新的战争，史诗"巨灵之战" Gigantomachia。关于这场战争的详情，我们将在后面的篇章中一一讲解。

鉴于本篇中涉及的人物众多，此处分析几个较重要的名称概念。

独目巨人 Cyclops

独目巨人被称为 Cyclops，他们都长着一只如车轮大的眼睛，镶嵌于额头中间。人如其名，Cyclops 由希腊语的'圆'cyclos 和'眼睛'ops 组成，意思是【圆眼睛】，因为巨大如轮的圆眼睛乃是其最重要的特征。希腊语的 cyclos '圆'衍生出了英语中：圆形 cycle【圆圈】，人们将【两个轮子】的车称为自行车 bicycle，并且经常简称其为 bike，而【三个轮子】那就是三轮车 tricycle 了，还有【一个轮子】的单轮车 unicycle；回收 recycle 就是让它【再循环】一次；四环素 tetracycline 的意思为【含有四个（烃基）环的化学制剂】；植物仙客来因为有着球形的根部，而被称作 cyclamen；气旋 cyclone 不就是空气在【转圈圈】吗？

百臂巨人 Hecatonchires

百臂巨人各自生有五十颗头一百只手，神话界能跟他们有得一拼的恐怕只有千手观音了，只可惜他们只在各自的领地混，没有机会 PK 一下。百臂巨人的名字 Hecatonchires 由希腊语中的 hecaton '一百'与 cheir '手'组成，意思是【一百只手臂】。hecaton '一百'一词衍生出了英语中：公顷 hectare【一百公亩】，对比公亩 ares【一片区域】、区域 area【一片区域】；百牲祭 hecatomb 字面意思为【一百头牛】，现在多用来表示大屠杀。希腊语的 hecaton 与英语中的 hundred "一百"、拉丁语的 centum '一百' 同源，后者衍生出世纪 century【一百年】、百分比 percent【每一百份】、蜈蚣 centipede【百足】等一系列英语常用词汇。

cheir 意为 '手'，于是我们就知道了半人马中的智者喀戎 Chiron 名字意思大概可以译为【手艺】，他曾教会很多大英雄学会了各种武艺与各种技艺；按摩师 chiropractor 意思是【用手操作的人】，便览 enchiridion 意思是【小手书】；手相占 chiromancy 字面意思为【用手占卜】、手迹 cheirography 则是【手所写】；而英语中的的外科医生 surgeon 也是从希腊语 chirurgeon 经过曲折的演变而来，本意为【用手操作】。

4.5.4　提坦神族 之海洋神祇

早期的希腊人认为，大地是一块圆盘，圆盘的外围被一条长河环绕着，这条河被称为俄刻阿诺斯河 Oceanus，也称为环河或者称为环海，它被认为是世界的边界①。在神话中，大地女神和天神结合，生下了环河之神俄刻阿诺斯，环河之神同时也代表者这条环绕大地的长河，他紧紧包围着大地的边沿，河的外沿也就是世界的尽头了。太阳、月亮和众星辰都是从环河的东边升起，又西沉落入环河的另一边②。在当时的希腊人看来，一切海洋、河流、溪泉的水都源于这条巨大的环河。相应地，在神话中，环河之神 Oceanus 与他的妹妹海洋女神忒堤斯 Tethys 结合，生下了 3000 位河神 Potamoi【众河流】和 3000 位大洋仙女 Oceanids【俄刻阿诺斯之后裔】。

> ……此后还有众多神女出世，
> 总共有三千个细踝的大洋仙女。
> 她们分散于大地之上和海浪深处，
> 聚所众多，女神中最是出色。
> 此外还有三千个水波喧哗的河神，
> 威严的忒堤斯为俄刻阿诺斯生下的儿子。

①受到这个观念的影响，早期的西方航海者都不敢驶进大西洋深处，因为在他们看来那就是世界尽头了。
②当然，北极星和北极附近天区的星辰永远都不会落入大海中，因为北极一直固定在夜空中的一个地方，所有的星辰都绕其旋转。前文我们讲到，仙女卡利斯托和她的儿子阿耳卡斯变成的大熊座和小熊座永远不能去俄刻阿诺斯河沐浴，因为这两个星座永远不会沉到海平面以下。

细说所有河神名目超出我凡人本能，

不过每条河流岸边的住户都熟知。

——赫西俄德《神谱》363-370

大洋仙女 Oceanids

大洋仙女 Oceanids 转写自希腊语中的 Oceanides，后者是 Oceanis 的复数形式。Oceanis 为 oceanos '环河'的形容词形式，字面意思为【环河神俄刻阿诺斯的】，一般引申为'来自环河神的'或'俄刻阿诺斯之后裔'。希腊语中，经常在人名等名词词基之后缀以 -as 或 -is 用来构成【……之后裔】之意，其对应的复数形式分别为 -ades 和 -ides。比如海中仙女 Nereides 乃是对海神涅柔斯 Nereus 的 50 个女儿的称呼；普勒阿得斯七仙女 Pleiades 为大洋仙女普勒俄涅 Pleione 的七个女儿；赫利阿得斯三姐妹 Heliades 为太阳神赫利俄斯 Helios 的女儿；玻瑞阿得斯兄弟 Boreades 为北风神玻瑞阿斯 Boreas 的两个孪生子。还有很多很多，诸如神话中的水泽仙女 Naiades、树林仙女 Dyades、山岳仙女 Oreades、众怪 Phorcydes、翠鸟七仙女 Alkyonides[1]。

另外，化学中将由某种物质生成的化合物也命名为 -ide，亦来自于希腊语的 -ides。比如硫 sulphur 生成的化合物为'硫化物'sulphide。道理很简单，硫化物是硫和某种物质结合生成的，所以 sulphide 自然而然的就是【硫所生，硫之后裔】了。

希腊语的 -ides 一般拉丁语转写为 -ida，后者被用来命名植物学中的科名或动物学中的等级群名，对应的复数形式为 -idae。比如植物学中，裸子植物分为苏铁纲 Cycadopsida、银杏纲 Ginkgopsida、松柏纲 Coniferopsida、红豆杉纲 Taxopsida 和买麻藤纲 Gnetopsida 五个纲。又比如动物学中，菊石亚纲共有海神石目 Clymeniida、似古菊石目 Anarcestida、棱菊石目 Goniatitida、前碟菊石目 Prolecanitida、齿菊石目 Ceratitida、叶菊石目 Phylloceratida、弛菊石目 Lytoceratida、菊石目 Ammonitida、勾菊石目 Ancyloceratida 九个子目。类似的例子在生物学名称中比比皆是，当然，这里的 -ida 在意义上已经不是【……之后裔】的概念，而是弱化为【与……同类的，与……同族的】之

[1] 这些名字在转写中往往会英语化，于是海中仙女 Nereides 一般在英语中变为 Nereids，单数则顺理成章地被认为 Nereid。相似的道理，大洋仙女被转写为 Oceanids、水泽女仙被转写为 Naiads、树林仙女 Dryads、山岳仙女 Oreads。部分名称因为历史等原因仍旧采用古希腊语中的写法，比如七仙女 Pleiades、玻瑞阿得斯兄弟 Boreades、赫利阿得斯仙女 Heliades、众怪 Phorcydes、翠鸟七仙女 Alkyonides 等，但单数都被认为是 -id 或 -ad。

意。这类词汇一般也会英语转写为 -id，于是就有了鸢尾类 irid、沙蚕类 nereid、啮虫 psocid 等。

大洋仙女一共有 3000 名，逐一解说必然非常繁琐，此处我们简单介绍几位重要的人物。

大洋仙女多里斯 Doris，她嫁给了海中老人涅柔斯 Nereus，并为他生下了五十位貌美如花的女儿，称为海中仙女 Nereids【涅柔斯之后裔】。这些海中仙女中，比较著名的有：海后 Amphitrite、大英雄阿喀琉斯之母 Thetis、沙滩仙女 Psamathe、仙女 Galatea 等。

大洋仙女克吕墨涅 Clymene，她为提坦神伊阿珀托斯 Iapetus 生下了著名的扛天巨神 Atlas、先觉神 Prometheus、后觉神 Epimetheus。

大洋仙女墨提斯 Metis，提坦神族中的智慧女神，宙斯的第一任妻室。她为宙斯生下了后来的智慧女神 Athena。当宙斯得到神谕说墨提斯生下的儿子将会比其父强大时，他将墨提斯吞进肚中，因此他和女神化为一体，同时获得了智慧和强权。

大洋仙女欧律诺墨 Eurynome，宙斯的第三个妻室，她为宙斯生下了美惠三女神 Charites，她们分别为 Aglaia、Euphrosyne、Thalia。

大洋仙女斯堤克斯 Styx，冥界斯堤克斯河之女神，她与提坦神族的战争之神帕拉斯 Pallas 结合，生下了强力之神 Cratos、暴力女神 Bia、热诚之神 Zelos 以及胜利女神 Nike。在"提坦之战"中，斯堤克斯携家属归附了奥林波斯神族，宙斯命她负责管理众神的誓言。而这位冥河仙女的子女们也成为了宙斯的保镖和跟随者。

大洋仙女狄俄涅 Dione，她嫁给了佛律癸亚王坦塔罗斯 Tantalus，生下了 Pelops 和 Niobe。珀罗普斯 Pelops 统一了希腊半岛的南部，因此该地区也被称为伯罗奔尼撒 Peloponnesus【珀罗普斯之岛屿】。另外，在《荷马史诗》中，狄俄涅为主神宙斯生下了爱与美之女神 Aphrodite。

大洋仙女厄勒克特拉 Electra，她嫁给先辈海神陶玛斯 Thaumas，并为其生下了彩虹女神 Iris、怪鸟 Harpy。

大洋仙女菲吕拉 Philyra，提坦神克洛诺斯变成一匹马追求她，他们结合后生下了著名的半人马智者喀戎 Chiron。

众河神 Potamoi

Potamoi 是希腊语中'河流'potamos 的复数形式，因此字面意思为【众河流】，作为神灵概念则为【众河神】。'河流'potamos 衍生出了英语中：河马 hippopotamus，对比海马 hippocampus；河流学 potamology，对比地质学 geology；美索不达米亚 Mesopotamia 意思是【河流之间的土地】，因为该地区位于幼发拉底河与底格里斯河之间，是两河冲积出来的肥沃平原地带。

环河之神俄刻阿诺斯和海洋女神忒堤斯生下了 3000 河神，河神的名字也难以一一计数，因为人们认为每一条大河中都有一位河神。如同每一条大河都会有很多细小的直流一样，这些河神往往又生下众多的水泽仙女 Naiads【河神之后裔】。众河神中，比较重要的有：

河神阿索波斯 Asopus，他和妻子墨托珀 Metope 生有九位美丽动人的女儿，分别为 Thebe、Plataea、Corcyra、Salamis、Euboea、

➢ 图 4-30　A Naiad

Sinope、Thespia、Tangara、Aegina，宙斯先后抢走了 Thebe、Sinope、Plataea、Aegina 四位少女，海神波塞冬也抢走 Corcyra、Salamis、Euboea 三个仙女，太阳神阿波罗拐走了 Thespia，信使神赫耳墨斯劫走了 Tangara。这些少女则生下了很多著名的英雄。

河神伊那科斯 Inachus 和梣树女仙墨利亚 Melia 结合，生下了少女伊俄 Io，后者被宙斯强暴，并因赫拉的迫害而凄惨不堪。人们因她命名了伊奥尼亚海 Ionian Sea 和博斯普鲁斯海峡 Bosporus。

河神阿刻罗俄斯 Achelous，他是众河神的首领，管辖着希腊最大的一条河流。阿刻罗俄斯曾经和大英雄赫剌克勒斯一同追求一个美女，但在战斗中输给了这位情敌。他的一只角还被英雄所折断。

当然，河神还有很多，比如尼罗河神、波河神、幼发拉底河神、底格里斯河神等。每一条大河都有一位河神，他与河流有着共同的名字，这些河神都是俄刻阿诺斯的后裔。

环河的起源

古希腊人认为，环河紧紧包围着陆地，所以他们将西边尽头的水域称为大西洋 Oceanos Atlanticos，其中 Atlanticos '阿特拉斯的'一词源自扛天神阿特拉斯 Atlas 之名，因为传说他在世界的极西背负着整个苍穹。英语中的 Atlantic Ocean 由此而来，可以理解为【西方的大洋】。注意到英语中的 ocean 即源自希腊语的 oceanos。从这点来看，西方人所说的 ocean，其实带有"包围着陆地"这一信息的，与汉语的"海洋"表达概念上有些许的不同。这也解释了地中海如此大的一片水域为什么不叫 ocean 而称作 sea 的原因。因为与大洋不同，地中海 Mediterranean sea 是【被大陆包围的海域】。

在英语中，被海洋包围的"大陆"叫 continent。那么什么是 continent 呢？这个词由拉丁语的 con- 'with'和 tineo 'hold'组成，后缀 -ent 为拉丁语分词词基，因此这个词的字面意思是 'being held with'即【被包围着的】。既然 ocean 是包围着陆地的水域，那么 continent 则正是被这 ocean 所包围的陆地。中文翻译为"洲"。

至于环河俄刻阿诺斯的名字 Oceanus 一词，由希腊语的 '急速的'ocys 与 '流动'nao 组成，意思是【快速流动的河】。其中 nao 意为 '河水流动' [1] 与希腊语的 nesos '岛屿'、拉丁语的 natare '游泳'同源。nesos '岛屿'一词衍生出了波利尼西亚 Polynesia【多岛群岛】、美拉尼西亚 Melanesia【黑色群岛】、密克罗尼西亚 Micronesia【小岛群岛】、印度尼西亚 Indonesia【印度群岛】等地名。

① 与动词 nao '流动'有关的神话人名有：海中老人 Nereus【流动者】、海中仙女 Nereids【涅琉斯之后裔】、水泽仙女 Naiads【河流的后代】。

4.5.5 提坦神族 之天空神祇

在提坦神族中，高空之神许珀里翁 Hyperion 与光体女神忒亚 Theia 结合，生下为世界带来光明的两位天体神，即太阳神赫利俄斯 Helios 和月亮女神塞勒涅 Selene。他们日夜在高空中行走，为世间带来光明。黎明女神厄俄斯 Eos 也是许珀里翁与忒亚的孩子，她有着玫瑰色的手指，每天清晨负责为太阳神打开黎明的大门。从自然现象角度来看，高空之神许珀里翁象征着苍穹之上日、月、星辰等的运行，他和象征着光芒的忒亚结合，生下了司掌天空中重要光芒的神明太阳、月亮、黎明，这或许是古代先民对于自然现象一种朴素的神话解说。

> 忒亚生下伟岸的赫利俄斯、明泽的塞勒涅
> 和厄俄斯——她把光明带给大地上的生灵
> 和掌管广阔天宇的永生神们。
> 忒亚受迫于许珀里翁的爱，生下他们。
>
> ——赫西俄德《神谱》371-374

太阳神 Helios

根据神话传说，赫利俄斯是一个俊美无比的青年，他每天清晨驾着由四匹喷火奔马牵引的太阳车从东方的大海中升起，用光明普照整个大地，穿过苍穹一路行驶，傍晚时落入西方的大洋尽头沐浴休息，恢复体力，第二天又精神抖擞地升起于东方的海面上。

> 图 4-31 Helios on his sun chariot

他娶了大洋仙女珀耳塞伊斯 Perseis 为妻，仙女为太阳神生下了许多儿女，其中比较有名的有女巫喀耳刻 Circe，她曾经和漂泊流浪的奥德修斯相爱，并帮助奥德修斯活着抵达冥界入口；科尔基国王埃厄忒斯 Aeetes，美狄亚的父亲，金羊毛的最初拥有者；帕西法厄 Pasiphae，克里特王弥诺斯的妻子，和公牛结合生下了怪物弥诺陶洛斯 Minotaur。太阳神还和另一位大洋仙女克吕墨涅 Clymene 生下了赫利阿得斯三姐妹 Heliades 和法厄同 Phaeton，后来法厄同驾驶着太阳车失控，在天穹横冲直撞，宙斯为防止灾情扩大用闪电击中了他。法厄同从高空坠落，尸体落进波江之中；他的姐姐们听到这个消息后悲痛万分，她们来到波河边哭了整整四个月，并在悲伤中化作了两岸的白杨树，而她们的泪水则变成了树上流出的琥珀。

赫利俄斯的辖地为罗得岛，在那里他受到人们的广泛崇拜。罗得岛居民曾在岛上建造了一座太阳神巨像，因其宏伟壮观而被誉为古代世界七大奇迹之一。

太阳神赫利俄斯的名字 Helios 一词意思即为'太阳'，该词衍生出了英语中：向日葵 helianthus【太阳花】，英语也意译为 sunflower；日心说 heliocentric theory【太阳中心的理论】，对比地心说 geocentric theory【地球中心的理论】；近日点 perihelion【太阳附近】，对比远日点 aphelion【远离太阳】；氦元素最早是因分析太阳光谱而发现的，因此被命名为 helium【太阳元素】；还有中暑 heliosis【太阳病】、日光疗法 heliotherapy【太阳治疗】、太阳虫 heliozoa【太阳生命】[1]、太阳崇拜 heliolatry【太阳崇拜】。

月亮女神 Selene

在古希腊诗人笔下，月亮女神被描述为一位年轻貌美的女子，每天夜里在大地尽头的环河中沐浴，并从海上升起，为夜晚洒下安谧的光辉。夜晚的宁静就是她柔美的象征。月亮女神塞勒涅曾经爱上了牧羊少年恩底弥翁 Endymion，她深深爱着这个俊美的牧羊少年，爱到因自己不能永远拥有他而感到无比痛苦。因为少年是肉体凡胎，会苍老死亡，而塞勒涅是永生的神。为了能一直看到少年迷人的样子，女神使他在一个山洞中永远陷入沉睡，这样少年就能一直保持青春的容颜，不用韶华流尽、陷入苍老。月亮女神每个夜晚都会悄悄的照耀着这个山洞，用皎洁的月光来抚摸自己深爱的恋人。后来，月亮女神为恩底弥翁生下了 50 个女儿 Menai【众月份】[2]，正好对应一个奥林匹克年（即四年）里的 50 个月份。

希腊语的 selene 意为'月亮'，其衍生出了英语中：硒 selenium【月亮元素】、月球学 selenology【月亮的学问】、月面测量 selenodesy【月球路程】、半月齿 selenodont【月亮牙】。

希腊语中也将月亮称为 mene，该词与英语中的 moon 同源。mene 的复数为 menai，故月亮女神生下的 50 个女儿被称为 Menai；该词与拉丁语中的 mensis'月份'同源。英语中的学期 semester 便是由 sex mensis【六个月】简化而来；相应地，trimester 就是【三个

[1] 太阳虫 heliozoa 为原生动物，体呈球形，因有许多放射状的丝状伪足自身体伸出、形如光芒四射的太阳而得名。

[2] menai 是希腊语'月亮'mene 的复数形式。同样的道理，anemoi 即为希腊语 anemos'风'的复数形式。

➢ 图 4-32 Selene and Endymion

月了】[1]。月经被称作 mensis，因为其周期与月亮圆缺的周期相同，也称作 menstruation，后者源于拉丁语的 menstruus，意思是【每月出现的】；同样也有了无月经 amenia【无月经】、闭经 menostasia【月经停滞】等医学术语。

黎明女神 Eos

黎明女神厄俄斯与众星之神阿斯特赖俄斯 Astraeus 相爱结合，生下了三位风神 Anemoi【众风】，他们分别是：西风之神仄费洛斯 Zephyrus、南风之神诺托斯 Notus、北风之神玻瑞阿斯 Boreas，她还生下了天上所有的星辰。厄俄斯曾经和战神阿瑞斯偷情，这使得阿瑞斯的情妇阿佛洛狄忒非常生气，为了报复，爱神使黎明女神心中

➤ 图 4-33　Eos and Tithonus

充满爱欲，并不断地爱上人间各种英武俊俏之人。于是黎明女神变成了一位多情的女神，她曾爱上好几位青年并想要将他们据为己有，比如著名猎户俄里翁 Orion、英雄刻法罗斯 Cephalus、特洛亚美少年提托诺斯 Tithonus 等。厄俄斯请求宙斯赐予提托诺斯永生，但却忘了请求使他永葆青春，后来提托诺斯慢慢变得苍老丑陋，性格也越来越聒噪。厄俄斯开始越来越讨厌这个糟老头，终于不能再忍受他，并把他变成了一只知了。

黎明女神为提托诺斯生下了一个儿子，取名叫门农 Memnon。门农后来参加了特洛亚战争，并被希腊联军的阿喀琉斯杀死。后来宙斯赐予门农永生，来安抚黎明女神心中的悲伤。人们说清晨草叶间的晨露，就是黎明女神怀念儿子的泪水。

高空之神 Hyperion

我们已经知道，高空之神许珀里翁和光体女神忒亚结合，生下了高空中的两个光体太阳和月亮。而许珀里翁的名字 Hyperion 一词，即由希腊语的 hyper '在上面'和 ion '行走'构成，意思是【在高空中行走】。准确地说，hyper 是希腊语中的介词，其与拉丁语中的 super、英语中的 over 同源①，而 ion 则是动词 io '行走'的现在分词，所以

Hyperion 其实可以更准确地翻译为【going over】或【the one walking above】。ion 是动词 io 的现在分词，后者我们在《木星 伽利略卫星和宙斯的风流故事》一文中已经讲过。结合 Hyperion 的身份，我们可以更准确的将其名称理解为【在天上巡视的神明】。这名字不就是许珀里翁神职的真实写照吗？并且他的子女太阳神和月亮女神不也都是在天上行走巡视的么。

希腊语的 hyper '在上面' 衍生出了大量的词汇，作为前缀的 hyper- 一般可翻译为 '过度、超级'，比如：极度活跃 hyperactive【过度反应】、高血压 hypertension【血压过高】、超文本 hypertext【超级文本】①、过敏 hypersensitive【过度敏感】、远视 hyperopia【视力过远症状】。拉丁语的 super 也作为前缀衍生出了不少的英语词汇，比如：超音速 supersonic【超过声音的】、超新星 supernova【超级新生的】、超级明星 superstar【超级明星】、超人 superman【超级人类】等。

光体女神 Theia

光体女神忒亚的名字 Theia 一词为形容词 theios '神圣的、神灵的' 的阴性形式，所以可以理解为【女神、神圣】。形容词 theios 源自名词 theos '神'，后者衍生出了英语中：神学 theology【神的研究】，对比生物学 biology【对生命的研究】、考古学 archaeology【关于古物的研究】；神权统治 thearchy【神的统治】，对比圣人统治 hagiarchy【圣人统治】、无政府 anarchy【无统治】；有神论 theism【神灵主义】，对比无神论 atheism【无神主义】；神权的 theocratic【神权统治的】，对比民主的 democratic【人民统治的】、官僚的 bureaucratic【官僚统治的】。

4.5.6 提坦神族 之盗火者普罗米修斯

根据赫西俄德的说法，提坦主神中的冲击之神伊阿珀托斯 Iapetus 与大洋仙女克吕墨涅 Clymene 结合，生下了四个儿子，分别是刚硬不屈的阿特拉斯 Atlas、显傲的墨诺提俄斯 Menoetius、聪明的普罗米修斯 Prometheus 和愚笨的厄庇米修斯 Epimetheus。在提坦之战中，伊阿珀托斯带领着老大老二，也就是阿特拉斯和墨诺提俄斯这两位勇猛无比的儿子，对反叛的奥林波斯神祇进行了残酷的镇压。而老三普罗米修斯却带着老四厄庇米修斯投奔了奥林波斯阵营。普罗米修斯还为宙斯出谋划策，帮助他取得了最终的胜利。后来，战败的提坦神被一一惩处，墨诺提俄斯和父亲被打入可怕的地狱深渊之中，阿特拉斯则被罚在大地的最西端背负着沉重的苍穹。

虽然普罗米修斯带着老四弃暗投明并极力支持奥林波斯神族，神王宙斯却并不信任这两位有着提坦血统的神祇。不但如此，宙斯还对他们处处刁难，并设法将其一一除掉。

> 图 4-34 Creation of man by Prometheus

普罗米修斯 Prometheus

据说，最初普罗米修斯依照神的形象，用水和泥土创造了人类，雅典娜吹了一口气，于是人类便有了灵魂[1]，开始出现并在大地上繁衍。普罗米修斯深深爱着人类这个卑微的种族[2]，他教会了人类怎样观察日月星辰、为他们发明了数字和文字、教他们种植和饲养、教他们造船和航行、农耕、占卜、预言……然而人类的兴起却让宙斯非常不快。为限制人类势力继续发展壮大，宙斯剥夺了人类使用火的权利。为了大地上可怜而脆弱的人们，普罗米修斯不得不从天界盗来火种，也因此触怒宙斯。宙斯本就有一大堆借口想要除掉普罗米修斯，正好借此机会清除这位心中之患。宙斯命强力之神克剌托斯 Cratos 与暴力女神比亚 Bia 将他囚锁在高加索山的悬崖上，每天派一只鹰啄食他的肝脏，正如埃斯库罗斯[3]所说：

须得经过很久的时光流逝，你才能
重新返回光明之中，这时宙斯的
戴翼的飞犬，就是那嗜血又残忍的苍鹰，
会贪婪地把你的躯体大块地撕碎，
它会每天不邀而至，开怀饮宴，
吞噬你那被不断啄食而变黑的肝脏。

——埃斯库罗斯《普罗米修斯》1020-1025

① 古希腊人认为，人的灵魂乃为身体内的某种气息，故希腊语的psyche一词既表示'灵魂'又表示'气息'之意。同样的道理，拉丁语的spiritus、anima也都同时具有上述两个意思。

② '爱人类的'philanthropos一词最早出现在古希腊悲剧作家埃斯库罗斯的《普罗米修斯》中，形容普罗米修斯对人类的爱。这个词到了近代，表示"博爱"的概念，英语中写作philanthropy。

③ 埃斯库罗斯（Aeschylos，约公元前525—公元前456），古希腊悲剧诗人，被誉为"悲剧之父"。代表作有《普罗米修斯》《阿伽门农》《波斯人》《七雄攻忒拜》等。

> 图 4-35 The torture of Prometheus

很多年后，大英雄赫剌克勒斯为寻找金苹果来到高加索的悬崖畔，他拉弓射死恶鹰，并解救了普罗米修斯。身中毒箭的半人马先知喀戎献出自己的生命，来换取普罗米修斯的自由，从此他代替盗火神被铁锁捆绑在高加索的山间，直至今日。

据说奥林匹克运动会中的奥运圣火传递和点燃，就是为了纪念这位为人类带来火种的神灵的。

厄庇米修斯 Epimetheus

诡计多端的宙斯在除去了普罗米修斯后仍不罢手，一心想除掉剩下的厄庇米修斯。厄庇米修斯这家伙比较单纯，说难听点就叫傻，智商本来就很低，一看见美女就直接降到负数了。宙斯看到了这一点，便想出一个既可以除掉这位提坦后裔，又能制裁人类的办法。他命火神赫淮斯托斯创造了一个美人，为了能让这个美人充分诱惑住厄庇米修斯，宙斯召集了众神，并要求他们各赐予这美女一项迷人之处，于是：

明眸的雅典娜为她系上轻带

和白袍，用一条刺绣精美的面纱

亲手从头往下罩住她，看上去神妙无比！

帕拉斯·雅典娜为她戴上

用草地鲜花编成的迷人花冠

她还把一条金发带戴在她头上，

那是显赫的跛足神的亲手杰作，

他巧手做出，以取悦父神宙斯。

那上头有缤纷彩饰，看上去神妙无比！

陆地和海洋的很多生物全都镂在上头，

成千上万——笼罩在一片神光之中。

宛如奇迹，像活的一般，还能说话。

宙斯造了这美妙的不幸，以替代好处。

他带她去神和人所在的地方，

伟大父神的明眸女儿把她打扮得很是神气。

不死的神和有死的人无不惊叹

这专为人类而设的玄妙的圈套。

——赫西俄德《神谱》573-589

这个姑娘能说会道、美丽妖娆、千娇百媚、电力十足，因此众神为她取名叫潘多拉 Pandora【众神之给予】。末了宙斯还送了她一只盒子，里面乱七八糟的啥坏东西都有，并把这个女人带到了不谙世事的厄庇米修斯面前。

普罗米修斯曾经多次警告过四弟，不要接受宙斯的任何礼物。可厄庇米修斯一看见美女就疯狂分泌荷尔蒙，三哥的警告竟忘得一干二净，眼睛直直地盯着这位美女不停地咽口水。宙斯说小厄啊看你这么喜欢她，看在咱们俩关系不错的份上，就把她送给你当老婆了。

结婚那天，按宙斯的要求，潘多拉捧着那只装满灾难的盒子，在丈夫面前打开。里面的各种灾害如一股黑烟般飞散了出来，并迅速在人间扩散传播，于是大地上开始出现了疾病、死亡、战争、灾难、瘟疫、残杀，人间从此布满各种灾难和疾苦。

唉，红颜祸水啊。

释名篇

注意到普罗米修斯 Prometheus 和厄庇米修斯 Epimetheus 这两个名字都是以 -eus 为后缀的。在古希腊语中，-eus 后缀一般用来表示'……者'的概念，多缀于动词词干之后，表示男性施动者的概念[1]。-eus 多见于古希腊的职业名称或者男性人名。在希腊神话中，到处可以看到有着 -eus 后缀的神名或英雄姓名，比如：

梦神摩耳甫斯 Morpheus，该名意为【变换者】，因为古希腊人认为，梦是由各种变换的影像所构成。

雅典国王埃勾斯 Aegeus，名字本意为【牧羊人】。他是大英雄忒修斯之父，忒修斯带领为克里特进贡的童男童女进入迷宫之中，并杀死怪物弥诺陶洛斯，回来的途中挂错黑帆。埃勾斯站在海岬看到船只，以为儿子命丧克里特，遂跳海自尽。后人以他的名字命名了那一片海域，也就是现在的爱琴海 Aegean Sea【埃勾斯之海】。而忒修斯

> [1] 相当于现代英语中的后缀 –er，对比 player、teacher、thinker 和英语中的动词 play、teach、think。

Theseus 后来成为雅典的一代明君，他的名字意思为【立法者】。

大英雄珀耳修斯 Perseus，其名意为【诛杀者】。他杀死了蛇发女妖墨杜萨，还建立了后来异常强大的迈锡尼城。

海神普洛透斯 Proteus，该名意为【最早者】，他是海王波塞冬的长子。还有英雄珀琉斯 Peleus、奥德修斯 Odysseus、俄耳甫斯 Orpheus 等等。

而普罗米修斯的名字 Prometheus 由 pro 'before'、metis '智慧' 与后缀 -eus 组成，表示【先觉者】。这暗示着他作为"先知者"的这一重要角色：他预见了宙斯会诱惑老四厄庇米修斯并提前给他以警告；最重要的一点，普罗米修斯曾预言宙斯和某一位女神结合后会生下一个比宙斯本人还强大的后代，并有能力推翻他现在的统治。宙斯为了了解这个预言极力讨好普罗米修斯，而后者一直守口如瓶，这令宙斯非常抓狂，这件事情大概也是宙斯要除掉他的原因之一。

①另外提一下，pro 与拉丁语中的前缀 pre- 同源，后者衍生出了 prefer、president、preliminary、prevail、pregnant 等词汇。

希腊语中的 pro 'before、ahead' 也同样进入英语①，于是就有了：麻烦 problem 表示 "a thing thrown ahead"，即【障碍物】；小犬座第一亮星南河三被称为 Procyon【在犬的前面】，因为它总是比大犬座最亮的天狼星更早地升起；先知 prophet 字面意思为【预言者】，而激怒 provoke 则是【在某人面前叫骂】；提出意见 propose 就是【把想法摊出来】，还有前行 proceed【往前走】、宣告 proclaim【上前呼喊】、生产 produce【引出来】、宣称 profess【上前说明】、节目 program【先前写好】、进步 progress【往前走】、应允 promise【许在前面的诺言】、晋升 promote【往前挪】、推进 propel【往前推】、前列腺 prostate【位于前列】、拖延 protract【向前方拉拽】；前景 prospect 即【将来的景象】，而保护 protect【上前遮住】本意表示站在前面遮住，这很符合电视剧中的英雄救美的情形，冲上前去张开双臂把美女遮在身后，对着欺负她的混混们说你们光天化日之下竟敢……

metis 表示 '智慧' 之意。于是就有了智慧女神墨提斯 Metis，她的优秀基因全然传给了自己的女儿，这个女儿也就是大名鼎鼎的智慧女神雅典娜。希腊语的 medos '智慧、思想' 亦与其同源，比如大数学家阿基米德 Archimedes 名字的意思就是【大智者】，特洛亚战争中希腊方主帅之一的狄俄墨得斯 Diomedes 名字意思则为【宙斯之智慧】等。

因此，盗火神 Prometheus 名字即为【先觉者】。希腊人认为普罗米修斯的孙子赫楞 Hellen 为其祖先，所以希腊人自称为 Hellas，中文音译为"希腊"①。因此也有了英语中：希腊式的 hellenic、希腊风格 Hellenism 等。

①中文的"希腊"直接音译自希腊语的 Hellas，而不是英语的 Greece。

和先知先觉的三哥相比，老四厄庇米修斯 Epimetheus 是位地地道道的【后觉者】，他第一眼看到美女潘多拉就把三哥的警告忘得一干二净，直到潘多拉打开那只装满了灾难的盒子他才知道自己犯了大错。说起来跟一根筋自觉往妖怪锅里面冲的唐僧有得一拼。我们已经知道，-eus 为人名后缀，metis 表示'智慧'，现在只剩下 epi- 这个前缀部分了。

希腊语前缀 epi- 一般表示'upon'之意，极少数情况下也表示'after'之意。与 pro- 一样，这个前缀也被英语构词所采纳，比如英语中：流行病 epidemic【upon the people】、震中 epicenter【on the center】、表皮 epidermis【on the skin】、警句 epigram【on written】、附生植物 epiphyte【on the plant】。聪明的 Prometheus 与愚笨的 Epimetheus 正好形成了巨大的反差，因此，此处的 epi- 应该理解为 pro-'before'对应的 epi-'after'，而 Epimetheus 亦应是名副其实的【后觉者】了。

潘多拉 Pandora

关于潘多拉的名字，赫西俄德曾解释说：

……他为这个女人取名为
潘多拉（Pandora），所有（pantes）居住在奥林波斯的神们
都给她礼物（dora），这个吃五谷人类的灾祸。

——赫西俄德《劳动与时日》80-82

> 图 4-36 Pandora

注意到潘多拉 Pandora 一名由 pantes'所有的'与 dora'礼物'构成，意思是【所有礼物、所有给予】。pantes 是形容词 pan'所有'的阳性复数形式，后者衍生出了英语中：万能药 panacea【所有病都治】、众魔窟 pandemonium【众魔之地】、万神殿 pantheon【众神之殿】、全景 panorama【所有景色】、胰腺 pancreas【全是肉】、大流行

病 pandemic【全体人民间的】、盘古大陆 Pangaea【整体大陆】等。

dora 是希腊语 doron '礼物' 的复数形式，后者源于动词 didomi'给予'，礼物即被给予之物。人名 Theodora 本意为【神之赠礼】，该名字后来演变为 Dorothy。拉丁语中表示'给予'的动词 do 亦与之同源，其衍生出了'礼物'donum，后者衍生出了英语中：捐赠 donate【给予礼物】，于是捐赠者就是 donor【施主】、受赠者就是 donee【受主】；原谅 pardon 即【彻底赦免】，而容忍 condone【放弃】即 give up 之意。

阿特拉斯 Atlas

再说阿特拉斯的苦难。提坦神族战败之后，巨神阿特拉斯被迫到世界尽头扛负苍天，他年复一年背着沉重的天穹动也不能动一下。后来大英雄赫剌克勒斯受命摘取金苹果，在高加索遇到了智慧的普罗米修斯。普罗米修斯建议他请阿特拉斯去完成这个任务，原因很简单：第一，阿特拉斯与看守金苹果的三位仙女很熟，毕竟他们都常年在世界极西的地方，抬头不见低头见①；第二，普罗米修斯能借此让大哥从沉重的劳役中暂时解脱②。于是赫剌克勒斯答应暂时帮阿特拉斯扛天，而后者答应去摘取金苹果。怎料阿特拉斯拿到金苹果后想耍赖，不愿再回到原来的工作岗位上了。聪明的赫剌克勒斯将计就计，说要去找一副垫肩，让扛天神替他先扛一会儿。等巨神刚把苍天举到自己的肩上，赫剌克勒斯却捡起金苹果一溜烟跑了。

也有故事说英雄珀耳修斯杀死了蛇发女妖墨杜萨后曾路过这里，阿特拉斯一看是老冤家宙斯的孽种，就想将他赶走，珀耳修斯心想你 TNND 敢蔑视我，就拿出女妖的头举到阿特拉斯眼前，当他看见女妖布满蛇发的断头时，立刻变成了一座石山（凡是看了这位女妖的人都会变成石头）。据说如今利比亚境内的阿特拉斯山 Mount Atlas 就是由这位扛天巨神变来的③。

Atlas 一词由用来增添悦耳读音的前缀 a- 和 tlenai 'to bear' 组成，表示【承受者】，这无疑也是对他负重扛天的解说。而珀琉斯的兄弟，著名英雄忒拉蒙 Telamon 一名则意为【能扛的】。与此同源的英语词汇还有：赞颂 extol【to bear up】、怀才 talent【bearing】、忍耐 thole【to bear】、容忍 tolerance【the bearing】。

①也有说法认为三位仙女乃是阿特拉斯的女儿。
②考虑到普罗米修斯是一个非常有城府的神，这里面或许有利用赫剌克勒斯释放阿特拉斯的嫌疑。

③注意到这个故事和赫剌克勒斯的故事并非同一个版本。而这两个版本之间有一定的矛盾：赫剌克勒斯是珀耳修斯的后代，如果珀耳修斯当年把阿特拉斯变为石头山，就不会存在赫剌克勒斯与阿特拉斯之间的故事了。

希腊语 Atlas 的属格为 Atlantos，后者衍生出形容词 Atlanticos【阿特拉斯的】，因为阿特拉斯位于世界极西的尽头，于是人们将世界最西端的大洋命名为 Atlantic Ocean【大西洋】。中世纪的地图绘制者都喜欢将 Atlas 扛着地球的形象附于地图的一角，于是 atlas 一词也有了现在的"地图册"之意。

4.5.7 提坦神族 之给力

在提坦神族中，力量之神克瑞俄斯 Crius 娶上代女海神欧律比亚 Eurybia 为妻，他们生下了战争之神帕拉斯 Pallas、众星之神阿斯特赖俄斯 Astraeus、破坏之神珀耳塞斯 Perses。Pallas 与冥河女神斯堤克斯 Styx 结合，生下了强力之神克剌托斯 Cratos、暴力女神比亚 Bia、热诚之神仄罗斯 Zelos 以及胜利女神尼刻 Nike。众星之神阿斯特赖俄斯与黎明女神厄俄斯结合，生下了各种各样的星神以及诸风神，这些风神分别为：西风之神仄费洛斯 Zephyrus、南风之神诺托斯 Notus、北风之神玻瑞阿斯 Boreas。她还生下了启明星厄俄斯福洛斯 Eosphoros 和天上所有的星辰。珀耳塞斯则娶星夜女神阿斯忒里亚 Asteria，并与她生下了幽灵女神赫卡忒 Hecate。赫西俄德这样写道：

> 最圣洁的欧律比亚与克瑞俄斯因爱结合，
> 生下高大的阿斯特赖俄斯、帕拉斯，
> 还有才智出众的珀耳塞斯。
> 厄俄斯为阿斯特赖俄斯生下强壮的风神：
> 吹净云天的仄费洛斯、快速的玻瑞阿斯
> 和诺托斯——由她在他的欢爱之床中所生。
> 最后，黎明女神又生下厄俄斯福洛斯，
> 以及天神用来修饰王冠的闪闪群星。
>
> ——赫西俄德《神谱》375-382

这个提坦家族似乎非常地给力，看一下名字就知道。力量之神 Crius【蛮力】的妻子是 Eurybia【广力】，他们生下了"高大的"众星之神 Astraeus，后者则生下了"强壮的"风神。他们的另一个儿子是战争之神 Pallas【舞枪】，后者则生下了强力之神 Cratos【武力】与暴力女神比亚 Bia【强力】。明显这个家族都是非常"给力"的人物，我们来逐一认识一下。

众星之神 Astraeus

阿斯特赖俄斯是众星之神，他是所有星神的祖先。他的名字 Astraeus 一词由'星星'aster 和表示'……者'的 -eus 组成，因此阿斯特赖俄斯乃是星星的人格化身。他还和黎明女神生下了三位风神[1]：西风神 Zephyrus、南风神 Notus、北风神 Boreas。各风神的性格不同，西风和煦、南风潮热、北风迅疾。

① 黎明女神生下了众风神，似乎因为古希腊认为风的起落和黎明有关。

西风神仄费洛斯曾经爱上了美少年许阿铿托斯 Hyacinthus，并想与其断背。然而美少年一直和太阳神阿波罗相互爱慕，于是西风在嫉妒之下吹弯了阿波罗投掷的铁饼，并击中了可怜的少年。阿波罗抱着少年的尸体悲伤不已，伤心的太阳神将许阿铿托斯变成了一种植物，据说风信子 hyacinth 就是这么来的。

▷ 图 4–37 The abduction of Orithyia

北风迅疾，他带翼而飞，日行千里。北风之神玻瑞阿斯曾经爱上雅典公主俄瑞堤亚 Orithyia，为了得到美丽的公主，他向雅典国王求亲，却遭到拒绝。北风之神只好动用武力，将公主强行卷到很远很远的北方，并和她结为夫妻。他们生下了玻瑞阿得斯兄弟 Boreades【玻瑞阿斯之后裔】。这对兄弟后来参加了著名的阿耳戈号探险，并且将折磨先知菲纽斯的怪鸟哈耳皮埃赶跑。

南风起自大海，因此经常刮起大雾，迷惑人们的视野，此时是盗贼出没的很好时机。秋日的南风更是不利于出海航行。赫西俄德曾在《劳作与时日》中说道：

不要等到新鲜葡萄酒上市，秋雨的季节以及南风神的可怕风暴的来临。这时伴随着宙斯的滂沱秋雨而来的南风搅动着海面，带来极大的危险。

——赫西俄德《劳作与时日》674-678

众星之神还和黎明女神生下了启明星 Eosphoros【带来黎明】，因为启明星即黎明时分最亮的一颗星。很明显，他同时具有黎明女神和星神的基因。

战争之神 Pallas

战争之神帕拉斯除了他著名的后代以外，似乎很少被提及。或许因为在某种程度上，他的职能被下代的战争女神雅典娜所代替的原因，而雅典娜的全名帕拉斯·雅典娜 Pallas Athena 似乎说明了这一点。正如《神谱》所说：

> 大洋仙女斯堤克斯与帕拉斯结合，
>
> 在她的宫殿生下仄罗斯和美踝的尼刻，
>
> 克剌托斯和比亚，出众的神族后代。

——赫西俄德《神谱》383-385

> ➤ 图 4-38　Nike

> ➤ 图 4-39　Nike Logo

胜利女神 Nike

战神的四个孩子中，最出名的应该算胜利女神了。她常常被描绘为长着翅膀快速飞行的少女[1]。或许因为她健步如飞，同时象征着体育竞技胜利的原因，她被一家体育用品企业奉为企业标识，她就是大名鼎鼎的耐克 Nike 了[2]。或许胜利女神也青睐于自己代言的这个品牌吧，使其成为了这个行业中无可辩驳的胜利者。耐克的 Logo 据说就来自女神羽翼的形象，代表着速度，同时也代表着动感和轻柔。

希腊语的 nike 一词意为'胜利'[3]，作为神名对应着胜利女神。奥运会奖牌上都印有展翅的胜利女神的形象，代表拥有她的人即获取胜利者。nike'胜利'一词经常被用在人名中，于是就有了：优妮丝 Eunice【完好的胜利】、贝蕾妮丝 Berenice【带来胜利】、尼古拉斯 Nicholas【人民的胜利】。

帕拉斯的两个孩子，强力之神克剌托斯和暴力女神比亚曾经接受宙斯的命令，用铁锁将盗火者普罗米修斯强行锁在巍峨的高加索山上。普罗米修斯虽然实力不俗，但一见这两个天界"城管"前来对他执法，二话没说直接放弃抵抗，一看他们两个家伙的名字就知道自己不是他们的对手。

[1] 卢浮宫镇馆三宝之一的胜利女神像无疑是对尼刻形象的最好诠释了，虽然历经两千多年的历史沧桑的雕像失去了头颅，但是我们仍然能从这尊雕像中看出女神被描刻出的那种醉人的美。

[2] 现代国际知名品牌中，像耐克这种源于古希腊神话的品牌屡见不鲜，比如亚马逊网Amazon、台湾的震旦集团Aurora、达芙妮女鞋Daphne、大众的辉腾汽车Phaeton等。

[3] Nike对应罗马神话中的Victoria，英语的victory就由后者演变而来。

既然这两个家伙如此牛，我们来看看这两位天界的"城管"到底什么样子呢？

强力之神 Cratos

克刺托斯的名字 Cratos 一词意为'武力'，引申为'统治、管理'之意。大哲人苏格拉底的名字 Socrates 即由 sos'完整'和 cratos 构成，可以翻译为【给力的人】。cratos 一词还衍生出不少英语中词汇，比如民主政治就叫 democratic【人民统治】，名词形式 democracy；像古代希腊出现的贵族统治的政治就叫 aristocratic【贵族统治】，名词形式 aristocracy；像中国古代官僚统治的就叫 bureaucratic【官僚统治】，名词形式 bureaucracy；还有像古代埃及那样的由祭司统治的叫 hierocratic【神职统治】，名词形式为 hierocracy；还有神权统治 theocracy【神统治】、财阀统治 plutocracy【富人统治】、公法统治 nomocracy【法律统治】、长老统治 gerontocracy【老人统治】。注意到这类名词中，统治者被称为 -crat，统治的形容词形式为 -cratic，对应的抽象名词为 -cracy，比如贵族统治者 aristocrat、贵族统治的 aristocratic、贵族政治 aristocracy。其中，-crat 一般表示'管理的人'；其对应的形容词为 -cratic'关于统治的'；对应的抽象名词为 cracy'统治'。

暴力女神 Bia

比亚的名字 Bia 一词意为'暴力、强力'，所以人名芝诺比亚 Zenobia 即来自 Zenos bia【宙斯之力】①。注意到比亚的奶奶，也就是老一辈的女海神 Eurybia，该名字的前缀部分 eury- 我们已经多次讲过，表示'宽广'之意，所以 Eurybia 名字的意思就是【广泛之力】。她是太古神族中的海神之一，被认为是大海狂暴和蛮力的象征，毕竟大海无边无际，经常将航船和水手吞没其中。

热诚之神 Zelos

战神的四个孩子中，仄罗斯 Zelos 被认为是鼓动人们参加战争的元凶。仄罗斯代表一种渴望，渴望上阵杀敌，渴望建立功绩，渴望自己的名字成为不朽。神话中很多英雄参加战争、参加冒险、挑战恶兽，多是抱有这个动机的。比如特洛亚战争中最伟大的英雄阿喀琉斯，他明知自己会死于特洛亚战场，但为了不朽的荣誉，毅然参加了

①Zenos为Zeus的不规则属格形式，因此Zenosbia意思即为【Zeus' force】。廊下派哲学的创始人芝诺Zeno之名亦源自此处，字面意思为【来自宙斯】。一般更多见的Zeus属格为Dios。

这场战争，而不是躲避战争庸活终老。

仄罗斯的名字 Zelos 一词意为'渴望'，英语中的 zeal 即源于此。

破坏之神 Perses

破坏之神珀耳塞斯娶星夜女神阿斯忒里亚，并与她生下了幽灵女神赫卡忒。

> 她（福柏）还生下美名遐迩的阿斯忒里亚，珀耳塞斯
>
> 有天引她入高门，称她为妻子。
>
> 她受孕生下赫卡忒，在诸神之中
>
> 克洛诺斯之子宙斯最尊重她，给她极大的恩惠
>
> ——赫西俄德《神谱》409-412

珀耳塞斯的名字 Perses 源自希腊语的 persomai '毁灭、毁坏'，因此珀耳塞斯被称为破坏之神。著名的大英雄珀耳修斯 Perseus 的名字亦来自于此，意思为【杀灭者】。

赫卡忒经常被当作月亮女神，与阿耳忒弥斯相混同。事实上，她在很多职能上都与其他神祇相混同。或许正是因此，她虽然重要，却没有多少故事流传下来。人们认为她是巫师的始祖。

力量之神 Crius

我们已经知道，海洋女神 Eurybia 名字意思为【广力】。而她的丈夫力量之神克瑞俄斯之名 Crius 则与希腊语中的 crios '公羊'同源，公羊也被认为是蛮力的象征[1]。这说明该家族确实很"给力"：克瑞俄斯 Crius 为【蛮力】、他老婆 Eurybia 是【广力】、他孙子 Cratos【武力】、孙女 Bia【强力】。由此来看，克瑞俄斯的名字实在应该理解为 gelivable 啊。

[1] 也有人认为 Crius 一名源自希腊语中的 crino '区分'，因此'判官'被称为 crites，英语中的 critic、critical、criticism 等都由此而来。

4.5.8　提坦神族 之要有光

在十二位提坦神中，光明之神科俄斯 Coeus 与光明女神福柏 Phoebe 结合，正如赫西俄德所说：

> 福柏走近科俄斯的爱的婚床，
>
> 她在他的情爱中受孕，生下

身着缁衣的勒托，她生性温柔，

对所有人类和永生神们都友善。

她生来温柔，在奥林波斯最仁慈。

她还生下美名的阿斯忒里亚，珀耳塞斯

有天请她入高门，称她为妻子。

——赫西俄德《神谱》404-410

注意到光明之神科俄斯一名 Coeus 字面意思为【燃烧着的】，为阳性形容词，暗指在天空中剧烈燃烧的太阳，后者给世界带来白昼和光明。而光明女神福柏一名 Phoebe 字面意思为【明亮】，为阴性形容词，喻指着夜晚明亮皎洁的月亮[1]，月亮在夜里给世界带来光亮。阿斯忒里亚之名 Asteria 为'星星'aster 的阴性形容词形式，因此她被尊为星夜女神，象征繁星。而勒托 Leto 象征黑夜。象征太阳的科俄斯和象征月亮的福柏生下了象征繁星的阿斯忒里亚和象征黑夜的勒托，这似乎在描述着一个非常朴素的自然现象：太阳为世界带来最重要的光明，太阳没入地平线后最大的光明就来自月亮了，而月亮之下则是众多的繁星以及漆黑的夜。

黑夜女神 Leto

这两个女儿中，勒托生性温柔，美丽动人。宙斯爱上了她，并和她生下了后来的太阳神阿波罗 Apollo 和月亮女神阿耳忒弥斯 Artemis。很明显，这对兄妹充分继承了外公外婆的基因，阿波罗继承了科俄斯的基因，成为太阳神；而阿耳忒弥斯继承了福柏的基因，成为了月亮女神。

勒托生下了阿波罗和神箭手阿耳忒弥斯，

天神的所有后代中数他们最优雅迷人，

她在执盾宙斯的爱抚之中生下他们。

——赫西俄德《神谱》918-920

据说当勒托怀孕时，醋意大发的天后赫拉不能容忍别的女人为宙斯生下长子，便下令禁止大地任何地方给她庇护与分娩之所。痛苦的勒托四处奔波，处处被农夫们追赶和拒绝，找不到任何地方能够歇息和产子。星夜女神见姐姐如此痛苦，实在不忍心袖手旁观，便跳进大海中化作一个漂浮的岛屿，即'无形岛'Adelos，女神接纳了姐姐并为她接生。宙斯使海底升起四根金刚石巨柱，将这座浮岛固定了下来，于是这个岛被更名为得洛斯 Delos[1]【可见、有形】。勒托在这里产下阿波罗和阿耳忒弥斯，他们后来成为奥林波斯神族中的太阳神和月亮女神。于是我们又回到了神话创生的原始课题中，暗夜女神勒托生

▷ 图 4-40　The birth of Apollo and Artemis

下了太阳神阿波罗和月亮女神阿耳忒米斯，这不是在象征着太阳和月亮皆出于黑暗，却给人们带来光明吗？

暗夜女神勒托之名 Leto 或许与希腊语的'隐藏、遗忘'lethe 同源，毕竟黑夜使得万物隐藏起来，同样的道理，遗忘也是记忆的隐藏。根据神话记载，冥界一共有五条大河，其中有一条大河称为'忘川'Lethe，所有的亡魂须饮此河之水以忘掉尘世之事。lethe 一词衍生出了英语中：昏睡 lethargy【如饮忘川般昏昏沉沉的、毫无生气的】，对比氩 argon【毫无生气的气体元素】；致死的 lethal【使人昏睡的】，对比口头的 oral【口的】、根本的 basal【基础的】、致命的 fatal【命运的】。

星夜女神 Asteria

星夜女神阿斯忒里亚嫁给了破坏之神珀耳塞斯，生下了幽灵女神赫卡忒。

星夜女神阿斯忒里亚的名字来自希腊语的'星星'aster，前文我们已经讲过该词，此处再补充一些衍生词汇，英语中的星形符 asterisk 字面意思为【小星形】，-isk 为源自希腊语中的指小词后缀，比如：毒蜥 basilisk 因为头顶着类似于皇冠的东西，人送外号【小君王】，对比君王 basileus；方尖碑 obelisk 其本意则为【带小尖顶的柱子】。

星夜女神阿斯忒里亚有时也被等同于正义女神阿斯特赖亚 Astraea，虽然二者本身并非同一人物。正义女神阿斯特赖亚手持天平为人类称量善恶、评判是非。自从黄金时代开始，她就来到了人间与人类相处。后来人类开始堕落，由黄金时代历经白银时代、青铜时

1 阿波罗出生在得洛斯岛，该岛后来成为太阳神阿波罗的一个圣地。大英雄忒修斯在出征克里特岛前就去拜祭过得洛斯，并向太阳神许愿说如果能活着回来，以后年年来该岛进献。后来他得到天佑活着归来，并励精图治，使雅典富裕强盛起来，该祭祀成为一年中最重要的礼仪之一。数百年后，当苏格拉底被判死刑时，因为雅典派船去得洛斯岛进献，死刑推延数日，正好也就有了柏拉图的《克里托篇》《斐多篇》等著名作品中的内容。

代。到了黑铁时代，人间出现战乱、手足相残。终于，司掌正义的阿斯忒里亚不堪忍受人类的堕落，就决然回到天上。她的形象化为了天上的室女座 Virgo，她用来称量善恶、评判公正的天平也变成了夜空中的天秤座 Libra。

既然光明之神 Coeus 象征太阳，而光明女神 Phoebe 象征月亮，那么，这两个名字背后又有着什么样的内涵呢？

光明之神 Coeus

科俄斯的名字 Coeus 在希腊语中作 Coios，由 caio'燃烧'和形容词后缀 -ios 组成，故字面意思可以理解为【燃烧着的】，该词为阳性形式，象征天空中燃烧的太阳。与 caio'燃烧'同源的英语词汇有：灼痛 causalgia【烧疼了】、灼烧上色 encaustic【使烧灼】、蒸汽烙术 atmocausis【汽烙】、蒸汽烙管 atmocautery【汽烙容器】，腐蚀 caustic 即【被灼烧的】，连镇定 calm 都和它是远亲。

光明女神 Phoebe

光明女神福柏的名字 Phoebe 意为'发光的'，是 phaos'光'的一种形容词阴性形式，表示【发光的（月亮）】，所以福柏被认为是最初的月亮女神。phoebe 对应的阳性形式为 phoebus，后者则常常被用来称呼太阳神，即福波斯 Phoebus。这倒是让人想起《圣经》中的内容：

于是神造了两个大光，大的管昼，小的管夜。

——《圣经·创世纪》1:16

➤ 图 4-41 Creation of
the Sun and the Moon

phoebus 和 phoebe 都是‘光’phaos 衍生出的形容词形式，phaos‘光’衍生出动词 phaino‘使显现’，该动词则衍生出了英语中：现象 phenomenon【所显现】[1]、幻影 phantasm【影像】、幽灵 phantom【幻影】、狂想曲 fantasia【影像】、幻想 fantasy【影像】、异想 fancy【产生影像】。除此以外，还有诸多 phen-、phaner-、-phant 和 -phane 词根的词汇都源于此。比如：显现 phanerosis【the appearing】，地理中最早出现生物的时代被称为显生宙 Phanerozoic【出现生命】；苯酚之所以称为 phenol【发光之酚类】，因为苯酚最早提取自煤焦油的衍生物，而煤焦油是以前用来照明的主要原料[2]；窗户 fenestra【透光的工具】，其中 -tra 来自古语中的工具格，对比祷文 mantra【思考的工具】；状态 phasis‘呈现’（phansis → phasis）则演变出英语中的 phase，后者多译为"相位、时期"，故细胞分裂的几个阶段分别称为 Interphase、Prophase、Metaphase、Anaphase、Telophase；强调 emphasis 即【使呈现出来】。

在古希腊语中的‘光’phaos 通过元音紧缩[3]变为 phos（属格 photos，词基 phot-）。因此就有了英语中的磷 phosphorus【带来光】，因为磷会在空气中产生自燃现象，鬼火就因此而来，磷元素的化学符号 P 来自 phosphorus 首字母简写；相片 photograph 即【用光描绘出的图片】，但我们更常用其简写形式 photo；光子 photon【光微粒】，对比质子 proton、中子 neutron；影印 photocopy【用光扫描得到的 copy】；发光器 photogen【产生光】，对比氢 hydrogen【产生水】，氧 oxygen【产生酸】、氮 nitrogen【产生硝石】；光合作用 photosynthesis【光的合成作用】，其由‘光’photo- 和‘合成’synthesis 组成，synthesis 表示【放在一起】，其由 syn‘一起’、thesis‘放’组成；光幻觉 phosphene【光产生的影像】，由‘光’phos 和‘显现’phene 组成；光球层 photosphere【光球面】，对比色球层 chromosphere【色球面】、生物圈 biosphere【生物圈层】。

4.5.9　提坦神族 之时光流逝

至此，提坦神族中还有克洛诺斯家族没有细讲。时间之神克洛诺

[1] 希腊语的 phainomenon 是动词 phaino 'to appear' 中动态分词中性形式，因此 phenomenon 即【an appearing】。phenomenon 的复数形式为 phenomena，其也是直接借鉴自希腊语。

[2] -ol 后缀源于酒精 alcohol，表示与酒精成分相似的化学成分，一般用来表示醇、酚类的概念。

[3] 元音紧缩是古希腊语中一个重要的音变现象，两个相连的元音经常会出现融合的现象，变为一个长元音，其中 a+o=o。

斯 Cronos 娶流逝女神瑞亚 Rhea 为妻，并生下了六个孩子。这是提坦神族的最后一个家族，但同时又是最重要的一个家族。克洛诺斯曾经领导巨神族打败乌剌诺斯领导的第一代神系，并被拥立为第二代神系里的天王至尊，天后瑞亚则为他生下了六位神子，这六位神子分别成为了后来的冥王哈得斯 Hades、海王波塞冬 Poseidon、天王宙斯 Zeus以及灶神赫斯提亚 Hestia、丰收女神得墨忒耳 Demeter、婚姻女神赫拉 Hera。很多年后，这六个神子成为了奥林波斯神族的中坚力量，他们领导着第三代神祇进行了多年的抗争，誓要推翻提坦神族的统治。

赫西俄德曾经说道：

> 瑞亚被克洛诺斯征服，生下光荣的后代：
> 赫斯提亚、得墨忒耳和脚穿金靴的赫拉，
> 强悍的哈得斯，驻守地下，冷酷无情，
> 还有那喧响的憾地神，
> 还有大智的宙斯，神和人之父，
> 他的霹雳使广阔的大地也战栗。
>
> ——赫西俄德《神谱》453-458

然而，这六位神子对克洛诺斯来说却是不祥的灾难，是他命中注定的劫数，也是他阉割生父之恶行的报应——克洛诺斯在反抗乌剌诺斯领导的第一代神系统治的战争中，曾经残忍地将其父亲阉割，并推翻了父亲的统治。如此残暴的不义之举，终使得他面临相似的因果报应。天神乌剌诺斯和地母该亚曾向克洛诺斯预言，不管他多么强大，也会最终被自己的儿子征服，这是命中注定的事情。他的王位将被自己的一个儿子推翻，并被永久地取代。克洛诺斯心中因此产生了无尽的恐惧，为了反抗可怕的命运，他将妻子生下的孩子一一吞食。天后瑞亚被迫抱着每一个新生的骨肉来到残忍的夫君面前，供他吞食。一连生下的五个孩子都这样被他吃掉了。天后不忍自己的亲生骨肉被如此吞食，内心充满了痛苦，却又惧怕残暴的丈夫而不敢反抗。当第六子出生后，她偷偷将孩子藏进克里特的一个山洞里面，而在孩子的襁褓中放了块大石头交给了丈夫。

天王克洛诺斯二话不说连皮儿都没有剥就把褪褓咽了下去，居然没有噎住也没有打嗝，这说明他的吞咽功能十分强大。六子长大后，在智慧女神女神墨提斯[1]的帮助下，给暴虐的天王吃了一种催吐药，使他把数年前吞食的五个儿女统统吐了出来。而且这五个儿女居然都还活着。这又说明了克洛诺斯虽然有着强大的吞咽功能，但肠胃消化功能极其之差，可能是地球上最糟糕的一位了。这五个儿女分别为波塞冬、哈得斯、得墨忒耳、赫斯提亚、赫拉，而解救他们的老六则是大名鼎鼎的宙斯了。后来老六带领着解救出来的哥哥和姐姐们，经过了漫长的十年战争，推翻了巨神族领导下的第二代神系的统治，并树立起了新的秩序。宙斯三兄弟通过抓阄决定了各自的统治领域。统治者们订立了宇宙的法度，于是万物始作，草长莺飞，世界一片兴荣。

1 墨提斯Metis是宙斯的初恋，也是他的第一任妻子，她为宙斯生下了后来的智慧女神雅典娜Athena。

时间之神 Cronos

克洛诺斯一般被认为是时间之神，或许因其名 Cronos 与希腊语的'时间'chronos 非常相似。而他的妻子瑞亚 Rhea 一名则是【流动】之意，克洛诺斯娶瑞亚为妻，似乎正符合"时间流逝"的朴素认知。而克洛诺斯是天神乌剌诺斯的儿子，天空上的日、月、星辰等都是用以丈量时间的。另外，克洛诺斯将他的孩子逐一吞食，似乎也是对"时间终会带走其所带来的一切"的隐喻。希腊语的'时间'chronos 衍生出了英语中的年代学 chronology【关于时间的学问】、记时器 chronograph【时间的记录】、天文钟 chronometer【时间的仪器】、精密测时仪 chronoscope【时间之镜】、慢性 chronic【耗时的】、年代错误 anachronism【时间出错】、编年史 chronicle【关于年代的书作】[2]、同步 synchronious【时间一致】、异步 asynchronous【时间不一致】、历时的 diachronic【经过时代】、共时的 synchronic【相同时代】、老朋友 crony【经久的】等。

2 编年史chronicle是由希腊语的ta chronika biblia【记录时间之书】演变而来，本用来表示编年书籍，chronika部分演变为了英语中的chronicle

然而，虽然人们普遍这样认为，最初的事实或许并非如此。早期有关克洛诺斯的壁画上经常有乌鸦的身影相伴出现，这或许解释了克洛诺斯 Cronos 一名的来源，其源自希腊语的'乌鸦'corone。拉丁语的'乌鸦'corvus、英语中的"渡鸦"raven 都与其同源。

克洛诺斯有时候也被认为是农神，这大概与他手中的那把镰刀有关，他曾经用这把镰刀阉割了天神乌剌诺斯。古希腊人将丰收的一个重要节日称为 Cronia【克洛诺斯之节日】，明显这也是将他认作农神的原因之一。或许正是这个原因，他被等同于罗马神话中的农神萨图尔努斯 Saturn，土星的名字 Saturn 便源于后者，同样也有星期六 Saturday【土星日】。

流逝女神 Rhea

天后瑞亚为时间之神克洛诺斯的妻子，时间流逝，如水过溪川。同样的道理，时间之神的妻子名为 Rhea【流逝】。Rhea 一名来自希腊语的 rheos '河流' 或者源自其对应的动词 rheo '流动'。'河流' rheos 一词衍生出了很多医学相关的词汇，诸如：流变学 rheology【流动的学问】、粘膜炎 catarrh【（鼻涕）往下流】、鼻溢 rhinorrhea【流鼻涕】、淋病 gonorrhea【"种子"泄露】、多语症 logorrhea【语词横流】、皮脂溢 seborrhea【皮脂外流】、感冒 rheum【流（鼻涕）】、痔疮 hemorrhoid【大便出血】。

需要注意的是，希腊语的 rheos '河流' 与拉丁语的 rivus '河流' 之间并无同源关系，且二者与英语中的 river '河流' 也毫不相干，虽然这三者看上去非常接近。拉丁语的 rivus '河流' 衍生出了葡萄牙语中的 rio '河流' 和西班牙语的 río '河流'，我们经常听到的一些地名中就含有这些词汇，比如：里约热内卢 Rio de Janiero【一月之河】、里奥格兰德 Rio Grande【大河】、里奥内格罗 Rio Negro【黑河】以及里奥贝尔德 Rio Verde【绿色的河】、里奥 - 德奥罗 Río de Oro【金河】等。河流 rivus 还衍生出了英语中：小溪 rivulet【小河】，对手 rival【同饮一条河流的】，源于 derive【沿河追溯】等。莱茵河 Rhein 也与拉丁语的 rivus 同源，该名本意亦为【河流】。

人马智者 Chiron

克洛诺斯还有一个私生子。传说克洛诺斯曾经爱上了大洋仙女菲吕拉 Philyra，并想得到她。仙女为了躲避这位神祇的追求，把自己变为一匹母马，克洛诺斯则变为一匹公马占有了她。仙女怀孕生下了一只半人半马的儿子，即后来的半人马智者喀戎 Chiron。喀戎继承了父

亲的神族基因，长大后成为一位非常
睿智的博学者。他精通各种技艺，音
乐、医药、射箭、角力、预言等，并
且性情和善、学识渊博。希腊各地的
国王、贵族甚至神灵都将自己的儿子
遣来向他学艺，他的徒弟也大都成为
后世的大英雄或者著名人物，比如大
英雄赫剌克勒斯 Heracles、医神阿斯克
勒庇俄斯 Asclepius、雅典明君忒修斯
Theseus、特洛亚战场上的大英雄阿喀
琉斯 Achilles、大英雄珀琉斯 Peleus、
阿耳戈英雄首领伊阿宋 Iason 等。

后来，赫剌克勒斯在一次冲突中
放箭误伤了自己的导师。这箭头曾经
被抹上剧毒，拥有不死之身的喀戎不

➤ 图 4-42　Chiron and
the education of Achilles

得不每天忍受着毒发的剧痛。后来他决定献出自己不死的生命，来换
取同他一样天天遭受剧烈痛楚的盗火神普罗米修斯的自由。面对如此
高尚的人格、伟大的精神，连主神宙斯都感动得一塌糊涂，于是主神
将喀戎的形象置于天空，成为夜空中的半人马座 Centaurus，喀戎拉弓
射箭的形象也被升入夜空，成为了人马座 Sagittarius【射箭者】。

4.5.9.1　"时光流逝"后裔 之天神宙斯

提坦之战结束后，奥林波斯神族取代提坦神族统治了整个世界。
天神宙斯 Zeus 成为众神之王，他的妻子赫拉 Hera 被尊为天后。在大
地女神该亚的忠告下，天神宙斯重新公正地为众神们分配了荣誉。于
是新的王权建立，众神各司其职，在世间各处施行正义和公正。

天神宙斯

宙斯还有一段鲜为人知的童年。当年克洛诺斯连续吃掉了五个孩
子之后，瑞亚心中充满了惊恐，她跑到克里特岛产下了第六子，也就
是后来的天神宙斯，并把他藏在伊达山一处山洞之中，交由那里的仙
女们照养，这些仙女有蜂蜜仙女墨利萨 Melissa（也有说法认为是北极

➤ 图 4–43　the nursing of infant Zeus at Mount Ida

仙女库诺苏拉 Cynosura）和柳树仙女赫利刻 Helike，她们曾经用母山羊阿玛尔忒亚 Amalthea 的羊奶和蜂蜜将宙斯哺育大。年幼的宙斯非常调皮，曾经在玩耍时不小心将母山羊的羊角折断。后来宙斯为报答母山羊的哺乳之恩，将那只折断的羊角赋予神奇的功效，使它能源源不断产生各种各样的物什，这只角被称为 cornucopia【丰饶之角】，相当于中国的聚宝盆。母山羊死后，宙斯还将其皮做成了盾牌，因此盾牌被称作 aigis，它来自希腊语的‘山羊’aix①，aigis 演变为英语中的 aegis 一词，后者多用来表示引申意义的"庇护"②。荷马和赫西俄德等古希腊诗人每提到宙斯，也经常说‘执盾的宙斯’Zeus aigiochos。母山羊阿玛尔忒亚的名字 Amalthea 还被命名了木卫五。据说夜空中牧夫座头等亮星的名字 Capella 也来自这头山羊，该词的意思即【母山羊】。宙斯出于感激，还将北极仙女 Cynosura 变为夜空中的小熊星座，将仙女 Helike 变成了夜空中的大熊星座。因此古希腊人也将大熊星座称为 helike，将小熊星座称为 cynosura，后者后来被用来表示小熊星座里的头号亮星，英语中的"北极星"Cynosure 即由此而来。

　　从某种意义上来讲，宙斯是一位非常精于政治手腕的神灵。他之所以能够打败提坦神，成为众神之主，并长久地保持着王位，这一切都与他的政治手腕密不可分。这些政治手腕在提坦之战一开始就表现

①爱琴海Aegean Sea【埃勾斯之海】的国王埃勾斯Aegeus，名字由表示‘山羊’的aix（属格aigos，词基aig–）和表示动作执行者的–eus后缀组成，这个名字的意思为【牧羊人】。
②宙斯的武器为坚硬的羊皮盾以及独目巨人为其打造的霹雳。他的圣物为雄鹰（还记得特洛亚王子是怎么被拐走的吗），圣树为橡树。人们常用母山羊（和阿玛尔忒亚故事有关）、牛角涂成金色的白色公牛（还记得欧罗巴是怎么上当的吧）祭祀他。

得淋漓尽致：宙斯先拯救自己的兄弟姐妹，并带领他们一起抗击提坦神族；在仍旧势单力薄的情况下，他动员起同样憎恨提坦神的独目巨人和百臂巨人助阵，来增强自己的实力；他还对提坦统治下的很多神灵进行招降收买，以削弱对方阵营势力。

> 有一天，奥林波斯的闪电神王
> 召集所有永生神们到奥林波斯山，
> 宣布任何神只要随他与提坦作战，
> 将不会被剥夺财富，并保有
> 从前在永生神们中享有的荣誉。
> 在克洛诺斯治下无名无分者
> 将获得公正应有的财富和荣誉。

——赫西俄德《神谱》390-396

于是不少提坦神纷纷倒戈，前来支持奥林波斯阵营，诸如环河之神俄刻阿诺斯、大洋仙女斯堤克斯及其家属、普罗米修斯与弟弟厄庇米修斯、大多数提坦女神等都前来投奔宙斯阵营，从而为奥林波斯神族的胜利奠定了基础。

宙斯的七次政治联姻

当然，这不过是其政治手腕的一小部分。为了确保众神不会背叛自己，宙斯让所有神祇对着冥府的斯堤克斯河发誓，永远忠于自己。在打败了提坦神之后，宙斯的第一个举措就是"为诸神重新分配荣誉"，也就是立即为新政府组阁。神王紧接着通过七次政治联姻，安抚了提坦神族及各个阶层的反叛情绪，同时还为自己生养了众多身世显赫的奥林波斯神裔，从而极大地巩固了自己的统治地位。这七次联姻分别是：

> 图4-44 The assembly of Gods around Zeus's throne

1. 宙斯的第一次联姻

宙斯先娶智慧女神墨提斯 Metis 为妻。然而神王却要因此面临一个困境，命中注定女神将生下一个女儿和一个儿子，这个儿子要比自

①注意到每一代的统治者都在面临着这样的一个困境：他的长子将比自己强大，并且会最终取代自己成为世界之尊。第一代神系的主神乌剌诺斯为了避免这个灾难，把所有的孩子都囚禁在大地深处（即地母该亚的子宫中），不让他们出生；后来他被第一个走出大地的克洛诺斯（第一个出母亲子宫的儿子，即长子）所阉割并打败。第二代神系的主神克洛诺斯为了避免相同的灾难，将妻子所生的每一个孩子都吞进肚中，然而唯一一个没有被吞进肚中的宙斯则独自长大，并迫使他吐出了吃下的孩子（相当于克洛诺斯重新生下了这些孩子，从这个角度来看，宙斯后来居上，成为了长子，因此也是他后来继承了王位），并将父亲打败，成为第三代的诸神之尊。同样，宙斯也面临着类似的问题。
②因为他同自己尚未孕育的长子合为了一体，从此不再受到被长子推翻的威胁。

己的父亲更加强大①，并且会推翻父族的统治。这是神王所不能接受的。为了避免被长子推翻的命运，宙斯做了一项非常狡猾的举措，他哄骗墨提斯，并将妻子吞进腹中。如此，宙斯不但很好地遏制了潜在的威胁②，还得到了女神无与伦比的智慧。

> 众神之王宙斯最先娶墨提斯，
> 她知道的事比任何神和人都多，
> 可她正要生下明眸神女雅典娜，
> 就在那时，宙斯使计哄她上当，
> 花言巧语，将她吞进肚里，
> 在大地和繁星无数的天空的指示下。
> 他们告诉他这个办法，以避免王权
> 为别的永生神取代，不再属于宙斯。
>
> ——赫西俄德《神谱》886-893

话说当宙斯吞下女神墨提斯时，女神已经怀上了一个女儿。宙斯生吞了智慧女神，从而将其智慧变为了自己的智慧。而墨提斯怀中的女儿也渐渐在宙斯的头颅中长大。很多时日以后，宙斯感到头疼难忍，痛苦不堪，因为他头颅中的女儿已经完全长成。终于有一天，剧痛的头颅突然裂开，一位女神从主神裂开的头颅中一跃而出，她体态婀娜、身披盔甲、手持长矛、光彩照人，她就是著名的智慧女神雅典娜。

2. 宙斯的第二次联姻

宙斯的第二个妻子是提坦神族的秩序女神忒弥斯 Themis。宙斯和这位提坦女神结合，生下了著名的时序女神。其中，时令三女神分别为代表"萌芽季"的塔罗 Thallo、代表"生长季"奥克索 Auxo、代表"成熟季"的卡耳波 Carpo，秩序三女神分别为象征"良好秩序"的欧诺弥亚 Eunomia、象征"公正"的狄刻 Dike、象征"和平"的厄瑞涅 Eirene。《神谱》中则只提到了后三者，即秩序三女神。

> 第二个，他领容光照人的忒弥斯入室，生下秩序女神，
> 欧诺弥亚、狄刻和如花的厄瑞涅，

她们时时关注有死的人类的劳作

——赫西俄德《神谱》901-903

3. 宙斯的第三次联姻

宙斯的第三个妻子是大洋仙女欧律诺墨 Eurynome。宙斯和这位大洋仙女结合，生下了可爱迷人的美惠三女神。她们分别为代表光辉的阿格莱亚 Aglaia、代表快乐的欧佛洛绪涅 Euphrosyne、代表鲜花盛放的塔勒亚 Thalia。她们可爱、善良又纯洁，每一位皆美如千种颜色，如花开不败，所有凡人皆喜爱她们。

美貌动人的大洋仙女欧律诺墨

为他生下娇颜的美惠三女神，

阿格莱亚、欧佛洛绪涅和可爱的塔勒亚，

她们的每个顾盼都在倾诉爱意

使人全身酥软，那眉下的眼波多美！

——赫西俄德《神谱》907-911

4. 宙斯的第四次联姻

宙斯的第四个妻子为丰收女神得墨忒耳 Demeter。宙斯和得墨忒耳结合，生下了珀耳塞福涅 Persephone。珀耳塞福涅美丽动人，曾被众多神灵所爱恋和渴慕。然而丰收女神非常疼爱自己的女儿，不许任何神祇接近她。为了得到这个美人，冥王哈得斯费尽心思，直到有一天少女在河边采花时，他突然出现并把少女掠至冥界，将生米煮成熟饭。丰收女神非常伤心，却又无可奈何，只得在宙斯的调解下将女儿嫁给冥王哈得斯。于是珀耳塞福涅成为了冥后。

他又和生养万物的得墨忒耳共寝，

生下白臂的珀耳塞福涅，她被哈得斯从母亲

身边带走，大智的宙斯做主把女儿许配给他。

——赫西俄德《神谱》912-914

➢ 图 4-45 The rape of Persephone

5. 宙斯的第五次联姻

宙斯的第五个妻子为记忆女神谟涅摩绪涅 Mnemosyne。宙斯与提坦神族中的记忆女神谟涅摩绪涅在连续九个夜里结合，女神怀孕后生下了九位聪颖漂亮的女儿，也就是后来的九位缪斯女神。这九位缪斯女神各自代表着一种特定的艺术形式。

他还爱上秀发柔美的谟涅摩绪涅，

她生下头戴金冠的缪斯神女，

共有九位，都爱宴饮和歌唱之乐。

——赫西俄德《神谱》915-917

6. 宙斯的第六次联姻

宙斯的第六个妻子为暗夜女神勒托 Leto。宙斯与勒托结合，生下了后来的太阳神阿波罗 Apollo 和月亮女神阿耳忒弥斯 Artemis。注意到命中注定的长子已经因为宙斯吞食墨提斯而不可能出生，因此阿波罗成为宙斯事实意义上的长子。正是由于这个原因，阿波罗也被赐予非常大的权威，并得到诸神们的敬重。

勒托生下了阿波罗和神箭手阿耳忒弥斯，

天神的所有后代中数他们最优雅迷人，

她在执盾宙斯的爱抚之中生下他们。

——赫西俄德《神谱》918-920

➤ 图 4-46 Zeus and Hera

7. 宙斯的第七次联姻

宙斯娶的最后一位女神，是自己的妹妹赫拉 Hera[1]。赫拉最终成为了宙斯的唯一正室，被尊为天后以及婚姻和家庭女神。赫拉为宙斯生下了三个孩子，分别是青春女神赫柏 Hebe、战神阿瑞斯 Ares 和助产女神厄勒堤亚 Eileithyia。

[1] 从母亲怀孕的角度来看，赫拉是宙斯的姐姐。但是从被克洛诺斯吞食和吐出的角度来看，赫拉则是宙斯的妹妹。

> 最后，他娶赫拉做娇妻。
> 她生下赫柏、阿瑞斯和厄勒堤亚，
> 在与人和神的王因爱而结合后。
>
> ——赫西俄德《神谱》921-923

然而，宙斯在迎娶赫拉之后，依然经常在外风流，艳史不断。这使得赫拉非常窝火，并想尽一切办法残害宙斯的情妇和其生下的野种。赫拉还因为生夫君的气，在未经相爱交合的情况下，生下了火神赫淮斯托斯 Hephaestus。这个孩子精于打铁铸器，也被称为工匠神。

宙斯的三次凡间姻缘

宙斯是一位生性风流的神，但凡美丽动人的仙女或者貌美迷人的凡间女子，一旦被他爱上，一般都逃脱不了被和谐的命运。她们生下的后代一般成为天神或者人间的大英雄。宙斯的这些凡间姻缘中，有三次非常著名的。分别是：

1. 宙斯的第一次凡间姻缘

宙斯爱上了美丽的仙女迈亚 Maia，迈亚是扛天巨神阿特拉斯的女儿，普勒阿得斯七仙女之一。宙斯和她在阿卡迪亚一个阴凉的山洞中交合，仙女怀孕后生下了神使赫耳墨斯 Hermes。

> 阿特拉斯之女迈亚在宙斯的圣床上
> 孕育了光荣的赫耳墨斯，永生者的信使。
>
> ——赫西俄德《神谱》938-939

赫耳墨斯自小就非常机灵可爱，刚从褓褓中爬出来不久就发明了七弦琴，还去外面偷了阿波罗的一群神牛。当阿波罗抓住了这个小偷并把他告到天庭，竟发现自己虽有理但怎么辩驳也争论不过这个还没有断奶的小家伙。赫耳墨斯长大后更是不得了，他心思敏捷、精于辩论，懂得各种智谋，他有一双飞鞋，穿着这飞鞋可以快速飞行。宙斯非常喜欢这个孩子，因为只有这孩子能够每次都猜准自己的心思，宙斯的旨意（包括密令）往往都让他去执行，因此赫耳墨斯也被尊为信使之神。

2. 宙斯的第二次凡间姻缘

宙斯爱上了忒拜公主塞墨勒 Semele，塞墨勒是忒拜城的建立者卡德摩斯的女儿。宙斯骗取了她的爱情，她和宙斯结合并怀了一个孩子，这个孩子就是后来的酒神狄俄倪索斯 Dionysus。

> 卡德摩斯之女塞墨勒与宙斯因爱结合，
> 生下出色的儿子，欢乐无边的狄俄倪索斯。
> 她原是凡人女子，如今母子全得永生。
>
> ——赫西俄德《神谱》940-942

➤ 图 4-47　Hermes confiding the infant Dionysus to the Nymphs of Nysa

赫拉很是嫉妒塞墨勒，便化作塞墨勒的奶娘，蛊惑起少女的好奇心，让她迫切地要亲眼见到宙斯作为雷神的高贵尊荣，以证明神王对她爱情的忠贞。当宙斯无法拒绝，变回戎装雷神原形时，可怜的凡间女子塞墨勒瞬间被强光和烈焰焚身致死。宙斯从她的肚中救出了尚未出生的孩子，将孩子放在他的大腿中直到胎儿期满十月，在倪萨山 Nysa 上生下了他，因此这个孩子被称为狄俄倪索斯 Dionysus【宙斯在倪萨山上所生】。狄俄倪索斯长大后发明了酿酒，并游历世界各地，后来被人们尊为酒神。

3. 宙斯的第三次凡间姻缘

宙斯爱上了美丽清纯的少女阿尔克墨涅 Alcmene。当少女的未婚夫外出打仗时，他化作未婚夫的样子来到少女床边，与其结合。阿尔克墨涅怀孕后生下了著名的大英雄赫剌克勒斯Heracles。

> 阿尔克墨涅生下大力士赫剌克勒斯，
>
> 在她与聚云神宙斯相爱结合之后。
>
> ——赫西俄德《神谱》943-944

赫剌克勒斯原名为阿尔喀得斯 Alcides【阿尔克墨涅之子】，赫拉不喜欢宙斯的这个"野种"，便对其好生迫害。阿尔喀得斯还在襁褓中的时候，赫拉就派出两条毒蛇去咬死这个孩子，结果两条蛇都被孩子活活扼死。阿尔喀得斯长大后，天后使他发疯并且在疯癫中杀死了自己的孩子。为了赎罪，阿尔喀得斯不得不奉命去完成 12 项难以想象的艰巨任务，并且凭着惊人的毅力将这些任务逐一完成。赫拉的迫害反而使得阿尔喀得斯实现了众多伟大的英雄壮举，因此人们将这个英雄尊称为赫剌克勒斯 Heracles【赫拉的荣耀】。

4.5.9.2 "时光流逝" 后裔 之天后赫拉

在宙斯的七次政治联姻中，最后娶的女神是他的妹妹赫拉 Hera。赫拉最终成为了宙斯的唯一正室，被尊为天后，并得以负责分管婚姻和家庭。赫拉为宙斯生下了三个孩子，分别是青春女神赫柏 Hebe、战神阿瑞斯 Ares 和助产之神厄勒堤亚 Eileithyia。

青春女神 Hebe

青春女神赫柏非常安静甜美，宙斯很喜欢这个女儿，并让她负责在宴席上为众神斟酒。后来大英雄赫剌克勒斯功德圆满，荣升为神灵，天神宙斯非常高兴，就把女儿赫柏嫁给了这位人间的大英雄，如今神界里的武仙。青春女神的名字赫柏 Hebe 意为'青春、年轻'，该词衍生出了英语中：青春期痴呆 hebephrenia【青春期的精神疾病】、青年公民 ephebus【在青春期】、青春期的ephebic【在青春期的】。赫柏的罗马名为 Juventas。

> 图 4-48 Hebe, goddess of youth

战神 Ares

战神阿瑞斯似乎与赫拉没有多少相似之处。战神是一个非常凶残狂暴、热爱杀戮，四肢发达但是头脑简单的家伙。他的名字 Ares 意思即为'战争'，其源自希腊语的 are'毁灭、灾难'，战争无疑是带来毁灭和灾难的，因此战神阿瑞斯的名字 Ares 可以理解为【毁灭者】。雅典卫城中有座山丘，被称为 Areios pagos【战神之山】，那里曾经坐落着雅典的最高级法院，英语中的"最高法院"Areopagus 一词就源于此，而这个法院的成员则被称为 Areopagite【Areopagus 里的成员】。希腊人用战神之名称呼火星，而大火星 Antares 乃是一个亮度【堪比火星】的星体，火星学 areology 即【关于火星的研究】。

助产女神 Eileithyia

这三个孩子中，助产女神厄勒堤亚与母亲在神职上最为相近，赫拉司掌婚姻和家庭，而厄勒堤亚司掌接生孩子，结婚和生孩子无疑是每个家庭的最重要事宜了。助产女神的名字 Eileithyia 源自希腊语的 eleytho'前来帮忙'，毕竟助产女神乃是接生婆的守护神，她们都是前来帮助孕妇顺利分娩生孩子的。

火神 Hephaestus

赫拉还生下了一个儿子。因为当时和宙斯赌气，就未经过相爱结合，独自分娩生下了火神赫淮斯托斯。赫西俄德说：

> 赫拉心里恼怒，生着自家夫君的气，
> 她未经相爱交合，生下显赫的赫淮斯托斯，
> 天神的所有后代里属他技艺最出众。
>
> ——赫西俄德《神谱》927-929

赫拉生这个孩子最初只是为了和丈夫赌气。哪料因为怀胎期间一直动怒，影响了胎气，生下来的孩子居然奇丑无比。赫拉很是郁闷，想扔掉这个孩子，但念及是自己的亲生骨肉，便没有下得了手。宙斯更是不喜欢这个丑八怪，觉得老婆居然生出这样一个难看的孩子自己很没有面子。赫淮斯托斯为在众神中获得一席地位，极力讨自己的母亲赫拉开心，甚至不惜冒犯主神宙斯。终于有一次，宙斯一怒之下抓住他的脚，把他扔出天宫。赫淮斯托斯从天上坠落下来，黄昏时落到爱琴海的利姆诺斯岛[1]，摔成了瘸子。为了出人头地，赫淮斯托斯来

① 因此，利姆诺斯岛 Lemnos 成为了火神的领地，赫淮斯托斯在那里受到了广泛的尊崇。

到火山口追随独目三巨人学艺数年，并获得真传，从此技艺精湛、名声远播，众神纷纷请他为自己打造宫殿、饰物和武器。从此赫淮斯托斯被尊为火神和锻造之神，在奥林波斯众神中有了一席地位。

> 图 4-49 Ares and Aphrodite surprised by Hephaestus

话说宙斯曾多次追求爱与美之女神阿佛洛狄忒，但每次都遭到拒绝，宙斯一怒之下以主神的名义将她许配给丑陋不堪的火神赫淮斯托斯。然而美丽的爱神并不喜欢这个长相丑陋、腿脚不灵、一点浪漫情调都没有的男人，便私下里和战神阿瑞斯偷情，还为他生下了小爱神。火神得知妻子背着自己偷腥，便在家里设计了一个机关，当妻子和阿瑞斯偷情时将奸夫淫妇活捉在一张大网中，还喊众神来看。女神们羞于前来，而男神们则纷纷前来围观看热闹。火神的家丑一下变为了众所周知的事情。夫妻二人自知都很不光彩，便从此分手。后来火神又娶了美惠三女神中的阿格莱亚，从此过上了幸福安定的生活。

关于火神赫淮斯托斯的名字 Hephaestus，学者们各有不同的解说。其中 -phaestus 部分很可能来自希腊语的 phaestos，是动词 phao'发光'对应的形容词，因此 Hephaestus 应该是某种"闪耀者"，这无疑是对神灵一个很好的诠释。一般认为，这里的 he- 只是作为悦耳的音节加在词首的，于是 Hephaestus 就是【光芒闪耀者】了。

天后 Hera

天后赫拉是家庭和婚姻的保护神。而她的名字 Hera 即为希腊语'保护者' heros 一词的阴性形式，因此 hera 一词可以理解为【女保护人】，因为她保护着家庭和婚姻。希腊语的 heros 意为'保护者'，英语中的 hero 也与此同源，英雄 hero 不就是保卫自己的人民、祖国并使其安全的人吗？至今西方人心中的英雄形象大约依旧如此，看看那些蜘蛛侠、蝙蝠侠、超人以及美国电影中近乎泛滥的"拯救地球"的故事，就可见一斑。hero 加女性后缀 -ine 构成了"女英雄"heroine，对比情妇 concubine【陪睡的女人】；海洛因 heroin 则是由 hero 和表示医药和化学物质后缀 -in① 构成，这个名字说明它是一种会让人爽到 feel like a hero 的药剂。

希腊语的 heros 与拉丁语的动词 servo '保护、拯救'同源。拉丁语的 servo '保护、拯救'衍生出了英语中：保存 conserve【保护】，因此有了监督官 conservator【保护者】、保守党 conservative【保留的】；观察 observe【照看、关照】，因此也有了观察员 observer【观察者】、天文台 observatory【观察之处】；防护 preserve【提前保护】，故有保存 preservation【提前保护】；存储 reserve 意为【保护】，蓄水池称为 reservoir【存储的地方】②。

天后赫拉的罗马名朱诺 Juno，全名为 Juno Moneta【警戒者朱诺】。公元前四世纪末，罗马曾经被高卢侵略军所重重包围。一次，高卢人准备对罗马人进行夜袭，想趁夜深人静没有防备的时候偷袭罗马人。然而偷袭者惊醒了朱诺神庙中的白鹅，白鹅不断鸣叫，唤醒了熟睡中的罗马士兵，从而免除了一场危难。人们认为是朱诺女神显灵，在为罗马人民警戒，从此便称女神为 Juno Moneta【警戒者朱诺】。而 Juno 一名的来历或许与拉丁语中的'年轻'juvenis 同源，英语中的"青春的"juvenile【年轻的】即由此而来；Juno 的女儿青春女神 Juventas【年轻】之名更是符合这一点；瑞士化妆品牌柔美娜 Juvena 不就是暗含着让你"永葆青春"的潜台词吗？ moneta 一词是动词 moneo '告诫、提醒'的完成分词阴性形式，班长 moniter 意思即【告诫者、提醒者】，其还引申出"监视者、监控器"之意。moneo 还衍生出了英语中：纪念碑 monument【纪念】、警告 admonish【告诫】、唤起 summon【提醒】等。

公元前 280 年，罗马人就军费日渐减少一事来请教赫拉，得到了女神的指点。于是在朱诺女神庙宇旁建立了铸币厂，因为钱币从这里造出，便以女神名命名该钱币为 moneta，这个词后来演变为古法语的 moneie，又进入英语变为 money；moneta 还通过另一个途径进入英语中，变为 mint，现在用来表示"造币厂"。"金融的"monetary 则由 moneta 和形容词后缀 -ary 构成，表示【货币的、金钱的】。money 一词源自'警戒'moneta。由是观之，古罗马人称呼金钱时，似乎也有告诫自己不为金钱所迷失的寓意，从这里我们依稀可以看见古人的睿智。只可惜如今的中国人从 money 一词中只能看到无尽的贪婪和欲望，背后的告诫全似不曾存在一般。

另外，朱诺是婚姻女神，儒略历六月正值初夏之际，莺飞草长、百花盛开，是婚嫁的绝好时机，罗马人常常选择在此月内结婚，于是便将此月冠以婚姻女神朱诺之名，称为 Junius mensis【朱诺之月】，英语中的六月 June 由此而来。

4.5.9.3 "时光流逝"后裔 之海王波塞冬

在战胜了提坦神族之后，奥林波斯神族取得了世界的统治权，宙斯、波塞冬、哈得斯三兄弟通过抓阄瓜分了世界的各个领域。波塞冬分得了海洋的统治权，成为海王。海王波塞冬经常手持三叉戟，乘着由多匹马拉着的战车出现在海面，身边的随从有海中仙女、海豚、各种海鱼等。海王波塞冬的妻子是海中仙女安菲特里忒 Amphitrite，她为波塞冬生下了身躯高大的儿子特里同 Triton。

> 安菲特里忒和喧响的撼地神
> 生下了高大的特里同，他占有大海
> 深处，在慈母和父王的身边，
> 住在黄金宫殿：让人害怕的神。
>
> ——赫西俄德《神谱》930-933

波塞冬的老婆是海中仙女安菲特里忒，因此她也被尊为海后。据说波塞冬最初暗恋的是海后的姐姐仙女忒提斯，后来有神谕说忒提斯生下的儿子将远比其父强大，于是海神爱情转移，又恋上了忒提斯的妹妹。一开始安菲特里忒并不喜欢这个行事鲁莽的小伙子，只因这个小伙子是奥林波斯神族的主神之一，不便于明确拒绝，于是仙女每次都故意躲着他。波塞冬苦于不能得到这个美丽的仙女，心中充满了忧伤。后来一只海豚自告奋勇，愿意帮助海王将这位仙女追到手。当仙女为了躲避波塞冬而逃到大海的尽头时，海豚在那里找到了她，仙女无计可施，只好认命。安菲特里忒嫁给波塞冬，成为海后，并为他生下了人身鱼尾的特里同。为了表彰海豚的功劳，波塞冬将其化为夜空中的海豚座 Delphinus。

有权有势的大神都喜欢在外风流快活，波塞冬也不例外，关于他的风流韵事说起来也是一大箩一大筐的。他和地母该亚生下了大力巨人安泰俄斯 Antaeus，后者被强大的赫刺克勒斯杀死；他和丰收女神得墨忒耳结合，生下了神驹阿里翁 Arion，这匹神驹能说人话，并在"七雄攻忒拜"中表现非凡；他还把冷艳的美女墨杜萨搞到手，后者生下了飞马珀伽索斯 Pegasus①，这匹飞马被宙斯看中，主神用它来驮运自己的武器；他和自然仙女托俄萨②生下独眼巨人波吕斐摩斯 Polyphemus，后者曾被奥德修斯刺瞎眼睛；他还和少女堤罗结合，生下了英雄珀利阿斯 Pelias 和涅琉斯 Neleus……

当然，对于海王的频频出轨，海后安菲特里忒并不是每一次都能容忍的。海王曾经和水泽仙女斯库拉 Scylla 偷情，海后发现后，在仙女洗澡的海水中下了一种可怕的毒药，使她变成了一只有六颗头十二只手的可怕海妖。当阿耳戈号航船来到附近的海域，以及后来奥德修斯十年漂泊中到达这里时，都曾经过这只可怕海妖的身旁。

在奥林波斯神族中，波塞冬是地位仅次于宙斯的二把手。这个二把手对"大哥大"既敬畏又不甘心，他甚至还曾经联合对宙斯有不满情绪的诸神，如天后赫拉、太阳神阿波罗、智慧女神雅典娜等，一起造反要除掉天神宙斯。恰好海中仙女忒提斯及时拯救受难的天神。在《伊利亚特》中，仙女的儿子阿喀琉斯曾对自己的母亲道出这一段往事：

> 你曾经独自在诸神中为克洛诺斯的儿子，
> 黑云中的神挡住那种可耻的毁灭，
> 当时其他的奥林波斯天神，赫拉、
> 波塞冬、帕拉斯·雅典娜都想把他绑起来。
> 女神，好在你去那里为他松绑，
> 是你迅速召唤那个百臂巨人——
> 众神管他叫布里阿瑞俄斯，凡人叫他埃该翁——
> 去到奥林波斯，他比他父亲强得多。
> 他坐在宙斯身边，仗恃力气大而狂喜，
> 那些永乐的天神都怕他，不敢捆绑。

——荷马《伊利亚特》卷1 397-406

因为百臂巨人的及时赶到，这场叛乱很快被镇压了下去。叛乱的领袖们纷纷受到惩处，赫拉被绑住手腕吊在空中。波塞冬和阿波罗被罚去人间服役，他们受雇于国王拉俄墨冬 Laomedon，为他修建了特洛亚城墙。这城墙因为由两位大神所建，故坚不可摧、难以攻破。后来特洛亚战争持续了十年，打得空前惨烈，但是城墙也没有破损分毫。直到奥德修斯使出木马计，希腊联军里应外合，才终于攻下了这座城市。

古希腊人认为，大地是一个扁平的圆盘，漂浮在一片巨大的海洋之上。因此海底的动荡也会引起陆地的晃动，当海洋深处的水发生剧烈波动时，便会发生地震。于是海域的主宰者波塞冬自然而然被认为是地震之神，即撼地之神。当他愤怒地挥舞起那威力无边的三叉戟时，会巨浪滔天、地动山摇、洪水泛滥，实在是可怕之极。而海洋变化无常，经常风雨大作，吞食行路的船只，因此人们认为波塞冬脾气非常暴躁，很容易发飙。他最牛的一次发飙据说发生在一万多年以前，因为亚特兰蒂斯帝国触怒了海神，他一怒之下兴起了大地震，并用三叉戟将这片辽阔富庶的国度凿沉，永远地沉在广阔的大西洋之中。关于亚特兰蒂斯的传说至今仍是探险家和古文明爱好者茶余饭后津津乐道的话题。

波塞冬被认为是马的创造者，他给予了人类第一匹马，因此也被称为 Poseidon Hippios '马神波塞冬'。马与海王波塞冬有着一种密不

➤ 图 4-50 Poseidon's wrath

可分的关系①，并且马是一种自由奔放的动物，其狂奔的情景犹如波涛汹涌，这也是为什么很多西方人常用众马的奔腾来表现狂涛涌动场景的原因。

英语中表示马的基本词汇 horse 或许能很好地说明这一点，horse 从古英语的 hors '马' 演变而来，后者与拉丁语的 cursus '奔跑' 同源②，马即善于奔跑的动物。cursus '奔跑' 一词衍生出了英语中的仓促的 cursory 即【跑动的、急促的】，而草书 cursive 则是【急速挥就的书写】；光标 cursor 乃是屏幕上的【跑动者】，而先驱 precursor 无疑就是【跑在前面的人】；骏马被称为 courser，因为它是善于【奔跑者】；一场跑步可以被称为 course【跑动】，于是就有了聚集 concourse【跑到了一起】、讨论 discourse【在话题周围跑】、交往 intercourse【彼此之间跑】、求援 recourse【往回跑】；一种研究科目也可以用 course 来表示，即【一系列的研究】，而每一个单独的研究方面我们也称为课程 curriculum【小跑】；海盗被称为 corsair【跑动者】，因为他们经常在海中来回出没。cursus '奔跑' 是拉丁语动词 currere 'to run' 的完成分词，后者词基为 curr-，其衍生出了英语中：水流、电流 current 即【流动的】，current 也表示钱币，意在指其【流通】；快递员 courier 即【跑腿送东西的人】，而走廊 corridor 则是【供人来回走动之地】；有一种舞步因为【步伐节奏快】而被称为库兰特舞 courante；还有发生 occur【to run】、再现 recur【to run again】、同时发生 concur【to run together】等。

'奔跑' cursus 也与拉丁语的 carrum '车辆、马车' 同源，因为马车也是在路上"跑动"的。carrum '车辆' 一词衍生出了英语中：汽车 car【车辆】、豪华马车 caroche【车辆】、战车 chariot【大车辆】、小型马车 cariole【小车】、军旗战车 carroccio【战车】；装载 charge 即【往车上装货物】，因此也有了货物 cargo【所装之物】，卸下来所装的货物即 discharge【卸货】，重新装载即 recharge【再装载】③；车上载着人或货物称为 carry【运载】，而载着人或者货物的车子则为 carriage【运载之车】，大的运载车即大游览车 charabanc【有座椅的车】；前途 career 本指的是【赛马的跑道】，后来引申为人生的仕途，即职业生涯。

因此，马 horse 的词源意思为【奔跑】[1]。为什么要用 horse 来表示马呢？这或许值得我们细究一下，人类养猪的动机只是为了吃肉，养牛羊为了吃肉和取奶，而养马则可以骑上它飞奔。从这一点来看，用 horse 表示"马"确实是很贴切的一个词汇呢。

4.5.9.4 "时光流逝"后裔 之丰收女神得墨忒耳

克洛诺斯和瑞亚的六个儿女中，得墨忒耳 Demeter 后来成为丰收女神，司掌大地上的植物生长和谷物成熟。得墨忒耳是宙斯的第四个妻子，她为宙斯生下了一个女儿，这个女儿就是后来的冥后珀耳塞福涅 Persephone。

女神为女儿取名为科瑞 Kore，意思是【少女】。少女时代的科瑞就已经亭亭玉立、美丽动人了，青年神祇们无不为她倾心恋慕，据说神使赫耳墨斯、战神阿瑞斯、太阳神阿波罗和火神赫淮斯托斯都曾追求过她。当然，也有猥琐的大叔偷偷爱上这个少女的，这个大叔就是女孩的叔叔冥王哈得斯。得墨忒耳非常疼爱自己的女儿，想一直把她留在身边，便不让任何男性接近她，生怕有哪位心怀不轨的神祇会骗走自己纯洁无瑕的女儿。然而最担心的事情还是发生了。一天，科瑞和女伴们在草原上一条溪边采花，当她看到一株好看的水仙并低头去摘的时候，附近的大地忽然间裂开，冥王驾着四匹黑色骏马拉着的战车从地下的幽冥冲出，将惊慌中的少女掠走，抱着她消失在了黑暗的死亡之国。《俄耳甫斯教祷歌》中一首献给冥王的祷歌这样唱道：

> 从前你与纯洁的得墨忒耳之女结合，
> 你在草原上引诱了她，乘着马车
> 穿越大海，去到厄琉西斯的
> 洞穴，冥界的入口就在那里。

——《俄耳甫斯教祷歌》篇 18 12-15

失去了心爱的女儿了以后，得墨忒耳十分伤心。她离开奥林波斯四处寻找女儿，没有了心情照顾大地和谷物，于是各地的庄稼颗粒无收。人间四处被饥饿和可怕的死亡威胁。后来宙斯得知了这件事情，他找到冥王哈得斯并出面调解，要求冥王还回抢走的少女。冥王可不

[1] 关于 horse 与 cursus 的同源问题，学界尚未完全定论。Chambers 和 Eric Patridge 认为二者同源，而 Pokorny 只是提到二者"可能"同源，Klein 则认为二者各有不同的来源。

▷ 图 4-51 The return of Persephone

是吃素的，在将少女囚禁在冥界期间，他给她吃了一种冥界特有的石榴。无论人或者神灵，凡吃过这石榴者都无法再长时间居住在阳间。因此，虽然冥王答应将少女放回阳间，但是她却不得不每年花三分之一的时间回到冥界，陪冥王在一起。丰收女神见米已成炊，无法挽回，只好将女儿下嫁给这个猥琐阴险的大叔，从此少女改名为珀耳塞福涅 Persephone，成为冥后。冥王和冥后达成协议，让她每年三分之二的时间回到阳间，陪母亲一起生活；剩下的三分之一的时间回到地下，陪丈夫居住在冥府中。人们说，当女儿回到母亲身边时，女神心情舒畅，大地上就会长出鲜花、小麦、水果；当女神和女儿分开时，总是悲伤心痛，无心照管大地，于是就有了凋敝的冬天。

得墨忒耳是司掌丰收和谷物的女神，这些都是从大地上得到的农产，因此她也被称为地母神。雅典人在十月末十一月初的农闲时间举行地母节，就是用来庆祝得墨忒耳之恩赐的。阿里斯托芬[1]的著名喜剧《地母节妇女》写的就是发生在这个节庆里的事情[2]。

得墨忒耳被称为地母神，她的名字中就明显透露了这样的信息：Demeter 由希腊语的 de '大地' 和 mater '母亲' 组成，字面意思即【大地母亲】，也就是地母神。其中 de 是多里斯方言中 '大地' ge 的变体，对比大地女神该亚的名字 Gaia。希腊语的 mater '母亲' 与英语的 mother 同源，这一点可以对比希腊语的 pater '父亲' 和其英语同源词汇 father。希腊语的 mater '母亲' 衍生出了英语中：母亲般的 maternal【如母亲的】，对比父亲般的 paternal【如父亲的】、兄弟般的 fraternal【如兄弟的】；女家长 matriarch【管家的母亲】，对比男家长 patriarch【管家的父亲】；弑母 matricide【杀害母亲】，对比弑父 patricide【杀害父亲】、弑君 regicide【杀害君王】、弑兄弟 fratricide【杀害兄弟】、弑夫／妻 mariticide【杀害配偶】；母姓的 matronymic【母亲姓名的】，对比父姓的 patronymic【父亲姓名的】；家庭主妇 matron 表示的肯定是做了【母亲】的女人，还没做母亲的叫少妇，对比庇护人

①阿里斯托芬（Aristophanes，约公元前446年—公元前385年），古希腊著名喜剧作家，被誉为"喜剧之父"。
②雅典的地母节是女性参加的节日，是妇女的狂欢节，一共四天。第一天为"上庙节"，妇女们都到地母庙中准备；第二天为"下地节"，纪念地母的女儿被冥王带到地下去；第三天为"断食节"，纪念地母在失去女儿后悲伤不进饭食；第四天为"祝地母节"，祝贺地母将女儿从冥界接出来。《地母节妇女》讲的是第四天时，妇女们开会讨论欧里庇得斯对她们的诽谤，商量如何处死这个悲剧作家的故事。

patron【父亲】，最初指的即俗语中的"老爷"；婚姻生活 matrimony 即宣告着一方将成为【母亲】，而相应的遗产 patrimony 则因继承自【父亲】而得名；母校 alma mater，其字面意思为【nurishing mother】，暗指在知识上养育了你的母亲；大都市被称为 metropolis【母亲城】，因为她一般是最早发展起来，她带动附近其他卫星城（即子城市）的发展，而 Metropolitan Railway【大都市地铁】一般也简称为 metro；母亲生出各种各样的孩子，就好像原材料做出各种物品一样，因此材料被称为 material【母质的】，英语中的 matter 亦由此而来；还有子宫 matrix【母亲的】、子宫痛 metralgia【子宫疼痛】。

子宫 matrix 本意为【母亲的】，也翻译为"母体"，引申为万物产生的基础，矩阵是进行复杂的多元方程运算的基础，因此矩阵也被称为 matrix[1]。

得墨忒耳曾经和凡间的英雄伊阿西翁 Iasion 相爱，并为他生下了普路托斯 Ploutos。赫西俄德说：

> 最圣洁的女神得墨忒耳生下普路托斯，
> 她得到英雄伊阿西翁的温存爱抚，
> 在丰饶的克里特，翻过三回的休耕地上。
>
> ——赫西俄德《神谱》969-971

凡间的英雄伊阿西翁睡了宙斯的第四个老婆得墨忒耳，给宙斯戴了一顶大绿帽。于是主神震怒，用闪电劈死了这位英雄。英雄和女神生下的儿子普路托斯后来被人们尊为财神。普路托斯的母亲司掌大地之上所产的财富，而他则被认为是大地之下财富的象征，因为各种金银矿藏都产于地下。另一方面，古人认为财富很大程度上取决于土地上的收成，因此丰收女神生下了财神[2]。在一些神话中，普路托斯甚至被认为是珀耳塞福涅的丈夫，于是财神和冥王成为一体。大概正是这个原因，罗马神话中将冥神称为普路同 Pluto。

得墨忒耳对应罗马神话中的谷物女神刻瑞斯 Ceres。现代人用她的名字命名了早期发现的一颗小行星 Ceres，中文译名为"谷神星"。拉丁语的 ceres 意为'谷物'，因此英语中的谷类食品被称为 cereal【谷

[1] 著名科幻电影《黑客帝国》原名为 Matrix，这个名字中即包含着该电影中最重要的概念，比如AI的超级母体和矩阵的电脑程式。顺便提一下，《黑客帝国2：重装上阵》中梅罗文加的妻子也叫 Persephone，至于其中的深意，也是非常值得琢磨的。

[2] 阿里斯托芬的喜剧《财神》就以其为名。

物的】。ceres '谷物' 一词与拉丁语动词 creare '成长、增多' 同源，因为谷物是在田间生长起来的。creare 词基为 cre-，其衍生出了英语中：渐强的 crescent【在增长的】、渐弱的 decrescent【在减少的】，这两个词一般用来形容月亮的渐圆和渐缺；创造 create 字面意思【使增加】，所谓的创造不就是使事物产生或增加的过程么；还有增加 increase【内增】、减少 decrease【负增】、征募 recruit【增加人手】等。拉丁语的 creare '增长' 与希腊语的 kouros '少年' 和其对应的阴性形式 kore '少女' 同源，毕竟年少正是长身体的时候。而 Kore 正是得墨忒耳给心爱的女儿取的名字，汉语音译为科瑞，字面意思为"少女"。当她被冥王抢走并立为冥后以后，她就不再是一位少女了，因此更名为珀耳塞福涅 Persephone。这个名字无疑展现着她的冥后身份，因为这个名字的字面意思为【诛灭一切者】。

4.5.9.5 "时光流逝"后裔 之冥王哈得斯

奥林波斯神族的统治确立后，哈得斯成为了冥界之王，统治着大地之下阴暗的国土，他的臣民是游移在地府中的千千万万个幽魂。没有人知道冥王哈得斯长什么样，只知道他有一只隐身头盔，据说是当年独目巨人出于感激为他打造的。戴上这个头盔就会隐形，谁都无法看到。人们认为冥王是不能被看见的，当一个人看到了冥王，那说明他的死期到了。人们甚至都不敢直呼他的名字，怕这名字一出口真的会将他召唤而来。

哈得斯偷偷地喜欢上了美丽的少女科瑞。一开始的时候，冥王大概想着去表白，向美丽的少女求爱，以讨得她的芳心。但自从那些年轻帅气的青年神祇们的表白——失败了以后，他自知以自己的相貌和年纪去追求这位花儿一般的少女肯定没戏，弄不好还将成为众神中的笑柄。于是一个邪恶的念头在他的心头滋生。有一天少女和女伴们在溪边采花，当她远离同伴，俯身采撷一支美丽的水仙时，冥王驾着马车从大地中一跃而出，以迅雷不及掩耳盗铃之势将姑娘抢走。当时少女的伙伴们都吓傻了，愣愣地呆在原地，还以为自己阳寿已尽，冥王要抓她们下阴间投胎呢。后来丰收女神得墨忒耳追问这些女伴谁拐走了自己的女儿时，她们都因惧怕而不敢说出哈得斯的名字。女神一怒

➤ 图 4-52 A siren

之下，将这些女孩变成了可怕的女妖，从此她们被迫生活在大海深处的一处岛屿上，用美妙的歌声来诱惑经过这个海域的水手。人们将她们称为海妖塞壬 Siren。

　　古希腊人不敢直呼冥王的名字，便将其称为哈得斯 Hades【不可见者】。Hades 一词源自古希腊语中的 Ἀιδης，该词由 a-'否定前缀'与动词 eido '看见'构成，字面意思为【不可见者】。这一点用来描述冥王，无疑再合适不过了。从神话的角度来讲，这种"不可见"也正隐喻着死亡。前缀 a- 表示否定，于是就有了希腊语的 argon '不活跃的'，其由否定前缀 a- 与 ergon '活跃、工作'构成，后来化学家用该词命名了新发现的一种气体，即惰性气体氩气 Argon【不活跃的气体、惰性的气体】。惰性气体的名称由此而来[1]。动词 eido '看见'则衍生出了希腊语的名词'样貌、影像'eidos【所见】，后者经常被用来构成各种表示"……样子的东西，……状之物"的 -eidos，英语转写为 -id。英语中以 -oid 结尾的名词一般来源于此，其中 -o- 为希腊语中的连接符，比如球状物 spheroid 即 spher-o-id【像球一样的物体】。这样的词汇很多，又如：小行星 asteroid【星状体】、假根 rhizoid【像根的】、卵形体 ovoid【卵状物】、类骨质 osteoid【骨类的】、头状花 cephaloid【头状物】、菌类 fungoid【蕈状物】、机器人 android【类人的】、盘状物 discoid【像碟子】、石状物 lithoid【像石头】、齿状物 odontoid【像牙齿】。甲状腺 thyroid 中的"甲状"在西方人看来其实是"门状"，

[1] 氩气 Argon 为最早发现的惰性气体，惰性气体的概念也是源于此，"惰性气体"一名意思即为【不活跃的气体】。既然氩为 Argon，我们可以对比一下氖 Neon【新的惰性气体】，氪 Krypton【隐藏的惰性气体】，氙 Xenon【陌生的惰性气体】，氡 Radon【镭 Radium 衰变后生成的惰性气体】。注意到 -on 本为希腊语中性形容词后缀，因为这些形容词所修饰的"气体"一词为中性名词，故惰性气体都有着 -on 的标志后缀。

这个词由希腊语的 thyra '门' 和 eidos 构成，字面意思是【门状之物】；乙状结肠 sigmoid 的字面意思是【Σ 状物】，Σ 即希腊字母 sigma。

希腊语的 eidos '影像' 还衍生出了英语中：幻象 eidolon【影像】、偶像 idol【幻象】、偶像崇拜 idolatry【偶像的崇拜】、万花筒 kaleidoscope【迷人影像之镜】、想法 idea【观点】、理想的 ideal【合想法的】、理想主义 idealism【理想主义】。

至此，我们对这个词的词源分析才刚刚开始。动词 eido 的不定式为 idein 'to see'，词基为 id-。对比拉丁语表示相同概念的动词 videre 'to see'，后者词基部分为 vid-，我们会轻易发现这二者同源。从希腊语的 id- 到拉丁语的 vid- 刚好经过了一个 "加 v 法则"，这个音位对应我们已经讲过很多次了。拉丁语的 videre 'to see' 衍生出的英语词汇有：视频 video 来自拉丁语，意思是【我看】，对比音频 audio【我听】；证据 evidence 本意是【展示出来看的】；所谓的远见 providence 其实就是【先见之明】；招人不满的 invidious 明显就是让人实在【看不下去了】；参阅 vide 就是【请见】，诸如参见前文 vide ante【见前】、参见后文 vide post【见后】、参见上文 vide supra【见上】、参见下文 vide infra【见下】。动词 videre 的完成分词为 visus，后者衍生出了英语中：视力 vision 即【the seeing】、视觉的 visual【看的】、可见的 visible【能看到的】、不可见的 invisible【不能看到的】、外表 visage【所见到的景象】、预知 previse 就是【提前看到】；拜访 visit【去探望】，拜访的人就是 visitor 或 visitant，探望的抽象名词为 visitation；建议 advise 无疑是【让你看到】事情的真实的一面，或者可能导致的结果；修订 revise 是【重新审阅】了一遍，复习 revision【再看】也是类似的道理；如果没有【先见之明】providence 怎么可能做好准备 provide 呢？所谓的监督 supervise 就是【高高在上看】；而设计 devise 无疑是将想法【落实为可见】而已。拉丁语的 visus 演变出了古法语的 veue，从而有了英语中：风景 view【看见】、预告片 preview【在之前看】、回顾 review【再看】、面试 interview【面对面看】、调查 survey【从上往下看】、嫉妒 envy【心怀不轨地看】。

"见" 和 "知" 有着密不可分的关系，知识本多源于经历，也就是见识；而思考也就是"想"，从汉字结构上似乎可以理解为"心中之相"即"心中所见"。由此看来，在知识的最初阶段，有见才能有知。汉语中"我明白"以见指知，英语中也有相似的道理，叫 I see。事实上，早在古希腊语中，eido 就由'见'的含义引申出'知'的概念了。或许还要追溯得更早一些，古印度的奥义书——四部吠陀书即说明了这一点。在梵语中吠陀 veda 意思是'知'，这个词显然与拉丁语的 videre 同源，本意都表示'见'。印度最古老的婆罗门教就是吠陀思想的代表。顺便提一下，佛祖的护法之一的韦陀也是 Veda，或译"明智"。

拉丁语中的 visus 与英语中的 wise、wisdom、wit 同源，后者都有'知'之意，而目击者 witness 中还残留着'见'的基本概念。在阿耳戈英雄中，有一个名叫伊德蒙 Idmon 的先知，他【无所不知】，虽然在航行之前就预言到自己将死于途中，但他还是毫不犹豫地参加了这次伟大的远航。

冥王哈得斯在希腊神话中有时也被等同为财神普路托斯 Ploutos。后者被罗马人转写成普鲁同 Pluto。Pluto 一名源自希腊语的 ploutos '财富'，后者衍生出了英语中：财阀统治 plutocracy【有钱人统治】、富豪统治 plutarchy【有钱人统治】、拜金主义 plutolatry【财富崇拜】、政治经济学 plutonomy【财富之法则】、豪富妄想 plutomania【对富裕的迷恋】等。冥王星的名字 Pluto 即来自于冥王 Ploutos 的拉丁语名，这一点可以对比来自于海王罗马名的海王星 Neptune、来自宙斯罗马名的木星 Jupiter。

4.5.9.6 "时光流逝"后裔 之灶神赫斯提亚

克洛诺斯与瑞亚所生的六个子女中，赫斯提亚 Hestia 后来成为灶神，她负责掌管每一户家庭的灶火。从出生的角度来看，赫斯提亚是六个孩子中的长女，她也是第一个被父亲生吞进肚子，最后一位被吐出来的孩子。从后一个角度来看，赫斯提亚又成为六个孩子中最小的一位了。因此，她即是大姐又是小妹。赫斯提亚是著名的贞洁三女神之一，她立誓永葆贞洁，并多次拒绝海王波塞冬、太阳神阿波罗等的求爱。在希腊神话中，赫斯提亚应该算是最低调的一位神祇了，她从来不惹是生非，不支持谁也不反对谁，也不和任何神祇闹别扭。相对于宙斯这种风流成性、酷爱强行实施自己意志的神祇，赫斯提亚无疑形成了鲜明的对比。灶神的不作不为也使得关于她的神话传说几乎一片空白，没有任何故事流传下来。之所以如此，或许因为在古希腊人家中，灶火就安置在房屋内。毕竟女神就在你们家，你怎么敢谈论她呢，说神的坏话被神听到了可不是闹着玩的。赫斯提亚对应罗马神话的维斯塔 Vesta。与希腊神话一样，罗马神话里的灶神也没有留下什么著名的传说。

希腊语的 hestia 与拉丁语的 vesta 同源，意思都是'家灶'。

hestia 一词源自动词 hezomai '入座、入住'，后者衍生出了希腊语的 hedos '座位'、hedra '座椅'。希腊语的 hedos '座位'与拉丁语的 sedes '座位'、英语的 seat 同源，sedes 则演变出了拉丁语动词 sedere '就坐'，词基为 sed-，对比英语中的同源词汇 sit。该词还衍生出了英语中：主持 preside【坐在前面】，于是就有了总统 president【主持事情者】；定居 reside【住下来】，而【住下来的人】就是居民 resident 了，同样的道理，英语中的定居 settle 亦与其同源；潜伏 insidious 就是【安坐在那里】，如果你在工作或学习中能够【坐得住】、不躁乱，那你就是一个勤勉 assiduous 者了；还有坐着的 sedentary【安坐的】、沉着的 sedate【坐着的】、持异议者 dissident【分开坐着的人】、取代 supersede【坐于其上】、座谈会 sederunt【大家在那坐着】、沉淀 sediment【沉积下来】、评估 assess【坐在旁边】、巢穴 nest【坐下之地】。希腊语的 hedra '座椅'① 则衍生出了英语中：大教堂 cathedral【座椅的】来自 ecclesia cathedralis '有主教座椅的教会'，因此 cathedral 一般指的是拥有主教职务的教堂；cathedralis 是'座椅'cathedra 的形容词形式，后者则演变出英语中的椅子 chair。

赫斯提亚是著名的三位贞洁女神之一，另两位分别为智慧女神雅典娜和月亮女神阿耳忒弥斯。这三位女神都发誓永葆贞洁，永不委身于任何神灵或者人类。赫斯提亚曾经拒绝了海神波塞冬、太阳神阿波罗等神灵的追求。雅典娜和阿耳忒弥斯更不消说，她们不愿嫁给任何人或神灵，并且不允许任何人触犯自己贞洁的身份。据说雅典娜曾因为美女墨杜萨和海王波塞冬在自己神庙前偷情而勃然大怒，她剥夺了墨杜萨美丽的容颜，并把后者变成了一位无比恐怖的女妖，任何人只

① hedra 意为'座椅'，引申出'底面'的含义，从而有了英语中：四面体 tetrahedron【四个底面】、八面体 octahedron【八个底面】、十二面体 dodecahedron【十二个底面】、多面体 polyhedron【多个底面】。

要看她一眼就会立刻被恐惧攫取灵魂，变成一具没有了生命的石头。阿耳忒弥斯甚至不允许自己的侍女与任何男性有染，这些侍女们都曾经在女主人面前郑重起誓跟随她，永守贞洁。宙斯假装成月亮女神的样子侵犯了阿耳忒弥斯美丽的侍女卡利斯托，女神发现她失去贞洁了之后异常愤怒，将她变成一头母熊并赶出了圣林。作为处女神，雅典娜全名为帕拉斯·雅典娜 Pallas Athena 即'少女雅典娜'，她也经常被称为 Parthenos Athena '处女神雅典娜'，因此也有了著名帕特农神庙 Parthenon Temple【处女神之庙宇】，该庙宇就因供奉雅典娜而得名。阿耳忒弥斯的罗马名为狄安娜 Diana，该名也成为处女的象征，英语中 to be a Diana 就是"永守贞洁"之意。

至此，克洛诺斯和瑞亚所生的六位子女已经分析完毕。这六位子女构成了奥林波斯神族的中坚力量，他们在提坦之战、巨灵之战、堤丰之战等战役中带领第三代神系取得了辉煌的成绩，最终巩固了奥林波斯神族的统治。在巨神族统治结束以后，十二位提坦神让位给十二位奥林波斯主神，这些主神基本由神王宙斯的兄弟姐妹和宙斯的子女们组成。他们分别为：天神宙斯、天后赫拉、海王波塞冬、丰收女神得墨忒耳、灶神赫斯提亚、智慧女神雅典娜、太阳神阿波罗、月亮女神阿耳忒弥斯、战神阿瑞斯、爱神阿佛洛狄忒、火神赫淮斯托斯和信使之神赫耳墨斯。

▶ 图 4-53 The Olympian Gods and Goddesses

后来酒神狄俄倪索斯受到越来越广泛的信仰，他在神界的地位也变得越来越重要。一向低调的灶神赫斯提亚便让出了自己的位置，于是酒神成为了十二主神中的一员。奥林波斯神族的十二位大神最终固定下来。这十二位主神是古代希腊人崇拜的诸神中的主要神祇。这些神祇以宙斯为中心，居住在奥林波斯山上。相对其他神祇来说，他们的地位更为重要，因此被称为奥林波斯十二神。这十二位神祇之重要性毋庸置疑，每一个神都有着难以一一述说的故事，并且对后世的文化艺术都有着深远的影响。

表4-4 希腊罗马神话中的12主神

神职	希腊名	译名	罗马名	译名	对应圣物
天神	Zeus	宙斯	Jupiter	朱庇特	雄鹰、公牛
天后	Hera	赫拉	Juno	朱诺	孔雀
海神	Poseidon	波塞冬	Neptune	涅普顿	马、海豚
丰收女神	Demeter	得墨忒耳	Ceres	刻瑞斯	小麦、谷物
智慧女神	Athena	雅典娜	Minerva	弥涅耳瓦	橄榄树、猫头鹰
太阳神	Apollo	阿波罗	Apollo	阿波罗	天鹅、渡鸦
月亮女神	Artemis	阿耳忒弥斯	Diana	狄安娜	鹿、母熊
战神	Ares	阿瑞斯	Mars	玛尔斯	秃鹫、狼
爱神	Aphrodite	阿佛洛狄忒	Venus	维纳斯	玫瑰、白鸽
火神	Hephaestus	赫淮斯托斯	Vulcan	武尔坎	铁砧、鹌鹑
神使	Hermes	赫耳墨斯	Mercury	墨丘利	龟
酒神	Dionysus	狄俄倪索斯	Bacchus	巴克科斯	葡萄枝、山羊

注意到冥王哈得斯并不在奥林波斯的十二主神之列，因为他在冥界统治，并不经常出席在众神聚集的奥林波斯山上的会议。但虽然冥王未被列入十二主神，其重要性却是不容置疑的，毕竟他统治的国度是每一位凡人最终的归宿。

4.5.10 巨灵之战

提坦之战以后，巨神族的势力开始衰落，巨神族成员及其后代纷纷遭到奥林波斯神族的排挤和清洗。地母该亚眼见自己心爱的孩子们——曾经无比强大的巨神族如今被奥林波斯神族折磨得如此悲惨，心中不禁充满了痛苦。于是，一个复仇计划开始在她的心头滋生。她将癸干忒斯巨人们Gigantes叫到自己面前，这样鼓动他们：孩子们啊，看看你们正在受难的兄弟姐妹们吧，被囚禁在地狱深处的提坦神、环绕在火山口的独目巨人们的亡魂、忍受着世界重负的阿特拉斯、被鹰鹫啄食肝脏的普罗米修斯……你们难道还要忍受更深重的苦难吗！反抗吧，英勇无畏的孩子们！

于是，蛇足巨人们掀起了著名的"巨灵之战"。

伪阿波罗多洛斯[1]在《书库》中讲到，癸干忒斯巨人出生在帕勒涅半岛，他们个个身材巨大，长发长须，大腿之上为人形，以两条

[1] 伪阿波罗多洛斯（Pse-udoApollodorus），重要的古希腊神话文献《书库》的作者。因证实并非阿波罗多洛斯所作，因此作者名被人们称为伪阿波罗多洛斯。

➤ 图 4-54 The battle between Gigantes and Olympian Gods

蛇尾为足，因此也称为蛇足巨人。这些巨人们穿戴闪光盔甲，以火把和巨石为武器。蛇足巨人共 24 位，其中著名的有：阿尔库俄纽斯 Alcyoneus【大力士】、波耳费里翁 Porphyrion【汹涌】、恩刻拉多斯 Enceladus【冲锋号】、埃该翁 Aegaeon【风暴】、阿格里俄斯 Agrius【野蛮人】、托翁 Thoon【飞毛腿】、厄菲阿尔忒斯 Ephialtes【梦魇】、弥玛斯 Mimas【效仿者】、帕拉斯 Pallas【舞枪者】、欧律托斯 Eurytus【泛流者】、克吕提俄斯 Clytius【显赫者】、波吕玻忒斯 Polybotes【饕餮者】、希波吕托斯 Hippolytus【放马者】。其中大力士阿尔库俄纽斯是领头人，汹涌者波耳费里翁为二把手。

女神该亚赐给了他们一种法力，使得他们暂时拥有不死之身，即使是被打成十级伤残，也能很快地恢复过来投入战斗。有一则预言说，世上唯有凡人中最勇猛英雄才能杀死他们。预言还说如果巨人们能找到一株神奇的药草，那这位凡间英雄便也无法奈何他们了。在该亚和巨人们密谋战争时，这个消息被奥林波斯神们所得知。宙斯连忙召集众神，令他们做好战斗的准备。聪明的雅典娜赶在该亚之前找到了这个药草，并根据宙斯的命令，请人间最勇猛的英雄赫剌克勒斯来援助奥林波斯神，加入了这场战争。

大地女神激励蛇足巨人们说：孩子们，是时候推翻奥林波斯神的统治，拯救你们的兄弟姐妹们了。让世界重新恢复巨神族的辉煌统治吧！去吧，战斗吧！阿尔库俄纽斯，你去把宙斯扔下宝座，抢过他的霹雳，将他碎尸万段。波耳费里翁，你去对付赫拉。孩子们，进攻吧，奥林波斯神族的末日就要到了！

巨人们像潮水一般涌向奥林波斯山。山上的众神在奥林波斯十二主神的带领下，已经做好了战斗的准备。宙斯用闪电雷鸣奏响了战争的号角，大地女神就猛烈地撼动着群山给以回击。战争开始了。大力士阿尔库俄纽斯勇猛无比，冲杀在最前面，虽然被宙斯一次次地打倒，但他总会重新站起来投入战斗。汹涌者波耳费里翁 PK 女神赫拉，赫拉压根就不是这位可怕巨人的对手，且战且退，这哥们在战斗时无意间碰掉了赫拉的面纱，不禁被赫拉的美色所动，邪心陡起，想来个先奸后杀，宙斯老远发现这个邪恶的巨人企图猥亵自己老婆，便一个雷霆过去将其击翻在地。战争渐渐进入焦灼化状态，奥林波斯众神施了各种方法，却都未能杀死任何一个对手。这时赫剌克勒斯终于在雅典娜的带领下赶到，给刚刚复活过来的波耳费里翁补了一箭，后者这才灵魂出窍，蹬腿咽气了。最难缠的是蛇足巨人的首领阿尔库俄纽斯，虽然宙斯和赫剌克勒斯联手，多次将其打倒在地，但是一落地他又充满力量地站了起来，就好像从未倒下过一样，而宙斯和赫剌克勒斯却开始有点力不从心了。后来还是聪明的雅典娜识破了其中的蹊跷，让赫剌克勒斯假装败走，且战且逃，引诱巨人跑出其出生地帕勒涅半岛之后，再用毒箭射中了他。巨人忘记了母亲曾经叮嘱他不要离开帕勒涅的劝告，倒地之后就再也没能站起来了。

阿尔库俄纽斯有七个女儿，后来在得知自己的父亲被赫剌克勒斯杀死后，她们悲痛欲绝，纷纷投海而死，死后化作了翠鸟①。

冲锋号手恩刻拉多斯一看老大老二都被灭了，撒腿就跑。雅典娜一路追赶，终于在西西里岛追上了他，她击倒巨人后用埃特纳火山 Mount Etna 将其死死压住。据说，这里经常火山喷发，就是恩刻拉多斯在挣扎的原因。

梦魇巨人厄菲阿尔忒斯想登上奥林波斯山，于是将三座山堆叠在

①注意到阿尔库俄纽斯 Alcyoneus的女儿们化作了翠鸟，而翠鸟在希腊语中称为alcyone，后者演变为了英语中的翠鸟 halcyon。

一起，企图借此登上奥林波斯时，被太阳神阿波罗一箭射中左眼，赫剌克勒斯则一箭射中了他的右眼，巨人从山顶摔了下来，失去了生命。效仿者弥玛斯被火神赫淮斯托斯扔过来的一块炽铁击中身亡。帕拉斯被雅典娜女神击毙，女神剥下他身上的皮，披在自己身上，作为防护[1]。饕餮者波吕玻忒斯见大势已去，逃离战场，海王波塞冬一路追赶，并在科斯岛附近撕开一座小岛，压在了巨人身上，这岛被称为尼西罗斯岛[2]，是一座活火山之岛，因为被埋在岛下面的巨人仍挣扎着想要出来。冥王哈得斯并没有参战，但是他将自己的隐身头盔借与了信使之神赫耳墨斯，赫耳墨斯戴着隐身头盔杀死了放马者希波吕托斯，这位巨人甚至连自己被谁杀死都不知道。三位命运女神用铜杖杀死了野蛮人阿格里俄斯和飞毛腿托翁。风暴巨人埃该翁被月亮女神阿耳忒弥斯一箭射死，显赫者克吕提俄斯被幽灵女神赫卡忒用火烧死，泛流者欧律托斯被酒神狄俄倪索斯用神杖杀死……

巨灵之战结束后，巨神族彻底被奥林波斯神征服，自此以后神界再也没有发生大暴动。奥林波斯神族制定并守护着新的世界法则，再也没有出现如此宏大而可怕的战争。

那么，蛇足巨人的名字 Gigantes 到底暗含着什么样的信息呢？

Gigantes 一词，是希腊语'巨大、巨人'gigas 一词的名词复数形式，因为蛇足巨人不止一位。gigas 衍生出了英语中：庞大的gigantic（对比泰坦尼克号的名字 Titanic）、生物中的巨红细胞为gigantocyte【巨大的细胞】、像姚明这种身材巨大的就叫 gigantosoma【巨大的身躯】；gigantes 还衍生出了英语中的 giant，后者亦用来表示"巨人"之意。希腊语的 gigas 还经常以前缀 giga- 的形态出现在构词中，比如 gigabyte[3]。

与中文的个位、万位、亿位这样的四位命数法不同，西方的命数法是三位的，所以一个数在中文传统中是这样表示的 1 0002 0009，叫做一亿零二万零九，相同的数在英语中则是 100 020 009，为 100 million 20 thousand and 9。英语的进制是三位数的，one、thousand、million、billion、trillion 这样的进制。这些单位一般在数学和物理中有着不同的缩写表示，其中，表示 thousand 概念的简写形式，一般使用来自希腊语的 kilo-（如千克 kilogram、千米 kilometer、千瓦 kilowatt、千焦 kilojoule，这些都是我们常见的物理单位，一般简写为 kg、km、kw、kj）。而百万 million 则是拉丁语的 mille '一千' 的指大词形式，意思是【更大的千位】，即两个千的之积，也就是百万，因此就有了百万富翁 millionaire【百万之人】；表示百万概念的简写形式，一般使用来自希腊语的 mega-（比如百万字节 megabyte、百万吨 megaton、百万像素 megapixel、百万瓦 megawatt，当然，我们比较习惯将这个百万译为"兆"）。更大一级的进位为 billion，由 bis[①] '两次' 和 million 构成，两次百万乘积，即 10^{12}，一般也在较小的尺度下表示十亿（10^{9}）的概念；表示十亿概念的缩写形式，一般使用 giga-，相比下来，这的确是个巨大的数字（如十亿字节 gigabyte、十亿吨 gigaton）。当然，除此之外还有 trillion【百万的三次乘积】[②] 即 10^{18}、quadrillion【百万的四次乘积】[③] 即 10^{24} 等，现在也分别在较小尺度下表示 10^{12}、10^{15} 之数量，不过这些数字实在太大，日常几乎都用不到的。

关于希腊语 gigas '巨大' 的词源，有一个说法是源于大地女神该亚 Gaia，毕竟该亚所生的后代都有着巨大的身躯，诸如提坦神族、百臂巨人族、独目巨人族、蛇足巨人族等。该亚的名字 Gaia 一词源自希腊语的 ge '大地'，其衍生出了英语中：地理 geography【对大地的描绘】、地质学 geology【研究大地的一门学问】、几何学 geometry【土地丈量的学问】；月亮绕地球运行，离地球最近的点叫近地点 perigee，离地球最远的点叫远地点 apogee；地栖生物叫 geobiont【大地生命】，地面植物为 geobion【大地生命】、地下结果实叫做 geocarpy【地里的果子】；风水被称作 geomancy【大地预测】，不过这个词貌似很贬义；拜土地公公这种现象就叫 geolatry【大地崇拜】，而土地神被称为 gnome【地居者】。在地里干活的人就是 george【在地里干活】，乔治 George 这个名字的本意就是【在地里干活的人，农夫】。当然，"农夫"们很久以前就不种地了，有的当上了大将军，比如美国国父乔治·华盛顿 George Washington；有的当上了总统，比如乔治·布什 George W Bush；有的成为了音乐家，比如乔治·温斯顿 George

① 对比自行车 bicycle【两个轮子】，二头肌 biceps【两个头】。

② 对比三轮车 tricycle【三个轮子】、三头肌 triceps【三个头】、三角形 triangle【三个角】。

③ 对比四边形 quadrangle【四个角】、一刻钟 quarter【四分之一小时】。

Winston；还有的成为了明星，比如乔治·克鲁尼 George Clooney。这世界的已经发生了翻天覆地的变化，史密斯 Smith【铁匠】不打铁了，卡彭特 Carpenter【车工】不修车了，撒切尔 Thatcher【修房工】也不盖房子了。唉，真是白云苍狗，绿肥红瘦啊。

该亚为大地女神，也是大地的化身。于是地理学中最古老的原始大陆被称为【泛大陆】Pangaea，中文译为盘古大陆。当盘古大陆经过分裂和板块漂移以后，这早期陆地主要分为四个区域，分别是古界 Paleogaea【古大地】、新界 Neogaea【新大地】、北界 Arctogaea【北大地】、南界 Notogaea【南大地】，其中，后三个陆界为最早产生动物的三大地理区。另外，也有学者将早期陆地分为原界 Eogaea【古初大地】和新界 Caenogaea【新大地】两块。

4.5.11　土星的神话体系

我们已经知道，地母该亚和天神乌剌诺斯不断结合，第一批生下了十二位提坦神，第二次结合又生下了三位独目巨人，第三次结合生下了三位百臂巨人。乌剌诺斯在第一次尝到了甜头之后，对性产生了极大的乐趣。他夜夜都来到大地女神的床笫与其交合。大地女神对这个只知道性交的暴虐丈夫极为不满，便怂恿自己的孩子们反对这个暴君。提坦神中最小的一位克洛诺斯勇敢地接受了这一项任务，在一个夜幕降临时分将父王阉割，从天王乌剌诺斯阳具上落出的精血落在大地上，使得大地女神再次受孕，从而又生下了十多位蛇足巨人。

土星因提坦神族之主神克洛诺斯命名，该星的名字 Saturn 即克洛诺斯对应的罗马名。目前已经发现的土星卫星有 61 颗，其中正式命名的有 53 颗。这 53 颗命名卫星中，有 23 颗以古希腊神话人物命名，20 颗以北欧神话人物命名，5 颗以因纽特神话命名，剩下 5 颗以罗马神话（1 颗）、高卢神话（4 颗）命名。

土星的 23 颗以希腊神话人物命名的卫星中，用提坦神命名的有：

土卫三 *海洋女神忒堤斯 Tethys*
土卫五 *流逝女神瑞亚 Rhea*

土卫七 高空之神许珀里翁 Hyperion

土卫八 冲击之神伊阿珀托斯 Iapetus

土卫九 光明女神福柏 Phoebe

应该说由十二位提坦神组成的六组提坦世家里面，除了一向很"给力"的克瑞俄斯与女海神欧律比亚家庭没有派代表为首领克洛诺斯（即土星之神）执勤以外，其他家庭皆委派一些成员保卫首领（从汉语的意思来看，卫星不就是保卫行星的星么）。看来克瑞俄斯一家不但给力也很牛，连老大都不给面子。土卫六 Titan 大概也应该算到提坦神里，因为他是单数概念的提坦神，也可以指任何一位提坦巨神。

以提坦神族的后裔命名的卫星有也有不少，其中有来自大洋之神俄刻阿诺斯家庭的三位大洋仙女和来自冲击之神伊阿珀托斯家庭的三个儿子和一个儿媳。其中，来自于"大洋之家"，即俄刻阿诺斯与忒堤斯的女儿有：

土卫四 大洋仙女狄俄涅 Dione

土卫十三 大洋仙女忒勒斯托 Telesto

土卫十四 大洋仙女卡吕普索 Calypso

来自于冲击之神伊阿珀托斯家庭，即伊阿珀托斯与克吕墨涅的儿子和儿媳有：

土卫十一 厄庇米修斯 Epimetheus

土卫十五 阿特拉斯 Atlas

土卫十六 普罗米修斯 Prometheus

土卫十七 潘多拉 Pandora

蛇足巨人癸干忒斯家族中，也有三位成员被用来命名土卫，他们分别是：

土卫一 效仿者弥玛斯 Mimas

土卫二 冲锋号恩刻拉多斯 Enceladus

土卫五十三 风暴巨人埃该翁 Aegaeon

蛇足巨人之一的阿尔库俄纽斯在巨灵之战中被赫刺克勒斯杀死后，他的七个女儿纷纷投海自尽，后来变成了一群翠鸟。七姐妹中有三位被用来命名土卫：

土卫三十二 仙女墨托涅 Methone

土卫三十三 仙女帕勒涅 Pallene

土卫四十九 仙女安忒 Anthe

除此之外，还有一些与克洛诺斯关系相对疏远的：

土卫十二 Helene，美女海伦，克洛诺斯之孙女

土卫三十四 Polydeuces，海伦之兄，克洛诺斯之孙

当然，这样说似乎有些牵强了，我们或许能在一些卫星上找到更多的信息。克洛诺斯的另外两个后代：

土卫十八 牧神潘 Pan

土卫三十五 达佛尼斯 Daphnis

之所以如此命名这两个卫星，主要是因为一个现象，在类似于土星这种有光环的行星上，一些比较大的卫星通过其重力场"看管住"行星的光环，就好像牧人看管住羊群一样，这种卫星被称为 shepherd moon，可以意译为"牧羊人卫星"[1]。土卫十八和土卫三十五都属于这类牧羊人卫星，因此以两位牧者的名字命名。

至此，23 位希腊神话人物命名的土卫全部分析完毕。其余的 30 颗卫星中，轨道倾角在 90°～180°的逆行卫星被命名为北欧群，这个群里的 21 颗卫星除了早期发现的土卫九外，其余 20 颗都以北欧神话中的神命名；轨道倾角在 36°左右的顺行卫星被命名为高卢群，共 4 颗卫星，皆以高卢古神话故事人物命名；轨道倾角在 48°左右的顺行卫星归为因纽特群，共 5 颗卫星，都以因纽特神话传说命名。

因为土星之神克洛诺斯属于提坦神族，为希腊神话中的巨神族，土星的卫星都以传说中的巨神或巨人命名，或者与之密切相关的人物。

[1] 新世纪音乐天后恩雅的专辑 *Shepherd Moons* 说的就是这类卫星，中文一般译为《牧羊人之月》。从意境的层面上，这样的翻译很到位，不过从含义上看，似乎有些偏颇了。

北欧群 Norse group

北欧群中以北欧神话中的巨神命名的土卫有 20 位，他们是北欧神话中霜巨人族中的各位成员。

土卫十九 太初巨人伊密尔 Ymir

土卫二十三 灵酒巨人苏特顿 Suttungr

土卫二十五 巨人蒙迪尔法利 Mundilfari

土卫二十七 雪猎女神斯卡蒂 Skathi

土卫三十 风巨人索列姆 Thymr

土卫三十一 巨人那维 Narvi

土卫三十六 海巨人埃吉尔 Aegir

土卫三十八 霜巨人勃尔格尔密尔 Bergelmir

土卫三十九 女巨人贝丝特拉 Bestla

土卫四十 闪电巨人法布提 Farbauti

土卫四十二 始源巨人佛恩尤特 Fornjot

土卫四十四 火烟女巨人希尔罗金 Hyrrokkin

土卫四十五 空气巨人卡利 Kari

土卫四十六 火巨人洛格 Loge

土卫四十八 焚世巨人苏尔特尔 Surtur

土卫五十 铁刀女巨人雅恩莎撒 Jarnsaxa

土卫五十一 女巨人格蕾普 Greip

另外，传说中的邪恶巨狼 Fenrir，以及巨狼所生的两只恶狼 Hati 和 Skoll 也被用来命名土卫。

土卫四十一 巨狼芬利尔 Fenrir

土卫四十三 逐月恶狼哈梯 Hati

土卫四十七 逐日恶狼斯库尔 Skoll

因纽特群 Inuit group

土星卫星由因纽特神话命名的卫星有 5 颗，这些人物都是因纽特神话中的巨神。

土卫二十 巨神帕利阿克 Paaliaq

土卫二十二 变形怪伊耶拉克 Ijiraq

土卫二十四 巨神基维尤克 Kiviuq

土卫二十九 巨神西阿尔那克 Siarnaq

土卫五十二 月神塔尔科克 Tarqeq

高卢群 Gallic group

土星卫星由因高卢神话命名的卫星有 4 颗，这些人物都是神话中的巨神。

土卫二十一 牛神塔沃斯 Tarvos

土卫二十六 世界之王阿尔比俄里克斯 Albiorix

土卫二十八 巨神厄里阿波 Erriapus

土卫三十七 美女巨人贝芬 Bebhionn

4.6　天王星 莎士比亚纪念馆

①威廉·赫歇尔（William Herschel, 1738—1822），英国天文学家，英国皇家天文学会第一任会长。恒星天文学的创始人，被誉为恒星天文学之父。天王星的发现者。

②乔治三世（George III, 1738–1820），英国及爱尔兰的国王，英国汉诺威王朝的第三任君主。

③约翰·波德（Johann Elert Bode, 1747–1826），德国天文学家。他最早计算出天王星的轨道，并使用天神乌剌诺斯的名字Uranus命名天王星。

天王星 Uranus 以希腊神话中的天神乌剌诺斯命名。这颗星与之前的五颗行星（水星 Mercury、金星 Venus、火星 Mars、木星 Jupiter、土星 Saturn）不同，水星、金星、火星、木星、土星五大行星远在古代就为人们所熟知，而天王星是到了近代才发现的。它的发现者是英国天文学家威廉·赫歇尔①爵士。1781 年，威廉·赫歇尔为表示对国王乔治三世②的尊敬，将该星命名为 George Sidus【乔治之星】，此举遭到了一向以希腊罗马神话命名星体的欧洲天文学界的强烈反对，德国天文学家约翰·波德③提议将其以希腊神话中的天神乌剌诺斯命名为 Uranus，后被学界采用。为此，它的发现者赫歇尔爵士大为光火，并再次将自己发现的天王星卫星以威廉·莎士比亚戏剧中的人物命名，于是开创了以莎翁戏剧人物命名天王星卫星的传统。直到现在，已知的天王星 27 颗卫星中，有 25 颗以莎翁作品中的人物命名。另外还有两颗卫星，则以与莎翁同时代的著名诗人亚力山大·蒲伯之作品《夺发记》中的人物命名。

➤ 图 4-55　Uranus

为了叙述上的简洁，先将所涉及的作品原名与译名对应如下：

As You Like It《皆大欢喜》

A Midsummer Night's Dream《仲夏夜之梦》

Hamlet《哈姆雷特》

King Lear《李尔王》

Romeo and Juliet《罗密欧与朱丽叶》

Much Ado About Nothing《无事生非》

Othello《奥赛罗》

Timon of Athens《雅典的泰门》

The Tempest《暴风雨》

The Merchant of Venice《威尼斯商人》

Taming of the Shrew《驯悍记》

The Winter's Tale《冬天的故事》

Troilus and Cressida《特洛亚罗斯与克瑞西达》

The Rape of the Lock《夺发记》

天卫一 Ariel

《暴风雨》中的精灵爱丽儿 Ariel，为普洛斯帕罗之奴仆。

天卫二 Umbriel

《夺发记》恶毒精灵乌姆伯里厄尔 Umbriel。

天卫三 Titania

《仲夏夜之梦》中的精灵王后泰坦尼娅 Titania。

天卫四 Oberon

《仲夏夜之梦》中的精灵之王奥伯龙 Oberon。

天卫五 Miranda

《暴风雨》前米兰公爵普洛斯帕罗之女米兰达 Miranda。

天卫六 Cordelia

《李尔王》李尔王的小女儿考狄莉娅 Cordelia。

天卫七 Ophelia

《哈姆莱特》中大臣波洛涅斯之女奥菲利娅 Ophelia，哈姆雷特的

➤ 图 4-56　Romeo and Juliet

爱恋对象，后来他意识到自己对奥菲利娅不是真正的爱情。奥菲利娅在森林中的小河不慎溺水而亡。

天卫八 Bianca

《驯悍记》温顺美丽的富家少女比安卡 Bianca。

天卫九 Cressida

《特洛亚罗斯与克瑞西达》轻浮的少女克瑞西达 Cressida。

天卫十 Desdemona

《奥塞罗》奥赛罗将军之妻黛丝德蒙娜 Desdemona。

天卫十一 Juliet

《罗密欧与朱丽叶》中的少女朱丽叶 Juliet。

天卫十二 Portia

《威尼斯商人》富商安东尼奥美丽聪明的妻子波西亚 Portia。

天卫十三 Rosalind

《皆大欢喜》被篡位的大公爵之女罗瑟琳 Rosalind。

天卫十四 Belinda

《夺发记》拥有迷人金发的女主角贝琳达 Belinda。

天卫十五 Puck

《仲夏夜之梦》精灵迫克 Puck，奥伯龙之仆人。

天卫十六 Caliban

《暴风雨》被普洛斯彼罗所役使的仆人凯列班 Caliban。

天卫十七 Sycorax

《暴风雨》女巫西考拉克斯 Sycorax，凯列班之母。

天卫十八 Prospero

《暴风雨》被流放的米兰公爵普洛斯帕罗 Prospero。

天卫十九 Setebos

《暴风雨》女巫西考拉克斯信奉之神明塞特波斯 Setebos。

天卫二十 Stephano

《暴风雨》那不勒斯王之膳夫斯丹法诺 Stephano，爱酗酒。

天卫二十一 Trinculo

《暴风雨》那不勒斯王之弄臣特林鸠罗 Trinculo。

天卫二十二 Francisco

《暴风雨》那不勒斯大臣弗兰西斯科 Francisco。

天卫二十三 Margaret

《无事生非》希罗的女侍从玛格莱特 Margaret。

天卫二十四 Ferdinand

《暴风雨》那不勒斯王子腓迪南 Ferdinand，与米兰达相恋。

天卫二十五 Perdita

《冬天的故事》被国王抛弃的西西里公主潘狄塔 Perdita。

天卫二十六 Mab

《罗密欧与朱丽叶》中提到精灵女王玛布 Mab。

天卫二十七 Cupid

《雅典的泰门》中的爱神丘比特 Cupid。

4.6.1　被遗忘的远古神

天王星的名字 Uranus 来自神话中的天神乌剌诺斯，uranus 一词意思也为【天空】。我们已经知道，整个第二代神系里的提坦神族、独目巨人族、百臂巨人族、蛇足巨人族等都是天神乌剌诺斯的后裔。那么，天神乌剌诺斯又是如何出生，有着什么样的家世呢？

根据《神谱》记载，天神乌剌诺斯是大地女神该亚的长子，女神在未经交欢的情况下，独自生育出了天神乌剌诺斯 Uranus。之后女神还生下了丛山之神乌瑞亚 Ourea 和远古海神蓬托斯 Pontos。赫西俄德这样讲道：

> 大地女神最先孕育出与她一样大的
> 繁星无数的天神，他整个儿罩住大地，
> 是极乐神们永远牢靠的居所。
> 大地又生下高耸的丛山乌瑞亚，
> 那是山居的宁芙仙子们喜爱的栖处。
> 她又生下荒芜而怒涛不尽的大海
> 蓬托斯，她未经交欢生下这些后代。

——赫西俄德《神谱》126-132

天神乌剌诺斯为大地女神的长子，他建立了神界的最初统治。他带领山神乌瑞亚、海神蓬托斯以及同时代的神祇一起统治着世间万物。我们可以将这一代神称为远古神祇。远古神祇是最早建立世间统治的神明，因此这个时代的神祇被认为构成了第一代神系。这一代神系的主要神明有：天神乌剌诺斯 Uranus、群山之神乌瑞亚 Ourea、远古海神蓬托斯 Pontos、天光之神埃忒耳 Aether、白昼女神赫墨拉 Hemera，五位老海神即象征"海之友善"的涅柔斯 Nereus、象征"海之奇观"的陶玛斯 Thaumas、象征"海之愤怒"的福耳库斯 Phorcys、象征"海之危险"的刻托 Ceto、象征"海之力量"的欧律比亚 Eurybia 以及创世五神即地母该亚 Gaia、地狱深渊之神塔耳塔洛斯 Tartarus、爱欲之神厄洛斯 Eros、昏暗之神厄瑞玻斯 Erebus、黑夜女神倪克斯 Nyx。

天神 Uranus

天神乌剌诺斯是大地女神该亚的长子，天空与大地一样巨大无边。每到夜里，天神就来到大地女神的床笫，与之结合，并生育出了后来十二提坦神、独目三巨人、百臂三巨人、蛇足巨人族。

早期的神多是自然力或者自然元素的象征，因此，神名往往即其神职，比如海神蓬托斯的名字 pontos 一词意思即'大海'、群山之神乌瑞亚的名字 ourea 一词意思即'群山'，还有我们之前讲过的太阳神赫利俄斯 helios '太阳'、月亮女神塞勒涅 selene '月亮'、黎明女神厄俄斯 eos '黎明'等。同样的，天神的名字 Uranus 一词意为'天空'，于是就有了：缪斯女神中的天文女神 Urania【天文】、陨石 uranolite【天上飞来的石头】、天体学 uranology【关于天体的研究】、天象图学 uranography【天图的描绘】、天体观察 uranoscopy【天空观察】、铀 uranium【天王星元素】。[①]

一些学者认为，'天空'之所以称为 uranus，因为它带来降雨，该词源自古老的印欧语词根 *ur- '降水'。天空的降水和人的撒尿有异曲同工之处，因此拉丁语中 urina 就有了'尿'之意，后者衍生出了英语中：小便 urine【降水的、排泄水的】、尿道 urethra【排尿器官】、小便池 urinal【排尿的】、尿素 urea【尿】、尿毒症 uremia【尿血症】、

① 化学元素铀 Uranium 命名于1789年，为了纪念当时被命名为天王星 Uranus 的行星。对比镎 Neptunium，1940年为了纪念新发现的行星海王星 Neptune 而命名。钚 Plutonium，1942年为了纪念新发现的行星冥王星 Pluto 而命名。

无尿 anuria【无尿症】、尿过少 oliguria【少尿症】、尿酸 uric acid【尿之酸】、利尿剂 diuretic【通尿的】、蛋白尿 proteinuria【蛋白尿症】、验尿 urinalysis【尿分析】、脓尿 pyuria【尿脓】、排尿 urinate【尿】、输尿管 ureter【排尿物】、遗尿 enuresis【尿出】。

群山之神 Ourea

乌瑞亚被认为是群山之神，其名 Ourea 为希腊语 ouros'山'的复数形式，因此乌瑞亚代表着群山。还有一种说法认为，乌瑞亚并不只是一位神祇，而是由数位不同的山神组成的总名称，包括奥林波斯山 Olympos、赫利孔山 Helicon、帕耳那索斯山 Parnassus、埃特纳山 Aitna、阿托斯山 Athos、喀泰戎山 Kithairon、倪萨山 Nysa、伊达山 Ida 等。

人们认为，每座山上都寓居着很多美丽动人的宁芙仙子 Nymph。俄耳甫斯教祷歌中有一首专门献给她们：

宁芙仙子，如此灵巧，露水为衣，步态轻盈，
溪谷与花丛里你们若隐若现，
高山上你们和潘共舞欢呼，
岩石边你们奔跑呢喃，山里的流浪女仙哦！
野生少女，泉水与山林的精灵，
芬芳的白衣处女，清鲜如细风

——《俄耳甫斯教祷歌》篇51 6-11

➤ 图 4-57 Nymphs and Satyr

比较著名的有喀泰戎山上的宁芙仙子厄科 Echo，她爱上了一个自恋的美男子那耳喀索斯 Narcissus，少年陷于对自己俊俏样貌的爱恋，对仙女置若罔闻；后来厄科在失意中因冒犯赫拉而被其变为只会复述别人话的回声，英语中的 echo 即由此而来。还有伊达山上的北极仙女 Cynosura 和柳树仙女 Helike，姐妹两个曾经在宙斯年幼的时候哺育过他，为了表示感谢，宙斯将北极仙女的形象置于小熊星座中，英语中的北极星 Cynosure 即来自于此；柳树仙女的名字 Helike 被用来命名木星的一颗卫星，即木卫四十五。

希腊语的 ouros'山'衍生出了英语中的：造山运动 orogeny 字面

意为【山的形成】、山志学 orography【山的描绘】、山理学 orology【关于山的研究】、山岳高度计 orometer【山上用的仪表】；草本植物"牛至"因为多生于山上而被称为 oregano【生长于山】。山岳仙女被称为 Oreads【山岳的后裔】；阿伽门农的小儿子俄瑞斯忒斯 Orestes 名字意为【山居者】，阿伽门农的妻子及其奸夫设计杀死了丈夫，俄瑞斯忒斯后来替父报仇，亲手将母亲杀死；猎户俄里翁 Orion 是一个居住【在山里】的猎人，他的帅气使得月亮与狩猎女神阿耳忒弥斯为之倾倒，一直誓守贞洁的妹妹开始谈恋爱了，她的哥哥阿波罗很担心，后果很严重，哥哥借妹妹之手将俄里翁杀死，后来俄里翁的形象被置于夜空，成为了我们所熟知的猎户座 Orion。

远古海神 Pontos

蓬托斯是最早的海神，他是海洋的化身，Pontos 即'大海'。达达尼尔海峡也被称为 Hellespont【赫勒之海】，传说这个叫赫勒 Helle 的小姑娘骑着金毛羊飞过大海时，因眩晕坠海而死。这只羊后来成为了白羊座 Aries，并由此开启了著名的阿耳戈号取金羊毛的故事。后来君士坦丁大帝又将该海命名为 Diospontus【宙斯之海】。而黑海在古代就被称为 Pontos Euxeinos'好客的海'，这也是如今黑海经常被人们称为 Euxine 或 euxine sea 的原因。

远古海神和大地女神结合，生下了五位后辈海神，他们分别是：象征"海之友善"的涅柔斯 Nereus、象征"海之奇观"的陶玛斯 Thaumas、象征"海之愤怒"的福耳库斯 Phorcys、象征"海之危险"的刻托 Ceto、象征"海之力量"的欧律比亚 Eurybia。

女海神欧律比亚嫁给了提坦神中的力量之神克瑞俄斯，并为他生下了一个"给力家族"，我们已在《提坦神族 之给力》中讲过，不再赘述。其他四位后辈海神也繁衍出众多的后代，涅柔斯生下了五十位海中仙女，福耳库斯和刻托结合生下了众多可怕的怪兽，陶玛斯生下了彩虹女神、怪鸟哈耳皮埃等一群飞行迅疾的后裔。

在以天神乌剌诺斯为首的第一代神系中，一共有十五位主神，其中有六位是海洋神祇，这似乎告诉我们海洋在古希腊文化中重要的根基地位。事实上，对于古希腊人来说，潮湿的海水要比贫瘠的土地更有魅力。与中国这种相对封建保守的内陆文明相比，古希腊提供了一个开放的、富于冒险精神的海洋文明，并影响和塑造了整个欧洲的文化性格。

4.6.2　创世五神

在希腊神话中，天神乌剌诺斯、山神乌瑞亚、海神蓬托斯都由大地女神所生，而大地女神则生自太初的混沌卡俄斯 Chaos。从太初的混沌之中还生出了地狱深渊之神塔耳塔洛斯 Tartarus、爱欲之神厄洛斯 Eros、昏暗之神厄瑞玻斯 Erebus 和黑夜女神倪克斯 Nyx。这些神灵都从太初的混沌中诞生，并且都是各种自然现象的化身神，因此他们的名字同时也正是事物本身的名称。该亚 Gaia 既代表大地也是大地女神的名字、塔耳塔洛斯 Tartarus 既代表地狱深渊也是地狱深渊之神的名字、厄洛斯 Eros 既代表爱恋也是爱欲之神的名字、倪克斯 Nyx 既代表黑夜也是黑夜女神的名字。

> 最早出生的是卡俄斯，接着便是
> 幅员辽阔的大地该亚，永生者牢靠的根基
> ——永生者们住在积雪的奥林波斯山顶。
> 道路宽敞的大地之下幽暗的塔耳塔洛斯，
> 还有厄洛斯，永生神中数他最美，
> 他使全身酥软，让所有神和人
> 思谋和才智尽失在心怀深处。
> 厄瑞玻斯和倪克斯从卡俄斯中出生。
>
> ——赫西俄德《神谱》116-123[1]

从太初混沌中诞生的这五位神祇是创世之初的五位神灵，世间所有神灵都是他们的后代。这些远古神灵在创世之初就开始出现，他们一共有五位，我们不妨称之为"创世五神"。

太初混沌 Chaos

太初，世界尚未形成，一切都出于混沌无序之中，这片混沌被称作卡俄斯。这是一片广阔无垠的虚空，不包含任何事物，也不包含秩

[1] 关于这段诗文，还有一种解释认为混沌之神、大地女神、地狱深渊之神是最初的三位神灵。而只有黑夜女神倪克斯和黄昏之神厄瑞玻斯才是从混沌中生出的。

序。很久以后，从混沌中诞生了陆地，她同时也是大地女神。大地为万物的出现和存在提供了必要的平台。在大地之下出现了无底的地狱深渊塔耳塔洛斯，他是一个无形的深渊，位于世界的最底端，地狱深渊阴森恐怖，很多的怪物、恶魔等后来都被关在了这里。接着从混沌中产生了爱欲和繁殖之化身的厄洛斯，他促使事物相爱繁殖，世间万物因此繁衍并生生不息。在他诞生之前世上只有孤雌繁殖，比如该亚独自生下的三个孩子。混沌中还产生了昏暗与无尽的黑夜。

太初混沌卡俄斯的名字 Chaos 一词意为'混沌'，这个词衍生出了英语中：混乱 chaos【无序】、混沌的 chaotic【无序的】、裂缝 chasm【空无】。十七世纪初，比利时化学家海尔蒙特[1]发现一种与空气不同的气体，可以用作燃料，便借用古希腊词 chaos 构造出 gas 一词，因此也有了英语中的燃气 gas。

① 海尔蒙特（J.B.von Helmont，1580－1644），比利时化学家，生物学家，医生。

大地女神 Gaia

大地在混沌中形成，并为创生的世界提供平台。大地女神生下了众神，亦滋养着世间万物。她独自生下了天空之神、山神、海神，并且和天神结合生下了巨神族，包括提坦神族、独目三巨人、百臂三巨人、蛇足巨人等，提坦神族则孕育出了奥林波斯神族和第三代神系的众多其他神灵。大地女神和海神结合生下了五位后辈海神，这五位后辈海神繁衍出了各种各样的次神和怪物。

地狱深渊 Tartarus

早期古希腊人认为，世界由三个层次构成，人类所居住的大地位于第二层，在这之上的穹顶处覆盖着天空，大地与海洋同为一层，并且大地漂浮于海洋之上，而大地和海洋之下，则是无底的地狱深渊塔耳塔洛斯。据说当一个铜砧从天空中坠落，需要九天九夜才能到达地面，而从大地上落进塔耳塔洛斯中也同样需要九天九夜。这说明塔耳塔洛斯非常之深，几乎是无底之深渊。后来大地之下被统称为冥界，而塔耳塔洛斯则成为了冥界的最底层。这里关押着战败的提坦诸神以及一些犯下滔天罪恶的世人，比如在陡峭的高山上无止境推动巨石的西绪福斯 Sisyphus，永无休止地忍受三重折磨的坦塔罗斯 Tantalus，被绑在一只永远燃烧和转动的轮子上的伊克西翁 Ixion……

该亚与地狱深渊之神结合，生下了怪物堤丰 Typhon。堤丰是神话中最恐怖的怪物之一，他与半人半蛇的女妖结合，生下了地狱看门犬刻耳柏洛斯 Cerberus、九头水蛇许德拉 Hydra、怪物喀迈拉 Chimera 等诸多怪兽。

堤丰曾经偷袭奥林波斯众神，众神在毫无防备的情况下纷纷溃逃，溃逃时爱神阿佛洛狄忒与其子小爱神很默契地变成一对鱼儿跳入水中，后来这个形象变成了夜空中的双鱼座 Pisces；而牧神潘急急忙忙想变成一只鱼，结果上身还没有脱离羊的形象时就跳入水中，后来被众神传为笑料，这个形象也成为了夜空中的摩羯座 Capricornus。

爱欲之神 Eros

在爱欲之神厄洛斯出生之前，神祇都是通过孤雌繁殖来创生后代的。后来厄洛斯出生，在他的催动下，万物因爱交合，生出了众多的后代。这些后代神灵们又因爱结合，便有了世间众多的神灵和次神。

厄洛斯是性和爱欲的象征。他的名字 Eros（属格 erotos，词基 erot-）衍生出了英语中：情色 erotic 是【关于爱欲的】，情色作品则为 erotica，色欲则是 erotism；唤起情欲的 erogenous【产生性欲的】，而性欲发作就是 erotogenesis。还有性爱学 erotology【关于性的学问】、色情狂 erotomania【性爱狂热】、性恐怖 erotophobia【性畏惧】。

昏暗之神 Erebus

厄瑞玻斯为昏暗之神，他和黑夜女神倪克斯结合，生下了天光之神埃忒耳 Aether 和白昼女神赫墨拉 Hemera。昏暗之神和黑夜之神生下了白昼女神和天光之神，似乎在暗示着一个普遍的自然现象，即光明生于黑暗，白昼自黑夜中诞生。这两位神子亦成为了第一代神系的主要神明，是天神乌剌诺斯的主要幕僚。

希腊语的 Erebus 意为'昏暗'，这似乎是一个外来词汇，可能来自闪米特中的 ereb'黄昏'。闪米特人认为，一天开始于黄昏。黄昏之后就是夜晚，夜晚之后诞生了白昼，天光照耀着大地。这似乎是对神话中"昏暗之神与黑夜女神生下白昼女神和天光之神"最合理的解说了。

黑夜女神 Nyx

倪克斯为黑夜女神，同时也代表着无尽的黑夜。在爱欲的驱使下，她和昏暗之神结合，生下了白昼女神和天光之神。除此之外，黑夜女神还独自受孕，繁衍出如漆黑夜晚般的诸类可怕神灵。他们代表着人间的各种悲苦不幸，就如同可怕的黑夜一样，带给人们无尽的恐怖和灾难。

➤ 图 4-58　Nyx

黑夜女神生下了厄运神、黑色的毁灭神

和死神，她还生下了睡神和梦呓神族，

接着又生下了诽谤神、痛苦的苦难神，

黑暗的夜神未经交合生下他们。

还有赫斯珀里得斯姐妹，在显赫大洋的彼岸

看守美丽的金苹果和苹果树林。

她还生下命运女神和冷酷无情的死亡女神。

她们追踪神们和人类犯下的罪恶。

这些女神绝不会停息可怕的愤怒，

直到有罪者受到应得的严酷处罚。

她还生下报应神，那有死凡人的祸星，

可怕的夜神啊，还有欺骗女神、淫乱神

要命的衰老神和固执的不和女神。

——赫西俄德《神谱》211-225

黑夜女神的名字 Nyx（属格 nyctos，词基 nyct-）一词意为'黑夜'。相传莱斯博斯岛的一位国王奸污了自己的女儿倪克提墨涅 Nyctimene【夜之魅力】，后者逃进森林之中，雅典娜同情她的遭遇并将她变成了猫头鹰，现代动物学中却阴差阳错地用 nyctimene 指代一种被称为东印度果蝠的蝙蝠。nyx'黑夜'一词还衍生出了英语中：夜盲症 nyctalopia 为【夜晚盲目之症状】、夜尿症 nycturia 为【夜晚撒尿病症】、黑夜恐怖 nyctophobia【害怕黑夜】、夜花属 Nyctanthes【夜晚之花】、貉属 Nyctereutes【夜里狩猎者】、夜鹭属 nycticorax【夜间的乌鸦】等。

4.6.3 海神世家

大地女神该亚和远古海神蓬托斯结合，生下了五个孩子，他们分别是：海中老人涅柔斯 Nereus、众怪之父福耳库斯 Phorcys、众怪之母刻托 Ceto、老辈的海神陶玛斯 Thaumas 和女海神欧律比亚 Eurybia。这五位海神与其父蓬托斯一起，成为第一代神系统治的中坚力量，统治着世界和早期的众神。海神家族在第一代神系中占三分之一以上的主神席位，由此可见其势力之大。关于这个家族，赫西俄德说：

> 蓬托斯生下了涅柔斯，诚实有信，
>
> 在所有的孩子中最年长。人称"老者"，
>
> 因为他可靠又善良，从不忘
>
> 正义法则，只想公正善良的事。
>
> 他和该亚相爱还生下高大的陶玛斯、
>
> 勇猛的福耳库斯、美颜的刻托，
>
> 还有心硬如石的欧律比亚。

——赫西俄德《神谱》233-239

海中老人 Nereus

涅柔斯是远古海神蓬托斯的长子，因为是非常老的神灵，故被称为"海中老人"。人们认为，白色的浪花就是他苍白的发须。海中老人通晓一切事物，并且有着很强的预言能力，另外，他还如同所有海神一样可以变身为各种形状。当大英雄赫剌克勒斯受命寻找金苹果时，曾经费了很大力气将他捉住，并从他那里询问到了关于金苹果园的位置信息。涅柔斯娶大洋仙女多里斯 Doris 为妻，生下了 50 位美丽的海中仙女 Nereids，这些仙女个个可爱迷人，无忧无虑地生活在地中海里。这 50 位女儿中，比较出名的有：

仙女忒提斯 Thetis，她有着迷人的秀发，并有一对银白色的美足，是宙斯最爱的女神之一，后来她嫁给了英雄珀琉斯，并为之生下了著名的大英雄阿喀琉斯；仙女安菲特里忒 Amphitrite，她嫁给了海王波塞冬，并为其生下了神子特里同；沙滩仙女普萨玛忒 Psamathe，她和

①希腊神话中有两种独目巨人Cyclops，一种是巨神族的独目三巨人，是天神乌剌诺斯的后代。另一种是波塞冬的后代，虽然形象相似，二者在实力上却有着很大的差别。为了区分，此处波塞冬的后代翻译为"独眼巨人"。

国王埃阿科斯相爱，生下了福科斯；仙女伽拉忒亚 Galatea，独眼巨人波吕斐摩斯①爱上了她，残忍的波吕斐摩斯曾将仙女爱恋的牧羊少年用巨石砸死。

涅柔斯之名 Nereus 意为【流动者】，由希腊语动词 nao '流动' 和人称后缀 -eus 组成，海神即流动众水之神，从这个角度看，此名的确贴切。他的女儿们被称为 Nereids 即【涅柔斯的女儿】，对比大洋之神俄刻阿诺斯 Oceanus 所生的女儿 Oceanids【俄刻阿诺斯之女儿】、河神的女儿 Naiads【河流之女儿】、太阳神赫利俄斯 Helios 的女儿 Heliades【赫利俄斯之女儿】。希腊语的 nao '流动' 与拉丁语的 no '游泳' 同源，后者的反复形式为 natao，其衍生出了英语中：漂浮的 natant【游泳的】、浮在表面的 supernatant【浮于之上】、游泳池 natatorium【游泳之地】。

多里斯之名 Doris 意为【恩赐、礼物】，源自希腊语的 doron '礼物'，-is 后缀一般用来构成女性人称，对比女神名：法律女神 Themis、海中仙女 Thetis、月亮女神 Artemis、不和女神 Eris、彩虹女神 Iris、智慧女神 Metis。doron 一词意为 '礼物'，于是就有了潘多拉 Pandora【所有的恩赐】、多萝西 Dorothy【神之赠礼】等。

众怪之父 Phorcys

海神福耳库斯娶他的妹妹刻托为妻，他们生下了一群可怕的怪物，分别是：灰衣三妇人格赖埃 Graiai（这三位妇人是彭佛瑞多 Pemphredo、厄倪俄 Enyo、得诺 Deino）、蛇发三女妖戈耳工 Gorgon（这三位女妖是斯忒诺 Stheno、欧律阿勒 Euryale、墨杜萨 Medusa）、半人半蛇的厄喀德娜 Echidna、百首巨龙拉冬 Ladon，这些怪物后来又生下众多的其他怪物，祸害人间。人间从此进入了怪兽横行的年代，急需勇敢强大的英雄为世间除灭这些怪物。于是，英雄的时代拉开帷幕，涌现出一大批像珀耳修斯、赫剌克勒斯、忒修斯一类的大英雄，留下了众多伟大的英雄故事与传说。

刻托为福耳库斯生下娇颜的灰衣妇人，

一出生就白发苍苍：她们被称为格赖埃，

在永生神和行走在大地上的人类之间：
美袍的彭佛瑞多和绯红纱衣的厄倪俄。
她还生下戈耳工姐妹，住在显赫大洋彼岸
夜的边缘，歌声清亮的黄昏仙女之家。
她们是斯忒诺、欧律阿勒和命运悲惨的墨杜萨。

……

她还生下一个难以制服的怪物，
既不像有死的人也不像永生的神，
在洞穴深处：神圣无情的厄喀德娜。
一半是娇颜而炯目的少女，
一半是怪诞的蛇，庞大而可怕，
斑驳多变，吞食生肉，住在神圣大地的深处。
……
刻托与福耳库斯交欢生下最后的孩子，
一条可怖的蛇，在黑色大地的深处，
世界的尽头，看守着金苹果。

——赫西俄德《神谱》270-335

这些怪物以及他们所生下的后辈怪物，被称为 Phorcydes【福耳库斯之后裔】。福耳库斯也因此被称为"众怪之父"。

众怪之母 Ceto

既然福耳库斯被尊为"众怪之父"，那他的妻子刻托无疑就是"众怪之母"了。刻托的形象是一只大海怪，是令水手们无比恐惧的海中怪物。她的名字来自希腊语的 cetos '海怪'。大海中最庞大的怪物莫过于鲸鱼了，于是 cetos 也被用来表示鲸鱼，故也有了英语中：鲸蜡烯 cetene【鲸之烯】、鲸蜡基 cetyl【鲸之基】，其中 -ene 为化学中表示"烯"的后缀，而 -yl 则为表示"基"的后缀。鲸鱼座的名称 Cetus 也来自该词。

在神话中，刻托有时也被称为 Krataiis【强力的】，这似乎与挪威神话中的北海巨妖 Kraken 有着相同的源起。对于海妖 Kraken 的恐惧，可以说是 15 世纪到 17 世纪航海大发现时代，那些航行在陌生水域的水手们最难平息的梦魇之一，甚至当代不少影视作品都非常热衷于这个怪物[①]。

海神 Thaumas

海神陶玛斯象征着海之奇观，他的名字 Thaumas 一词源于希腊语的 thauma '景观、奇观'，后者是动词 thaomai 'to see' 衍生出的抽象名词形式[②]，thauma '景观、奇观' 衍生出了英语中的西洋镜 thaumatrope 即【旋转的景观】，而魔术师 thaumaturge 则是【制造奇观】的人，这种奇观被称为 thaumaturgy。动词 thaomai '看' 与 theaomai '看' 同源，后者词干为 thea-，希腊人将【观看戏剧的地方】称为 theatron，其演变为了英语的 theater；希腊人将【思考、见解】称为 theoria，英语中的 theory 即由此而来。

海神陶玛斯娶大洋仙女厄勒克特拉 Electra[③] 为妻，他们生下了彩虹女神伊里斯 Iris 和怪鸟哈耳皮埃 Harpy。哈耳皮埃一共有三只，赫西俄德提到了两只，分别是阿厄洛 Aello【暴雨】和俄库珀忒 Ocypete【疾飞】。

> 陶玛斯娶水流深远的大洋仙女
> 厄勒克特拉，生下快速的伊里斯、
> 长发的哈耳皮埃姐妹：阿厄洛和俄库珀忒。
> 她们可比飞鸟，更似驰风，
> 快速的翅膀，后来也居上。
>
> ——赫西俄德《神谱》265-269

女海神 Eurybia

女海神欧律比亚嫁给了下代的提坦神克瑞俄斯，并与其生下了一个"给力家族"。

4.6.3.1　海神世家 之灰衣妇人

海神福耳库斯和刻托结合，第一胎生下三个女儿，这些孩子出生时就已经苍老，头发花白。她们身着灰衣，因此被称为"灰衣妇人"。

三位灰衣妇人有着美丽的脸颊、天鹅的身体，并且长命不死。她们居住在遥远的大洋彼岸，在一个阴森的山洞之中，那里无论是太阳或月亮的光芒都无法照进来。她们年复一年地居住在这个山洞之中，不和外人来往。她们有一个非常奇怪的特点：三个人一共只有一只眼睛，一颗牙齿，交替轮流使用，每人轮流使用一天。赫西俄德说：

> 刻托为福耳库斯生下娇颜的灰衣妇人，
>
> 一出生就白发苍苍：她们被称为格赖埃，
>
> 在永生神和行走在大地上的人类之间：
>
> 美袍的彭佛瑞多和绯红纱衣的厄倪俄。
>
> ——赫西俄德《神谱》270-273

赫西俄德只提到了两位，但一般认为，灰衣妇人一共有三位，分别是彭佛瑞多 Pemphredo、厄倪俄 Enyo、得诺 Deino。关于三位灰衣妇人的故事，要从大英雄珀耳修斯说起。

英雄珀耳修斯年少时，和母亲达那厄一起漂泊在外，不得不寄人篱下。收留他们母子的国王垂涎达那厄的美貌，但又怕遭到少年的反对，便设计圈套想要除掉少年。他指派珀耳修斯去进行一趟异常艰难的冒险，企图让他在冒险的途中死去。这是一趟九死一生的冒险，少年必须前往世界尽头，找到蛇发三女妖戈耳工居住的地方，杀死女妖中唯一一位会死的墨杜萨，并将她那蛇发的头颅带回来。珀耳修斯为此到处寻找打听，但一直都无法得知女妖们的下落。没有任何人知道这些女妖们的住处，凡是看到过她们的人皆已中了魔法变成石头。当然，除了灰衣妇人们以外，因为她们是戈耳工的姐妹。神使赫耳墨斯向他透露了这个消息，并且将他带到灰衣妇人居住的洞穴中。珀耳修斯在洞穴中隐藏起来，伺机等三姐妹轮换使用唯一的一颗眼睛时，便"像一头凶暴的野猪"一样冲上前去，抢走了这只眼睛。三姐妹丢失了眼睛后大为惶恐，没有了这唯一的眼睛她们的世界变得一团漆黑。虽然她们恐怖无比，

▷ 图 4-59　Perseus and the Graiai

法术强大，但是被人死死地抓住了把柄，也就无法施展了。珀耳修斯抓住了这个弱点，终于从三姐妹那里获知了蛇发女妖的住处。

灰衣妇人 Graiai[1]

灰衣妇人的名字 Graiai 一词是希腊语中 graia'老妇'的复数形式，而 graia 是形容词 graios'年老的'的阴性形式。因此 Graiai 字面意思即【年老的妇人们】。形容词 graios'年老的'来自名词 geron'老年'（属格 gerontos，词基 geront-），该词衍生出了英语中的：老年的 gerontal【老的】、提前衰老 progeria【苍老之前】、敬老院 gerocomium【收留老年人的地方】、容颜不老 agerasia【不见衰老的状况】、老年保健 gerocomy【照料老人】、老年医学 geratology【变老学】、老年病学专家 geriatrician【老年医生】、老人牙医学 gerodontics【老年牙齿学】、长老统治 gerontocracy【老人统治】、恋老 gerontophile【爱老人】、霍香蓟属 Ageratum【不老的】。

人类的变老和作物的成熟具有相似的道理，因此就不难理解希腊语的 geron'变老'与拉丁语的 granum'谷粒'、英语中的"谷物"corn 同源。拉丁语的 granum 演变为了英语中的谷粒 grain，其还衍生出了英语中：百香果 granadilla【小实】、淀粉粒质 granulose【小谷粒】、谷仓 granary【放置谷物之处】、农庄 grange【谷物之地】。谷子多粒，因此一种多粒的水果被命名为 pomme grenate【多籽的水果】，石榴 pomegranate 一词就是这么来的，石榴石 garnet 由其演变而来，手榴弹 grenade 如此称呼，据说最初造型很像石榴；而花岗岩 granite 则为【多籽的石头】。

由此，我们似乎可以将 Graiai 这个名字理解为【三位老妇人】。

三位灰衣妇人的名字分别为：彭佛瑞多 Pemphredo【黄蜂】、厄倪俄 Enyo【战斗】、得诺 Deino【恐怖】。其中彭佛瑞多之名 Pemphredo 源自希腊语的 pemphredon'黄蜂'，短柄泥蜂的学名 pemphredon 即由此而来。厄倪俄 Enyo 同时也是战争女神的名字，后者是阿瑞斯的伴侣之一[2]。得诺的名字 Deino 源自希腊语的 deinos'可怖的'，后者衍生出了英语中：恐龙 dinosaur【恐怖的蜥蜴】、恐角兽 Dinoceras【恐怖的角兽】、恐鸟 Dinornis【恐怖的鸟】、恐兽 Dinotherium【恐怖的野兽】。deinos‘恐怖的’与拉丁语的 dirus‘可怕的’同源，其衍生出了英语中：可怕的 dire【恐怖的】、悲惨的 direful【布满恐惧的】。

4.6.3.2　海神世家 之蛇发女妖

蛇发女妖戈耳工 Gorgon 是"众怪之父"福耳库斯和"众怪之母"刻托所生的第二胎。她们一共有三位，分别是斯忒诺 Stheno、欧律阿勒 Euryale、墨杜萨 Medusa。这些女妖居住在遥远的世界尽头，在大地和海洋的外沿。她们个个样貌恐怖无比，脖颈上布满鳞甲，头发是一条条蠕动的毒蛇，口中有着尖利的獠牙，还长有一双铁手和金翅膀。最让人不寒而栗的是，任何亲眼看到她们的人都会立刻变成一尊石头。不只是人，就连普通的神灵、各种各样的怪兽看了她们也都会被夺走呼吸，变成石头而死去。因此，人们对其闻风色变，都希望自己永远不会看到这些可怕的妖魔。

> 她还生下戈耳工姐妹，住在显赫大洋彼岸
> 夜的边缘，歌声清亮的黄昏仙女之家。
> 她们是斯忒诺、欧律阿勒和命运悲惨的墨杜萨。
>
> ——赫西俄德《神谱》274-276

这三位蛇发女妖中，唯有墨杜萨是有死的肉体凡胎，其余两位则是永生的女妖。当英雄珀耳修斯长大之后，急于建功立业，以解救自己寄人篱下的母亲，于是他冒着生命危险去刺杀女妖墨杜萨，并誓言要将女妖的头颅带回来。在神使赫耳墨斯的帮助下，英雄历尽千辛万苦，找到戈耳工三姐妹居住的地方。他藏在附近直至深夜到来，待到女妖们个个都已陷入沉睡，他在智慧女神雅典娜的指引下，用明亮的盾牌作镜子，循着镜子里的影像找到了正在熟睡的墨杜萨，并迅速举刀砍下了她的头装进背囊之中，飞也似的逃出这个可怖之地。

▷ 图 4-60　Perseus holding Medusa's head

墨杜萨被砍下头颅之后，从她的躯干中生出了飞马珀伽索斯 Pegasus 和手持金剑的克律萨俄耳 Chrysaor。赫西俄德说：

> 当珀耳修斯砍下墨杜萨的头颅时，
> 高大的克律萨俄耳和飞马珀伽索斯跳将出来。

说起他俩名字的由来，一个生于大洋

水涛的边缘，另一个手握金剑出世①。

——赫西俄德《神谱》280-283

从墨杜萨的躯体里跳出了飞马珀伽索斯和克律萨俄，这惊醒了沉睡中的另两位姐妹。发现妹妹被人杀死了，这两位蛇发女妖顿时因悲痛而变得狂怒起来，对这个杀死了自己妹妹的人紧追不舍。若不是穿戴着赫耳墨斯的飞鞋和哈得斯的隐身头盔，估计珀耳修斯早就被两个愤怒的女妖抓住并大卸八块了。为了躲避两位女妖的追杀，珀耳修斯一路飞速逃奔，在飞行中被狂风吹得左右摇晃，装着女妖脑袋的布囊在晃动中渗出滴滴血液，掉落在利比亚沙漠里，沙漠中立刻生出大量的毒蛇，据说利比亚沙漠中众多的毒蛇就是因此而来的。飞马珀伽索斯因为充满了灵性而成为缪斯女神们的伙伴，并且还经常被主神宙斯征用去为他驮运武器。珀伽索斯的形象更是被人们置于夜空之中，成为了飞马座 Pegasus。

话说回来，墨杜萨的身体中为什么会突然生出这两个怪物呢？

一切要从她的身世说起。起初，墨杜萨并不像她的两个姐妹那样生得狰狞恐怖，恰恰相反，她是一位有着美丽脸颊、迷人长发的少女。她的美貌惹得海神波塞冬按捺不住，对她展开了猛烈的追求，但是美人儿却一直无动于衷。终于有一次，波塞冬在雅典娜神庙前对她实施了"霸王硬上弓"。后来他们屡屡在神庙附近的青草地和繁花间

▷ 图 4–61　Medusa

幽会，终于有一次被女神雅典娜发现。女神见墨杜莎居然敢在自己的神庙前如此放荡，怒不可遏，将她变为妖形，并将墨杜莎一直引以为傲的美发变为条条毒蛇。从此墨杜莎就和她的两个姐姐一样恐怖狰狞了。后来珀耳修斯将墨杜莎的头献给了雅典娜，女神把这个布满蛇发的头镶于自己的盾牌之上，好不威风。

戈耳工 Gorgon

至于戈耳工女妖，没有人知道她们的真正面目，因为凡是胆敢看她们一眼的人都已经变成石雕了。你可以发挥自己的想象力，毕竟她们是如此的让人"毛骨悚然"gruesome，并且有着"可怕的"grisly的"鬼容"grimace，怒则"咆哮"growl、恨则"嘟囔"grumble、语若"吞咽"grunt、举止"粗鲁"gruff、脾气"暴躁"grumpy、令人"厌恶"gross。她们大概就是类似的形象吧。戈耳工女妖的名字 Gorgon 一词源自希腊语中的 gorgon '让人恐惧的'。一些学者指出，印欧语系中不少以 gor- 或变体 gr- 音开头的词汇，都有着类似的让人厌恶或恐惧的感觉，其或许来自于人们对厌恶声音的模仿。16 世纪俄国著名的暴君伊凡雷帝[1]，后人称他为 Ivan Grozny 即【恐怖的伊凡】，其中 grozny 亦表示可恶、可憎。

柳珊瑚属被称为 Gorgonia【戈耳工般的】，因为其样子像极了一颗长满蛇发的头。

斯忒诺 Stheno

斯忒诺的名字 Stheno 一词源自希腊语的 sthenos '力量'，因此 Stheno 的字面意思为【强壮有力】。她的确是一位强壮到可怕的女妖，是三姐妹中杀人最多的一位。希腊语的 sthenos '力量'衍生出了英语中：强壮 sthenia【力量之病症】，对比虚弱 asthenia【无力的症状】；还有肌无力 amyosthenia【肌肉无力】、眼睛疲劳 asthenopia【眼睛无力】、心衰弱 cardiasthenia【心脏无力】、神经衰弱 neurasthenia【神经无力】；健美体操 calisthenics 乃是【关于力之优美的技巧】，对比书法 calligraphy【优美的书写】。当阿伽门农率领希腊联军进攻特洛亚时，他的妻子却和一位名叫埃癸斯托斯 Aegisthus【山羊之力】的人勾搭成奸，并在丈夫回乡时将之害死；由于赫拉的诡计，英雄赫剌克勒斯

1 伊凡雷帝（Ivan IV Vasilyevich，1530—1584），俄国历史上的第一位沙皇。以暴政闻名，人称"恐怖的伊凡"。

的表兄欧律斯透斯 Eurystheus【无边力量】成为迈锡尼国王，并成这位英雄的主人，赫剌克勒斯不得不为他效命，冒着生命危险完成了 12 件异常艰巨的任务。

欧律阿勒 Euryale

女妖欧律阿勒的名字 Euryale 由希腊语的 eurys '宽广的' 和 hals '海、盐' 组成，字面意思为【广阔海域】，毕竟她是海神世家的后代，而海洋之广无边无际。eurys 意为 '宽广的'，于是就不难理解神话中的人名：奥德修斯的先行官名叫欧律巴忒斯 Eurybates，当先行官他倒是很有资格，看看他这个名字，意思为【大步流星】，走在前面是必然的；奥德修斯在特洛亚战争后漂泊在外时，他老婆常常被一群贵族追求，其中最无耻的一位追求者名叫 Eurymachus，明显这厮人品不怎么好，看看其名字，意思是【到处打架】；阿伽门农王的御者名为欧律墨冬 Eurymedon【广泛统治】，特洛亚战争结束后他和主人一同被王后及王后的奸夫杀害；还有我们已经讲过的女海神欧律比亚 Eurybia【广力】、提坦女神欧律诺墨 Eurynome【广泛秩序】、欧罗巴 Europa【大眼睛】等。

希腊语 hals（属格 halos，词基 hal-）意为 '海、海水'，食盐产自海水，故也有了 '盐' 之意。岩盐 halite 字面意思是【盐石】，而卤族元素统称为 halogen，即【从盐类中产生】；还有海洋生物 halobios【海中生命】、好盐菌 halophile【爱盐的】、盐土植物 halophyte【盐植物】、浮游生物 haloplankton【咸水生物】。希腊语的 hals 与拉丁语中 salum '海洋' 和 sal '盐' 同源。古代罗马早期给士兵发的军饷称为 '盐钱' salarium，英语中的薪酬 salary 即源于此；海岛因为位于海中而被称为 insula '在海中'，[1] 其衍生出了英语中的半岛 peninsula【几乎是一座岛】、隔离 isolate【使成为孤岛】、胰岛素 insulin【胰岛素】、岛 isle【岛屿】、小岛 islet【小岛屿】；还有小苏打 saleratus【含盐的】、产盐的 saliferous【带来盐】、使成盐 salify【盐化】；试想一下，腊肠 salami、沙司 sauce、香肠 sausage、沙拉 salad，还有意大利人称为 salmagundi 的菜，哪样能少得了盐呢？"含盐的"被叫做 saline 或 haline【盐的】，于是也有了广盐性的 euryhaline 或 eurysaline【广盐的】，

① 一些学者指出，拉丁语中的 insula 可能来自 terra in salo【水中之陆】。相似地，英语中的岛屿 island 来自古英语中的 ēaland，意思也为【水中之陆】；而希腊语中的岛屿 nesos 似乎也有着相似的来源，后者则与希腊语的 nao '游动' 同源。

相反的窄盐性的就是 stenohaline 或 stenosaline【窄盐的】。英语中的盐 salt 亦与拉丁语的 sal、希腊语的 hals 同源，因此也有了盐罐 saltcellar【盐瓶子】、盐场 saltery【晒盐之处】。

墨杜萨 Medusa

墨杜萨一名 Medusa 本意为【女王】，其为希腊语 medon '统治者' 对应的阴性形式[1]，字面意思为"女王"，这真是一个霸气的名字。类似的霸气名字在神话中并不少见，特洛亚战场上希腊英雄 Medon 是埃阿斯的兄弟，其名字即【统治者】之意。阿喀琉斯的御手 Automedon 一名意为【自己统治】，而阿伽门农的御手欧律墨冬 Eurymedon 一名则意为【广泛统治】。很有意思的是，从这两个御手名字就能看出来他们主人的身份和性格：阿伽门农是希腊联军的首领，统治着辽阔的疆域，所有的国王都必须听从于他；而阿喀琉斯则不同，阿喀琉斯只允许自己统治自己，并不屈从于阿伽门农的淫威。整部史诗《伊利亚特》不是通篇都在言说这一点么！

[1] medon 一词本为动词 medeo '统治' 的分词阳性形式，而 medousa 则为该分词的阴性形式，墨杜萨 Medusa 即由此而来，二者字面意思都相当于【统治者】。

4.6.3.3 海神世家 之美女蛇厄喀德娜

福耳库斯和刻托还生下了著名的美女蛇厄喀德娜 Echidna，她半人半蛇，上身为面容姣好的少女，身体和尾巴却为一条长蛇。她和怪物堤丰 Typhon 结合，生下了一堆形形色色的怪物，这些怪物分别为：双头犬俄耳托斯 Orthus、地狱看门犬刻耳柏洛斯 Cerberus、九头水蛇许德拉 Hydra、怪物喀迈拉 Chimera。她还和双头犬俄耳托斯一起，生下了著名的涅墨亚食人狮 Nemean lion、女妖斯芬克斯 Sphinx。赫西俄德讲到：

她[2]还生下一个难以制服的怪物，

既不像有死的人也不像永生的神，

在洞穴深处：神圣无情的厄喀德娜。

一半是娇颜而炯目的少女，

一半是怪诞的蛇，庞大可怕，

斑驳多变，吞食生肉，住在神圣大地的深处。

在那里，她居住在一个岩洞中，

[2] 这里的"她"指的是海神刻托，她和丈夫福耳库斯生下了美女蛇妖厄喀德娜。

远离永生的神们和有死的凡人。

神们分配给她这个华美的栖处。

可怕的厄喀德娜住在阿里摩人的地下国度，

这个自然仙女不知死亡也永不衰老。

传说可怕恣肆无法无天的堤丰

爱上这炯目的少女，与她结合，

她受孕生下无所畏惧的后代。

——赫西俄德《神谱》295-308

双头犬 Orthus

最先是俄耳托斯，革律翁的牧犬。

——赫西俄德《神谱》309

俄耳托斯是一只非常残忍可怕的恶犬，它有两只脑袋。它的主人是一位长着三个身子的强壮巨人革律翁 Geryon，俄耳托斯负责为他看守一群有着紫红色毛皮的牛。后来赫剌克勒斯受命（即赫剌克勒斯的第十项任务）盗取这群牛，在盗牛的过程中被双头犬和它的主人发现，因此大打出手，大英雄赫剌克勒斯很快就制服了他们。

俄耳托斯之名 Orthus 来自希腊语的 orthos 'straight、true'，或许可以认为这只牧牛犬对主子非常忠诚（也就是 true），要不它怎么会在发现偷牛贼后毫不犹豫地就扑了过去呢。希腊语的 orthos 'straight、true' 衍生出英语中：当基督教随着罗马帝国一分为二时，东方教会坚持认为自己拥有着最正统的教义，因此自称为 Orthodox 即【正统的教义】，相对于中心位于西都罗马的天主教，它的信仰中心位于东都君士坦丁堡，所以一般称为 Eastern Orthodox【东方的正统教义】，即东正教；字写得好就叫 calligraphy【漂亮的书写】，而写得差或错字满篇就是 cacography【拙劣的书写】，写的太差就需要对其指导纠正，这在英语中称作 orthography【纠正书写】；正牙术 orthodontics 就是【矫正牙齿畸形】，而整形术 orthopaedics 的字面意思是【矫正孩童】，大概是说"矫正身体后天缺陷"的意思吧。

地狱看门犬 Cerberus

接着是难以制服，不可名状的怪物，

食生肉的刻耳柏洛斯，声如铜钟的冥府之犬，

长有五十个脑袋，强大而凶残。

——赫西俄德《神谱》310-312

地狱看门犬刻耳柏洛斯是一只可怕的恶犬，赫西俄德说它有五十个脑袋，但一般说法多认为它有三只脑袋。这只恶犬声如青铜、嘴滴毒涎、眼睛血红、性情残暴，它负责看守着冥府的入口。因为它的可怕，几乎从没有活人敢越过边境进入亡灵的领域，也从来没有亡灵敢从冥界中逃回阳间。相传大英雄赫刺克勒斯的第十二项任务就是来到冥界，将这头恶犬活捉并带入阳间。

关于刻耳柏洛斯名字 Cerberus 的来源，一些学者认为其由 creoboros '食肉者'变来，正如赫西俄德在诗中所说的那样。不过更有可能的是，它或许延续自更早的印欧人的神话内容，印欧人的另一个古老分支——印度神话中，阴曹地府之王阎魔王[1]有两条看门狗，其中一条名叫 Karbaras。这与刻耳柏洛斯何其之像啊！并且阎魔是地狱之王，与冥王哈得斯相应，而 Karbaras 又是其看门狗，其简直与刻耳柏洛斯同出一辙。梵语的 karbaras 字面意思为【有斑点的】。

九头水蛇 Hydra

第三个出生的是只知作恶的许德拉，

那勒耳那的蛇妖，白臂女神赫拉抚养它，

只因她对勇敢的赫刺克勒斯愤怒难抑。

但宙斯之子用无情的剑杀了它，

安菲特律翁之子有善战的伊俄拉俄斯相助，

赫刺克勒斯听从带来战利品的雅典娜的吩咐。

——赫西俄德《神谱》313-318

水蛇许德拉有九颗头，因此被称为九头蛇。这条九头蛇凶猛异常，它身体庞大、只躯九首，这九个头中，八个头可以被杀死，而最

[1] 阎魔王即 Yamaraja【king Yama】，我们常说的阎魔就是由其音译而来，一般也称为阎罗王。其中 Yama 是印度神话中第一位死去的人，他死后成为阴间的主宰。

> 图 4-62 Heracles slaying the Hydra

中间的一个却是不死的。九头蛇的可怕之处在于，即使它睡着了，嘴里也会喷出毒气，每个吸入毒气的人都会气绝而亡。更可怕的是，这只中间的脑袋是不死的，而其他的蛇头即使被砍掉也会重新长出新的来。大英雄赫剌克勒斯的第二个任务就是杀死为害一方的九头蛇，然而这件事非常棘手，英雄在战斗中险些丧命，后来在善战的伊俄拉俄斯的帮助下，终于除掉了这只可怕的怪物。

传说夜空中的水蛇座 Hydra 即源于此。

九头水蛇许德拉的名字 Hydra 是希腊语中 hydor '水'一词对应的阴性形式，这说明许德拉是一只雌性的水怪。hydor '水'一词衍生出了英语中：狂犬病患者畏惧水声，故此病被称为 hydrophobia【畏水症】；八仙花被命名为 hydrangea，因为其果荚若【水杯】；1783，化学家拉瓦锡将一种新发现的燃烧后产生水的气体命名为 hydrogen【生成水】，汉语中翻译为氢，化学符号为 H；汞又称为水银，这和古希腊人对此物质的命名完全相符，古希腊人称其为 hydrargyros【水银】，英语中转写为 hydrargyrum，对比阿根廷 Argentina【白银帝国】、化学元素银 Argentum【银】；消防栓 hydrant就是【供水者】，对比会计师 accountant【计算者】、助手 assistant【站在一边帮忙的人】、仆人 servant【提供服务的人】；还有脑积水 hydrocephalus【脑袋进水了】、水上飞机 hydrofoil【水翼】、水生生物 hydrobiont【生活在水中的生命体】、流体力学 hydrodynamics【水动力学】、水解 hydrolysis（对比电解 electrolysis、分解 analysis）。另外，水螅有很多触角，并能分裂衍生，就好像传说中的水怪许德拉能生出新的脑袋一样，因此水螅也被称为 hydra。而由于传说中怪物许德拉很难杀死，英语中常借用此典故用 hydra 一词指代难以根除之祸害。

怪物喀迈拉 Chimera

她还生下口吐凶暴火焰的喀迈拉，

庞大而可怕，强猛又飞快。

它有三个脑袋，一个眈眈注目的狮头、

一个山羊头和一个蛇头或恶龙头。

英勇的柏勒洛丰和珀伽索斯杀了它。

——赫西俄德《神谱》319-323

喀迈拉是一只可怕的会喷火的怪兽，它有三个脑袋，分别为狮子、山羊和蟒蛇。它呼吸出的都是火焰，无论在何处出现，喀迈拉都会摧毁那个地方，它既吞噬其他动物，也吃掉人类。凡是接近它的人，一般都必死无疑。后来英雄柏勒洛丰受命除掉这只可怕的怪物，他骑着飞马珀伽索斯勇敢地挑战喀迈拉，并将其杀死[1]。

喀迈拉的名字来自希腊语的 cheimera '母山羊'，这暗示着喀迈拉身体中山羊的那一部分。cheimera 最初表示经历了一个冬天的一岁的母羊，其源于古希腊语中的 cheima '冬天'，英语中的寒冷恐惧 cheimaphobia 就是【畏惧冬天】，梅笠草属 Chimaphila 因为【偏好冬寒】而得名，地理中的冬季等温线为 isocheim【一样的冷】。另外，喜马拉雅山的名字出自梵语 Himalaya【雪域】，其中 hima- 部分就与希腊语的 cheima 同源，都表示'冬季、雪'之意。

涅墨亚狮 Nemean lion

她受迫于俄耳托斯，生下毁灭

卡德摩斯人的斯芬克斯和涅墨亚的狮子，

宙斯的高贵的妻子赫拉养大这头狮子，

让这人类的灾祸住在涅墨亚的山林。

它在那儿杀戮本地人的宗族，

称霸涅墨亚的特瑞托斯山和阿佩桑托斯山，

最终却被大力士赫剌克勒斯所征服。

——赫西俄德《神谱》326-332

这只狮子生活在阿耳戈斯涅墨亚地区的一个山谷中，因此被称为涅墨亚狮子 Nemean lion。它皮坚似铁、刀枪不入、爪牙锋利、并食人无数。为了除掉这只人间祸患，很多英雄都进入涅墨亚山区，却没有一个能活着出来的，直到大英雄赫剌克勒斯奉命将其剿灭。赫剌克

[1] 关于怪物喀迈拉，玩《魔兽》等游戏的朋友对其肯定很熟了，这个名字在游戏中被译为奇美拉。因为喀迈拉是将狮子、山羊、蛇等动物形象嵌合在一起的生物，借此典故，遗传学中将不同基因型的细胞所构成的生物体也称为chimera。

勒斯第一个任务就是杀死这只狮子，这是一个非常棘手的差事。他放箭、棒击、用尽各种工具都不能伤这头狮子皮毛。无奈之下，英雄只好与其肉搏，并费尽九牛二虎之力，将这只猛兽活活勒死。这只狮子的形象后来被放入夜空中，成为了狮子座 Leo。

希腊语的 leon、拉丁语的 leo 都表示'狮子'之意，英语中的 lion 亦源于此。对好战的日耳曼部族来说，狮子无疑是勇猛的象征，于是有不少猛士借此来取名。莱昂 Leon 就是一个很好的名字，西班牙的莱昂王曾经建立了莱昂王国①，当时的都城至今仍被称为 Leon，今为莱昂省 Provence Leon 的首府。或许我们应该提一下《这个杀手不太冷》中的杀手 Léon，这部电影的法语名就叫作 *Léon*，人如其名，里面 Léon 的形象确实如一头猛狮。人名莱昂纳多 Leonardo 意思是【像狮子一样猛】，《泰坦尼克号》的男主角真名叫莱昂纳多·迪卡普里奥 Leonardo DiCaprio，不过我更推荐我们亲爱的文艺复兴三杰之首莱昂纳多·达·芬奇 Leonardo Da Vinci，这个名字字面意思为【来自 Vinci 镇的莱昂纳多】。名声更响的我们应该提到拿破仑 Napoleon，这个名字我们可以翻译为【那不勒斯的猛人】，很明显最早取这个名字的人应该就是从意大利那不勒斯 Naples 来的；当然，这并不能说明拿破仑就来自那不勒斯，就好像不能因为齐白石姓齐就说他来自山东一样②。还有一个很牛的人叫列夫·托尔斯泰 Leo Tolstoy【胖狮子】。1462 年，当葡萄牙探险家在西非北纬 7 度附近地方登陆时，发现这段海岸形似狮背，便将其命名为塞拉里昂 Sierra Leone，意思是【狮子山】，而现在的塞拉里昂共和国 Republic of Sierra Leone，在台湾译为狮子山共和国。在英语中，豹子被称为 leopard【狮虎】，大概因为古人认为它是狮子和老虎的混合品种，所以得此名。变色龙 chameleon 这个名称的意思是【地上的狮子】，这个词有时也写作 cameleon。蒲公英 dandelion 则是从法语 dent de lion【狮子之牙】演变而来。

斯芬克斯 Sphinx

女妖斯芬克斯有美女的头、狮子的身体、鸟类的翅膀。她从缪斯女神那里学来一些深奥的字谜后，守在通往忒拜城的一个重要路口，向过路人提出各种各样的谜语，猜不出来的人就要被她撕碎吃掉。后

① 莱昂王国存在的时间为公元910年至1301年，该王国位于伊比利亚半岛的西北部，为中世纪伊比利亚半岛上四个主要基督教国家之一。后来莱昂王国与卡斯蒂利亚王国合并，成为统一的西班牙的一部分。

② 齐国位于山东，至今山东仍自称为齐鲁大地，齐姓也是由此地名而来。

来俄狄浦斯为躲避神谕，逃亡至忒拜，在那里他成功答对了女妖的问题，从而解救了苦难的忒拜人民。

埃及著名的狮身人面像斯芬克斯也源于古希腊人对其的称呼，因为这个狮身人面像形象和传说中的斯芬克斯相似，于是冠以此名。或许更加合理的解释应该是，斯芬克斯原形来自于埃及神话。倘若如此，斯芬克斯一名 Sphinx 可能源于古埃及语言对这种怪物的称呼，希腊名称或许只是一种相似音节的传讹。当然，不少学者认为这个名字来自希腊语的 sphingo '紧束'，引申到'勒死、杀害'，毕竟她借用出难题的幌子杀害了如此多的人，而英语中的括约肌 sphincter 字面意思是【缚紧之物】。

➤ 图 4-63 Oedipus and the Sphinx

4.6.4 黑夜传说

创世五神中，黑夜女神倪克斯 Nyx 和其兄昏暗之神厄瑞玻斯 Erebus 结合，生下了白昼女神赫墨拉 Hemera、天光之神埃忒耳 Aether。黑夜女神还独自分娩，生下一群可怕的恐怖神灵。

昏暗之神 Erebus

一般认为，厄瑞玻斯是昏暗之神，是黑夜无光的象征。如果我们追根溯源，似乎能够看到，其名 Erebus 最早可能表示'黄昏'，因此，厄瑞玻斯更应该被认为黄昏之神。究其原因，主要有如下三点。

1. 厄瑞玻斯的名字 erebus 一词可能是由外来语中引进的。从这一点上我们找到了早期对古希腊文化有较多影响的闪米特民族，在闪米特民族之一的腓尼基语言中，黄昏被称为 ereb。而 erebus 可以看作是从腓尼基语 ereb 借鉴而来。

2. 在一些神话版本中，守卫极西园的黄昏三仙女 Hesperides 被认为是厄瑞玻斯的女儿，而 Hesperides 一名意思即【黄昏的女儿】。从这个角度来看，这些"黄昏的女儿"，其父自然应该是"黄昏"了。

3. 在神话中，特别是最初的神祇或者同代的神祇之中，不应该出现两个相同职能的神。而古老的创世五神中，居然出现了两个象征黑夜之神：厄瑞玻斯和倪克斯。倪克斯作为希腊神话中的黑夜女神当然是无可厚非的，因为她的名字 Nyx 即希腊语中表示'黑夜'的基本词汇。而 Erebus 却不能给出更合理的解释。

如果抛弃古希腊语语源，这个问题的出路似乎就在眼前。对古希腊语有着颇多影响的腓尼基语似乎可以很轻易地解决这个问题。事实上，腓尼基和希腊都是地中海中最早的航海民族，他们之间有着很多的交流，希腊字母就是由腓尼基字母借鉴改造而来的。Erebus 在希腊语中写作 erebos，去掉希腊语的阳性后缀 -os 后得到了 ereb，而 ereb 一词对古代腓尼人来说相当重要。这个词在腓尼基语种表示'日落、黄昏'之意，而当我们用腓尼基语中的'日落、黄昏'对应厄瑞玻斯时，很多问题就迎刃而解。

在希腊神话中，厄瑞玻斯和其妹妹倪克斯结合生下了白昼之神赫墨拉，通常的解释很让人费解，因为这意味着在两个黑夜之神的结合下诞生了白天。实际上早期的神话往往暗藏着自然规律或者古代先民朴素的自然观。于是，当我们用黄昏之神称呼厄瑞玻斯时，我们看到了这样的现象：太阳落山之后便是黑夜，在黑夜的子宫中诞生了白昼，而黎明时红色的朝霞则被认为是太阳出生时黑夜女神分娩的象征。用神话的语言来说就是黄昏之神与黑夜女神结合然后诞生了白昼之神。雄性在前雌性在后这一点正好符合古人的观念。更重要的一点是：古代闪米特人认为，一天开始于'黄昏'ereb。

一天开始于黄昏。闪米特人的这个观点被基督教所保留下来。《圣经·创世纪》第一章中，上帝创世每一天结束时都有这样的描述"于是有了夜晚，有了白天，第 * 天"。注意到《圣经》中说"有了夜晚，有了白天"，而不是说"有了白天，有了夜晚"，这正是来自于闪米特人关于一天始于黄昏的认识。另一方面，耶稣生于 12 月 25 日，而圣诞节却真正开始于平安夜，整个节日的主体基本是从 12 月 24 日黄昏开始到次日黄昏，很明显也是受到闪族风俗的影响。①

①基督教脱胎于古老的犹太教，犹太人的祖先希伯来人属于闪米特人，而腓尼基人也是闪米特人的一支。他们保持着共同的闪族风俗和认识。

古代腓尼基人频繁在海上活动，他们是地中海最早的霸主，茫茫大海上航行要求他们必须有明确的方位观念。他们将本土以东的地区泛称为日出之地 Asu '升起'；而将本土以西的地方则泛称为日没地 Ereb '日落'。希腊人从腓尼基人那里借来了这一套，将爱琴海以东的地区称为 Asia，于是便有了我们的小亚细亚 Asia Minor【小东方】和亚洲 Asia【东方】。希腊语的 Asia 一词是由腓尼基语 Asu 借鉴来的。他们将爱琴海以西命名为欧洲 Europa，一般认为这是由传说中的腓尼基公主欧罗巴 Europa 而命名的，该故事告诉我们这样一个消息：西方 europe 一名与腓尼基有关。如果我们将 ereb 和 europe 进行对比的话这个问题似乎很明了：希腊人在接受了腓尼基人对于地理位置的命名之后，借鉴腓尼基语的 ereb 而创造了希腊语的 europa，并为了这个名称添加了一段动人的传说，一个关于宙斯骗走腓尼基公主欧罗巴的故事。

至此，我们或许应该看到：作为古希腊神话中的创世神之一的厄瑞玻斯，他的名字起初并不是昏暗之神，而是黄昏之神。换句话说，erebus 本意并不是'昏暗、黑暗'，而腓尼基语中的 ereb '黄昏'更接近这个神本身。

黑夜女神 Nyx

黑夜女神倪克斯是神话中非常重要的一个人物。她和昏暗之神厄瑞玻斯生下了白昼女神和天光之神，还通过独自分娩生下了死神、睡神、厄运之神、命运女神、复仇女神、衰老之神、不和女神等可怕的神灵。俄耳甫斯教认为，在创世五神的时代，黑夜女神掌握着世界的统治权，后来她将强大的权杖交给了天神乌剌诺斯，从而开启了第一代神系的统治。

> 强大的权杖，在倪克斯手里
> 放下，以使他得王的尊荣。
>
> ——普罗克洛斯[1]《"克拉底鲁"注疏》

因此，即使后来骄横跋扈的主神宙斯，还要对其礼让三分。话说有一次睡神许普诺斯尊赫拉之命令，使主神宙斯陷入睡眠之中，赫拉则趁机迫害主神心爱的儿子赫剌克勒斯。宙斯醒后怒不可遏，誓言

[1] 普罗克洛斯（Proclus，410—485），希腊哲学家、天文学家、数学家、数学史家。普罗克洛斯注释书颇多，有柏拉图的《巴门尼德》《蒂迈欧》《克拉底鲁》《阿基比阿德》《共和国》，托勒密的《天文学》，亚里士多德的《物理学》等。

要好好惩罚睡神。后来睡神逃到母亲黑夜女神那里，宙斯才不得不息怒。黑夜女神的地位可见一斑。在《伊利亚特》中，睡神许普诺斯曾经亲口说道：

> 当时宙斯那个心高志大的儿子，
>
> 摧毁了特洛亚人的城市，离开伊利昂。
>
> 我去甜美地拥抱掷雷神宙斯的心智，
>
> 使他沉沉酣睡，你便策划祸殃，
>
> 让海上掀起狂风巨澜，把他那儿子
>
> 送到人烟稠密的科斯岛，远离同伴。
>
> 宙斯醒来后震怒异常，在宫中把众神
>
> 到处抛掷，尤其想找到作恶的我。
>
> 我也许早被他从空中抛进大海无踪影，
>
> 若不是能制服天神和凡人的黑夜救了我。
>
> 我逃到她那里躲避，宙斯不得不息怒，
>
> 因为他不想得罪行动迅疾的黑暗。
>
> ——荷马《伊利亚特》卷 14 250-261

> 图 4-64 The Goddess Juno in the house of dreams

黑夜女神倪克斯的名字 nyx（属格 nyctos，词基 nyct-）一词意为'黑夜'，该词与拉丁语中的 nox '夜晚'（属格 noctis，词基 noct-）同源。它们衍生出了英语中：夜曲 nocturne【晚上的】、夜裤 nocturn【夜晚的】；不敢半夜起来上厕所的人的就属于黑夜恐惧 nyctophobia【害怕夜晚】，而像小偷这样在夜里大发横财的人就属于 nyctophilia【喜欢夜晚】了；萤火虫这种能【在夜里发光】的为 noctiluca，这种【夜光性】就是 noctilucence 了，还有夜蛾科 Noctuidae【夜里的物种】；夜间走动比如梦游什么的我们称之为 noctambulate【夜间行走】或者 noctivagant【夜间游荡】，也有的家伙一出去就彻夜不归 pernoctate【整个夜晚】了。

春分、秋分被称为 equinox，因为在春分和秋分点时白天【与黑夜等长】，春分为 the Spring Equinox 或 Vernal Equinox，而秋分则为 the Autumnal Equinox；相应地，夏至和冬至时太阳几乎停下来不走了，故称为 solstice【太阳停留】，夏至为 the Summer Solstice，而冬至则为 the Winter Solstice。而从中文来看，我们明显看到，之所以称为春分，因为此时春天正好过半，秋分类同；之所以称为夏至，因为这正是夏天至极的时候，此时夏季亦正好过半，冬至类同。

希腊语的 nyx（词基 nyct-）'夜晚'、拉丁语的 nox（词基 noct-）'夜晚'都与古英语的 niht '夜晚'同源[1]，后者演变出现代英语的 night[2]。噩梦 nightmare 源于一种被称为 mare 的恶魔的传说，据说做噩梦是由于这种恶魔压在做梦者的胸口上造成的，说起来像中国文化中的鬼压床；子夜 midnight 字面意思是【夜晚的中间】，对比正午 midday【白天的中间】；tonight 意思是【to the night】，对比今天 today【to the day】即可知道，而 tomorrow 就是 to the morrow【明天】；还有夜莺 nightingale【在夜里歌唱】、颠茄 nightshade【夜之阴影】、夜总会 nightclub【夜生活俱乐部】等。

4.6.4.1 夜神世家 之在黑夜中诞生的孩子

根据《神谱》中的记载，在太初的一片巨大混沌之中，诞生了五位创世之神。在这五位创世之神中，黑夜女神倪克斯和昏暗之神厄瑞玻斯结合，生下了天光之神埃忒耳 Aether 和白昼女神赫墨拉 Hemera。

> 昏暗神和黑夜女神从混沌中出生。
> 天光之神和白昼女神又从黑夜中生，
> 黑夜与昏暗结合，生下他俩。
>
> ——赫西俄德《神谱》123-125

两个孩子中，最早降生的是天光之神埃忒耳，他是天上光芒的自然属性神。之后黑夜女神又生下来了白昼女神赫墨拉，她是白昼的自然属性神，并和其母倪克斯一同主宰着昼夜交替。也有说法认为，黑夜女神和昏暗之神还生下了后来的冥河渡夫卡戎 Charon。卡戎是他们最小的孩子，他与哥哥埃忒耳、姐姐赫墨拉这种比较阳光活泼的神祇

[1] 注意到希腊语、拉丁语中的 /k/ 音，往往对应英语中的 /h/ 音，对比下列拉丁语和英语的同源词汇：

心脏 cor/heart，
角 cornu /horn，
百 centum /hundred，
八 octo /eight。
拉丁语中的 c 即表示 /k/ 音。

[2] 从古英语的 niht 到现代英语的 night 变化中，我们可以看到，古英语的 -ht 结构进入现代英语中多变为 -ght，对比古英语词汇与其衍生出的现代英语词汇：

正确 riht/right，
光亮 leht /light，
能力 miht /might，
弯曲 byht /bight，
生命 wiht/wight，
零 nawiht/ naught，
明亮的 bryht / bright，
女儿 dohtor /daughter，
装饰 dihtan/dight，
勇敢的 dohtig/doughty，
八 ehte/ eight，
飞行 flyht/ flight，
骑士 cniht/knight，
思想 þoht/thought。

不同，而是充分继承了母亲倪克斯那种恐怖阴暗的气息，让人有不寒而栗的感觉。

天光之神 Aether

你述说宙斯永恒绝对的权利，

你是星辰和日月的花园，

你征服万物，点燃生命之花！

高处闪光的埃忒耳，宇宙最美的元素，

光的孩子，亮彩四射，星火灿烂

——《俄耳甫斯教祷歌》篇 5 1-5

　　埃忒耳一名 Aether 源自希腊语的 aitho'燃烧、发光'，因此埃忒耳被认为是天光之神。当古希腊人的殖民探险活动触及非洲时，他们惊奇地发现这里的人由于常年被灼热的日光炙烤皮肤黝黑不堪，便将这些人称为 Aithiops【灼焦的脸】，并将此地称为 Aithiopia【灼焦脸人之地】，英语中的 Ethiopia 一词便源于此，汉语中音译为埃塞俄比亚。欧洲最大的活火山位于意大利南部的西西里岛，这个火山在古希腊时代就经常爆发，希腊人将其称为 Aitna【燃烧的】，这个词在英语中转写为 Etna，也就是现在的埃特纳火山 Mount Etna。

　　埃忒耳是天光之神，因此他的名字 aether 一词也被用来表示'苍天'之意。古希腊早期哲学家提出了四元素说，认为我们身边的一切都是由水、火、气、土四种元素组成。后来大哲人亚里士多德发展了这一学说，他认为高空中的天体与我们身边多变的世界不同，天体围绕大地做着完美的圆周运动，并且它们永恒地处于这种状态。亚里士多德认为组成神圣天体上的元素与大地上的易于衰变的元素不同，前者乃是由一种永恒而完美的新元素构成，他将这个元素称为aether，一般翻译为"以太"，并称其为 pempte ousia'第五元素'，拉丁语中意译为 quinta essentia【第五元素】，英语中的"精华、完美"quintessence 即由此而来。17 世纪末，物理学家认识到，声波通过空气介质传播而形成我们所熟知的声音，同样的道理，他们相信光和引力等物质也是通过一定的介质传播的，继而他们推导出这种介质同时也充满了真空的外层宇宙空间，并沿用了亚里士多德的论述，将这种太空介质称为 aether，英语中一般转写为 ether，中文译为"以太"。他们认为以太虽然不能为人的感官所觉察，但却能传递力的作用，如磁场和月球对潮汐的作用力。这个学说在两个多世纪中成为了被普遍认可的主流学说，直到 20 世纪初狭义相对论被普遍接受后，大多数物理学家才抛弃了这个学说。而现在的以太网 Ethernet 就是由 ether"以太"和 net"网"组成，大概因为以太曾是大家心中的一种主要传播介质吧。

ether 在英语中还被用来表示"乙醚"。乙醚的发现和命名是 1730 年的事，它的命名者认识到这种物质可以作燃料燃烧，而且无色透明，于是用当时流行的物理学中的以太来命名它，因为 ether 一词词源本意亦为'燃烧'，而且以太介质也是无色透明的。而乙基 ethyl 则是由 ether'乙醚'与 -yl'基质'组成，对比甲基 methyl（甲基为构成甲酸的主要成分，甲酸提取自酒，酒在希腊语中称为 methu）、丁基 butyl（丁基是构成丁酸的主要成分，而丁酸最初是从奶油 butter 中提取的）、乙酰基 acetyl（乙酰基是构成乙酸的主要成分，乙酸最早由醋中提取，而醋的拉丁语词汇为 acetum）、苯基 phenyl（苯基是构成苯酚的主要成分，苯酚最早提取自用于'照明'phaino 的煤焦油），除此之外，还有羰基 carbonyl、芬太尼 fentanyl[1]等。

白昼女神 Hemera

现代希腊人日常的问候方式是：

Kalemera. 早上好！Kale hemera. 的口语变体
Kalespera. 下午好！Kale hespera. 的口语变体[2]
Kalenychta. 晚安！ Kale nychta. 的口语变体

其中 kale 一词为希腊语中表示'good、beautiful'的 calos 的阴性形式。如果你还记得被宙斯坑骗的小美女 Callisto 或者九位缪斯女神中的首领 Calliope，你应该对该词并不陌生。如果的确记不清楚了，请回想一下英语中的书法 calligraphy【优美的书写】以及健美体操 calisthenics【优美之力】。

1. –yl 后缀源自希腊语的 hyle'木头、木材'，亚里士多德在自己的哲学体系中用该词指代'基质、材质'，因此后来的化学中常用 –yl 后缀表示各种相关基质。

2. Kale hespera 中的 hespera'黄昏'为 hesperos 对应的阴性形式；相似地，Kalenychta 中的 nychta 意为'夜晚'对比古希腊语 nyx'黑夜'的词基 nyct–。

①亚里士多德在《动物志》一书中曾经写道：

博斯普鲁斯海峡间，库班河上，在夏至前后跟着河流直向海中淌下，一些比葡萄稍大的小包囊，这些小囊直裂，各飞出一只有翅的四脚生物。这些虫生活着，飞行着，直到傍晚日落而消失，它的寿命恰够一整天长，因此它被称为ephemeron '一日虫'。

这虫在中文中对应"蜉蝣"。汉语中提及蜉蝣往往寄寓着一种渺小的情感，对比苏轼在《前赤壁赋》所提到蜉蝣的句子：

寄蜉蝣于天地，渺沧海之一粟。

而 Kalemera 中的 hemera 就是我们要讲的 hemera 了，这个词是古希腊语中的'白天'。薄伽丘的大作《十日谈》意大利语原名为 Decamerone，就是由 deca '十'（比如十年 decade【十个】、十进制 decimal【十个的】、摩西十诫 Decalog【十言】）和 hemera '天'组成，书中的十位主人公为了逃避瘟疫一起来到乡间避难，并每人每天讲一个故事，度过了难熬的十天时光，他们讲了十天的故事，所以将书名命名为 Decameron【十日】。蜉蝣 ephemeron 即【一天之间】，因为人们观察到蜉蝣朝生暮死，寿命不过一天，故名①；萱草属植物因为花期仅仅一天而被称为 Hemerocallis【一日之美】，其花在日出时开放，在日落时凋谢，这是多么合适的名字啊；还有昼盲症 hemeralopia【白天盲目之症状】，对比夜盲症 nyctalopia【夜晚盲目之症状】。

冥界渡夫 Charon

卡戎是冥界的船夫，负责将亡灵摆渡过冥界的辛酸之河。这条河与世界上其他河流不同，它的水质非常之轻，就连一枚轻飘飘的羽毛也会迅速沉入水底。在这里，除非登上卡戎的船只，否则任何人也无法通过。古希腊有一个习俗，人们在死者的嘴巴里放一枚钱，就是为了让其灵魂安全渡过辛酸河进入冥界，否则灵魂就得在世界上游荡漂泊百年之久。当然，中国以前也有在死者身上放一枚钱的风俗，不同的是希腊人带钱是为了坐船，而中国人带钱是为了喝汤。

▷ 图 4–65 Charon the ferryman

关于冥河船夫卡戎，塞涅卡在悲剧《俄狄浦斯》中叙述道：

那在涌动的水面上

看守着他的大船的——

是一个船夫，年高老迈

——塞涅卡《俄狄浦斯》166-168

而维吉尔则在《埃涅阿斯纪》中说道：

有一位可怕的渡口主人守望着这些肮脏不堪的

溪流河水：卡戎，他的须发大多灰白，

凌乱地围在下巴上面

——维吉尔《埃涅阿斯纪》卷6 298-300

注意到在希腊神话与罗马神话的相关诗文中，每每提到这位摆渡亡灵的船夫时，无不出现关于这位艄公年老、年迈的描述。这暗示我们，冥河渡夫的名字卡戎 Charon 正与希腊语中的 geron '老年'同源。这位艄公摆渡着亡魂，将亡魂带入黑暗而冷寂的冥土之中。这个神话的隐喻很明显：卡戎是老年的化身，而正是老年本身无情地将我们引向死亡。

geron 意为'老年'，因此灰衣三妇人被称为 Graiai【年老的妇人】；而藿香蓟之所以称为 Ageratum【不老的】，因为植物学家发现其花朵经久不衰，故名。

另外，在命名了冥王星 Pluto 之后，人们用冥界船夫卡戎的名字 Charon 来命名其卫星，也就是冥卫一 Charon。

4.6.4.2 夜神世家 之死亡与梦境

黑夜女神未经相爱交合，独自分娩出了一群可怕的后辈神明。包括可怕的厄运之神摩洛斯 Moros、毁灭女神刻耳 Ker、死神塔那托斯 Thanatos、睡神许普诺斯 Hypnos、梦呓神族俄涅洛伊 Oneiroi 以及诽谤之神摩摩斯 Momus、苦难之神俄匊斯 Oizys、黄昏仙女赫斯珀里得斯姐妹 Hesperides、命运三女神摩伊赖 Moerae、死亡女神刻瑞斯 Keres、报应女神涅墨西斯 Nemesis、欺骗女神阿帕忒 Apate、淫乱之神菲罗忒斯 Philotes、衰老之神革剌斯 Geras、不和女神厄里斯 Eris。他们代表着人间的各种悲苦不幸，就如同可怕的黑夜一样，带给人们无尽的恐怖和灾难。 其中，最著名的莫过于死神塔那托斯和睡神许普诺斯两位兄弟了。睡神许普诺斯手下还有一群次神，名曰梦呓神族俄涅洛伊 Oneiroi。关于死神和睡神，赫西俄德说：

> 在那里还住着幽深的夜的儿子们，
> 睡眠和死亡，让人害怕的神。
> 太阳神亦从未用阳光看照他们，
> 无论日升中天，还是日落归西。
> 他们一个漫游在大地和无边海上，
> 往来不息对人类平和而友好；
> 另一个却心如铁石性似青铜，
> 毫无怜悯。人类落入他手里
> 就逃脱不了，连永生神们也恼恨他。

——赫西俄德《神谱》758-766

死神 Thanatos

死神无疑是位让人闻之色变的神灵。在后来的传说中，死神常常披着黑色斗蓬，手持一把镰刀，像农人收割麦田一样收割人们的灵魂。欧里庇得斯[1]称他是"死亡的王子，黑衣的塔那托斯"。出于畏惧，人们都不敢谈论他的故事，因此流传下来的传说就很少了。死神负责将阳寿已尽者的灵魂带回冥界，尤其是那些拒绝进入冥界的阴魂。当然，死神也不是每一次都能将这些负隅顽抗的家伙制服，据说他曾被一个名叫西绪福斯的家伙所欺骗并绑架，而西绪福斯也为此罪行付出了沉重的代价——后来他被打入了冥界最底层的塔耳塔洛斯深渊。

死神塔那托斯的名字 Thanatos 意为'死亡'，其衍生出了英语中：较悲惨的死亡方式叫做 cacothanasia【不好的死亡方式】，对比字迹潦草 cacography【差的书写】、杂音 cacophony【难听的声音】、恶魔 cacodemon【坏的灵魂】；相对于这种不好的死亡方式，安乐死

①欧里庇得斯（Euripides，前485—前406年），与埃斯库罗斯和索福克勒斯并称为希腊三大悲剧大师，他一生共创作了九十多部作品，保留至今的有十八部。

euthanasia 无疑是一种【好的死亡方式】，对比颂扬 eulogy【好的言辞】、优生学 eugenics【优良基因技术】、悦耳 euphony【美好的声音】；当然，死法有很多种，用水淹死叫 hydrothanasia【死于水】、用电击死叫 electrothanasia【死于电】；还有致命的 thanatoid【死亡的】、死亡观 thanatopsis【对死亡的看法】，死亡收容所 thanatorium【放置死尸的地方】；而永生 athanasia 就是【不会死去】，这种事现在看来只是一种传说，人总有一死，Memento mori[1]。

1 这是一个拉丁语名言，意思为： Remember you will die。

睡神 Hypnos

人们常将死神塔那托斯和睡神许普诺斯相提并论，大概是因为死亡和睡眠有不少相似点，毕竟死亡就如同永远睡去一般。在神话中，睡神是死神的孪生兄弟。睡神居住于黑海北岸的一个山洞中，在那里，阳光终年无法照进，只有昏暗迷离的晨光与夕影。山洞底部流淌着冥界忘川的一段支流，而山洞的入口处则长满了罂粟花与一些草药，这些草药和睡神一样，大都具有催眠的功能。

睡神的妻子是美惠女神中最年轻的帕西忒亚 Pasithea。这牵扯一段故事：在特洛亚战争时期，天后赫拉谋划要把支持特洛亚的宙斯催眠，以便趁机帮助正处在被动一方的希腊联军。她找到了睡神许普诺斯，请其出山帮忙催眠宙斯。睡神曾经得罪过宙斯，怕宙斯再迁怒于自己，就断然拒绝了赫拉。无奈之下，赫拉只好用美人诱惑他，说事成之后答应将美惠女神帕西忒亚嫁与他。许普诺斯对这位美惠女神暗恋已久，苦于不敢直面向她表白。得到了赫拉的许诺，睡神欣喜若狂，立刻答应了赫拉的请求。尽管事发后宙斯气得到处追杀许普诺斯，并重重地处罚了他，不过当他刑满获释以后，如愿以偿地娶到了心爱的大美人做老婆，这也算很值了。荷马讲到：

牛眼睛的天后赫拉重又对睡神这样说：
"睡神啊，你现在为什么要回忆这一切？
你以为鸣雷的宙斯正帮助特洛亚人，
会像当年为儿子赫剌克勒斯那样生气？
你就去吧，我将把一个最年轻的美惠女神

送给你成婚，她将被称为你的妻子，

帕西忒亚，就是你一直恋慕的那个。"

——荷马《伊利亚特》卷 14 263-269

> ▷ 图 4-66 Hypnos and his half-brother Thanatos

　　睡神许普诺斯的名字 Hypnos 意为'睡眠'，其衍生出了英语中的：催眠术 hypnosis 本意为使人陷入【睡眠的状态】，催眠一般多用于对有精神疾病的患者进行精神治疗 hypnotherapy【睡眠疗法】的场合，很少有像电影《武状元苏乞儿》中传授睡梦罗汉拳那样把你催眠了然后教你武功的，顺便提一下这种催眠状态下的学习方式被称为 hypnopedia【睡眠学习】；除此之外，还有英语中：睡眠的 hypnotic【睡觉的】、催眠的 hypnagogic【促使进入睡眠的】、睡眠良好 euhypnia【好睡眠】、睡眠不佳 dyshypnia【不好的睡眠】、催眠学 hypnology【催眠学】、睡眠恐怖 hypnophobia【害怕睡眠】。

　　希腊语的 hypnos '睡眠'与拉丁语的 somnus '睡眠'同源，后者衍生出了英语中：梦游 somnambulance【睡梦中行走】、昏睡的 somnolent【睡眠的】、催眠药 somnifacient【产生睡眠的】、催眠的 somniferous【带来睡眠的】、呓语 somniloquence【说梦话】、说梦话 somniloquy【说梦话】、失眠 insomnia【无法入睡】。

梦呓神族 Oneiroi

　　梦呓神族被认为是睡神麾下的三位次神，他们主管着各种各样的梦境。这三位梦神分别为睡梦之神摩耳甫斯 Morpheus、噩梦之神福柏托耳 Phobetor、幻象之神方塔索斯 Phantasos。这无疑是古希腊人对在睡眠中产生梦境的一种神话学解释。古希腊人认为，梦中会有各种各样的'幻象'phantasos，各种'影像'morpheus，抑或'惊惧'phobetor。在神话中，当诸神要将某种预言传递给一些凡人的时候，他们就派这三位梦神变幻成不同的形象托梦给人，摩耳甫斯化身为人托梦，福柏托耳化身为鸟兽托梦，方塔索斯则化身为无生命之物托梦。根据荷马的说法，这些梦呓神居住在大洋的尽头，在那里他们拥有两座门，一座门为牛角制成，一座门由象牙制成。穿过牛角门的梦提供真实，不管哪个凡人梦见它都会看到真实。而穿越象牙门的梦却常常欺骗人，为人送来不可实现的话语[1]。

梦呓神族的名字 Oneiroi 是希腊语名词 oneiros '梦境' 的复数形式，字面意思是【众梦】，作为神灵可以理解为'众梦神'。oneiros '梦境' 一词衍生出了英语中：做梦的 oneiric【梦的】、解梦人 oneirocrite【辨析梦境的人】、解梦术 oneirocritic【解梦之技艺】、占梦 oneiromancy【梦的预测】。或许我们应该提一下著名诗人品达的那句话：

Σκιᾶς ὄναρ ἄνθρωπος.[2]

睡梦之神 Morpheus

摩耳甫斯是睡梦之神，他代表梦中的人物影像。摩耳甫斯的名字 Morpheus 由希腊语的 morphe '形态、影像' 和 -eus '……者' 组成，人们认为梦是各种各样的影像出现在人脑中的结果，因此将摩耳甫斯尊为梦神。《黑客帝国》中尼布甲尼撒号的船长 Morpheus。在《黑客帝国2重装上阵》中，Neo 和 Trinity 二人在公路上驾车，他们的车牌是 "DA203"，于是我们可以查阅《圣经·但以理书》第2章第03节：

尼布甲尼撒王对臣子们说：我作了一梦，心里烦乱，想知道这是什么梦。

1 至今人们仍用象牙寓意"虚幻、脱离实际的事物"，于是就有了英语中的 ivory tower【象牙塔】，喻指脱离实际的小天地。

2 这是诗人品达的一句著名箴言，意思是：人是一个影子的梦。

➤ 图4-67 《黑客帝国》剧照

根据《圣经》记载，尼布甲尼撒是巴比伦国王，他做了一个梦，醒来时心情烦乱，却忘记了梦见什么，于是他找遍全国，寻求一个能知道自己梦的内容的人。而在电影中，Morpheus 等人乘坐"尼布甲尼撒"号飞船去找先知诠释什么是真实，自己是不是生活在充满幻象的梦中。这无疑说明，《黑客帝国》是一部值得深入思考探究的影视作品。

morpheus 代表梦境，于是一种让人能产生梦境般幻觉的药品被称为吗啡 morphine【让人轻飘飘如梦的药品】，从而也有了吗啡上瘾 morphinomania【吗啡迷恋】；希腊语的 morphe '形态'则衍生出了：形态形成 morphosis【形态形成的过程】、畸形 anamorphosis【形态形成错误】。古罗马诗人奥维德的著名神话作品《变形记》取名为 *Metamorphoses*，字面意思是【变形故事集】，是 metamorphosis '形态变化'的复数；metamorphosis 这个词也被用来指生物中的变态发育，像蝌蚪发育成青蛙，因为在这个过程中，生物的基本【形态发生了改变】；还有英语中的形态学 morphology、地貌 geomorph、多型的 polymorphic、同型的 isomorphic 等。

噩梦之神 Phobetor

福柏托耳是噩梦之神，他代表梦中令人恐惧的景象。其名字 phobetor 一词即由表示'使恐惧'的 phobeo 和 -tor '……者'组成，字面意思是【使人恐惧者】，这是对噩梦在做梦者心中影响的一种诠释。phobeo '使恐惧'的名词形式为 phobos '恐惧'，我们在《火星战神和他的儿子们》中讲解火卫一 Phobos 时已经分析过该词汇，此处再略作补充：得了狂犬病的人怕喝水，所以狂犬病被称作 hydrophobia【畏水症】，一般是由于被疯狗咬伤所致，这种人以后通常都会很【怕狗】cynophobia 的；当然，害怕什么动物 zoophobia【害怕动物】的人都有，比如害怕蜘蛛 arachnophobia【害怕蜘蛛】、害怕猫 ailurophobia【害怕猫】、怕蛇 ophidiophobia【害怕蛇】等。

幻象之神 Phantasos

方塔索斯是幻象之神，他代表着梦中所出现的各种离奇古怪的影像。他的名字 Phantasos 一词对应英语中的 fantasy。这个词来自于希腊语的 phano '使显现'。喜欢 fancy 的人，大脑里都是各种各样的幻象，而所谓的幻想曲 fantasia，就给人类似的各种幻象的感觉。

4.6.4.3 夜神世家 之命运与惩罚

夜神倪克斯还独自生下了可怕的命运三女神摩伊赖 Moerae、死亡女神刻瑞斯 Keres 和报应女神涅墨西斯 Nemesis。赫西俄德说：

> 她还生下命运女神和冷酷无情的死亡女神。
> 她们追踪神们和人类犯下的罪恶。
> 这些女神绝不会停息可怕的愤怒，
> 直到有罪者受到应得的严酷处罚。
> 她还生下报应女神，那有死凡人的祸星
>
> ——赫西俄德《神谱》217-222

命运三女神 Moerae

摩伊赖是命运三女神的合称，她们掌管着世间万物的命运。这三位女神分别是克罗托 Clotho、拉刻西斯 Lachesis 和阿特洛波斯 Atropos。根据神话记载，每个人在出生后的第三个夜晚，他的生命长度就已经确定了。命运女神依据上天的旨意，纺织每个人的命运之线。其中，克罗托负责纺织生命之线，拉刻西斯负责丈量生命之线长度，阿特洛波斯则负责切断生命之线。她们执行天命，即使宙斯也不能强行违抗她们的安排。

命运三女神的名字 Moerae 在希腊文中写作 moirai，是 moira '所分配'的复数形式。在古代希腊，人们认为命运是在冥冥之中被分配和注定的，凡人或神祇皆不可逾越。因此当神王宙斯想要拯救濒死的儿子萨尔佩冬时，赫拉指责他说：

> 可怕的克洛诺斯之子，你说什么话？
> 一个早就公正注定要死的凡人，
> 你却想要让他免除悲惨的死亡？
> 你这么干吧，其他神明不会同意。
>
> ——荷马《伊利亚特》卷 16 440-443

可见命运被称为 moira '所分配' 的原因，乃是已经分配好的不能更改的定数。moira 意为'所分配'，因此也代表整体中分出的一小部分。当希腊人细分一个圆周时，将其分为 360 等分并把其中的每个等分称为 moira【所分配的一部分】，后者被翻译为拉丁文 *degradus【逐级】，从而衍生出英语的 degree；希腊人称一度的 1/60 称为"moira 的第一次细分"，后者的 1/60 称为"moira 的第二次细分"；这两个概念被翻译为拉丁语的 pars minuta prima【部分的第一次细分】、pars minuta secunda【部分的第二次细分】，英语中的 minute "分"和 second "秒"便由此而来。希腊语的 moira 与拉丁语的 mereo '份额'同源，后者衍生出了英语中：所谓的荣誉 merit 其实就是你【应该得到的那份】，即将结束时候的荣誉比如名誉退休 emeritus【最后的份额】，剥夺荣誉即处分 demerit【去掉份额】；而化学中同分异构体 isomer 本意为【相同的部分】，聚合物 polymer 就是【由很多部分组成】之意。

纺织者 Clotho

克罗托负责纺织生命之线，她的名字 clotho 意为'纺织'，希腊语中将纺织用的梭子称为 closter【纺织的工具】，后者衍生出了英语中的梭菌 clostridium【梭状的（细菌）】[1]。

丈量者 Lachesis

拉刻西斯负责丈量生命之线的长度，每个人生命的长短就是由她裁定的。她的名字 Lachesis 源自希腊语的 lachein '抓阄分配'，其中 -sis 后缀构成表示动作过程的名词，对比英语中的 analysis、diagnosis、photosynthesis，这些词汇中都还保存了动作过程的概念。

断线者 Atropos

阿特洛波斯负责切断生命之线，使人归于天命，她被认为是三姐妹中最可怕的一位。她的名字 Atropos 由希腊语的 a- '否定前缀'[2]和 tropos 'turn' 构成，意思是说命运的轮子【不转了】，说白了就是歇菜了。希腊人发现，颠茄内含有致命的毒素，少量的颠茄就能致人于死地，因此将这种植物称为 atropa，后来人们从该植物中提取出一种药剂，便称其为阿托品 Atropine【源自颠茄的药剂】，该药一般用于有机磷中毒解毒药，这大概就是所谓的以毒攻毒了。相似的可以对比吗啡 morphine【让人轻飘飘如梦的药品】，因为吸食吗啡会让人产生幻觉，就如做梦一般；而吸食海洛因 heroin 大概会让你爽得感觉自己跟个大侠一样，即 feel like a hero，不过请千万不要试，一旦成为大侠就难再退出江湖了。

tropos 意为'turn'，于是就有了英语中：热带 tropic 一词本指回归线，即太阳每年夏至和冬至时直射点所在的两条纬线，太阳直射点至回归线处【转向往回走】；又因为两回归线间为低纬度地区，从地理上看就是以赤道为中心的热带地区，所以 tropic 就有了"热带"之意，而副热带就是 subtropic【次于热带】了。对流层之所以被称为 troposphere【the turning sphere】，因为这里的空气由于温度不同而下冷上热，产生对流，当冷空气下沉到地面时会因为被加热而"转向"上升，热空气上升时因为失去温度变冷而"转向"下沉[1]。辟邪物 apotropaion 就是能让人【turn away from evil spirit】之物了，而天芥菜因为喜阳光而被称为 heliotrope【朝向太阳】。还有向地性 geotropism【朝向地】、趋光性 phototropism【朝向光】、熵 entropy【a turning toward】等。

死亡女神 Keres

刻瑞斯被认为是死亡女神，这个名字是复数形式，并且是毁灭女神刻耳 Ker 之名字的复数。荷马史诗中，刻瑞斯是死亡的化身，她们一般在战斗或者残暴的场面出现，掌握着每位英雄的命运。她们浑身漆黑、背有双翅、獠牙外露，异常可怕。细读赫西俄德的《神谱》，会发现这里的死亡女神刻瑞斯似乎和命运三女神一样，指的都是克罗托、拉刻西斯、阿特洛波斯三位女神。这一点似乎也在他的《赫刺克勒斯之盾》一诗中反映了出来。

> 而那些已经被老龄抓住的年迈的男子们，
>
> 全都聚集在城墙外，他们为自己的孩子们担忧，
>
> 伸出双手向天国众神祈祷，但这些年轻人
>
> 却再次杀入敌阵。昏黑色的死亡之神们
>
> 紧随其后，紧咬着白森森的利齿，

[1] 当然，这只是简单的纵向对流，还有横向温度不均引起的对流，它形成了我们所说的风。

目光凶狠、毛发粗黑、通体呈黄褐色，极其可怖，

她们争夺着死者，只因渴望喝下那黑色的血。

盾上还刻着：只要她们找到一个受伤倒下的人，

其中一个会伸出强大的利爪抓住他，

他的灵魂就下降到冥国中，进入寒冷的

地狱深渊。当她们心满意足地

喝完人血之后，就把这一具尸体扔在身后，

再次冲回厮杀和喧嚣的战斗中。

只见克罗托和拉刻西斯挨得很近，而

阿特洛波斯虽然没有诸神高大，

却比其他神更为古老。

——赫西俄德《赫剌克勒斯之盾》245-260

报应女神 Nemesis

涅墨西斯被认为是惩罚和报应之女神，她专门惩罚犯罪和过于傲慢的人，并满世界追缉各种凶手，使其丧失理智，遭到不义的报应。特洛亚战争结束后，阿伽门农的妻子就因为弑夫而被报应女神追杀。而美少年那耳喀索斯因为过分自恋，无情地拒绝了仙女厄科，也遭到了报应女神的惩罚，变成了水仙花。

▷ 图 4-68　Leda and the Swan

关于涅墨西斯的传说，流传最广的莫过于美女海伦的出生。相传，主神宙斯爱上了涅墨西斯，但却遭到了女神母亲倪克斯的拒绝。宙斯则想尽一切办法想占有她，又羞又怒的女神一直躲避着穷追不舍的宙斯。当她变成一条鱼跳进海里，宙斯搅起了海水，涅墨西斯就逃到陆地上，变成各种各样的动物。最后，她变成一只鹅，宙斯变成一只天鹅来与其交配。后来，女神生下了一个蛋，并把它藏了起来，也许就被斯巴达王后勒达无意中发现。正如女诗人萨福在一页残篇中所言：

据说，勒达曾经在风信子底下发现了一个蛋。

后面的情节我们不难想像。从这只蛋中诞生了美女海伦，而勒达则被认为是海伦的亲生母亲，于是就有了后来宙斯变成天鹅和王后勒达结合的故事。这个故事似乎暗含着这样一个伏笔：从惩罚女神涅墨西斯的蛋中诞生了海伦，而正是海伦引发了降临在人类身上的巨大惩罚，也就是为期十年、死伤众多的特洛亚战争。

涅墨西斯最初司管分配奖惩，因此被认为是正义和礼制的化身。善良的、有功的人她会给予奖赏，而对于邪恶的、杀人凶手等她则会追究这些人的刑责。大概是纯洁的女神遭到了宙斯的奸污，她开始心灰意冷，心中充满了惩罚的念头，于是她只顾惩罚，每一个犯下大错的人都会遭到她的追究。于是我们就不难理解，报应女神的名字 Nemesis 源自希腊语的 nemo'分配'，后者衍生出了希腊语的 nomos'法则、规章'，从而有了英语中的 astronomy【星体运行法则】、gastronomy【养胃的法则】、agronomy【事田之法】等词汇。话说回来，表示'分配'的 nemo 怎么能产生'法则、规章'nomos 的概念呢？

或许我们应该从早期的哲人那里找到答案。柏拉图在《克拉底鲁篇》中讲到雅典城邦的起源时，叙述了这样一个传说：

从前，神把整个世界划分成若干区域，然后按抽签方式分配。各个神如此公平地分得了自己所属的地域后，就在各自的地域安置居民，像牧羊人饲养羊群那样饲养他们，按照自己的意向用劝导的舵来掌管人们的灵魂。赫淮斯托斯和雅典娜得到了雅典这块土地，作为共同掌握的地域，在这里培养了许多土生土长的有美德的人，给他们的心灵灌输治理国家的方法，形成了典章制度……

顺便提一下，在这场抽签中，雅典娜抽到了雅典城[1]、战神阿瑞斯抽到了斯巴达[2]、爱与美之女神阿佛洛狄忒抽到了塞浦路斯[3]、迟到的太阳神赫利俄斯抽到了罗得岛[4]……众神在自己分得的地盘上为子民立法，因此 nomos 便有了'法则、规章'之意。

nomos 意为'法则、规章'，其衍生出了英语中：制法的 nomothetic 本意为【安排法规的】；所谓经济 economy，本来指【持

[1] 所以雅典城市名为 Athens【雅典娜之城】。雅典出过很多伟大的哲学家，不得不说是继承了智慧女神雅典娜的种种优秀品质啊。

[2] 因此斯巴达好战，全国都穷兵黩武，完全军事化。

[3] 阿佛洛狄忒的出生地即在塞浦路斯，人们也称其为 Cyprian【塞浦路斯人】，该词也因为阿佛洛狄忒而有了"淫荡者"之意。

[4] 罗得岛人非常崇拜太阳神，被誉为七大奇迹之一的太阳神塑像就立于罗得岛上。

家之法】，持家以节俭实用为主，故称为 economic【经济的】；经济
学又分为宏观经济学 macroeconomics【宏观经济学】、微观经济学
microeconomics【微观经济学】、社会经济学 socioeconomics【社会
经济学】；他律 heteronomy 其实就是【相异的法则】，矛盾 antinomy
意思是【两种相反的法则】；《申命记》Deuteronomy 本意为【第二律
法】，根据圣经记载，摩西对以色列民作了三次训勉，这些劝勉都是
以色列人要遵守的律法；还有自治 autonomy【自主治理】、功效学
ergonomics【功效的法则】、烹饪法 gastronomy【养胃之法】、分类法
taxonomy【分类法则】等。

4.6.4.4 夜神世家 之苦难的起源

黑夜女神未经相爱交合，独自分娩出了一群可怕的后辈神明。
这些神明中，我们尚有厄运之神摩洛斯 Moros、诽谤之神摩摩斯
Momus、毁灭女神刻耳 Ker、苦难之神俄叙斯 Oizys、黄昏仙女赫斯
珀里得斯姐妹 Hesperides、欺骗女神阿帕忒 Apate、淫乱之神菲罗忒
斯 Philotes、衰老之神革剌斯 Geras 以及不和女神厄里斯 Eris 尚未讲
解。这些神说白了都不是什么善茬儿，他们给人间带来了众多的灾难
和痛苦。

厄运之神 Moros

摩洛斯的名字 Moros 一词为命运三女神 Moerae 对应的阳性单数
形式，所以其也被认为是男性的命运之神。相似的道理，死亡女神
Keres 乃是毁灭女神 Ker 的复数形式。

毁灭女神 Ker

毁灭女神刻耳的名字 Ker 是死亡女神 Keres 的阴性单数形式。Ker
一词在古希腊语意为‘死亡、毁灭’，与此同源的英文词汇不多，比
如英语中的骨溃疡 caries【骨头的溃坏、死亡】。

诽谤之神 Momus

摩摩斯被认为是诽谤之神。据说人类的快速繁衍使得大地沉重不
堪，于是摩摩斯便恶意诽谤人类，他建言宙斯减少人类种族的数目。
宙斯本打算用雷电和洪水消灭人类，但摩摩斯阻止了这种方式，他建
议在希腊人和野蛮人之间发动可怕的特洛亚战争。在他的建议下，宙

斯将仙女忒提斯下嫁于凡人，仙女生下了伟大的英雄阿喀琉斯，后者成为特洛亚战争中最可怕的英雄；宙斯还遵从摩摩斯的建议，生下了一个无比动人的女儿，也就是引发特洛亚战争的美女海伦。于是规模空前的战争在摩摩斯的计谋下逐步展开，英雄和平民纷纷遭到屠戮，宙斯的计划就实现了。

现代英语中，人们也将喜欢挑剔责难的人称为 momus。

苦难之神 Oizys

苦难之神俄匊斯代表所有的悲惨和苦难，她的名字 Oizys 意思即为'悲惨、苦难'。她对应对应罗马神话中的 Miseria，后者衍生出了英语单词 misery。

黄昏仙女 Hesperides

黄昏仙女赫斯珀里得斯姐妹一共有三位，分别是赫斯珀拉 Hespera、厄律忒斯 Erytheis 和埃格勒 Aegle 三姐妹。三姐妹住在大地极西，那里有一个神圣的果园，栽种着天神宙斯和天后赫拉婚礼上大地女神送给新娘的一颗金苹果树，树上的金苹果可以使任何人长生不老。赫斯珀里得斯姐妹受命看管着这片苹果林。和她们一同看守这里的，还有可怕的巨龙拉冬。大英雄赫剌克勒斯的第十一项任务就是去取回极西园的金苹果。他历尽艰险，满世界搜寻，终于在大地尽头找到了这传说中的园林，并借助扛天巨神阿特拉斯的力量，终于成功地盗得了金苹果。后来当阿耳戈英雄们漂泊至此的时候，他们看到金苹果被盗之后的场景：

> ……英雄们并不是随意游荡，
>
> 而是来到了一片神圣的原野，仅仅一天之前，
>
> 巨龙拉冬还在这里守卫着极西园
>
> 中的金苹果，赫斯珀里得斯仙女们
>
> 还在园中到处奔忙，唱着优美的歌。
>
> ——阿波罗尼俄斯《阿耳戈英雄纪》卷 4 1395-1399

> 图 4-69 The garden of the Hesperides

赫斯珀里得斯姐妹的名字 Hesperides 字面意思即【黄昏之女儿】，因此她们被称为黄昏仙女。这个名字也可以理解为'西方之女'，这

也对她们居住在世界最西方的暗示。三位仙女的名字似乎也都与黄昏息息相关，Hespera 意为'黄昏'、Erytheis 意为'羞怯的'、Aegle 意为'光芒'。黄昏时阳光开始变得昏暗，恰如羞怯少女的脸庞。

欺骗女神 Apate

阿帕忒是欺骗女神，世间所有的虚假的欺瞒诈骗都因她而起。与她对立的是真理女神阿勒忒亚 Alethea，后者由'否定前缀'a- 和 lethe'遗忘'构成，字面意思为【不会遗忘、永恒铭记】，对比冥界忘川 Lethe【遗忘】。相应地，阿帕忒的名字 Apate 在希腊语中意为'欺骗'。磷灰石曾经多次被误认为其他矿物，因此人们将其命名为 apatite【欺骗之石】。

淫乱之神 Philotes

菲罗忒斯被认为是淫乱之神，她的名字 Philotes 一词意思即为'爱恋'，由动词 phileo'爱、喜欢'衍生而来。phileo'爱'衍生出了英语中：哲学 philosophy 字面意思为【爱智慧】，据说苏格拉底将哲学探讨称为对智慧的爱，以区别于那些自认为已经掌握了知识的智者派 sophist【智慧的人】；大二的学生被称为 sophomore【聪明的傻瓜】，这个年级的孩子往往因为一年的大学阅历觉得自己已经学到很多了不起的知识了，开始夜郎自大，便得此绰号；费城 Philadelphia 字面意思为【兄弟之爱】，这个城市也被称为 city of brotherly love①；飞利浦 Philips 一名本意为【爱马者】，而飞利浦品牌则取自其创始人赫拉德·飞利浦的姓名，现在已经成为世界知名的大型跨国公司②；还有爱乐的 philharmonic【喜欢乐音】、喜新成癖 neophilia【喜欢新的】、博爱 philanthropy【爱人类的】、爱护动物的 zoophilous【爱动物的】、爱书者 bibliophilist【爱书的人】等。

夜莺也被称为 Philomela，这牵扯一个神话故事：雅典国王有一个小女儿叫菲罗墨拉 Philomela，生得可爱迷人，而且歌声甜美。菲罗墨拉的姐姐名叫普洛克涅，姐妹关系一直很好。后来普洛克涅远嫁给了色雷斯国王忒柔斯，并为其生下了一个儿子。过了数年，姐姐很想念妹妹，便让丈夫去雅典接妹妹过来一段时间。谁知忒柔斯竟对少女起了邪心，在归国的途中奸污了菲罗墨拉，并割去了她的舌头，将

① Philadelphia 一词由 phileo'爱'和 adelphos'兄弟'构成。其中 adelphos 由表示前缀 a-'相同'和 delphos'子宫'组成，表示【源于同一子宫的人】，故为兄弟。海豚是一种具有子宫的鱼类，因此被称为 dolphin【具子宫的鱼】。

② 源于创办者人名的知名品牌还有很多：香奈儿 Chanel 以其创始人 Gabrielle Chanel 名字命名、阿迪达斯 Adidas 以其创办人 Adolf Dassler 名称命名、迪士尼 Disney 的创办者为 Walter Elias Disney、阿玛尼 Armani 由设计大师 Giorgio Armani 创建于米兰、范思哲 Versace 由意大利设计师 Gianni Versace 创建、卡地亚 Cartier 的创始人为 Louis-Francois Cartier、路易·威登 Louis Vuitton 的创始人为 Louis Vuitton（即 LV）、皮尔·卡丹 Pierre Cardin 创始人为 Pierre Cardin、普拉达 Prada 的创始人 Mario Prada……

她囚禁在一片树林里。后来姐姐得知此事，愤怒异常，她救出了妹妹，并设计使丈夫吃了自己的亲生儿子。发现真相后的忒柔斯又气愤又悲痛，便追着要杀死这两个姐妹，在逃跑中菲罗墨拉变为了一只夜莺，而普洛克涅化身为一只燕子。菲罗墨拉的名字 Philomela 字面意思是'爱唱歌'，这点不但符合这位少女的习性，而且也是夜莺的一大特点。对比表示夜莺的另一词汇 nightingale【夜晚歌唱】。

➤ 图 4-70 Tereus's banquet

衰老之神 Geras

革剌斯是衰老之神，他的形象为一个身材矮小，堆满皱纹的老人。与他对立的是青春女神赫柏。革剌斯的名字 geras 意为'苍老'，源自希腊语的 geron '老年'，我们在《海神家族 之灰衣妇人》一文中已经分析，此处不再赘述。

4.6.4.5　夜神世家 之是是非非

黑夜女神倪克斯生下的最后一个孩子厄里斯 Eris 大概是诸神中最缺心眼、最爱搬弄是非、挑拨离间的一个了。也正是如此，这位爱挑拨离间、引发纷争的不和女神以其旗帜鲜明的缺心眼个性而"名垂青史"。

根据希腊神话传说，大英雄珀琉斯爱上了海中仙女忒提斯，经过不懈追求终与之成为眷属。海中仙女忒提斯在仙界人缘奇好，并且也是主神宙斯所钟爱的女神，众神于是纷纷应邀参加他们的婚礼，并送上了各自的礼物和祝福。婚礼上到处都是神界的大人物，好不热闹。但是一说起神界大人物都出席的宴会，有一个自认为属于大人物的家伙就超级不爽了，因为她没有接到邀请函。这位自认为是"大人物"的神灵就是不和女神厄里斯。厄里斯脸上一副不恙冲进婚礼中，把一只金苹果扔到宴会餐桌上，并大声喊着说要将这只苹果献给"世界上最美的一位女神"。

于是宴席上的众女神都坐不住了，纷纷想得到这只金苹果，特别是要得到"最美女神"这一特殊荣誉。众神们纷纷陷入谁有资格享有"最美女神"之殊荣的激辩之中，经过层层比选，有三个女神成为了公众都认可的候选神，她们分别是天后赫拉、智慧女神雅典娜和爱与美之女神阿佛洛狄忒。三个女神为了最美的荣誉争执不下，吵得面红耳赤，几乎都要动手厮打起来了，因为每一位都认为自己才是这世上最美的女神。既然各不相让，她们去找天神宙斯裁决，天神心里也发憷，因为把这个荣誉给任何一个都会得罪其他两个。宙斯此时大概想起他的贴身侍童伽倪墨得斯常常在他面前夸起的特洛亚王子帕里斯[1]，就搪塞她们说：我相信人类中有贤者能够判断出你们谁最完美，特洛亚王普里阿摩斯有个儿子叫帕里斯，你们请他做裁判最好了。于是三女神又来到伊达山找到正在放牧羊群的美少年帕里斯，并拿出各种好处来利诱这个小伙子。帕里斯经过一番斟酌，裁定说阿佛洛狄忒是诸神中最美的一位，因为女神答应让他得到世间最美的女子。

▷ 图 4-71 The judge-ment of Paris

这个最美的女人就是美女海伦，帕里斯在出访斯巴达时公然抢走了美女海伦，从而引发了著名的特洛亚战争。由此看来，这场浩劫的最终元凶就是热爱挑拨离间的不和女神了。而英语中将冲突的起因称为 Apple of discord，也正是源于她扔下的那颗金苹果。

自从 1930 年冥王星被发现以来，学界一致认为太阳系有九大行星，直到 2006 年天文学家发现了比冥王星还要远的一颗行星。因为这颗星比作为第九大行星的冥王星体积还大，一些学者认为应该将这颗星列为太阳系的第十大行星，另一些学者认为这颗星和冥王星都个子太小，应该归入矮行星之列，这两派因此产生了极大的争论。经过商讨，国际天文学会于 2006 年 8 月 24 日决议：将冥王星开除大行星行列，降为矮行星，同时将新发现的行星定为矮行星。由于这颗新行星曾引起了学者激烈的争论，并最终导致冥王星的身价沦落，学者们便将其以引起纷争的不和女神厄里斯之名命名为 Eris，并用她女儿的名字 Dysnomia 命名了其卫星。

不和女神还生下一堆能给人类带来各种不幸的次神，分别是劳役之神 Ponos、遗忘之神 Lethe、饥荒之神 Limos、痛苦之神 Algea、混战之神 Hysminai、战争之神 Machai、杀戮之神 Phonoi、屠杀之神 Androctasiai、争端之神 Neikea、谎言之神 Pseudologoi、争论之神 Amphilogiai、混乱之神 Dysnomia、蛊惑之神 Ate、誓言之神 Horkos。这些人物既是神话中的次神，又是该事物的化身，他们给人类带来了无尽的灾难。赫西俄德说：

> 可怕的不和女神生下了痛苦的劳役神、
> 遗忘神、饥荒神、哀泣的痛苦神、
> 混战神、战争神、杀戮神、屠杀神、
> 争端神、谎言神、争论神、
> 相近相随的混乱神和蛊惑神，
> 还有誓言之神，他能给大地上的人类
> 带来最大灾祸，只要有谁存心发假誓。
>
> ——赫西俄德《神谱》226-232

注意到这些孩子大致可以分为三批，第一批代表着悲伤和痛苦，他们分别为劳役之神、遗忘之神、饥荒之神、痛苦之神；第二批孩子代表着战争和屠杀，他们分别为混战之神、战争之神、杀戮之神、屠杀之神、争端之神；第三批孩子代表着言语冲突和不敬，他们分别为谎言之神、争论之神、混乱之神、蛊惑之神、誓言之神。

悲伤痛苦类

不和女神生下的第一批的四个孩子分别有劳役之神、遗忘之神、饥荒之神、痛苦之神，他们是各种悲伤痛苦的象征。

劳役之神 Ponos

劳役之神的名字 Ponos 一词意为'劳作'，一般引申为'痛苦、折磨'，因为辛苦的劳作给人们带来了苦难和折磨。其衍生出了英语中：土耕 geoponics【土地上耕作】、水培 hydroponics【水中耕作】、无土耕种 aeroponics【空中耕作】。麦蜂因为辛勤劳作而被人们称为 Melipona【劳作的蜜蜂】；猛蚁有厉害的尾刺，被其叮咬会非常疼痛，因此该蚁种被命名为 Ponera【让人疼痛的蚂蚁】。当然，ponos '劳作' 一词的魅力似乎在索福克勒斯①的一句名言中展现无遗：

Πόνος πόνῳ πόνον φέρει.②

遗忘之神 Lethe

遗忘之神 Lethe 同时也是冥界五大河流之一的忘川的名字。忘川即遗忘之河，根据神话传说，亡灵需饮此水以忘却生前之事。lethe 一词意为 '遗忘'，其衍生出了英语中：死亡的 lethal【忘川的】、致命的 lethiferous【带来死亡的】、没有生气 lethargy【如亡灵般不动】，对比氩气 Argon【不活跃】。lethe 衍生出了希腊语的真理 aletheia【不会被遗忘的、永恒的】，后者又衍生出了英语中：人名阿莱西娅 Alethea【真知】、座延种子厥 Alethopteris【具真翅的植物】。

饥荒之神 Limos

饥荒之神的名字 Limos 一词意为 '饥饿'，我们至今仍可以从英语的"贪食"bulimia 一词中看出来，这个词字面意思为【饥饿如牛】，或许我们可以参考古罗马作家瓦罗③在《论农业》一书中所说：

我们清楚牛的高贵，有很多大东西都是以 '公牛'bous 为名的，如 busycos（大无花果）、bupaida（身躯高大的孩子）、bulimos（极饿的）、boopis（牛一般大眼的），还有一种大葡萄叫做 bumamma（母牛的乳头）。④

——瓦罗《论农业》第 2 卷　第 5 章

希腊语的 limos '饥饿' 一词还衍生出了英语中：善饥症 limosis【饥饿之病】、善饥 bulimia【饥饿如牛】。

痛苦之神 Algea

痛苦之神的名字在希腊语中作 Algia，意思为 '痛苦'，其衍生出了英语中：痛觉 algesthesis 就是【感知疼痛】，而【感知不到疼痛】alganesthesia 就是痛觉缺失了；除痛药就是 algiocide【杀死痛楚】，比较常用的一种除痛药是安乃近 Analgin【去除疼痛的药剂】；还有各种各样的疼痛，比如心脏疼痛 cardialgia【心脏痛】、头痛 cephalalgia【头痛】、颈痛 cervicalgia【脖子痛】、肠胃疼 gastralgia【肠痛】、牙疼 dentalgia【牙痛】，还有传说中的蛋疼 orchidalgia【睾丸痛】；乡愁 nostalgia 则本意为【渴望还乡之痛】。

战争屠杀类

厄里斯的第二批孩子分别有混战之神、战争之神、杀戮之神和屠杀之神，他们是各种战争屠杀的象征。他们的名字都以复数的形式出现，大概是因为世间这样的事情发生得太多。不和女神生下了一群象征战争和屠杀的神灵，或许因为战争和屠杀等都建立在人与人、群体与群体的不和与冲突之上。赫西俄德曾经这样描绘过战争：

> 凶恶的战争和可怕的厮杀让他们
>
> 丧生在七门的忒拜城，卡德摩斯人的土地，
>
> 为了俄狄浦斯的牧群发生冲突；
>
> 或让他们乘船远渡无边的深海，
>
> 为了发辫妩媚的海伦进发特洛亚。
>
> ——赫西俄德《工作与时日》161-165

混战之神 Hysminai

混战之神的名字 Hysminai 是希腊语 hysmine '战斗' 的复数形式。

战争之神 Machai

战争之神是各种各样的战争的化身神。她的名字 Machai 一词为希腊语 mache '战争' 的复数。神话中奥林波斯神族取代提坦神族的战争被称为提坦之战 Titanomachia【对提坦神的战争】，而蛇足巨神们反抗奥林波斯神族的战争则称为巨灵之战 Gigantomachia【对蛇足巨人的战争】。奥德修斯参加特洛亚战争的时候，妻子生下了一个儿子，因为孩子的父亲去很远很远的地方打仗，因此为孩子取名为忒勒马科斯 Telemachus【远方作战】，而英雄阿喀琉斯很年轻就成为战场上的王者，因此他的孩子取名为涅俄普托勒摩斯 Neoptolemus【年轻上战场】。

杀戮之神 Phonoi

杀戮之神的名字 Phonoi 一词是 phonos '杀害' 的复数形式。英雄珀耳修斯因为杀死了戈耳工 Gorgon 三姐妹之一的墨杜萨而被称

▶ 图 4-72 Odysseus and Neoptolemus taking Heracles' arrows from Philoctetes

为 Gorgophone【杀死戈耳工者】，赫耳墨斯因为杀死了百目卫士阿耳戈斯 Argos 而被称为 Argeiphontes【杀死阿耳戈斯者】；而冥后的名字 Persephone【所有的死亡】也正暗示着其作为冥界主宰者的身份，在成为冥后之前人们称她为科瑞 Kore【少女】。

屠杀之神 Androctasiai

屠戮之神的名字 Androctasiai 一词字面意思为【杀死人者】，由 andros '男人、人' 和 ctasis '杀灭' 构成。珀耳修斯的妻子名叫 Andromeda【统治男人】，因为她是位美丽动人的公主，得到众多男人的青睐；亚历山大的名字 Alexander 即【保护人】；安卓系统的名字 android【像人一样】意为"智能机器人"，因此标志上总会出现一个机器人图案。

争端之神 Neikia

争端之神 Neikia 的名字来自希腊语的 neikos '争吵、斗争'。neikos '争吵、斗争' 的反面为 philotes '爱欲、结合'。早期希腊哲学家认为，世间万物都由气、火、水、土四种元素构成，这些元素以不同的比例混合起来，便产生了我们所见的各种各样的物质。四个基本元素之间由两种力来支配，它们相爱（philotes）结合，又斗争（neikos）分离。当元素在力的作用下分裂并以新的排列重新结合时，物质就发生了质的变化。

公元前四世纪，被尊为"西方医学之父"的希波克拉底从"四元素"学说出发，提出了著名的"体液学说"Humorism，并成为西方传统医学的奠基理论，深刻影响到了古希腊、罗马、阿拉伯世界、欧洲的传统医学。体液学说认为，人体有四种重要的体液 humor，分别是 '血液' sanguis、'黏液' phlegma、'黄胆汁' chole、'黑胆汁' melanchole，这些体液在体内自然形成，对健康和性格有着很大的作用。四体液之间的平衡是相对的，并且在不同人之间形成不同的平衡模式，这导致了每个人不同的性格。血液 sanguis 偏多的人乐观开朗，于是"乐观、开朗的"性格在英语中也称作 sanguine【血液质的】；黄胆汁 chole 过多的人暴躁易怒，所以"性格暴躁、易怒的"在英语中也称为 choleric【黄胆汁质的】；黑胆汁 melanchole 偏多的人生性忧郁、善感，于是"忧郁、感伤的"在英语中也称为 melancholic【黑胆汁质的】；黏液 phlegma 偏多的人生性冷淡、迟钝，于是"冷淡、迟钝的"在英语中也称为 phlegmatic【黏液质的】。这四种体液的组合 complexion 决定了一个人的气质、肤色，因此英语中的 complexion【掺和】也有了"肤色、面色"之意。

言语冲突和不敬类

此外，不和女神还生下了谎言之神、争论之神、混乱之神、蛊惑之神、誓言之神等给人间带来言语冲突和不敬等的神明。

谎言之神 Pseudologoi

谎言之神 Pseudologoi 一名为希腊语 pseudologos'谎言'的复数形式，后者由 pseudes'假的'和 logos'言辞'构成，字面意思即【假话】。pseudes'假的'一词衍生出了英语中：伪科学 pseudoscience【假科学】、伪足 pseudopod【假足】、幻听 pseudacusis【假的听觉现象】、错误的见解 pseudodox【错误观点】、假话 pseudologia【假话】、假名 pseudonym【假名字】。logos'言辞'一词衍生出了英语中：语文 philology 本意为【爱语言】、赞颂 eulogy 本意为【说好话】、道歉 apology 本意为【说推脱（责任）的话】、独白 monologue 就是【一个人说话】、前言 prologue 就是【说在开始时的话】、后记 epilogue 就是【附带说的】、对话 dialogue 就是【两个人你一言我一语】。

争论之神 Amphilogiai

争论之神的名字 Amphilogiai 一词由希腊语 amphilogos'争吵'衍生而来，后者由 amphi-'two、around'和 logos'说话'构成，字面意思是【两种意见】。amphi'two、around'衍生出了英语中：两栖动物 amphibian 意为【能在（水陆）两种环境下生活者】、两栖植物则称为 amphiphyte【两栖植物】；而古罗马的露天圆形剧场被称为 amphitheater，因为这是一个可以【从任何角度观看的剧场】。

混乱之神 Dysnomia

混乱之神的名字 Dysnomia 意思即为'混乱'，其由希腊语的 dys-

'不良'和nomos'秩序'组成，字面意思为【不良秩序】，也就是混乱。dys-'不良'衍生出了英语中：机能失调dysfunction【机能错误】、读写困难dyslexia【不能阅读的症状】、消化不良dyspepsia【不能消化的症状】、异位dystopia【位置不正】。nomos'秩序'一词我们已经多次讲过，此处不再赘述。

蛊惑之神 Ate

阿特为蛊惑之神，她的名字Ate意思即为'蛊惑'。阿伽门农在与阿喀琉斯握手言和时，曾经辩解说自己之所以惹怒大英雄阿喀琉斯，乃是因为阿特蛊惑自己做出愚蠢的行为。阿伽门农说道，阿特曾经是陪伴着众神的，并经常蒙蔽神灵的心智，她曾使宙斯在不知情中将自己最爱的儿子赫剌克勒斯变为别人的仆人；自那以后，宙斯非常生气，他抓住阿特梳着美发的脑袋，从繁星闪烁的高空抛下，从此阿特来到人间，蛊惑着人们的心智。

誓言之神 Horkos

誓言之神荷耳科斯的名字Horkos意思即为'誓言'。誓言之神被认为是发假誓者的灾祸，他严厉惩罚违背自己誓言的人。《伊索寓言》中有一则关于誓言之神的故事，可以很好地看出这一点。

有个人代保管朋友寄存的钱财，不想归还对方，企图占为己有。朋友让法院发出传票，要他出庭起誓。他忐忑不安地向郊外走去，在城门口看见一个跛子也准备出城，便问其姓甚名谁，意欲何往。那人回答说，他是荷耳科斯神，去搜索那些不敬神的人。他又问道："你通常要多久再回城里来呢？"

要隔四十年，有时也许只隔三十年。荷耳科斯神回答说。

听他这么一说，第二天，那代管钱财的人就毫不犹豫地前去起誓，说他从来也没有收存过任何人的钱财。不料，荷耳科斯神迎面而来，把他带往悬崖绝壁，准备把他推下去。代管钱财的人哀叹道："你明明告诉我说要隔三十年才回来，现在却连一天也不肯宽容。"

荷耳科斯神回答说："你应该明白，谁要是存心招惹我，我会一如既往地当天就赶回来。"

4.6.5 堤丰 诸神的梦魇

创世五神中，地狱深渊之神塔耳塔洛斯也是一位非常重要的神明，和大地女神该亚、夜神倪克斯、昏暗之神厄瑞玻斯、爱欲之神厄洛斯一样，塔耳塔洛斯既是神灵同时也是地狱深渊本身。地狱深渊位于大地和海洋之下，几乎是一个可怕的无底深渊。赫西俄德说：

一个铜砧要经过九天九夜，
第十天才能从天落到地上。
从大地到幽暗的塔耳塔洛斯也一样远。
一个铜砧也要经过九天九夜，
第十天才能从大地落到塔耳塔洛斯。
塔耳塔洛斯四周环绕着铜垒，三重黑幕
蔓延圈着它的细颈，从那上面
生出了大地和荒凉大海之根。

——赫西俄德《神谱》722-728

在古希腊人看来，这里就如同第十八层地狱，但凡被打入者将永世不得超生。如此幽深荒凉的地方，即使对众神来说都是非常可怕的。当提坦神族战败后，克洛诺斯、伊阿珀托斯等提坦首领们就被囚禁在阴暗的塔耳塔洛斯，可怕的百臂巨神守卫着唯一的出口。

在那里，幽暗的阴间深处，提坦神们
被囚困住，聚云神宙斯的意愿如此，
在那发霉的所在，广袤大地的边缘。
他们再也不能出来：波塞冬装好
青铜大门，还有一座高墙环绕四周。
在那里，住着古厄斯、科托斯和大胆的
布里阿瑞俄斯，持神盾宙斯的忠实护卫。
在那里，无论迷蒙大地还是幽暗的塔耳塔洛斯，
无论荒凉大海还是繁星无数的天空，
万物的源头和尽头并排连在一起。

可怕而发霉的所在，连神们也憎恶。

无边的浑渊，哪怕走上一整年，

从跨进重重大门算起，也走不到头。

狂风阵阵不绝，把一切吹来吹去，

多么可怕，连永生神们也吃不消。

——赫西俄德《神谱》729-743

后来，塔耳塔洛斯被纳入冥界的势力范围，成为冥界内部的一个深渊，各种罪大恶极的人物都被关押在这里，忍受永恒的悲惨和折磨。比如在一座陡峭高山上无止境推动巨石的西绪福斯，浸泡在湖水中忍受三重折磨的坦塔罗斯以及被绑在一只永远燃烧和转动的轮子上的伊克西翁。当然，还有一只可怕的怪物，他的名字叫堤丰Typhon。

传说大地女神和地狱深渊之神结合，生下了怪物堤丰。堤丰是最后一个巨神族成员，他出生的时候，奥林波斯神族刚战胜了强大的提坦神族，并将他们囚禁在了地狱深渊之中。很多年后，提坦神族的兄弟——蛇足巨人们为了恢复巨神族的荣誉，向奥林波斯神族挑起了著名的巨灵之战，最终却以失败告终。自此，堤丰便成为巨神族的最后一线希望了。堤丰长大后，大地女神将他叫到面前说：堤丰，你的巨神族同胞们都在被奥林波斯神族残害着，看看被囚禁在地狱深渊中的提坦神们、游荡在火山口的独目巨人们的灵魂、惨遭屠戮的蛇足巨人，你的这些兄弟姐们都在奥林波斯那些暴君的残害下痛苦地呻吟着啊；孩子，你是巨神族唯一的希望了，能不能恢复巨神族的光辉时代，这一切都要靠你了。

堤丰是个庞大而恐怖的怪物，无论形体还是力量上他都远远超过了其他的巨神。他比大山高一头，伸手可以碰到星座，展开双臂一肢够着东方，另一肢可以达到西方。他有一百只龙头，每张口中都有剧毒的舌信伸缩吞吐，百双骇人的眼中还不时喷出可怕的烈焰。

他有干起活来使不完劲的双手和

不倦的双脚：这强大的神。他肩上

长着一百个蛇头或可怕的龙头，

口里吐着黝黑舌头。一双双眼睛映亮

那些怪异脑袋，在眉毛下闪着火花。

每个可怕的脑袋发出声音，

说着各种无法形容的言语，

时而像是在对神说话，时而又

如难以征服的公牛大声咆哮，

时而如凶猛无忌的狮子怒吼，

时而如一片犬吠：听上去奇妙无比，

时而如回荡于高高群山的呜咽。

——赫西俄德《神谱》823-835

尽管如此，堤丰却是个十分聪明的家伙，他深知自己虽然强大，上能遮掩苍天、下能撼动大地，但奥林波斯神族正如日中天，实力不可小觑，更何况自己孤军作战，必然寡不敌众。于是，他用自己聪明的一百只大脑想出了一个好办法：偷袭。

巨灵之战结束后，宙斯认为天下已经太平，不会再有人敢反对自己领导的奥林波斯神的统治，就渐渐放松了战争的戒备。一次，众神在尼罗河畔举办一场华丽的盛宴，宴席上觥筹交错，文艺女神们载歌载舞，潘神奏着美妙的笛声，一片太平盛世景象。众神们纷纷陶醉在如此融洽和谐的氛围之中，却不知危险将至，因为强大的怪物堤丰正从东方赶来，准备袭击毫无防备的众神。醉意融融的众神们只见狂风大作、黄沙遍起，顿时风云突变、黑云遮天蔽日，一只恐怖的怪物瞬间出现在他们面前，那可怕的笑声中夹杂着飓风和闪电。

众神产生了极大的恐慌，仿佛是世界末日就在眼前一般，霎时宴会一片狼藉，大家纷纷变成各种形象逃跑。天后赫拉变成了一头母牛，太阳神阿波罗变成了一只渡鸦，酒神狄俄尼索斯变成了一只山羊，月亮女神阿耳忒弥斯变成了一只猫，神使赫耳墨斯变成了一只鹭鸶……当时牧神潘正在沉迷于自己的音乐之中，并没有意识到危险将至。等他回过神顿觉我的妈呀，世界瞬间变得如同地狱一般，刚才还在宴会上纸醉金迷的众神一溜烟地都跑光了，一个无比可怕的怪物正伸出巨大的手掌要将自己撕碎。潘神被吓得半死，在这生死关头他连忙变作一条鱼儿跳进水中，怎料惊慌中他的变身并不成功，虽然下半身变成了鱼，上半身却仍保留着他自身的动物形象——山羊。后来这个形象被众神置于夜空，就有了我们所熟知的羊身鱼尾的摩羯座Capricorn。在这场混乱中，爱与美之女神阿佛洛狄忒和她的儿子小爱神变成两条鱼跳进水中，为了防止和儿子失散，女神用一条绳子将自己和孩子的脚绑在了一起，于是这两只鱼尾部由一根绳子连着。后来这个形象也被置于夜空中，成为了夜空中的双鱼座Pisces。

话说宴席上众神纷纷逃窜，只有天王宙斯和女神雅典娜临危不惧，稳住阵脚要与这个怪物决一雌雄，虽然明知肯定不是这家伙的对手。宙斯寻思自己作为众神的首领，如果这时临阵脱逃，以后的面子和作为头领的威严可往哪搁啊。决定抵抗堤丰不久，两位神就后悔莫及了，因为发现他们实在跟这怪物不是一个级别的，几个回合下来就支架不住了。堤丰俘虏了宙斯，并将他手上和脚上的筋抽掉，然后把残废了的宙斯扔进西利西亚的一个山洞中，命自己的妻子厄喀德娜看守。

不久堤丰开始对天界众神展开攻击，夜空中众星纷纷错位，有的陨落海中。日月同时逃到了天空，堤丰先击中日神的马车，又将月神打得满身伤痕。四方风神也难逃劫数。堤丰又冲入大海中，这水还不及堤丰的腰部，它搅动海水，激起滔天的巨浪，又劈波斩涛，将波塞冬的战车拽出水面……众神纷纷溃败，眼看整个神界都要沦为怪物的屠宰场了。而且如果他再杀进冥界，将塔耳塔洛斯中囚禁的提坦神解救出来的话，一切将不堪设想。

为了救出首领宙斯，从而带领众神与邪恶的堤丰对抗，神使赫耳墨斯和牧神潘来到西利西亚，用花言巧语引诱蛇妖厄喀德娜出洞，并偷偷解救出宙斯。他们还把主神的四根筋找了回来，让火神给重新接上，并为主神重新锻造了霹雳。休整一些时日之后，宙斯重整旗鼓，开始对怪物进行反攻。因为曾经败给强大的堤丰，宙斯心知硬拼可能玉石俱焚，便和命运三女神密谋给堤丰献上一种毒果子，骗他说这个能增强法力。结果堤丰吃后上吐下泻，法力大不如前。宙斯趁机率众神向堤丰发动进攻，虚弱的怪物一路奔逃，逃到了色雷斯。他擎起整座山岳想扔向宙斯，却被霹雳击中，受伤后逃往西西里，准备遁海逃脱。但天神怎会轻易地放过他，宙斯一路穷追猛打，并将战败的堤丰丢进塔耳塔洛斯。

> 图4-73　Typhon

> 宙斯连连把他鞭打得再无还手之力，
> 遍身残疾，宽广的大地为之呻吟。
> 这浑王受雷电重创，浑身喷火
> 倒在阴暗多石的山谷里，
> 溃败不起。无边大地整个儿起火，
> 弥漫着可怕的浓烟，好比锡块
> 被棒小伙儿有技巧地丢进熔瓮里
> 加热，又好比金属中最硬的铁块
> 埋在山谷中经由炙热的火焰锤炼，
> 在赫淮斯托斯巧手操作下熔于神圣土地。
> 大地也是这么在耀焰中熔化。
> 宙斯盛怒之中把他丢进广阔的塔耳塔洛斯。

——赫西俄德《神谱》857-868

　　堤丰的名字 Typhon 源于希腊语的 typho '冒烟'，也表示'飓风'之意，从神话的叙述来看，堤丰的形象确实类似飓风或者龙卷风之状。希腊人将引发斑疹的热症称为 typhos，大概是说热的都感觉冒烟了，其衍生出了英语中：斑疹伤寒 typhus【伤寒】、伤寒症 typhoid【类似斑疹之症】[1]。

4.6.5.1　坦塔罗斯　煎熬

　　如果将来有一天，有人有机会下地狱，而且能下到最底层的地狱深渊塔耳塔洛斯中，一定会发现那里有三个正在承受可怕痛苦和绝望惩罚的人：被泡在深水中受尽折磨的坦塔罗斯、无休止将巨石推向山峰的西绪福斯、被绑在一个永远燃烧和转动火轮上的伊克西翁。当然，这不太好实现，毕竟塔耳塔洛斯这样阴森恐怖的地方，并不是一

①一些学者认为，表示台风的typhoon源自希腊语的Typhon，因为堤丰被认为是飓风或台风等暴风的神话象征。但该词更可能音译自汉语的"台风"，后者古已有之，清朝王士禛在《香祖笔记》中言"台湾风信与他海殊异，风大而烈者为飓，又甚者为台。"

般的恶人就有资格去的地方，除非你恶贯满盈、罪孽深重，当然这还
要冥界三判官点了头才行。

坦塔罗斯 Tantalus

坦塔罗斯是宙斯和一位大洋仙女所生的儿子，他统治着佛律癸亚
地区的两个城邦。坦塔罗斯富甲一方，又是主神宙斯的儿子，所以得
到了人神的敬重。宙斯一开始也挺喜欢这个孩子，有大的神界聚会就
顺便带上这个家伙，让他也跟着见见世面。谁知坦塔罗斯这厮有点缺
心眼，一回到凡间就四处说他又和神界的大人物共进晚餐了，看见了
哪个美丽迷人的仙女，哪个神又和别人家老婆偷情了。一开始大家都
不相信他，心想哥你真能吹，编故事编得有鼻子有眼的，真有本事你
拿点证据给我们看看啊！据说神仙吃的都是仙食、喝的都是琼浆，你
要是真的和众神一起共进晚餐，就弄点仙食琼浆给我们来尝尝，要不
就别在这儿瞎吹。为了证明自己确实是被众神礼遇的人，坦塔罗斯在
众神宴会上悄悄偷了些仙食和琼浆，不少神都看在眼里，但鉴于这家
伙是官二代没有好意思当场指出来。后来坦塔罗斯越来越放肆，每每
趁宙斯泡妞心不在焉之际，光明正大地拿起桌上的仙食往口袋里塞，
并带回人间，同时也带回了不少诸神的秘密，爱神阿佛洛狄忒和战神
阿瑞斯的性丑闻、牧神潘醉酒时的丑态、波塞冬的小情人被海后安菲
特里忒变成了妖怪……如不是碍于主神宙斯的面子，众神早就把这个
脑残给灭了。

然而坦塔罗斯却愈来愈得寸进尺，完全忘记了自己的凡人身份，
居然想试探众神是否真的无所不知。为了实现这个目的，他将自己的
小儿子珀罗普斯 Pelops 杀死，切成一节一节，然后放在一口大锅里
炖，用炖熟的童子肉用来款待诸神。诸神都看在眼里，不去动自己盘
中的人肉。只有丰收女神得墨忒耳因为丢失了心爱的女儿，心不在焉，
没有识破这坏人邪恶的计谋，拿起盘中的肉吃了几口[1]。宙斯一看这个
孽种实在是太没有人性了，再不惩罚这厮自己岂不成了众神眼中的"李
刚"了。宙斯当场怒不可遏，派众神把这个孽种给拿下了。

鉴于坦塔罗斯犯下了亵渎神灵、弑婴、食人肉诸罪名，经过裁
决，他被罚入地狱深渊之中，永无休止地忍受三重折磨。他被囚禁在

[1] 那时她的女儿刚被冥王哈得斯拐走，去冥界当压寨夫人了。

一池深水中间，波浪就在他的下巴底下翻滚。可是他却要忍受着烈火般的干渴，喝不上一滴凉水，虽然凉水就在嘴边。当他弯下腰去，想要喝水时，池水立即就从身旁流走，留下他孤身一人空空地站在一块平地上，就像有人作法把池水抽干了似的。同时他一直饥饿难忍，虽然池边上长着一排果树，结满了累累果实，树枝被果实压弯了，吊在他的额前。他只要抬头朝上张望，就能看到树上黄澄澄的生梨，鲜红的苹果，火红的石榴，香甜的无花果和绿油油的橄榄。这些水果似乎都在微笑着向他招呼，可是等他踮起脚来想要摘取时，就会刮来一阵大风，把树枝吹向空中。除了忍受这些折磨外，还有一个可怕的痛苦是对死亡的恐惧，他的头顶上方悬着一块大石头，随时都可能会掉下来，将他压得粉碎。

➢ 图 4-74 Punishment of Tantalus

坦塔罗斯 Tantalus 在地狱深渊中遭受着如此欲而不得的煎熬和痛苦，因此人们将这种让别人欲求而不得的诱惑称为 tantalise【使如坦塔罗斯般】①。

坦塔罗斯的名字 Tantalus 一词，可能由 tal-talos 演变而来，后者是 tlenai 'to bear' 的重叠形式，因此坦塔罗斯一名可以解读为【忍受】极大折磨的人。相似的忍受，我们在扛天巨神 Atlas 身上也看得到，他是天穹重量的【承受者】。而所谓的的吹捧 extol 就是【把一个人擎得老高】，所谓的怀才 talent 说土点就是【bear wisdom】，忍耐 tolerance 更是一种【容忍承受】。希腊人将税收称为 telos，因为每个城邦公民都必须【承担】税务，由此而产生了英语中的费用 toll，而收费站就是 tollbooth。古人们将税收单等称为 ateleia，有时也用来指代邮票，于是就有了对集邮的兴趣 philately【爱收集邮票】。

珀罗普斯 Pelops

在惩处了坦塔罗斯以后，诸神怜悯被父亲杀死并烹为肉食的珀罗普斯，神使赫耳墨斯将这些肉收集到一起，由命运三女神之克罗托做法，将这孩子救活。由于女神得墨忒耳在无心中将孩子肩胛部分的一块肉吃掉了，赫耳墨斯就用一块象牙给孩子补上了。珀罗普斯长大之后英勇善战、足智多谋，并通过自己的努力，统一了希腊南部的大部分半岛地区，这片地方便以珀罗普斯的名字 Pelops 命名，叫伯罗奔尼撒 Peloponnesos【珀罗普斯的岛屿】，后来著名的伯罗奔尼撒战争就发生在该地区。伯罗奔尼撒是英雄时代希腊最繁华的地方，而后来这里的国王阿伽门农就成为了领导希腊联军的主帅。阿伽门农是阿特柔斯之子，而阿特柔斯则是珀罗普斯之子。

珀罗普斯的名字 Pelops 一词由 pelos '灰色'和 ops '脸庞'组成，这个名字的字面意思为【灰脸】，因为神话中没有对他相貌的特写，对于这个实在没什么可细究的。原鸽因为呈灰色而被希腊人称为 peleia。传说猎户俄里翁曾经疯狂地爱上七个仙女，而七个仙女为了躲避猎户的追求而变成七只原鸽，她们飞到了夜空，于是便有了七仙女星普勒阿得斯 Pleiades，这七个仙女分别对应着七个星星，她们的名字分别为：Sterope、Merope、Electra、Maia、Taygeta、Celaeno、Alcyone。七仙女星相当于中国的昴宿七星。女诗人萨福在一首残篇中这样写道：

Δέδυκε μὲν ἀ σελάννα	月光啊，已沉睡
καὶ Πληΐαδες, μέσαι δέ	七姐妹也已离去；这子夜的滴滴
νύκτες, πάρα δ' ἔρχετ' ὤρα,	时分呵，岁月如梭
ἔγω δὲ μόνα κατεύδω.	我孤单难眠

尼俄柏 Niobe

坦塔罗斯还有一个女儿，名叫尼俄柏。尼俄柏嫁给了忒拜国王安菲翁 Amphion，他们恩爱并过着美满的生活。尼俄柏生有七儿七女，个个可爱聪明伶俐。尼俄柏常常引以为傲，甚至自比为神。有一次，当她看到全国的女人都去敬拜女神勒托时，就挡住她们说，勒托有啥好崇拜的啊，她才生了阿波罗一个儿子和阿耳忒弥斯一个女儿，你们还不如来敬拜我，我比那女人强多了，生了七男七女，而且我的孩子们个个聪明伶俐、能文能武。女神勒托知道此事后极为愤怒，命令自己的儿子和女儿好好惩罚这个傲慢的女人。于是阿波罗用箭射死尼俄柏所有的儿子，阿耳忒弥斯则射死尼俄柏的全部女儿。

安菲翁得知自己所有的孩子都已经死去，这位悲伤的国王立即拔出匕首自杀了。眼见着亲人们一个个地死在自己的面前，尼俄柏顿时由全世界最幸福的人变为最痛苦的人。极度悲伤的尼俄柏满眼泪水，哭成了一座石像，静静地站在山峰上，在她眼中至今还淌着悲伤的泪水。

▷ 图 4-75　Children of Niobe

正是因为这个原因，Niobe 一词在英语中常用来形容丧失亲人或者眼泪汪汪的母亲。

当哈姆莱特抱怨母亲时，曾经用了这样的诗句：

—Frailty,thy name is woman! —
A little month;or e'er those shoes were old
With which she followed my poor father's body,
Like Niobe,all in tears;

——莎士比亚《哈姆莱特》

考虑到尼俄柏曾经是佛律癸亚地区的一位公主，后来又成为了忒拜王后，我们应该更加偏向于有贵族内涵的姓名解说。她的名字 Niobe 或许是由希腊语 nipha '雪' 演变而来，nipha '雪' 与拉丁语的 nivis '雪' 同源。也许尼俄柏曾经美丽动人，如雪一般白皙美丽。她大概可以当护肤品妮维雅 Nivea 的代言人，顺便说一下该品牌暗含着【如雪一般美白】之意。俄罗斯西北部的涅瓦河 Neva River 本意为【雪河】。美国内华达州 Nevada【雪之地】气候较为寒冷，西部山区常年被雪覆盖，故得名。

1802 年瑞典化学家埃克贝里[1]发现了一种新的化学元素，因为这种元素不受酸侵蚀，就像神话中的坦塔罗斯 Tantalus 即使干渴万分也喝不上嘴边的水一样，便将这种元素命名为 Tantalum【坦塔罗斯元素】，之后有研究者证明埃克贝里所研究的物质中除了 Tantalum 以外，还包含有两种新的元素，于是以坦塔罗斯的儿女珀罗普斯 Pelops 和尼俄柏 Niobe 分别命名这两种新元素为 Pelopium【珀罗普斯元素】和 Niobium【尼俄柏元素】，因为它们源于 Tantalum。后来经证实，

[1] 埃克贝里（Anders Gustaf Ekeberg, 1767 - 1813），瑞典化学家，金属元素钽的发现者。

Pelopium 其实是 Tantalum 与 Niobium 的混合物。其中 Tantalum 元素中文译为钽，化学符号为 Ta；Niobium 元素中文译作铌，化学符号为 Nb。

4.6.5.2　西绪福斯 永无休止的劳役

忒萨利亚王埃俄罗斯 Aeolus① 有四个儿子，分别是萨尔摩纽斯 Salmoneus、西绪福斯 Sisyphus、阿塔玛斯 Athamas 和克瑞透斯 Cretheus。这些孩子中，西绪福斯无疑是最聪明机灵或者奸诈狡猾的一位了。据说希腊第一大盗奥托吕科斯 Autolycus 曾经偷了他的牛群，他寻索了很久终于找到了偷牛者，后者对于偷牛的事矢口否认，聪明的西绪福斯告诉这个大盗每一头牛蹄下面都刻有自己的名字。大盗只好承认。当年奥托吕科斯的爱女安提克勒亚 Anticlea 刚与拉厄耳忒斯 Laertes 订婚，为了惩罚这位偷牛贼，西绪福斯扮作拉厄耳忒斯在夜间潜入少女安提克勒亚的床笫。少女怀孕后生下了诡计多端的大英雄奥德修斯，后者充分继承了西绪福斯的聪明和奸诈，著名的木马计就是他出谋划策的。因此奥德修斯也被人们称作 Sisyphid【西绪福斯的后人】。

西绪福斯建立了著名的科林斯城，并成为科林斯第一任国王，在执政期间他大力发展商业和海运，因此科林斯城开始人丁兴旺、国富民强。然而这个国王似乎总是心术不正，当他看到有钱的商家来到本地做生意时，总会邪心陡起，密谋将这些异邦客人杀死，从而获取别人的钱财。很多年前，他的哥哥萨尔摩纽斯早就发现弟弟心术不正，因此曾多次教导他，但是这却引起他对哥哥更加深刻的仇恨。为了除掉自己的兄长，并且不让自己背上任何恶名，他去德尔斐求取神谕。神谕暗示说，西绪福斯如果娶了哥哥的女儿，他们生下的儿子注定会杀死萨尔摩纽斯。于是狡猾的西绪福斯便开始勾引自己的侄女堤罗 Tyro，并和她生下了一个儿子。堤罗知道真相后悔恨不堪，为了避免父亲受到伤害，不得不亲手杀死了自己的骨肉②。

这一切，天上的神灵都看在眼里。宙斯是客人的保护神，却发现这个恶人不断地谋害来到科林斯的异乡客人。西绪福斯谋杀兄长的手段更是没有人性，这更让宙斯感到怒发冲冠。然而，最终让宙斯下决心除掉这个人的，却是另一个原因。

有一次，西绪福斯站在城头看风景，无意间看到一只巨鹰攫走一位样貌动人的姑娘，栖落在附近的一个山岩上。西绪福斯一眼就看出来，肯定是好色的宙斯在干坏事了。果然，当天下午，河神阿索波斯来向这位国王打听自己失踪女儿的下落。西绪福斯说自己知道少女的下落，但是不能告诉他，怕会得罪天神，同时劝河神还是不要找了。河神早就听说西绪福斯的人品，知道这位国王是那种唯利是图的人，便再三恳求，并答应献给科林斯城一道永不干涸的清泉，西绪福斯这才告诉河神说，主神宙斯拐走了你的女儿。宙斯得知自己被凡人出卖了很不爽，当他知道这个凡人就是一直令自己厌恶的奸诈的西绪福斯时，更是怒不可遏。他派死神塔那托斯前往科林斯，去结束西绪福斯的生命，并把他带到冥界。

　　西绪福斯见到死神一点都不惊慌，而且向死神表示自己一直都很崇拜他，赞美的话说得塔那托斯心花怒放。想着把这哥们儿带到冥界去，以后有事没事叫过来逗逗乐挺好的，就给西绪福斯上镣铐。西绪福斯说这镣铐戴上去后是不是人和神都无法逃脱啊，死神说那是必须的，不信我给你演示演示，演示完了发现自己被锁住了。狡猾的西绪福斯见连死神都上了自己的当，开心得不行，就把死神囚禁在了自己家地窖里，有事没事就去地窖里折磨他一下。死神不能正常上班了，于是很长一段时间世界上没有了死亡，冥王哈得斯天天无聊地在椅子上打哈欠，冥河渡夫好几个月也没有接到一笔生意。最痛苦的是战神阿瑞斯，他费尽心血在战争中不断厮杀，完事发现敌对两方怎么都没有伤亡啊，这战争越玩越不给力了。战神终于快抓狂了，满世界寻找死神，最后在西绪福斯家的地窖里找到了被囚禁和虐待的塔那托斯。塔那托斯又气又羞，将西绪福斯五花大绑，拖回了冥界。

　　狡猾的西绪福斯早就预见会有这一天，他吩咐妻子在他死后不要举行安葬和祭奠仪式，把自己的尸体扔在广场上不管。到了冥界入口，因为付不起船费，他的阴魂一直在冥河畔飘荡。冥王生气地问他说，你这么十恶不赦的人怎么还不过河。西绪福斯却假惺惺地抱怨说，哥我没有钱付船费啊，都怪我老婆不够虔诚，没有给我举行体面的葬礼。最后他征得了冥王的同意，回到阳间去训斥自己"道德败坏"

的妻子。一回到阳间西绪福斯就不愿意回去冥界了，一直在阳间呆了很久。宙斯派死神再去捉拿，死神上次差点没被他折磨死，一想起这家伙就心里发憷，打死都不愿意执行这差使了。后来诸神中最善攻心计的赫耳墨斯出马，与其斗智斗勇，终于把西绪福斯带到了冥界。

由于西绪福斯生平狂妄狡猾，其所作所为极大地亵渎了诸神的权威。他一死，众神都迫不及待地想报复他，众神把他打入塔耳塔洛斯的地狱深渊之中，罚他做无尽的苦役：西绪福斯必须把一个巨大的圆石推到山顶去，而每每即将到达山顶时，巨石就会自动滚落下来，坠而复推，推而复坠，永无尽期。

正是因为这个原因，人们将繁重而徒劳无益的工作称为 labour of Sisyphus【西绪福斯的劳役】。

> 图 4-76 Punishment of Sisyphus

西绪福斯的名字 Sisyphus，可能是 Sesophos 的变体，后者是希腊语 sophos‘智慧’的重叠形式，因此 Sisyphus 可以理解为【非常聪明】或者【异常狡猾】。这个名字无疑是对西绪福斯特点的高度概括。sophos‘智慧’衍生出了英语中：哲学 philosophy 字面意思是【爱智慧】，对比语文 philology【爱语言】；大二生被称为 sophomore，字面意思即【聪明的笨蛋】；智慧 sophia 为 sophos 的名词形式，该词经常被用作女名，常见的人名索菲亚 Sophia、苏菲 Sophie①都源于此，保加利亚首都索非亚 Sofia 一名也是相似的意思，这个城市得名于该城里的圣索非亚大教堂 St. Sophia Church。还有古希腊三大悲剧家的索福克勒斯 Sophocles，他的确是【声明远扬的智者】，对比雅典的缔造者伯利克里 Pericles【远近知名】、雅典的著名政治家忒弥斯托克勒斯 Themistocles【荣耀的立法者】、希腊第一大勇士赫剌克勒斯 Heracles【赫拉的荣耀】、被头顶宝剑威吓着的达摩克勒斯 Damocles【出名的人物】。

4.6.5.3　伊克西翁　万劫不复之轮

在地域幽冥塔耳塔洛斯的深处，还有位著名的恶人，他的名字叫伊克西翁 Ixion。伊克西翁是战神阿瑞斯的儿子，他统治着忒萨利亚地区一个叫做拉庇泰的国家。伊克西翁为人阴险狡猾、恃强凌弱，并且好色贪财、不守信用。他得知邻邦小国有位美貌的公主，便以武力威逼邻国国王得伊俄纽斯 Deioneus 将这位公主嫁给他。这国王并不愿意把女儿嫁给他，但又惧怕伊克西翁的淫威，因此久久没有答应，并要求用丰厚的婚礼聘金来证明伊克西翁的诚意。为了尽快得到这个漂亮的公主，伊克西翁口头答应了国王，事后却要赖皮不予兑现。国王得伊俄纽斯发现把女儿嫁给了一个居然吝啬到连婚礼聘金都不愿意出的臭流氓，心中又气又恨，却又不敢与这流氓发生正面冲突。愤恨之际，这国王趁夜深人静时偷走了伊克西翁的一些马匹。为了这几匹马，伊克西翁开始暴露出自己铁公鸡的本性，他表面上装作没什么事情的样子，假意邀请老岳父一起参加一个宴会，却在宴会中将其推入火坑中烧死。后来此事败露，引发了当时社会各界的广泛关注。在此之前，任何希腊人都从来没有听说过有人居然会为了这么一些鸡毛蒜皮的事情残害自己的亲人，社会各界纷纷对伊克西翁的恶行表示强烈谴责，拉庇泰国民愤然要求处死这位没人性的不义之王。面对众叛亲离和所有人的鄙视、仇恨，伊克西翁终于精神崩溃，发疯了。

伊克西翁发疯之后就从国王变成庶民了，大家都把他当作世上最丑恶的东西一样躲避着，连街上的乞丐都鄙视他。当乞丐看到伊克西翁衣衫褴褛地在街上乞讨时，一气之下扔下自己手中的破碗说妈的连这种人渣都出来讨饭，我他妈不当乞丐了。总之，全世界没有一个人看得起这位曾经还很不可一世的国王。

这时，一向没有什么怜悯心的天神宙斯突然大发慈悲，向可怜的伊克西翁伸出了援手。这位天神不但治愈了他的疯病，还帮他洗净了罪行。在很长一段时间里，宙斯为了拯救这个堕落的灵魂，每天都会给伊克西翁脑补大量的思想品德课，向他灌输人生哲学和世间的大道理。天神有生以来第一次觉得自己是那么的伟大和包容。为了宣传自己高尚和包容的品德，宙斯将这位被自己救赎的"迷途羔羊"带到诸神的宴会上，企图让众神好好赞美一番自己的高尚品德和博大胸怀。结果还没来得及接受大家的赞美，宙斯就被这位迷途羔羊深深地打击了——伊克西翁居然在宴会上一直目不转睛地盯着天后赫拉的胸部和大腿！俗话说得好，狗改不了那个啥。从来没有任何人使宙斯如此震惊过，这个家伙赤裸裸地越过了天神心中的道德底线。宙斯内心无比震惊，虽然他能明显能看出伊克西翁那龌龊的想法，但他还是不相信这个混蛋胆敢做出猥亵天后的行为。为了验明这一点，宙斯将云之仙女涅斐勒 Nephele 变作赫拉的形象带到伊克西翁面前，伊克西翁居然还真的对这个"天后"下了毒手。伊克西翁在与"赫拉"翻云覆雨时，道德底线崩溃的宙斯终于看不下去了，一个闪电将这个忘恩负义的家伙劈死了。

➤ 图 4-77 Punishment of Ixion

①托马斯·哈代（Thomas Hardy，1840—1928），英国诗人、小说家。著有《德伯家的苔丝》《远离尘器》《韦塞克斯诗集》等作品。

伊克西翁的卑劣人格彻底地摧毁了宙斯的道德底线，宙斯怒不可遏，将他打入地狱的最底层的塔耳塔洛斯，把他缚在一个永远燃烧和转动的轮子上，让这急速旋转的火轮永无止境地折磨、撕扯着他的躯体。

英语中，"伊克西翁之轮"Ixionian wheel 被用来表示万劫不复、永不休止的折磨。托马斯·哈代①在《德伯家的苔丝》中形容苔丝在再次沦为亚雷尔的玩物后的痛苦时就用了这个典故：

All that she could at first distinguish of them was one syllable, continually repeated in a low note of moaning, as if it came from a soul bound to some Ixionian Wheel——"O,O,O!"

——托马斯·哈代《德伯家的苔丝》

伊克西翁的名字 Ixion 似乎与那只绑着他的火轮有关，轮子一词在古希腊语中作 axon，后者衍生出了英语中的轴 axis，因为它是轮形的中心。轮轴 axle 字面意思即【旋转部分】；腋窝被称为 axilla，因为它是胳膊的【旋转关节】。

云之仙女 Nephele

云之仙女涅斐勒与伊克西翁结合后，生下了半人半马的怪物肯陶洛斯 Centaur，肯陶洛斯的后人组成了半人马家族，所以半人马家族也被称为肯陶洛斯家族。半人马族上身为人，长着两只胳膊，而下身则是马的形象，有四只马蹄，这些怪物们个个性情暴躁、野蛮好色、嗜酒如命，完全继承了伊克西翁的恶劣本性。这些半人马们与拉庇泰人为邻（他们的老祖先伊克西翁就曾经是拉庇泰国王），并且经常和拉庇泰人发生冲突。最后一次冲突发生在英雄庇里托俄斯 Pirithous 的婚礼上，出于礼貌，庇里托俄斯邀

➤ 图4-78 Battle of the Centaurs and the Lapithai

请了作为邻居的一些半人马参加婚礼，结果这些半人马们在婚宴上喝高了，纷纷露出了自己淫荡邪恶的本性。有一个家伙居然试图猥亵新娘，其他的人马企图抢劫宴会上的女宾。于是爆发了一场恶战，双方都死伤惨重。后来在大英雄忒修斯 Theseus 的帮助下，拉庇泰英雄们大败肯陶洛斯人，并将这些怪物们赶出了忒萨利亚地区。

云之仙女涅斐勒后来嫁给了玻俄提亚国王阿塔玛斯 Athamas，并生下了儿子佛里克索斯 Phrixus 和女儿赫勒 Helle。阿塔玛斯喜新厌旧，抛弃了仙女又娶伊诺 Ino 为妻。伊诺是个恶毒的女人，她想尽办法陷害这两个孩子。她蛊惑全国女人把谷物种子烤熟，然后让男人们去播种，结果年底颗粒无收。国王对这种现象迷惑不解，便派人去德尔斐祈求神谕。怎料伊诺早就贿赂好了那个求神谕的使者，回来假传神谕说要除灾害必须用国王的两个孩子向宙斯献祭。

云之仙女得知自己孩子有危险后在神界四处求情，她的真情感动了主神宙斯[1]。在献祭当天，突然间刮起了大风，乌云遮住了所有的光芒，一只会飞的金毛牡羊驮着这两个孩子逃离刑场，飞过大海抵达了科尔基国。在那里，国王埃厄忒斯 Aeetes 收留了落难的佛里克索斯，并将自己的女儿许配给他。而佛里克索斯的姐姐赫勒 Helle 在飞越大海上空时头晕目眩，一不小心坠海而死，至今希腊人还将这一片海域称之为 Hellespont【赫勒之海】。

这只拯救他们的牡羊，全身长满了金色的羊毛。按照神使赫耳墨斯的指示，佛里克索斯宰杀牡羊祭献宙斯，感谢天神保佑自己逃脱。他把金羊毛作为礼物献给科尔基国王埃厄忒斯。国王又将它转献给战

[1] 话说回来，宙斯心里也对她有一丝亏欠，就是因为当年他不相信伊克西翁邪恶到敢对天后赫拉动手，最终导致仙女涅斐勒失去贞洁。

神阿瑞斯，并吩咐人把它钉在纪念战神的圣林里，还派一条可怕的毒龙看守着（也就是 Draco Colchi【科尔基龙】）。国王得到一个神谕，说他的生命跟金羊毛紧密联系在一起，金羊毛存则他存，金羊毛失则他亡。后来大英雄伊阿宋 Iason 向叔父珀利阿斯 Pelias 索要本来属于自己的伊俄尔科斯王位时，珀利阿斯为了除掉他，便吩咐给他探取金羊毛的任务。急于建功立业的英雄伊阿宋号召了一大批希腊勇士，一起乘坐阿耳戈号航船经过重重探险来到了位于遥远东方的科尔基国，于是就有了家喻户晓的金羊毛的故事。这只羊的形象被升到夜空中，成为了白羊座 Aries。那只看守金羊毛的毒龙则成为了夜空中的天龙座 Draco。而载着众英雄的阿耳戈号船形象则成为了南船座 Argo Navis【阿耳戈号船】。

云之仙女的名字 nephele 意为'云'，该词为阴性形式，所以一般译为云之仙女。希腊语的 nephele '云'与拉丁语的 nebula '云'同源，后者衍生出了英语中：星云 nebula【云】、多云的 nebulous【多云朵的】、喷雾器 nebulizer【制造云雾的仪器】；雨云 nimbus 也由 nebula 演变而来，在气象学中，雨层云为 nimbostratus，而积雨云为 cumulonimbus[①]。

4.6.6　失恋的"菠萝"

在创世五神中，爱欲之神厄洛斯 Eros 是一位重要的神明，他是爱欲和生殖的本体神，厄洛斯使世界万物相爱结合，万物因此繁衍并生生不息。因为他，这个世界变得年轻、朝气、活泼、动人，世间生灵开始欣欣向荣，灵动而美妙。远古众神因他而彼此相爱，生出了众多的后辈神明。到了后来，人们将他与小爱神的神权和传说混为一谈。小爱神的名字也叫厄洛斯，是爱神阿佛洛狄忒和战神阿瑞斯的私生子。

小爱神厄洛斯的罗马名即大家熟悉的丘比特 Cupid。关于小爱神的传说，古希腊神话和罗马神话内容几乎全然一致，最为著名的莫过于罗马作家奥维德在《变形记》中，以及阿普列乌斯[②]在《金驴记》中所讲述的内容。后文为方便起见，使用小爱神的罗马名丘比特，同时使用爱与美之女神的罗马名维纳斯。

①气象学中各种云类的概念，如层云 stratus、积云 cumulus、层积云 stratocumulus、高积云 altocumulus、高层云 altostratus、卷云 cirrus、卷层云 cirrostratus、卷积云 cirrocumulus 等，其实都源于修饰 nimbus '云朵'的对应形容词。

②阿普列乌斯(Apuleius，125—180)，罗马作家、修辞学家。著有《金驴记》一书，对后世影响深远。

丘比特是个背上长着双翼的小男孩，长着一张可爱的脸蛋，有着一双无比纯洁的眼睛。他身上背着一把小弓和爱情之箭，这爱情之箭有金箭和铅箭两种，被一对金箭射中的人会彼此油然产生爱慕心理，他们在一起时即使再平凡的瞬间也会互相感到甜蜜、快乐；而被铅箭射中的人则会厌倦爱情，再美的缘分在这些人眼中都会一文不值，他们会把爱情看作是比背单词更无聊的事情。

据说丘比特常常蒙着眼睛射箭，这告诉了我们爱情是盲目的。当然，一个很不好的影响是，有时被同时射中的是两个男的或者两个女的，于是人间就有了男同和女同了。

丘比特虽然只是一个顽皮的小孩子，但绝对小瞧不得，他大爷太阳神阿波罗曾经嘲笑他说：你天天玩这破玩具弓箭有什么意思啊，不好好学学有用的东西将来成为像我一样的伟大人物，看看你大爷我，不但普照大地给世界带来光明和温暖，还司管文学和艺术；我文武双全，用这把神弓杀死了世间不知道多少怪物呢；而且话说我这个英俊伟岸潇洒挺拔的大帅哥，不知道迷倒了多少世间的美丽女子……

丘比特不说话，心想这个大人是不是自恋狂啊，觉得他很无聊就想走开。结果阿波罗又拉着他滔滔不绝地 YY，还声情并茂地脱下挂在身上的布匹故意显摆一下他坚实健美的肌肉。丘比特越看越不爽，便趁他不注意时用热恋之金箭射中了他，并用另一支厌恶之铅箭射中了正在林中漫步的水泽仙女达佛涅 Daphne。阿波罗一看哇那边有个美女哎，仔细一看哇这姑娘长得实在是太正点了。于是他来到女孩面前，撕下搭在身上的衣布露出一身性感的肌肉然后自报姓名说我就是那个传说中英俊伟岸、器宇不凡、学识广博、文武双全的美男子阿波罗。达佛涅连忙捂住自己的眼睛说大叔你真流氓，居然在人家面前脱得光光的。阿波罗惊讶得脸都快掉到地上了，慌忙边穿衣服边说我是太阳神阿波罗啊，这么大的名气你居然没有听过！这个女孩连忙解释道，大叔真对不起啊我不是故意的，我们家穷，我从小没吃过菠萝……自恋的太阳神受到了沉重的打击。但是另一方面，他发现世界上居然有如此清纯动人的女孩，不禁怦然心动，虽然他一生阅女无数，但是直到现在才恍惚有了初恋般的感觉。阿波罗越来越觉得这个少女浑身上下都异常清纯脱俗、让人着迷了，少女星星一样明亮的眼睛、红宝石一样的双唇、象牙般的肌肤更让他心跳加速。阿波罗向达佛涅表白说亲爱的姑娘我已经不可自拔地喜欢上你了，被你的每一个举动所深深吸引，无法自拔了，我中了爱情之毒，只有你才是我的解药。少女心里琢磨，这什么文艺之神，作个比喻这个土，看看人家叶芝，爱情诗写得那么婉转动人，那才是我心中的白马王子，才不喜欢你这种随随便便的猥琐大叔呢。达佛涅说菠萝大叔求求你放过我吧，

➤ 图 4-79　Apollo and Daphne

我对你一点感觉都没有，又怎么可能和你相爱呢。阿波罗忽然间觉得一种无言的伤心涌上心头，因为自己如此喜爱的女孩却一点都不在乎自己。他抓住达佛涅的手疯狂地亲吻着说，我真的很喜欢你，给我一次机会吧，你一定会慢慢地喜欢上我的。达佛涅见这个猥琐大叔怎么甩也甩不掉，心里顿时非常害怕，害怕在这荒郊野林被这个猥琐男欺负，这样想来，越想越怕，便趁这个阿波罗还没有回过神来转身撒腿就跑。达佛涅越躲避，阿波罗就越觉得她迷人无比（恋爱中的男人都这样），一边追她，一边呼喊着达佛涅的名字让她停下来。奔跑中的达佛涅变得更美了，她的衣襟随风起舞，长长的秀发飘在身后，菠萝大叔看到了更是动心。跑了半天都没有甩开阿波罗，达佛涅深知无法彻底甩掉这个无聊的猥琐男了，便向父亲河神珀涅俄斯 Peneus 求救。河神自知惹不起飞扬跋扈的阿波罗，便将女儿变成了一株月桂树。

　　男人对自己无法得到的爱总是充满怀念的，阿波罗自然也不例外。即使达佛涅这么躲避着他，他依然深深地爱着这个少女。他将月桂立为自己的圣树[1]。因为阿波罗是司文艺之神，后世便用桂冠来加冕文艺方面最杰出的人，特别是在诗歌比赛中，于是就有了桂冠诗人 poet laureate【戴桂冠的诗人】。而月桂自然成为了荣誉的象征，英语中一些常用的俗语也由此而来，诸如：折桂 win laurels、确保名声 look to laurels、不求进步 rest on laurels 等。

　　小爱神丘比特之名 Cupid 在拉丁语中作 Cupido，后者由拉丁语中

① 顺便提一下，女鞋品牌达芙妮 Daphne 就是借用这位水泽仙女典故而命名的。也许这个品牌给予了如此的暗示：连英俊的阿波罗都无限迷恋的女孩。

的 cupio '想要' 演变而来，该名可以意译为【欲求、爱欲】，这也是用爱情之箭让人们相爱甜蜜的丘比特的概括吧。拉丁语的 cupio '想要'一词衍生出了英语中：贪心 cupidity【欲念】，另外还有强烈的爱欲 concupiscence【迫切想要】、觊觎 covet【非常想要】等。

在希腊语中，爱神厄洛斯的名字 eros 一词意为'爱情、情欲'，因此厄洛斯乃是爱情和情欲之神。创世五神中的爱欲之神厄洛斯使得万物相爱结合，让这个世界得以繁衍；而小爱神厄洛斯之箭也无疑使得神明、世人相爱结合，享受甜美的恋爱或者遭受痛苦的恋情。人名伊拉斯谟 Erasmus 本意为【被喜爱者】，伊拉斯塔斯 Erastus 意为【可爱的】，还有缪斯九仙女中的爱情诗女神为厄剌托 Erato【爱恋】。

4.6.7 恋爱中的丘比特

一开始，丘比特一直是一个调皮捣蛋长不大的孩子，用爱情之箭成就了一对又一对的恋人。对丘比特来说，看着别人陷入恋爱狂热之中实在是一件好玩的事情。不仅如此，他还经常捉弄诸位神灵，使不可一世的阿波罗爱上了仙女达佛涅，让天神宙斯不断地爱上人间各种少女或少妇；他甚至捉弄自己的母亲爱神维纳斯，还为她的情人战神阿瑞斯不断提供艳遇的机会。然而小爱神自己并不知道爱情究竟什么滋味，直到后来他长大了，有一天突然发现，自己也已坠入爱河。

那时人间有一位名叫普绪刻 Psyche 的少女，她有着沉鱼落雁之容、闭月羞花之貌，附近国家的少年们从四面八方跋山涉水前来，就是为了一睹她的芳容。人们个个被少女那极致的美丽所惊呆，他们把右手放在自己的嘴唇上，同时将食指和大拇指合拢，以这种敬神的方式，虔诚地崇拜着这位无比美丽纯洁的少女。凡人对这个美丽少女的崇拜，甚至超过了对爱与美之女神维纳斯的敬崇。这让天上的维纳斯特别不爽，她不高兴一个凡间女子居然拥有只有她自己才配得上的荣誉。于是女神唤来儿子丘比特，说现在人间有一个女子居然敢跟你老妈叫板，你速去使用你的弓箭，让她不可自拔爱上这世间最丑恶的怪物吧。

丘比特谨遵母命，趁夜深悄悄来到普绪刻的房间。为了不被发现，他将自己彻底隐形起来。月光轻轻掀开微风中的幕帐，穿过丘

> 图4-80　Cupid awakens Psyche with the tip of his arrow

比特透明的身体，洒在少女恬静的脸上。丘比特轻轻取出弓箭准备上弦，屏住呼吸俯身想仔细观察一下少女的面容。这时少女忽然间醒了，一双清澈的眼睛静静地看着丘比特的眼睛，眼神是那么的清纯和无邪。丘比特一下子被这个眼神看得心里慌乱起来，虽然他明知道少女是看不到自己的。但是一种奇怪的东西，像静谧月光下舞蹈的天鹅一般，在他心头一直都平静的那澈湖水中，漾起层层细波。这时的他并没有注意到，刚才的一阵紧张使得手中的箭头深深地嵌入自己的指头中。他已经被这纯洁无辜的眼神夺走了呼吸！丘比特知道自己不可能完成母亲交给的任务了，便没有回去复命。女神隐约知道儿子的任务搞砸了，便更加生气，她诅咒普绪刻一辈子也找不到合适的新郎。后来当她知道自己的儿子爱上了这个女人后更是怒不可遏。

　　因为这件事，丘比特和自己的母亲闹翻了，他为自己爱慕的女孩感到心疼。他发誓只要维纳斯一天不收回诅咒，自己就不再射出爱情之箭，如果世间不再有人谈恋爱，就不会再有人供奉爱神维纳斯，那么她的神庙就会坍塌毁弃。结果第一个受不了的人是大地女神该亚，她忿忿地找到维纳斯说你儿子最近怎么搞的，不好好发射爱情之箭了，都大半年了世间没有任何人谈恋爱、没有任何动物交配、植物也不长出新的枝叶了，弄得我最近苍老了好多，我警告你要是再这样下去的话，我不会饶了你的。维纳斯毕竟知道该亚的厉害，赶紧找到儿子和他议和，并收回了自己的诅咒。

被爱神诅咒了之后，虽然大家都称赞普绪刻的美貌，却从未有一个国王或王子向这美丽的少女求婚表白，父母派人去德尔斐求神谕，得到的答复却是：普绪刻注定在人间找不到情郎，她的丈夫，一个凶恶的蛇妖，正在山上等着她。在那时的希腊人看来，来自德尔斐的神谕是至高无上的。父母按照婚礼的要求为女儿做了一切准备，把女儿送到山崖下独自等候。这时西风之神吹拂着她翻山越岭，到了一个鲜花盛开的山谷，山谷中溪流涓涓、莺飞草长、古树参天，路的尽头处矗立着一栋宏伟的宫殿。这一切都是丘比特为她准备的。

每到夜里，他就悄悄来到她的床前，向普绪刻吐露恋慕之情，到了破晓时就要离开。普绪刻看不到他，只能夜夜听他温柔的声音，打心里觉得他并不像是神谕中所说的妖魔。当时爱神的诅咒还在普绪刻身上，而且丘比特和母亲翻脸了，为了不让母亲发现自己偷偷地和少女在一起，他叮嘱普绪刻不要打听自己是谁，不要看他的相貌，否则两个人就不能在一起了。

就这样相恋了一段时间，有一天普绪刻想家了，整日闷闷不乐。为了让她再开心起来，丘比特命西风之神将普绪刻的两个姐姐接到山谷中，陪她解闷。两个姐姐来了好几次后，渐渐开始嫉妒起妹妹的幸福生活。那时普绪刻已经怀上了丘比特的孩子，两个缺心眼的姐姐却带着毒如蛇蝎的阴谋来谋害自己的妹妹。她们告诉普绪刻当年德尔斐神谕说，你命中注定要嫁给一个穷凶极恶的怪物，你现在的丈夫肯定就是那个怪物了，那么你所怀下的孩子肯定也是一只可怕的怪物；听我们的话，等晚上他熟睡之后，你悄悄下床看个仔细；如果是妖怪，就拿刀砍下它的头，这样你就可以恢复自由了。夜里，待丈夫熟睡后，她怀着好奇和紧张的心情，抄起姐姐给的匕首，点着油灯好奇地偷看熟睡中的丈夫。

当她看到熟睡中的丈夫是那么的优雅、英俊、可爱时，心中充满了激动和欢喜。而床边横七竖八地扔着弓、箭和箭袋，丈夫的背部还长着洁白的羽翼。于是她恍然大悟，自己的丈夫原来正是翩翩的小爱神丘比特本人！小爱神此刻优雅地安睡着，普绪刻则不禁欣赏起恋人那美丽的圣容，并越来越情不自禁地对他着迷。她禁不住深情地凝望着他，进而急不可耐地想亲吻他，却又唯恐把他惊醒。处在这种巨大幸福的激动之中，普绪刻手中一滑，一滴灯油散落下来，滴在丘比特肩上。丘比特痛醒后，发现爱妻背叛了诺言，立刻从窗口飞走了。走时留下一句话：没有忠诚就没有爱情，我永都不再回来了！

普绪刻意识到自己做了错事，非常伤心难过，在绝望中投水自尽，却被河神救起，河水把她冲到芦苇滩上。牧神潘用音乐安慰她，并指点她不要轻生，要寻找解决问题的方法。于是普绪刻四处游荡，想找回自己心爱的人。她来到一座山顶的神庙中，看见庙宇内物什杂乱横陈，虔诚的普绪刻就动手将各种物品整理得井井有条。这时丰收女神得墨忒耳走了出来跟她说，到你女主人维纳斯那里去请罪吧。

普绪刻照着女神的指示来到维纳斯的神庙，祈求她的宽恕。她跪在女神面前，泪如雨下，打湿了女神的脚。然而维纳斯却满面怒容，把麦种、谷子和罂粟花混为一堆，命令她在天黑以前分拣出来。就在普绪刻绝望之际，一群蚂蚁从四面八方跑来帮她完成了任务。维纳斯回来看到她居然完成了任务后，更加恼怒，又命令她第二天从一群凶猛的山羊身上各拔一些羊毛拿回来。在河边芦苇的提示下，普绪刻完成了任务并将羊毛带到女神面前。女神还不罢休，给她一个水晶雕成的水罐，让她去险象环生的悬崖洞取水，结果天上的雄鹰帮助少女汲到了泉水。女神依然不依不饶，给了她一只木盒，并让她将这只盒子交给冥后珀耳塞福涅。

美丽善良的普绪刻决定为了爱情牺牲自己，她知道只有亡灵才能达到阴间，便来到一座高塔中想要跳塔自尽。这时高塔中传来一个声音，告诉了她进入地府的秘密通道，并让她准备两枚钱币和两个蜜面包，把钱币付给冥界的渡夫卡戎，将蜜面包喂给三头犬刻耳柏洛斯，途中不要和任何人搭话。普绪刻按照高塔告知的路途，来到地狱的入口，沿着一条弯弯曲曲的小路一直走。走了很远，来到一条河边，那河水像墨汁一般漆黑。河边停着一条船，她认出这个老船夫就是传说中的渡夫卡戎，便上了船。老人立刻开船，在死一般的寂静中向对岸划去，上岸后她张开嘴吐出一枚钱币给了船夫。

之后继续走了很远，来到一个大理石宫殿前，门口是凶恶无比的三头犬刻耳柏洛斯。少女扔给它一块蜜面包，趁其吞食的时候走进宫殿中。在宫殿里她遇见了冥后珀耳塞福涅，并将爱神的盒子交给了她。冥后往盒子中装了一件宝贵的礼物，交还给她，并叮嘱她千万不要打开。跟冥后道别后，少女沿原路返回，将另一块蜜面包扔给地狱看门犬，并顺利地走出了宫殿。在渡河时将口中另一块钱币吐出给了老船夫，然后毫发无伤地沿着那条幽暗的小径走出了冥界。危险的任务终于完成了，此时强烈的好奇心驱使着她，使她偷偷地打开了那个盒子。盒子里面装的是一只地狱中的睡眠鬼，一经获得自由便附在普绪刻身上，于是少女陷入了永久的睡眠。

　　一开始的时候，丘比特对爱妻的不信守诺言很是失望，心里想着这也许不是自己想要的完美爱情。在离开普绪刻的日子里，对她的想念却益加深重，并开始为自己的做法感到悔恨。当他决定去寻找普绪刻并打算与她重归于好的时候，妻子已经踏上了进入冥界的那条路了，那时他才听说为了找回失去的爱情，这个少女在人间四处游荡，不知道吃了多少苦，这么多的苦难面前她却不曾有过丝毫的退缩，即使是进入冥界，可能永远都不能再回来了。丘比特便在冥界出口地方四处寻找，终于找到被睡眠附身的妻子。他把睡眠鬼抓了出来，普绪刻就醒了。久别的恋人重逢，有着说不清的激动和欣喜，他们紧紧地拥抱着对方，害怕会再度失去彼此。

　　普绪刻历尽千难万险之后，终于在主神宙斯的调停下，得到了爱神的宽恕[1]，而且丘比特也表示再也不愿意离开心爱的女孩了。他们来到众神面前，祈求诸神为他们当爱的证人。宙斯被他们的故事感动，亲自将普绪刻许配给丘比特，并赐给她长生不老的琼浆仙食，普绪刻也成为了奥林波斯中的一员，并和丘比特一直相爱。

　　普绪刻的名字 Psyche 一词意为【灵魂】，而丘比特乃是爱的化身，这

[1] 当然，主神宙斯做这件事可是有好处可捞的，他私下里跟丘比特说：若是今后大地上还存在着某位确实如花似玉的少女，那你可要记住我施与你的恩惠，你有义务将她的爱奉献给我。

▶ 图 4-81 Psyche revived by Cupid's kiss

> 图 4-82　The marriage of Cupid and Psyche

①希腊语的psyche用来表示'灵魂'之意，最初的意思为'气息、呼吸'，因为古人认为，呼吸乃是生命的基本特征，有气息者才有生命，有生命者乃有灵魂。于是希腊语中用表示'气息'的psyche来指代'生命、灵魂'，同样的道理，拉丁语中的'灵魂'spiritus源自动词spirare'呼吸'，前者演变出了英语中的spirit；拉丁语中的anima'呼吸'也衍生出了'灵魂、生命'的意思，该词衍生出了英语中：动物animal【有生命的】、活的animate【生命的】、泛灵论animism【灵魂的学说】。

个故事或许告诉了我们：一个人只有在寻求真爱的过程中，才能找回自己的灵魂。

普绪刻是如此美丽清纯的一个姑娘，所以人们用 pure as Psyche 来形容一个女孩美丽无邪、清纯脱俗。普绪刻则成为了漂亮女孩的代名词。三头犬刻耳柏洛斯虽然严厉尽职，但是还是因为一两块蜜面包放任普绪刻出入冥界了，借此典故便有了 throw a sop to Cerberus【给刻耳柏洛斯扔蜜面包】，表示"向看守人行贿"。

普绪刻的名字来自希腊语的 psyche'心灵、灵魂'①，于是有了英语中：心理学 psychology【关于心灵的研究】、精神病学 psychiatry【医治心灵的学问】、精神错乱 psychopathy【心灵之病】、精神分析 psychoanalysis【对心理、心灵解析】、精神病 psychoneurosis【心理和神经之病】、迷幻剂 psychedelic【揭示心灵的药剂】、心灵论 psychism【关于灵魂的学说】、精神发生 psychogenesis【精神产生】、精神错乱 psychosis【精神疾病】、精神病患者 psycho【精神病人】等。

4.7 海王星 远离尘嚣的蔚蓝

继天王星发现之后，1846 年 9 月 23 日，柏林天文台约翰·伽勒[1]发现天王星轨道还有另一颗行星。该行星呈现出海水般的蓝色，故以罗马神话中的海王涅普顿 Neptune 命名了此行星，涅普顿相当于希腊神话中的海王波塞冬。中文译作海王星。海王星一共有 13 颗卫星，这些卫星多以希腊神话中海王波塞冬的随从、情人或子女为名。

① 约翰·格弗里恩·伽勒（Johann Gottfried Galle，1812－1910），德国天文学家，海王星的发现者。

海卫一 Triton

鱼尾海神特里同 Triton，海王波塞冬与海后安菲特里忒之子。

海卫二 Nereid

海中仙女 Nereids 的单数形式，后者为海神涅柔斯与大洋仙女多里斯的五十个女儿。

海卫三 Naiad

水泽仙女 Naiads 的单数形式。

海卫四 Thalassa

泛海女神塔拉萨 Thalassa，天光之神埃忒耳与白昼女神赫墨拉之女。

海卫五 Despina

秘仪仙女得斯波娜 Despoina，海王波塞冬与丰收女神得墨忒耳之女，司掌厄琉息斯秘仪。

➢ 图 4-83 Neptune

海卫六 Galatea

仙女伽拉忒亚 Galatea，海中仙女之一。

海卫七 Larissa

宁芙仙子拉里萨 Larissa，海王波塞冬的情人，传说忒萨利亚的拉里萨地区就因她而得名。

海卫八 Proteus

海神普洛透斯 Proteus，一说为海王波塞冬的长子。

海卫九 Halimede

仙女哈利墨得 Halimede，海中仙女之一。

海卫十 Psamathe

海沙仙女普萨玛忒 Psamathe，海中仙女之一，海神普洛透斯之妻。

海卫十一 Sao

海安仙女萨俄 Sao，海中仙女之一。

海卫十二 Laomedeia

仙女拉俄墨得亚 Laomedeia，海中仙女之一。

海卫十三 Neso

海岛仙女涅索 Neso，海中仙女之一。

4.7.1　海神　狂风巨浪中的王者

提坦之战结束后，奥林波斯神波塞冬取代了环河之神俄刻阿诺斯，成为了海洋世界新的主宰。他统治管理着大海、大洋、河流、泉水以及司掌这些水域的众神们，包括环河之神俄刻阿诺斯生下的3000 位大洋仙女以及海神涅柔斯的 50 位女儿海中仙女们。这些仙女们分散于世界各地的海域，她们各自掌控着海洋中的一片地盘，海后安菲特里忒 Amphitrite 就是其中的一位。像所有强大的统治者一样，海王波塞冬也风流成性、四处寻花问柳。他的情人众多，有戈耳工三姐妹之一的墨杜萨 Medusa、雅典王后埃特拉 Aethra、少女阿密摩涅 Amymone、出轨少妇堤罗 Tyro、仙女斯库拉 Scylla、仙女托奥萨 Thoosa 等。她们为波塞冬生下了不少后裔。其中，墨杜萨为波塞冬生下了飞马珀伽索斯和金剑巨人的克律萨俄耳；埃特拉则生下了后来的大英雄忒修斯，忒修斯成为了雅典著名的英雄和君主[1]；阿密摩涅生下了英雄瑙普利俄斯 Nauplius，这个孩子后来建造了瑙普里翁城 Nauplion【瑙普利俄斯之城】；堤罗生下了珀利阿斯和涅琉斯，珀利阿斯迫使伊阿宋远航探险夺取金羊毛，而英雄涅琉斯也参加了此次探险；仙女斯库拉为海后所害，变成了可怕的水怪；仙女托奥萨为海神生下了独眼巨人波吕斐摩斯 Polyphemus，这个孩子后来被英雄奥德修斯刺瞎了眼睛；海后安菲特里忒则为波塞冬生下了鱼尾海神特里同 Triton。

传说海王最初暗恋的是海中仙女忒提斯，她是一位非常迷人的仙女，聪明伶俐，并讨人喜爱，忒提斯也是为主神宙斯所钟爱的一位仙女。波塞冬一开始就被这个仙女所深深迷恋，天天想着怎么样能赢得她的芳心，但当海神获知一则预言说忒提斯生下的孩子将远远超过其父亲时，因为惧怕被自己强大的后代取缔，波塞冬连忙悬崖勒马、另觅新欢了[2]。后来波塞冬爱情转移，迷恋上了忒提斯的妹妹安菲特里忒，并对她展开了猛烈地追求。仙女起初并不喜欢这个满面胡须、性格粗鲁的小伙子，并试图逃脱他的追求，藏在很隐蔽的海域中，结果被波塞冬的宠物海豚给发现了。仙女数次躲避都不成功，也就只好认命，嫁给了波塞冬成为海后。这只海豚因为帮助主人泡妞有功，被升至夜空中，成为了海豚座 Delphinus。

海后安菲特里忒为波塞冬生下了海神特里同。他上身是人，下身是鱼[3]。他有一个海螺做成的号角，据说大海中狂风恶浪的声音就是他从这只号角中吹出来的。

海王波塞冬常常手持三叉戟，驾着四匹白马拉着的战车，在海中巡逻。古希腊人认为海神脾气暴躁，易于发怒，海洋的惊涛巨浪便是海神

➢ 图4-84　Poseidon in love

[1] 特洛曾国王庇透斯曾经得到神谕说女儿不会有公开的婚姻，却会生下一个有名望的孩子。当雅典国王埃勾斯路过特洛曾时，国王庇透斯让女儿埃特拉和埃勾斯悄悄结婚。婚后埃勾斯便返回雅典，临行前把宝剑和鞋放在海边巨石下，并跟妻子交代说，如果生下了儿子，长大后便让他拿着宝剑和鞋去雅典找父亲。后来埃特拉果然生下了一个儿子，即后来的大英雄忒修斯。

[2] 宙斯也知道了这个预言，之后毅然和自己的恋人分手，后来忒提斯在英雄珀琉斯的不懈追求下，嫁给了他，并为他生下了远比父亲强大的大英雄阿喀琉斯。

[3] 特里同这种人鱼形象被称为Merman【man in the sea】，也就是男性人鱼；女性人鱼则被称为mermaid即【maiden in the sea】，也就是我们常说的美人鱼。

性格的象征。当他发脾气时，海面一片昏暗，巨浪滔滔，船只的命运就岌岌可危了。他盛怒时甚至会挥舞三叉戟，使得山崩地裂、洪水泛滥。传说中的古老文明亚特兰蒂斯就是因为惹怒了海神，而被愤怒的波塞冬摧毁，一夜间沉入了茫茫大西洋中。

在奥林波斯神族取代提坦神族成为世界新的统治者时，诸神内部掀起了瓜分大陆的狂潮，各路神仙纷纷占领地盘，扩大自己在人间的信仰势力。当时智慧女神雅典娜和海王波塞冬同时中意上了阿提卡地区，并为此大打出手、各不相让，争执不下便请来主神宙斯裁决。一个是自己的亲哥哥，一个是自己的爱女，宙斯自己也不好下裁定，便让他们各自施展本领，谁能获得人民的青睐，这片土地就判给谁。于是波塞冬用三叉戟敲击岩石，石头中立刻涌出一股海泉来，泉中不断地流出海水，象征海神意欲占领这个地方。雅典娜随后施法，她用长枪敲击岩石，这岩石中立即长出一株橄榄树来。希腊境内土地贫瘠，也没有多少自然资源，橄榄的出现无疑给他们带来了非常多的利益：橄榄榨的油很营养，还可以用来护肤和点灯；最重要的一点是，橄榄油可以给当地人带来商机和财富[①]，因此更受到人们的青睐。经过商议，人们决定还是橄榄对他们来说实惠，便将胜利的荣誉献给了雅典娜，还用女神的名字 Athena 命名了阿提卡的中心城市，也就是雅典 Athens。他们在市中心为女神建立神庙，取名为帕特农 Parthenon【处女】神庙，来纪念这位伟大的童贞女神。

另外，雅典市民也感恩于海神赐予的泉水，将他视为雅典娜之外最重要的神灵。

海王 Poseidon

海王波塞冬的名字 Poseidon 一词，很难找到既合乎词源学又合乎神话的解释，或许这个名字来自更早期的希腊本土语言，或者我们并不了解的某一个古老语言。柏拉图在《克拉底鲁篇》中对该名的解释值得一提，虽然现在看来这并非真正的词源学解释。

> 海神之所以取名为 Poseidon，因为海洋限制着他的双脚 posi-desmon【脚被束缚】，或者因为他见识甚广 polle-eidon【见多识广】。
>
> ——柏拉图《克拉底鲁篇》

① 后来希腊人驰骋地中海东岸，在古埃及和两河流域两大文明之间做生意，卖出橄榄油并用换来的钱在海岸进行贸易和殖民，至今我们仍然能从出土的陶器中看到那些生动的画面。

posi-desmon 一词由 pous'足'和 desmon'束缚'构成，即【脚被束缚】。pous'足'衍生出了英语中：章鱼 octopus【八只脚】、水螅 polypus【多只脚】、鸭嘴兽 platypus【扁足动物】；著名的俄狄浦斯王之名为 Oedipus【肿胀的脚】，在他出生的时候，父亲为了逃避被儿子杀害的命运，而将儿子双脚订穿，抛弃在荒野。desmon 为'束缚、捆绑'，被希腊人用来表示'韧带'，因为它将不同的两部分器官"束缚"到一块，其衍生出了英语中的韧带炎 desmitis【韧带炎症】、韧带切开术 desmotomy【韧带切开】、绷带学 desmology【关于韧带的研究】。

polle-eidon 一词由 polle'多'和 eido'知道'构成，即【见多识广】。polle 是形容词 polys'多'的阴性形式，后者衍生出了英语中：多项式 polynomial【多个项】、波利尼西亚 Polynesia【多岛之国】、水螅 polypus【多足】、精通多国语言者 polyglot【多语言】。'知道'eido 表示'看见'之意，其衍生出了英语中：逼真 eidetic【亲眼看见般】、幻象 eidolon【看到的形象】。

海后 Amphitrite

海后安菲特里忒之名 Amphitrite，由 amphi'在周围'和 *triton'海'组成，可以理解为【在海周围】，海王波塞冬是海洋的统治者与化身，而海后安菲特是海王波塞冬的贴身家眷，因此这个名字对她来说也非常合适了。*triton 一词与古爱尔兰语中的'海'triath 同源。而海神之子特里同的名字 Triton 明显也来自于此，即【海洋】之神。希腊语的介词 amphi 与拉丁语的前缀 ambi- 同源，意思都是'在周围、两个的'，后者衍生出了英语中：抱负 ambition【四处走动】、漫步 amble【到处走】、救护车 ambulance【到处走动】、使节 ambassador【到处走动者】、迂曲的 ambagious【从周围走的】、环境 ambient【周围的】、模棱两可的 ambiguous【两边走的】、犹豫 ambivalence【两个想法】、中向性格 ambivert【即外向又内向】等。

4.7.2　海中仙女

希腊神话中，生活在各种水域中的仙女一般分为三种，分别是环河之神俄刻阿诺斯与忒堤斯所生的大洋仙女 Oceanids【俄刻阿诺斯

的女儿】、海中老人涅柔斯与大洋仙女多里斯所生的海中仙女 Nereids
【涅柔斯的女儿】，以及诸河神或其他神灵生下的水泽仙女 Naiads【河
流的女儿】^①。通俗神话版本中经常将这些概念相互混淆，或一概说
为是水泽仙女。事实上，这三类仙女是存在区别的，除了她们的来历
不同以外，很重要的一个区别是：水泽仙女生活在泉水、溪流等淡水
水域之中，并且离开水太久就会迅速死去；海中仙女生活在地中海水
域之中，而大洋仙女则生活在地中海以外的大洋水域中。这样的分类
基于一个古老的地理观，古代希腊人认为陆地被环形的水域包围着，
而黑海和大西洋等外海海域是相连的，它们构成了包围大陆的环形水
域，这水域的外围就是世界的尽头了。这条大的环形水域被称为俄刻
阿诺斯河 Oceanus，英语中的海洋 ocean 一词即由此演变而来。地中
海被认为是与陆地密切相关的海域，而这之外的海域都为环河俄刻阿
诺斯的一部分。因此他们将地中海中的诸仙女称为海中仙女，而将大
洋中的仙女称为大洋仙女^②。

我们先来看看海中仙女们的故事。

海中仙女是海中老人涅柔斯与大洋仙女多里斯所生的五十位女
儿，这些仙女个个美丽迷人，无忧无虑地生活在爱琴海中。后来波塞
冬继承了海中霸权，这些仙女们大都变成了海王的家眷或随从。五十
位海中仙女里面，比较著名的有忒提斯、安菲特里忒、伽拉忒亚、普
萨玛忒。她们的父亲涅柔斯是远古海神蓬托斯的长子，他诚信正义、
公平善良，并且是一个著名的预言者，因此备受人们尊重。他有随意
变成任何事物的本领，大英雄赫剌克勒斯曾经费了很大力气才抓住了
他，迫使他使用预言能力帮助自己找到了极西世界的金苹果园。

忒提斯 Thetis

忒提斯是众多姊妹中最漂亮的一位，她活泼可爱，有着迷人的秀
发，并有一对银白色的美足，是主神宙斯所钟爱的恋人之一。一开始
的时候，他们很是恩爱。所以很多年后当天后赫拉、海神波塞冬、太
阳神阿波罗等诸神造反，将宙斯捆绑起来准备重新推举首领时，忒提
斯担心恋人的安危，迅速赶往地狱深渊之中请来了看守塔耳塔洛斯的
百臂巨人，终使天神躲过一劫。当然，这是很久之后的事。当热恋中

① 因为这些仙女人数众
多，此处使用这些名称的
复数形式。

② 为了便于区分，全书中
我们将俄刻阿诺斯的女儿
们 Oceanids 统一译为大洋
仙女、将涅柔斯的女儿们
Nereids 统一译为海中仙
女，并将众河神或其他神
灵所生女儿们 Naiads 译为
水泽仙女。

的宙斯得到一个预言，说忒提斯生的孩子将远比其父强大。宙斯心生畏惧，怕以后被自己的后代推翻[1]，便毅然同仙女分手。分手后的忒提斯在很长的时间内，还依然深深地爱着这个负心郎，要不然也不会对他的后人那么热心肠了——她曾经多次解救宙斯的儿子，当火神赫淮斯托斯被宙斯扔下天庭后，忒提斯收养了他九年；当酒神狄俄倪索斯被人陷害跳进大海时，忒提斯救活了他；当阿耳戈英雄遇到危险时[2]，忒提斯也动员自己的姐妹们一起救助过这些人间英雄……

半人马智者喀戎在得知这个神谕之后，赶忙告诉自己的爱徒珀琉斯，并策划利用此机会让爱徒娶这位仙女为妻。珀琉斯自从在海岸远处窥见仙女的那一瞬间，便被她的美貌所深深吸引。后来忒提斯为了逃避珀琉斯的追求而变成各种各样的怪物，海怪、水、火、狮子、巨蛇等，珀琉斯一直紧紧地抱着她，打死都不肯松手。仙女遂被这个小伙子的执著所感动，同意做他的妻子。

珀琉斯和忒提斯的婚宴举办得好不热闹。仙界的大腕统统到场，毕竟女神曾经是主神宙斯的情人，海神波塞冬也曾经深深地暗恋着她，暗恋过她的其他神祇肯定还有不少，只是很多神明一直未曾表露

[1] 宙斯的父亲克洛诺斯、宙斯的爷爷天神乌剌诺斯都是被更加强大的儿子所推翻，从而失去自己的统治权的。
[2] 阿耳戈号里面的船员，赫剌克勒斯、波吕丢刻斯、卡斯托耳等很多重要的英雄都是宙斯的儿子。

► 图 4-85 The marriage of Peleus and Thetis

心思罢了。婚宴上一位自认为属于大腕的"非主流"神仙不请自来，并在婚宴上扔下一只金苹果，从而埋下了后来特洛亚战争的种子。这位"非主流"神仙的此次自我炒作显然很成功，不久她便声名鹊起，她就是不和女神厄里斯 Eris。

忒提斯和珀琉斯结合后，生下了大英雄阿喀琉斯。正如预言所说，他远比自己的父亲强大很多倍，并成为后来特洛亚战争中最勇敢的大英雄。在特洛亚战争中，阿喀琉斯的行为几乎主宰了整个战争的局势。

忒提斯的名字 Thetis 一词，由动词 tithemi '放置' 的词根 the- 与表示 '女性行为者' 的 -tis 构成，字面意思为【处置者】。tithemi '放置' 一词衍生出了英语中：合成 synthesis 就是【放在一起】，而光合作用 photosynthesis 就是【光的合成】；假设之所以被称为 hypothesis，因为假设的内容是被【放在下面】垫底的，从这个基础出发才往上做推论，假定 suppose 一词也是类似的道理。

安菲特里忒 Amphitrite

安菲特里忒嫁给了波塞冬以后，并没有过上多么幸福美满的生活。相反，她还得经常忍受丈夫的出轨，毕竟波塞冬的小蜜也多得像连锁店一样。一次海后实在是忍无可忍，便偷偷往丈夫的小情人仙女斯库拉洗澡的海水中下毒，使她变成了一只可怕的海妖。这只海妖就是传说中有六个头十二只手，腰间缠绕着一条由许多恶狗围成的腰环，守护着墨西拿海峡一侧的海妖斯库拉。

前文已经说过，安菲特里忒的名字 Amphitrite 一词由 amphi 'around' 与 *triton '海洋' 两部分组成。其中，希腊语介词 amphi 'around' 衍生出了英语中：两栖动物 amphibian【在两种环境下生活者】、露天剧场 amphitheater【几面都可以观看的剧场】等。

伽拉忒亚 Galatea

伽拉忒亚是西西里岛附近海域中的一位仙女，她美丽清纯、白晰动人，这使得波塞冬的一个儿子——独眼巨人波吕斐摩斯深深地着迷。波吕斐摩斯是个体型硕大、长相丑陋的家伙，他的面部只有一只眼睛，长在额头的正中央。他为人粗暴、茹毛饮血，仙女对这个野蛮的家伙特别反感，并且经常远远地躲着他。伽拉忒亚与一位英俊善良的牧羊少年阿西斯 Acis 相爱，并且私定终身。波吕斐摩斯见此心生妒忌，当着仙女的面用巨石将阿西斯砸死。伽拉忒亚抱着爱人的尸体，悲痛欲绝。鲜红的血从少年的身体中流淌出来，不一会儿，红色慢慢地变淡了，变成雨后浑浊的河水的颜色，之后慢慢变得清澈，这血液流到西西里岛的一条河流中，

➤ 图 4-86 Galatea and Acis

从此人们将这条河命名为阿西斯河 Acis。传说阿西斯的身体被分成了几个部分，散落在西西里岛各地，直到现在，西西里岛不少城镇的名字都以 aci- 开头，据说就和这个少年有关，比如 Acireale、Aci Santa Lucia、Aci Sant Antonio、Aci Platani、Aci Bonaccorsi、Aci San Filippo、Aci Castello、Aci Catena，其中比较著名的阿西瑞尔 Acireale 被誉为狂欢节之乡。

伽拉忒亚的名字 Galactea 一词，字面意思是【牛奶般的】，大概在说这个少女可爱甜美、纯洁、白净，就如同牛奶一样。其源于希腊语中的 gala '乳汁'。银河在古希腊语中称作 cyclos galaxias【乳汁之环】，因为据说它由天后赫拉的乳汁变成；英语将其意译为 Milky Way【乳汁之路】，而 galaxias 则演变出英语中的 galaxy，后者被用来泛指所有的星系。除此之外，催乳药 galactagogue【使产生奶之物】、促乳的 galactopoietic【产生奶的】等词汇亦由此构成。

普萨玛忒 Psamathe

普萨玛忒也被称为沙滩仙女。当她还是个少女的时候，曾经被埃伊那岛国王埃阿科斯追求。埃阿科斯在海滩上捉到了她。为了逃脱，她变成各种形状，最后变成一只海豹。但是埃阿科斯仍旧紧紧抱着不放手。普萨玛忒无奈之下，只能任其摆布。事后仙女生下了一个儿子，取名叫福科斯 Phocus【海豹】，国王埃阿科斯非常喜欢这个孩子。国王还曾与少女恩得伊斯结合，生下了英雄珀琉斯和忒拉蒙。埃阿科斯偏爱福科斯，这使得珀琉斯和忒拉蒙无比嫉妒，他们在掷铁饼比赛中将同父异母的兄弟杀死，并将尸体埋在的树林里。后来事情泄露，两兄弟被父亲逐出埃伊那岛。女仙普萨玛忒更是怒气难消，她派

一只凶狠的恶狼去骚扰珀琉斯的羊群。后来珀琉斯在妻子忒提斯的帮助下，才终于平息了普萨玛忒的怒火①。

埃阿科斯生前因为公正、虔诚受到人们的尊敬，他死后被冥王重用，并成为了冥界三判官之一。其他两位判官分别是欧罗巴的两个儿子，弥诺斯和剌达曼堤斯。

后来普萨玛忒嫁给了海神普洛透斯。普洛透斯是海王波塞冬的侍从，也有人说是波塞冬的儿子，他负责放牧波塞冬的一群海豹。普洛透斯如同众多的海神一样，具有预言和变成各种事物的能力。我们从荷马那里听说，当墨涅拉俄斯从特洛亚战场返航后，曾经在埃及附近迷航，无法找到回国的路。在那里，英雄们抓住了海神普洛透斯，任凭他变为雄狮、长蛇、猛豹、野猪、流水等各种形状，都没有松手。

> 我们大叫一声扑上去把他抱紧，
> 海神并未忘记狡猾的变幻伎俩，
> 他首先变为一头须鬣美丽的雄狮，
> 接着变成长蛇、猛豹和巨大的野猪，
> 然后又变成流水和枝叶繁茂的大树，
> 但我们坚持不松手，把他牢牢抓住。
> 待他看到变幻徒然，心生忧伤，
> 这才开口说话，对我这样询问：
> 阿特柔斯之子，是哪位神灵出主意，
> 让你用计谋强行抓住我，你有何要求？
>
> ——荷马《奥德赛》卷4 454-463

墨涅拉俄斯从普洛透斯那里得知了众英雄的颠沛流离、阿伽门农的死以及回家的路。并根据海神的指点，终于成功返回故乡斯巴达。

因为普洛透斯善变幻，英语中借此典故，用protean【普洛透斯一般】表示"变化无常"②。

普萨玛忒是沙滩仙女，自然这个名字应该与沙滩有一定的联系。Psamathe一名源自希腊语的'沙滩'psammos，英语中的喜沙的psammophilous【爱沙滩】即源于此。

4.7.3　大洋仙女

环河之神俄刻阿诺斯 Oceanus 和海洋女神忒堤斯结合，生下了 3000 位大洋仙女 Oceanids【俄刻阿诺斯之后裔】。这些仙女们个个美丽动人，她们为神明或人间的国王、英雄所爱，并为他们生下众多聪颖的次神、英雄或君主：提坦神主克洛诺斯变成一匹马追求大洋仙女菲吕拉 Philyra，他们结合后生下了著名的人马智者喀戎 Chiron；大洋仙女普勒俄涅 Pleione 与大力神阿特拉斯结合，生下了七个女儿，这七位女儿被称为普勒阿得斯 Pleiades【普勒俄涅之女儿】，也就是希腊神话中的"七仙女"；大洋仙女斯堤克斯 Styx 与战争之神帕拉斯结合，生下了强力之神克剌托斯 Cratos、暴力女神比亚 Bia、热诚之神仄罗斯 Zelos 以及胜利女神尼刻 Nike；大洋仙女厄勒克特拉 Electra 和远古海神陶玛斯结合，生下了彩虹女神伊里斯 Iris 和怪鸟哈耳皮埃 Harpy……当然，大洋仙女还有很多，实在难以一一述及，本文挑选部分大洋仙女进行解说。

克吕墨涅 Clymene

克吕墨涅最初嫁给了提坦神伊阿珀托斯，并为其生下了狂暴的墨诺提俄斯、著名的扛天巨神阿特拉斯、盗火的先觉神普罗米修斯、因娶潘多拉而给人类带来灾难的后觉神厄庇米修斯。后来伊阿珀托斯作为镇压奥林波斯神族的重要头目，被打入地狱深渊中永世不得翻身，他的儿子们也逐一遭到奥林波斯神族的迫害。后来，仙女克吕墨涅又嫁给了太阳神赫利俄斯，并为其生下法厄同 Phaeton 和赫利阿得斯 Heliades【赫利俄斯之后裔】三姐妹。

我们从奥维德那里听说，法厄同的母亲后来又嫁给一位人间的国王。当法厄同长大得知了自己的身世后，他来到世界极东找到了自己的生父赫利俄斯。太阳神很喜欢这个儿子，并答应为他实现任何一个愿望。然而这个孩子的要求却让父亲非常为难，因为法厄同想要驾驶连众神都不敢驾驶的太阳车。太阳神已经提前应允，誓言无法收回，只好再三叮嘱自己心高志大的儿子，满怀忧虑地将太阳车交给了他。法厄同驾驶着太阳车脱离了轨道，在天空中横冲直撞。众星座纷纷躲

避，各路神祇也都远远地逃离。失控的太阳车一会儿向上攀升，远离地面，于是大地到处一片寒冷；一会儿又向下俯冲，触临地表，巨大的热量使得附近的大地焦灼不堪，森林四处起火，利比亚的土地都被烤干了，成为一片巨大的沙漠。后来少年从车上跌落，坠入厄里达诺斯河中。

据说法厄同的形象后来变成了夜空中的御夫座 Auriga，而收容少年尸体的河流厄里达诺斯则成为了夜空中的波江座 Eridanus。

克吕墨涅的名字 Clymene 字面意思为【著名力量】，由希腊语的 clytos '著名的' 和 menos '力量' 构成。她的后代中，大力神阿特拉斯和狂暴的墨诺提俄斯无疑继承了母亲名字中的 '力量' 这一元素；而女神的后代们，比如扛天神阿特拉斯、巨力且狂暴的墨诺提俄斯、盗火神普罗米修斯、冒险精神十足的少年法厄同等，个个都是神话中著名的人物，这无疑是对其名中 '著名的' clytos 的最好解释。clytos 意为 '著名的'，于是就不难理解希腊神话中：阿伽门农的妻子克吕泰涅斯特拉 Clytemnestra【著名的新娘】，变成向日葵的宁芙仙子克吕提厄 Clytie【著名者】。menos 意为 '力量'，因此海伦的丈夫墨涅拉俄斯 Menelaus 乃是【人民的力量】；美少年许拉斯的母亲即仙女墨诺狄刻 Menodice 则是【公正的力量】之意；而克吕墨涅的儿子，提坦神族中狂暴的墨诺提俄斯 Menoetius 则是【毁灭的力量】了。

墨提斯 Metis

大洋仙女墨提斯被认为是智慧的化身，她是众神中最聪颖的一位。在提坦神统治的时代，墨提斯就同宙斯相爱，并替致力反抗父辈强权的奥林波斯神族多次出谋划策。当宙斯想要救出被吞进克洛诺斯腹中的兄弟姐妹时，他得到了智慧女神墨提斯的指点。女神想出一个非常好的计谋，他们在克洛诺斯的食物中放入一种催吐的药物，后者吃后果然狂吐不止，吐出了自己多年前吞下的五位儿女。

后来，宙斯在智慧女神的帮助下终于战胜了克洛诺斯，并成为第三代神主。他先娶墨提斯为妻，并深深地爱着她。然而神王宙斯却要因此面临一个困境，命中注定女神将生下一个女儿和一个儿子，这个儿子要比自己的父亲更加强大，并且会推翻父族的统治，就如同宙斯推翻克洛诺斯的统治一样。为了避免被长子推翻的命运，宙斯做了一项非常狡猾的举动，他哄骗墨提斯，并将她吞进腹中。通过该手段，宙斯不但消除了潜在的威胁，还得到了女神无与伦比的智慧。那时墨提斯已经怀上了一个女儿，这个女儿在宙斯的头颅中渐渐长大。终于有一天，宙斯感到头痛难忍，痛苦不堪，他命令工匠之神凿开自己的头颅。而头颅裂开之时，一位女神从主神裂开的头颅中一跃而出，这位女神身披盔甲、手持长矛，因此被尊为战争女神；同时她又是墨提斯怀下的孩子，拥有母亲智慧的基因，因此她也被誉为智慧女神。这位女神就是著名的智慧与战争之女神雅典娜。

墨提斯的名字 Metis 一词字面意思为【智慧、觉悟】，因此普罗米修斯 Prometheus 被认为是【先觉者】，而他的弟弟厄庇米修斯 Epimetheus 则是不折不扣的【后觉者】。

墨提斯是宙斯的妻子，因此她的名字 Metis 也被用来命名木卫十六。

狄俄涅 Dione

在荷马史诗《伊利亚特》中，仙女狄俄涅被认为是爱神阿佛洛狄忒的母亲。因此，当阿佛洛狄忒为了拯救心爱的儿子埃涅阿斯而被狄俄墨得斯打伤时，她跑回天庭中向狄俄涅哭诉。

神圣的阿佛洛狄忒倒在她的母亲

狄俄涅的膝头上面；母亲抱住女儿，

双手抚摸她，呼唤她的名字对她说：

"孩子，天神中哪一位这样鲁莽地对待你，

把你作为当着大众做坏事的女神？"

——荷马《伊利亚特》卷5 370-374

而奥维德在《变形记》中则讲到，大洋仙女狄俄涅曾嫁给了佛律癸亚王坦塔罗斯，并为他生下了珀罗普斯和尼俄柏。坦塔罗斯王品行极差，因犯有渎神和弑子之罪而被众神打入地狱深渊中，忍受着无尽的惩罚。

坦塔罗斯的女儿尼俄柏也继承了父亲恣意渎神的性格，并因亵渎女神勒托而连累了全家，她的七个儿子被太阳神阿波罗射死，七个女儿被月亮女神阿耳忒弥斯射死，她的丈夫拔刀自尽，只剩下尼俄柏一人独自悲伤，并在悲伤中风化成一尊石像。

坦塔罗斯的儿子珀罗普斯统一了希腊半岛的南部地区，即伯罗奔尼撒 Peloponnesos【珀罗普斯之岛屿】。珀罗普斯和妻子希波达弥亚生下了阿特柔斯 Atreus 和堤厄斯忒斯 Thyestes。阿特柔斯的妻子生下了阿伽门农 Agamemnon 和墨涅拉俄斯 Menelaus，他们统治着伯罗奔尼撒半岛上强大的迈锡尼、阿耳戈斯和斯巴达。当阿特柔斯掌权成为国王时，发现弟弟堤厄斯忒斯与王后偷情，他愤怒地将弟弟逐出城外。为了报复，阿特柔斯设计陷害堤厄斯忒斯，让堤厄斯忒斯在不知情中娶自己的亲生女儿为妻，并与女儿生下了一个孩子。这个孩子出生后即遭到遗弃，后幸得山羊哺乳，因此得名埃癸斯托斯 Aegisthus【山羊之力】。阿特柔斯收养了这个孩子，把他养大成人后，指使埃癸斯托斯去杀死自己的生父生母。埃癸斯托斯得知自己的身世后，在愤怒的驱使下杀死了使自己蒙受悲惨命运的叔父阿特柔斯。后来阿伽门农王出兵特洛亚时，埃癸斯托斯与王后克吕泰涅斯特拉通奸，并同王后合伙谋杀了凯旋归来的阿伽门农。阿伽门农王的幼子俄瑞斯忒斯 Orestes 在父亲遇害后的第八年回来，杀死了埃癸斯托斯和自己不贞的母亲。

狄俄涅的名字 Dione 一词字面意思为【女神】，该词是希腊语 Dios '宙斯的、神的' 的一种阴性形式变体。Dios 与拉丁语的 divus、梵语的 deva 同源，这些词都表示'神灵'之意，它们衍生出了英语中：神 deity【神灵】、神圣的 divine【神的】、再见 adieu【愿神保佑你】。

卡利洛厄 Callirrhoe

仙女卡利洛厄和特洛亚王特洛斯 Tros 相爱，并为他生下了三个儿子，分别为：伊罗斯 Ilus、阿萨剌科斯 Assaracus、伽倪墨得斯 Ganymede。国王特洛斯继承了父亲留下的王位，在他的统治下，国家变得强盛起来，人们便用国王特洛斯的名字 Tros 来命名了该城邦，取名为特洛亚 Troia【特洛斯之城】，英语中转写为 Troy[1]。特洛斯让位于长子伊罗斯，因此特洛亚城也被称为伊利昂 Ilion【伊罗斯之城】。著名的荷马史诗《伊利亚特》原名 *Iliad* 即【伊利昂城（之歌）】，该史诗记述着希腊联军围攻伊利昂城第十年时发生的英雄故事。那时特洛亚王为伊罗斯的孙子普里阿摩斯 Priam。

阿萨剌科斯之孙安喀塞斯与爱神阿佛洛狄忒结合，生下了英雄埃涅阿斯 Aeneas，埃涅阿斯参加了特洛亚战争，并为特洛亚方立下了卓越的战功。当特洛亚城陷落之后，埃涅阿斯带着妻儿和年老的父亲逃往意大利南部，并在那里安居下来。据说他的第十五代子孙罗慕路斯 Romulus 和雷穆斯 Remus 建立了罗马城。罗马城的名字 Rome 就来自罗慕路斯之名。

伽倪墨得斯是个有名的美少年，宙斯变成一只鹰将其掠走，并将少年立为自己的酒童，负责在诸神的宴席上斟酒斟水。这个少年便是夜空中宝瓶座 Aquarius【斟水人】的原形。

卡利洛厄的名字 Callirrhoe 一词字面意思为【优美的水流】，由希腊语的 calos '优美的' 和 rrhoe '河流'组成。calos 一词衍生出了英语中：书法 calligraphy【漂亮的书写】、健美体操 calisthenics【优美之力】、美体 callimorph【优美的形体】。rrhoe 意为'河流'，源自

➤ 图4-88　Aeneas carrying Anchises after the fall of Troy

[1]特洛亚的形容词形式为 Trojan，即来自 Troia 的形容词 Troian 的变体。于是特洛亚战争在英语中也被称为 trojan war。

rrheo'流动'，后者衍生出了英语中：感冒 rheum【流（鼻涕）】、腹泻 diarrhea【未经消化而直接流泻】、鼻溢 rhinorrhea【流鼻涕】、淋病 gonorrhea【"种子"泄露】、闭经 amenorrhea【月经停流】、痔疮 hemorrhoid【大便出血】。

卡吕普索 Calypso

➢ 图 4-89　Calypso's isle

特洛亚攻陷之后，希腊联军纷纷乘船踏上返航的路途。英雄奥德修斯带着自己的士兵随从也从伊利昂乘船返航。因为途中刺瞎了海王之子的眼睛，得罪了海神波塞冬，归国的行程中充满了苦难。在经历了众多苦难之后，船上的伙伴无一幸免，奥德修斯只身一人漂泊到俄古癸亚岛上，被岛上的仙女所救。这位美丽的仙女乃是大洋仙女卡吕普索，她爱上了英雄奥德修斯，并将英雄留藏在岛上七年之久，还为英雄生下了两个孩子。奥德修斯曾经回忆到：

> 我的所有杰出的同伴都丧失了性命，
> 只有我双手牢牢抱住翘尾船的龙骨，
> 漂流九天，直到第十天黑夜降临，
> 神明们把我送到俄古癸亚海岛，
> 就是可畏的仙女，美发的卡吕普索的居地；
> 她把我救起，温存地照应我饮食起居，
> 答应让我长生不老，永不衰朽，
> 但她始终改变不了我胸中的心意。
> 我在那里淹留七年，时时流泪
> 沾湿卡吕普索赠我的件件神衣。

——荷马《奥德赛》卷 7　251-260

卡吕普索的名字 Calypso 一词意为【掩藏】，来自希腊语的 calypto'藏匿'。在神话中，仙女卡吕普索藏匿了英雄奥德修斯长达七年，让他在七年之中过着与世隔离的生活。calypto'藏匿'一词衍生出了英语中：开启 apocalypse【使不再掩藏】、桉树 eucalyptus【花芽遮盖很好的植物】。

4.7.4　水泽仙女

水泽仙女是一群生活在清泉、溪流等水域中的仙女，她们一般是一些大河之神的女儿[1]。这些仙女遍布人间，据说每一眼泉、每一条小溪都生活着一位甚至多位美丽动人的水泽仙女。这些仙女多以清纯动人而闻名，无忧无虑地生活在大自然的陪伴中，和游鱼、野花、泉水、微风、细雨为伴，并被描述为天真无邪的少女[2]。

阿索波斯之女 Asopides

水泽仙女们个个美丽动人，因此也成了众神的猎物，尤其是像好色的宙斯、波塞冬、阿波罗这一伙高高在上的男性神明。毕竟对他们来说，抢走这些美丽少女易如反掌，且丝毫不用有所顾忌，因为少女的父亲大多只是小小的河神，芝麻粒大的官儿，没有什么背景后台。这些河神被抢走心爱的女儿，却也只好忍气吞声。最惨的是河神阿索波斯 Asopus，仙女墨托珀为他生下了九个女儿，分别是忒柏 Thebe、普拉塔亚 Plataea、科耳库拉 Corcyra、萨拉弥斯 Salamis、欧玻亚 Euboea、西诺珀 Sinope、忒斯庇亚 Thespia、坦伽拉 Tangara、埃癸娜 Aegina。这九位女孩个个清纯美丽、楚楚动人。但红颜祸水，美丽动人的仙女却成为了强权众神手中的猎物，宙斯曾经抢走了忒柏、西诺珀、普拉塔亚三个少女[3]，海神波塞冬也抢走科耳库拉、萨拉弥斯、欧玻雅三姐妹，太阳神阿波罗拐走了忒斯庇亚，信使神赫耳墨斯偷走了仙女坦伽拉。河神阿索波斯一直为有这么多天真可爱的女儿而骄傲和快乐，因此他对女儿们更是怜爱有加。但是，女儿一个个地离奇失踪让他无比难过，他曾经寻找过很多地方，向路人或神祇询问她们的下落，却没得到一丝消息。年老的河神心中充满了忧虑。当八个女儿都莫名失踪之后，只剩下了小女儿埃癸娜，老河神更是很小心地看护着她，不想再失去最后一个爱女了。但尽管如此，他仍没防得住贪婪好色的宙斯，后者趁河神休息的时候变成一只老鹰，迅速地将少女抢走，少女呼喊父亲救命时老鹰已经飞得很远了，河神已经听不到了。老鹰将少女带到科林斯山上歇息了一会儿，又飞往更遥远的地方了。

当时科林斯国王西绪福斯正在城头的墙垛上看风景，无意间看到一只巨鹰抓着一位身着白衣的少女，栖落在附近的一个山岩上。西绪

[1] 水泽仙女的名字Naiads字面意思可以理解为【河流的后代】。

[2] 我们已经讲过的，河神伊那科斯的女儿伊俄Io、河神珀涅俄斯的女儿达佛涅Daphne也都属于水泽仙女。

[3] 后来，人们用Sinope命名了木卫九、用Thebe命名了木卫十四。

> 图 4-90 Aegina awaits the arrival of Zeus

① 类似地，被宙斯抢走的仙女忒柏Thebe，她的名字被用来命名忒拜城Thebes。被宙斯抢走的西诺珀Sinope，她的名字被用来命名了地名锡诺普Sinop和木卫九Sinope。被宙斯抢走的普拉塔亚Plataea，她的名字被用来命名了普拉提亚城Plataea。被海王波塞冬抢走的科耳库拉Corcyra，她的名字被用来命名克库拉岛Corcyra，现在也称为科孚岛Corfu。被海王波塞冬抢走的萨拉弥斯Salamis，她的名字被用来命名了地名萨拉米斯Salamis，后来著名的萨拉米斯战役就发生在这里。被海王波塞冬抢走的欧玻雅Euboea，她的名字被用来命名了欧玻亚岛Euboea，也翻译为埃维亚岛。
② 埃阿科斯死后成为了冥界三判官之一。

福斯一眼就看出来，肯定是好色的宙斯在干坏事了。果然，当天下午，失魂落魄的河神阿索波斯来到了科林斯，到处询问路人有没有看见自己的女儿。西绪福斯对河神说自己知道少女的下落，但是不能告诉他，否则就会得罪一位强大的天神，同时劝河神还是不要找了。河神一心只想找到自己的女儿，再三恳求，并答应给科林斯城一道永不干涸的清泉。西绪福斯这才告诉河神，说主神宙斯拐走了你的女儿，并劝河神还是不要再寻找女儿了，有权有势的天神得罪不起啊。河神并不死心，一路追着那只老鹰的行迹，希望能够要回自己的女儿。宙斯心想妈的这个老头怎么这么执着啊，知道是老子抢了你女儿你还追，老子不是怕你，主要是怕事情泄露了坏了我在仙界的名声。宙斯带着少女一路飞远，老河神就一路追着他们。为了摆脱这个坏自己好事的老头，宙斯差遣一位先知去劝诫河神不要追了，再追也不能挽回的。河神一想到自己就要失去最后一位女儿了，劝诫的话全然听不进去。此时宙斯正是欲火中烧、心急如焚，不愿意放弃如此美丽的少女，便掷下闪电，击中了河神的一条腿，趁河神晕倒之际逃之夭夭。自此，河神阿索波斯瘸了一只腿，不得不放弃寻找自己的女儿。河神瘸腿之后，阿索波斯河从此流速变得非常缓慢了。

　　后来，宙斯将埃癸娜拐到了阿提卡附近的一个岛屿上，在这里建立了一个城市，并以仙女埃癸娜的名字 Aegina 命名了这个地方，汉语中一般译为埃伊那岛①。仙女为宙斯生下了埃阿科斯 Aeacus②，宙斯将岛上的蚂蚁变成军队，然后立自己的儿子埃阿科斯为这里的王。于是这个军队被称为密耳弥多涅人 Myrmidons【蚂蚁勇士】。在特洛亚战争中，大英雄阿喀琉斯所统帅的近乎无敌的军队就是密耳弥多涅军。阿喀琉斯是珀琉斯的儿子，珀琉斯则是国王埃阿科斯的儿子。

许拉斯与德律俄珀

　　赫剌克勒斯的男童许拉斯 Hylas 是一个非常英俊的小伙子，赫剌克勒斯非常喜欢他，无论去哪里都带他为伴。当伊阿宋号召全希腊英雄去远航探险夺取金羊毛时，赫剌克勒斯也和许拉斯一起报了名。历险中途的一天晚上，他们在一个海岛边停船休息，许拉斯独自一人来到岛屿深处一处清泉边为伙伴们打水。月亮洒下落落清辉，年轻的许拉斯弯下腰对着泉水中皎洁的月光用陶罐舀水，水中的女仙被他美丽的身影迷住了，纷纷围拢过来，水泽仙女德律俄珀 Dryope 悄悄伸出左臂，围住了许拉斯的脖颈，同时右手拉住了他的肘部，悄无声息地把他往水中央拖去……

　　许拉斯就这样被留在了这个岛屿上，和美丽的仙女们一起生活。次日阿耳戈号起航的时候，赫剌克勒斯才发现自己宠爱的男童不见了，便漫山遍野地寻找。这严重耽误了阿耳戈英雄们的行程，大家决定扔下大英雄赫剌克勒斯继续前行。而赫剌克勒斯也踏上了自己新的征程了。

➤ 图 4-91　Hylas and the Nymphs

　　水泽仙女德律俄珀的名字 Dryope 一词由 drys '橡树、树木' 和 ops '脸庞' 构成，这或许说明她作为自然仙女的身份。希腊语的 drys 意为 '树木'，因此树林仙女们就被称为德律阿得斯 Dryades【树林仙女】，英语中的 tree 即与其同源。

　　很有趣的一点是，美少年许拉斯 Hylas 的名字也很具有大自然的意味，这个名字源于古希腊语的 hyle '树'，后者衍生出了英语中：雨蛙属 Hyla 因为多栖息于树而名，字面可以解释为【树蛙】；树木早先是用来盖房、做工具、做柴火等的常用材料，因此亚里斯多德将抽象的 '物质、基质' 称为 hyle，于是有了化学中表示 '……基' 的后缀 -yl，意思是【构成……的材料】，如甲基 methyl【构成酒的材料】、乙基 ethyl【构成乙醚的材料】、乙酰基 acetyl【构成乙酸的材料】、丁基 butyl【构成奶油的材料】、水杨基 salicyl【构成水杨酸的材料】等。

　　虽然拉丁语的 silva '树' 与希腊语的 hyle '树' 有着不同的词源，然而在相当长的一段时间内，人们曾认为 silva 来自希腊语的 hyle，因此前者也被刻意得修正为 sylva。其衍生出了英语中的：森林的 sylvan【多树木的】，人名西尔万 Sylvan 亦由此而来；野蛮 savage 由拉丁语的 salvaticus【生活在森林中的】演变而来；还有人名赛拉斯 Silas【林中人】、西尔维娅 Sylvia【森林少女】、西尔维斯特 Sylvester【林居者】，最有名的一位 "林居者" 恐怕就是被誉为 "猛男" 的西尔维斯特·史泰龙 Sylvester Stallone 了；美国的宾夕法尼亚州 Pennsylvania 则是【佩恩家的林地】之意，最早占领并开发这里的是英国殖民者的威廉•佩恩 William Penn，故以归属于他之意来为此地取名。

诺弥亚与达佛尼斯

西西里一位老牧羊人在月桂树下捡到一个被遗弃的婴儿，于是他收养了这个孩子，并给孩子取名为达佛尼斯 Daphnis【月桂】。达佛尼斯慢慢地长成了一位美少年，他善良而又聪明，能用笛子吹奏优美动人的曲子，还能唱出让人无比留恋的诗歌，据说牧歌就是这位美少年发明的。达佛尼斯一直无忧无虑地过着简单快乐的生活。水泽仙女诺弥亚 Nomia 爱上了这个多才多艺的少年，并向他表露心迹。从此他们两厢厮守，好不恩爱。但对少年热烈的爱却使得仙女诺弥亚疑神疑鬼，总是觉得达佛尼斯对自己不忠，最终猜疑酿成了悲剧。

哎，女人就是这样，喜欢对感情猜忌和胡乱对号入座。仙女所言的达佛尼斯的不忠和牧神潘有关。牧神生性好色，但绝对是仅限于女色，要说牧神和这个小伙子有一腿，用脚想都觉得不可能，可是恋爱中的诺弥亚居然就全部当真了！这说明爱情是一件让人智商倒退的事情。牧神潘最大的乐趣就是和山林仙女、水泽仙女调情，并对美女有着强烈的欲望[①]。除此以外，他唯一的爱好就是吹奏芦苇做成的牧笛。想当年牧神潘追求宁芙仙子绪任克斯未果，便用仙子变成的芦苇制成牧笛，吹奏出甜美忧伤的让人无比感动的音乐。达佛尼斯同样有着很深的音乐天赋，当他和牧神相识之后，便有了惺惺相惜的感觉，于是一有空就来相互切磋交流。诺弥亚却以为达佛尼斯背叛了自己，和牧神潘相爱，于是弄瞎了少年的眼睛。可怜的达佛尼斯！

水泽仙女诺弥亚的名字 Nomia 一词，源于希腊语中的'秩序'nomos。而达佛尼斯的名字 Daphnis 源自希腊语的 daphne'月桂'，因为牧羊人在月桂树下捡到他。

4.7.5　宁芙仙子

在希腊神话中，有一种特殊的仙女群体，她们通常为大自然的人格化身，是生活在自然界的次级神灵。这些仙女被称为宁芙仙子

[①]在著名印象主义音乐家德彪西的名作《牧神午后》中，就描写着类似的感情，整个音乐都在刻画牧神午睡醒来，回忆梦中和仙女一同玩乐的那种飘忽若失的甜蜜和孤单，这正是对潘神一个很好的写照。

Nymphs（单数为 Nymph），包括自然界各种各样的次级仙女，她们住在山涧、溪泉、湖海、岛屿、树林中，作为大自然的精灵依附在各种自然事物中。比如生活在溪泉中的水泽仙女 Naiads【河流的女儿】、生活在林中的树林仙女 Dryades【树之女儿】、生活在山涧的山岳仙女 Oreads【山之女儿】。她们的形象一般是美丽的少女，性格善良，为众神、国王或英雄所爱，并为之生育出著名的神灵、诗人、国王或者英雄。一些宁芙仙子还被有的重要神明选为侍女，比如月亮女神阿耳忒弥斯的侍女、酒神狄俄倪索斯的侍女、爱神阿佛洛狄忒的侍女等。

事实上，宁芙仙子包含的范围之广，几乎囊括所有次级神灵中的仙女。我们讲过的水泽仙女、海中仙女、大洋仙女、看守极西园的黄昏三仙女、化身为昴星团的七仙女、海妖塞壬等都属于宁芙仙子。关于宁芙仙子的故事我们也已讲过不少，比如宙斯的情人卡利斯托、阿波罗钟情的达佛涅、普勒阿得斯七仙女等。像水泽仙女一样，宁芙仙子们也因美貌而成为了众神猎取的对象，比如宙斯的情人伊俄、迈亚、埃癸娜、忒柏、西诺珀、普拉塔亚；海神波塞冬的情人科耳库拉、萨拉弥斯、欧玻亚、斯库拉；太阳神阿波罗的情人达佛涅、克吕提厄等。关于宁芙仙子的传说还有很多很多，实在难以一一详述。

库阿涅 Cyane

丰收女神得墨忒耳的女儿名叫科瑞，这个女孩生得清纯美丽，即使众神见了都无比倾心。然而邪恶的欲念却在冥王哈得斯心中滋生。一天，少女科瑞和她的女伴们在溪畔游玩，花篮里采满了芳香的百合和水仙，林间弥漫着香气和少女们的笑语。但大地却忽然开裂，可怕的冥界之王穿着漆黑的斗篷驾着阴冷的黑色骏马从幽暗的大地深处一跃而出，少女在惊慌中怔怔地定在原地，被迎面冲来的可怕的冥王掠走。篮子里的花朵落了一地，惊恐的少女挣扎着喊着救命，喊着母亲得墨忒耳的名字。然而一切徒然，女伴们都吓傻了，眼睁睁地看着冥王抢走了她，无能为力，却又不敢声张[1]。

那时西西里有一片清澈的湖，这湖中生活着一位善良的宁芙仙子，名叫库阿涅 Cyane。她站在湖中，露出半截身体，认出奔马而来的是可怕的冥王哈得斯，而被冥王胁迫的少女乃是美丽的科瑞。这位仙女不畏强权，张开双手阻拦住冥王的去路，并对哈得斯喊道："你不准再向前走了！你怎么可以强抢这位少女呢？她明明不愿意。你虽然贵为冥王，却也应该先向姑娘求爱，怎么倒抢起来了？抢来的爱情怎么可能甜美呢？假如你允许我以小比大，我嫁给我的丈夫也是因为他先向我求爱，我才答应他的恳求，岂是像这位姑娘因为害怕强暴而嫁人呢？"冥王听罢却满是怒火，挥舞着权杖威逼这位无权无势的宁芙仙子，他将权杖向库阿涅的湖水中心打去，湖底的泥土随即向两边开裂，湖中出现了一条直通冥府的道路。冥王驾着黑色的马车直冲下去，消失在深邃的地穴中了。

善良的库阿涅一身委屈，因为自己未能救出那可怜的少女，也因为冥王肆意践踏了自己对于这个湖的权利。她越想越觉得委屈，却没有地方诉说，便站在湖中大哭了起来，哭着哭着自己也化为这湖中之水了，她的身体融化在水里，变成这水的一部分。从此人们用仙女的名字称呼这个湖，便是库阿涅湖 Lake Cyane。

宁芙仙子库阿涅的名字 Cyane 一词意为'深蓝'，或许由于库阿涅湖的湖水是深蓝色的。希腊语的 cyane '深蓝'一词衍生出了英语中：青色 cyan【蓝绿色】、青紫症 cyanosis【变青症】、蓝晶石 cyanite【蓝色石头】、蓝松鸦 Cyanocitta【蓝色松鸦】；化学物质氰因呈青色而被命名为 cyanogen【产生青色】，因此也有了氰化物 cyanide【含氰的】。

欧律狄刻 Eurydice

欧律狄刻是皮埃里亚地区的一位橡树仙子，她活泼可爱，和众姐

[1]后来少女科瑞的母亲惩罚这些仙子们失职，嫌她们未能保护好自己的女儿，也没能及时向自己报告女儿被掠走的消息。便将她们变成可怕的海妖，人们称之为海妖塞壬。少女科瑞在嫁给冥王后改名为珀耳塞福涅，也就是著名的冥后。

妹一起过着无忧无虑的生活。那时俄耳甫斯从父亲阿波罗那里继承了七弦琴，并能用这只琴奏出无比优美的音乐。俄耳甫斯坐在石头上弹奏起美妙的音乐，身后就长起一片青绿，琴声之美，连山间高枝的橡树、河畔纤细的绿柳、柔美的月桂都迈开步子纷纷走来。野兽听到曲子后也都变得柔和温顺，安坐在抚琴人的周围。林中的宁芙仙子们亦纷纷前来，沉醉在这美妙的音乐中，忘却

> 图 4-93 Orpheus and Eurydice

时间和烦扰。少女欧律狄刻第一次透过人群看到这位优雅的抚琴者，便迷上他那俊美的面容和他那征服一切的才华。俄耳甫斯也爱这位清纯可爱的少女，虽然有那么多仙子都爱着他。欧律狄刻在众姐妹的祝福下嫁给了这位才华横溢的乐师，本应该从此过上幸福美满的生活，然而悲惨的命运却等着他们。

结婚不久后的一天，这位美丽的新娘在林中漫步，却意外地遇到了好色的萨堤洛斯 Satyrus。这怪物半人半山羊，相貌丑陋无比，内心却非常淫荡，经常追逐各种美丽的仙子。萨堤洛斯想征服这位美丽的仙子，便一路追赶。欧律狄刻则仓皇逃奔，在逃跑中无意间踩到一条毒蛇，受惊的毒蛇咬了她的脚踝。可怜的新娘当场殒命。

欧律狄刻虽然到了阴间，她的灵魂却放心不下自己的夫君，她知道俄耳甫斯也肯定无法忘却死去的自己。果然数日之后，俄耳甫斯为了救她闯入冥府，用优美的琴声和对妻子深深的爱打动了冷酷无情的复仇女神，也打动了铁石心肠的冥王冥后。冥王答应愿意释放欧律狄刻的灵魂，但要求乐师在出冥界之前不许回头看自己的妻子。冥界很大，回到出口的路途非常遥远，欧律狄刻心中充满了幸福和对丈夫的怜爱，跟随着丈夫的身影一路前行。她的灵魂却不能说一句话，俄耳甫斯甚至无法感觉到她，只能相信妻子就在自己的身后尾随着。也许是刻骨铭心的思念之情，也许是怕妻子并没有跟上自己，俄耳甫斯还是忍不住回头看了一眼。可是就在这一瞬间，他们却永远地失去了彼此。欧律狄刻的灵魂坠入了永恒的黑暗之中，她甚至没来得及安慰自己那悔恨欲绝的丈夫。

萨尔玛喀斯 Salmacis

吕基亚地方有一处溪泉，名叫萨尔玛喀斯，该名得自这溪泉中的仙女萨尔玛喀斯 Salmacis。其他的仙女们都追随狩猎女神阿耳忒弥斯，经常带着五彩的羽箭一起去林中打猎，而萨尔玛喀斯却与众姐妹们丝毫不像，她一点都不喜欢在森林中到处奔跑，她只喜欢在池塘中沐浴她那美丽的身体，或者坐在岸上梳理她长长的头发。阳光明媚的时候，她就躺在软绵绵的草地上休息，摘着身边的野花打发时间。

风流的爱神阿佛洛狄忒和火神离婚后，曾与信使之神赫耳墨斯有染，并为他生了一个儿子。这个儿子继承了父母的美貌，因此被称为赫尔马佛洛狄托斯 Hermaphroditus【赫耳墨斯 - 阿佛洛狄忒】。少年十五岁的时候，离开了抚养自己的伊达山，游览各地的山川。有一天他来到吕基亚，看到清澈的萨尔玛喀斯泉。是时仙女萨尔玛喀斯正在池塘近处的芦苇丛中休憩，她看到这位俊美的少年，心中充满了爱欲。仙女跑去和少年搭讪，并热情地搂抱着少年。少年被这位仙女吓坏了，便一把推开她说："住手，不然我就离开这地方了。"萨尔玛喀斯害怕少年离开自己的领域，便假装走开，却躲进附近的灌木林中，从林中偷偷地窥视着他。

赫耳玛佛洛狄托斯见四下无人，便脱了衣服跳进清澈的水中沐浴。在一旁偷窥的仙女却浑身着了魔似的燃烧着欲火。她简直迫不及待，恨不得马上快活一番，疯狂的欲火驱使她褪去自己的衣衫，跳进水中紧紧地抱着这位美少年。尽管他不情愿并奋力挣扎，仙女始终像一条蛇似地缠着他黏住他不放，她吻着他，紧紧地贴着他的身体却仍不满足，她祈求众神不要让她和这位少年分开。天神答应了她的请求，将她和这位少年合而为一。于是他们合为一体，既男又女却又不男不女。

因为这个原因，英语中也将同时拥有两性性征的人称为 hermaphrodite，即阴阳人。

厄科 Echo

厄科是一名山岳仙女，喜欢捣蛋和恶作剧。天神宙斯风流好色，因此常常下凡寻花问柳，和美丽的宁芙仙子们发生各种风流故事。赫拉不堪丈夫频繁外遇，便也偷偷下凡侦查。赫拉在山间遇到仙女厄科，后者却总是拉着天后絮絮叨叨，唐僧般地说个没完没了。天神宙斯便趁这段时间逃离作案现场，未曾被赫拉抓奸。于是天后气冲冲地对仙女厄科说：你这条舌头骗得我好苦，我一定不能让它再长篇大论絮絮叨叨，我要让你只能重复别人说过的话。果然，厄科从此无法正常说话，只能在别人说话以后重复最后的几个字。

有一天，她看到了俊美的少年那耳喀索斯 Narcissus，爱情之火不觉在她心中燃起。但这少年一点都不爱她，却爱上了他自己的在水中的倒影。仙女厄科远远地望着自己心爱的少年，少年却只顾着沉迷于自己在河水中的倒影。少年对着河里的倒影说出爱恋的话，厄科就重复那话语的最后几个字。然而仙女的心中却充满了悲伤，她天天辗转不寐，身体逐日消瘦，渐渐地连身体和皮肤都失去了，只剩下那绕着山林的声音。至今当你在山间呼喊的时候，这声音都会很快应答你的。

➤ 图 4-94 Echo and Narcissus

厄科的名字 Echo 即'回声'之意，英语中的回音 echo 即由此而来。很明显，仙女厄科也正是回声的象征。而那位只迷恋自己的那耳喀索斯也给我们留下了 narcissism "自恋"一词。

宁芙仙子 Nymph

在神话中，宁芙仙子一般是美丽动人的少女，她们是水泉等自然事物的化身。而宁芙仙子的名字则来自于希腊语的 nymphe '新娘'，因为新娘是女人最美的时候，而宁芙仙子无疑都是美丽动人的少女了。nymphe 本意为 '新娘'，于是就有了英语中的伴娘 paranymph【伴随新娘】。在神话中，宁芙仙子往往是主神欲望的牺牲品，因此经常也成为性或性欲的象征，于是有了英语中：小阴唇 nympha、色情狂 nymphomania【仙女痴狂】[①]。传说中的宁芙仙子多是生活在水中的水泽仙女，这二者也经常被混为一谈，因此产生了英语中的 lymph，本来指清澈的流水，后来用来表示人体内一种如水般清澈的体液，即淋巴液，汉语中的"淋巴"即由此音译而来。

4.7.5.1　宁芙仙子之七仙女

大洋仙女普勒俄涅 Pleione 与提坦巨神阿特拉斯结合，生下了七个女儿，这七个女儿被称为普勒阿得斯 Pleiades【普勒俄涅之女儿】，也就是希腊神话中的"七仙女"。这七位仙女分别为：墨洛珀 Merope【侧面】、厄勒克特拉 Electra【琥珀】、迈亚 Maia【母亲】、陶革塔 Taygeta、斯忒洛珀 Sterope【闪烁】、阿尔库俄涅 Alcyone【翠鸟】和刻莱诺 Celaeno【昏暗】[②]。

这七个仙女被月亮女神阿耳忒弥斯选为侍女，猎人俄里翁却爱上了这七位美丽优雅的少女，并追逐了她们十二年。七仙女实在走投无路，于是她们祈求主神宙斯帮助她们摆脱这个追求者。宙斯将她们变为一群灰色的鸽子，后来这些鸽子的形象被置于夜空中，就有了七仙女星 Pleiades。这个星团与中国星宿中的昴宿对应。古希腊人将昴宿的七颗亮星分别以七位仙女的名字命名，而近代天文观测发现该星团中并非只有七颗星，便再添加了与之相关的一些新的星名，于是便有了：昴宿一 Electra、昴宿二 Taygeta、昴宿三 Sterope、昴宿四 Maia、昴宿五 Merope、昴宿六 Alcyone、昴宿七 Atlas、昴宿十二 Pleione、昴宿十六 Celaeno。

失去这七位可爱的侍女后，阿耳忒弥斯非常生气，便取咎于猎户俄里翁。她派出一只毒蝎去克里特岛将俄里翁蛰死。后来猎户俄里翁与毒蝎形象都被置于夜空中，分别成为猎户座 Orion 和天蝎座 Scorpius。在晴朗的冬夜，如果你仰望星空，就会发现俄里翁还在追逐着美丽的七仙女。猎户座与昴宿星团相隔那么近，似乎猎户一直在

[①] 该词一般指代性欲旺盛、渴望男性的女人，就像宁芙仙子萨尔玛喀斯一样。
[②] 普勒阿得斯七仙女同父异母的许阿得斯姐妹 Hyades 则是阿特拉斯与雨之女神许阿斯 Hyas 所生，Hyades 字面意思为【许阿斯之女儿】。Hyades 同时也是毕宿的希腊语名。古希腊人观察到这些星从十月到四月都与太阳同时出没，正好这段时间为希腊的雨季，便称这些星为雨星 Hyades。Hyades 对应二十八宿中的毕宿，很有意思的是毕宿在中国文化中似乎也是雨水的征象。《诗·小雅·渐渐之石》即有言"月离于毕，俾滂沱兮"，意思是说，当月亮经过毕宿时，这会是大雨倾盆的征兆。

追赶，而七位仙女则总在仓皇逃奔。而另一方面，猎户俄里翁也在逃离着追杀自己的天蝎，每当天蝎座从东方夜空中升起时，猎户座总是仓皇逃出西方地平线[1]。

墨洛珀 Merope

古希腊人观察到 Pleiades 有七颗星，认为她们分别代表着七位仙女。这七颗星中有一个星体较暗，有时即使在晴朗的夜空都观测不到，人们将这颗消失的星称为 Lost Pleiad【消失的仙女星】。据说这位消失的仙女星乃是普勒阿得斯七姐妹中的墨洛珀，因为她是仙女中唯一一个下嫁凡人的，这个凡人是人间著名的不法分子西绪福斯。当西绪福斯因为渎神和狂妄而被绳之于法时，仙女墨洛珀无颜见人，便消失于夜空之中。这不禁让人想起《哈利波特》中伏地魔的母亲墨洛珀·冈特 Merope Gaunt[2]，因为她也下嫁给了一位不懂魔法的凡人。像多次逃离死神追捕的西绪福斯一样，伏地魔也一直在逃脱死亡的束缚，看一下他的名字就知道：伏地魔 Voldemort 拆成法语就是 vol de mort【飞离死亡】。

厄勒克特拉 Electra

也有说法认为这位消失的仙女星是厄勒克特拉。厄勒克特拉惨遭主神宙斯的魔爪，并为他生下了达耳达诺斯 Dardanus。达耳达诺斯开发了黑海入海口的一个海峡，并在海峡一侧建立起了一个城市，这个城市因为控制着海峡要道而富裕繁华。这个海峡被称为达达尼尔海峡 Dardanelles Strait【达耳达诺斯之海峡】。海峡边的这个城市后来以达耳达诺斯之孙特洛斯的名字 Tros 命名为特洛亚 Troia【特洛斯之城】，英语中转写为 Troy。特洛斯把王位传给了儿子伊罗斯 Ilus，因此特洛亚也被称为伊利昂 Ilion【伊罗斯之城】。伊罗斯把王位让给了儿子拉俄墨冬 Laomedon，拉奥墨冬将王位让给了自己的儿子普里阿摩斯 Priam。在普里阿摩斯统治伊利昂的时代，希腊人集结大军远渡重洋围攻特洛亚城十年，攻陷并毁灭了这座曾经无比光辉的城市。当特洛亚城陷落时，夜空中的仙女厄勒克特拉非常伤心，便消失于夜空而陨落人间，这就是传说中的 Lost Pleiad。

希腊语的 electra 一词意为'琥珀'，作为女孩名一般寓意着纯洁、

[1] 我们的古人也很早就认识到了这一现象，所以杜甫说"人生不相见，动如参与商"。参宿在猎户座，商宿在天蝎座中。

[2] 伏地魔的母亲名叫 Merope Gaunt，这个名字事实上是非常耐人寻味的。其中 Gaunt 来自古北欧语的 gandr'魔法棒'，这暗示着她的巫师身份。同样的道理，《指环王》中的甘道夫之名 Gandalf 则意为【拥有魔法棒的精灵】。而 Merope 一名，显然暗示着伏地魔的母亲与仙女墨洛珀的相似之处：她们都下嫁给一个凡人，她们都有一位想要摆脱死神的罪恶的至亲。

➤ 图 4-95 Lost Pleiad

透亮，就如同晶莹剔透的琥珀一样①。琥珀之所以被称为 electra，来自希腊语中的‘发光的’elector。古人发现毛皮摩擦过的琥珀能够在夜间发出小闪光，小小的琥珀正如同发光的太阳一样。近代科学告诉我们，这其实是摩擦生电的现象。因为人们最早认识“电”的现象源自琥珀，所以近代科学家将“电”命名为 electric【来自琥珀的】。

迈亚 Maia

普勒阿得斯七仙女与大部分的宁芙仙子一样，统统难逃大神们的魔爪，特别是好色的宙斯。宙斯先后占有了七姐妹中的仙女迈亚、厄勒克特拉、陶革塔。其中，仙女迈亚为宙斯生下了后来的信使之神赫耳墨斯。

赫耳墨斯非常聪明懂事，虽然相比来说自己出身寒微，但却以极高的聪明才智跻身于奥林波斯十二大主神之列，给老妈争了光。仙女迈亚还养大了水泽仙女卡利斯托的儿子阿耳卡斯 Arcas，阿耳卡斯则成为了阿卡迪亚人 Arcadian 的祖先。

在罗马，人们在五月的时候祭祀仙女迈亚，因此该月被称为 mensis Maius【迈亚之月】，英语中的五月 May 即沿袭此概念而来②。

陶革塔 Taygeta

陶革塔亦身陷天神宙斯的魔爪，并为宙斯生下了一个儿子，取名叫拉刻代蒙 Lacedaemon。拉刻代蒙长大后娶了一位名叫斯巴达 Sparta 的少女为妻，他们的后人建立了一个城邦，这个城邦因拉刻代蒙的妻子斯巴达而被称为 Sparta，即著名的斯巴达城邦。斯巴达及其所在的地区古时也称为 Lacedaemon，后者则以拉刻代蒙而命名。斯巴达境内有座山名为陶革托斯 Taygetos，据说就是以仙女陶革塔命名的。

斯忒洛珀 Sterope

仙女斯忒洛珀则被战神阿瑞斯追求，并为其生下了庇萨国王俄诺玛俄斯 Oenomaus。这个国王是个赛马狂，看一下他给女儿取的名字就知道：希波达弥亚 Hippodamia【驯马妹】。少女希波达弥亚的美貌吸引了很多的贵族少年纷纷来求爱，国王却残忍地提出一个可怕的要求：让所有的求婚者压上性命做赌注，和自己赛马；只有在赛场上战胜国王的人才有资格娶自己的女儿，否则他就得接受死亡的命运。即便如此，求婚者仍然络绎不绝，先后有十三位青年因输给国王而被处死。坦塔罗斯的儿子珀罗普斯也爱上了这位美貌的公主，便冒死向国王挑战，并在海神波塞冬的帮助下[1]，战胜了这位暴虐的国王，并如愿以偿地抱得美人归。国王则在赛马场上因为赛车失控摔落而死。

后来，珀罗普斯统一了希腊南方地区，即伯罗奔尼撒。并在这里举办了一场空前盛大的运动会，这就是奥运会最早的来历。在古代，奥林匹克运动会在举行时都会向珀罗普斯供奉。亚历山大的克莱门[2]也曾声称："奥林匹克运动会只是供奉珀罗普斯的献祭活动"。

斯忒洛珀的名字 Sterope 来自希腊语的 asterope '亮光、闪电'，"闪电"即"亮光"这一点也能从英语中的闪电 lightning【亮光】看出来。而 asterope 一词则源自 aster '星星'，字面意思为【星光样的闪耀物】。因此斯忒洛珀之名 Sterope 我们可以理解为【耀眼的仙女】。

阿尔库俄涅 Alcyone

七姐妹中，阿尔库俄涅与刻莱诺则被海王波塞冬追求，阿尔库俄涅为海王生下了厄波珀宇斯 Epopeus。厄波珀宇斯后来成为莱斯博斯国王。我们从奥维德那里听说，这位国王不顾伦理道德，奸污了自己的女儿倪克提墨涅 Nyctimene。雅典娜可怜这位少女的遭遇，将她变成了一只猫头鹰。猫头鹰为自己的身世而感到羞耻，便羞于白天被别人发现，因此只在夜间出没。从此猫头鹰便成为了夜行动物。希腊语中也将猫头鹰称为 nyctimene，后来这个名字却被英语中用来命名一种蝙蝠了。

阿尔库俄涅的名字 Alcyone 一词意为'翠鸟'。这牵扯一个爱情故事。风神埃俄罗斯有一个也叫阿尔库俄涅 Alcyone 的女儿，嫁给了忒萨利亚王子刻宇克斯 Ceyx，阿尔库俄涅怀上孩子的时候，丈夫出海远行，却不幸死在一场海难中。阿尔库俄涅痛苦无比，便跳海自尽。天神可怜她，将她变成一只翠鸟。当翠鸟产卵时，她的父亲风神埃俄罗斯便止住所有的海风，以保护女儿正常生育，于是这几天风平浪静。因此，

▷ 图 4-96　Alcyone

① 海王波塞冬之所以愿意帮助英雄珀罗普斯，因为他曾和这位俊美的少年有过一段断背恋情。

② 亚历山大的克莱门（Clement of Alexandria，约150–220），是早期的基督教教父与哲学家，甚至被认为是独一无二的基督教哲学家。

人们用【翠鸟的日子】halcyon days 来表示"风平浪静的日子"。

刻莱诺 Celaeno

刻莱诺为波塞冬生下了吕科斯 Lycus 和欧律皮洛斯 Eurypylus。兄弟两人后来统治着幸福岛。凡是被众神所爱的人，会被神灵从人间接至幸福岛，在该岛上经过一段时间的历练，除去人类身上的劣根，便可从此地进入极乐园，享受神灵赐予的永恒的幸福。

七仙女 Pleiades

阿特拉斯是有名的大力神，是男性力量的极好的象征；而普勒俄涅则温柔美丽，她的美由七个女儿所发扬光大，所以普勒俄涅乃是美丽女性的极好象征。很明显，瑞士的护肤品牌艾普蕾妮 Atlas & Pleione 就借用了这样的典故。阿特拉斯高大强壮，用双肩为人类支起了一片天；而普勒俄涅温柔美丽。因此，艾普蕾妮这个品牌无疑在暗示我们，它会让男人像阿特拉斯般完美自信，让女人像普勒俄涅般亮丽动人[①]。

Pleiades 一名字面上可以理解为【普勒俄涅之后人】。关于这个名字的来历还有其他的说法，考虑到故事中 Pleiades 后来变成了鸽子，这个名字或许源自希腊语中的'鸽子'peleia。这种鸽子不是我们常见的白鸽，希腊人所说的 peleia 是一种灰黑色的鸽子，汉语中则称这种鸽子为原鸽。而 peleia 一词无疑就是从 pelos'灰色、黑色'衍生而来。英雄珀利阿斯 Pelias 在幼年时候曾经被马蹄踢到脸，留下一片黑色的疤痕，这也是他之所以被称为 Pelias【灰黑色】的原因。

4.7.6　海王星的神话体系

我们已经知道，海王星以海王波塞冬的罗马名 Neptune 命名。而海王星的十三颗卫星，都是以和海王波塞冬密切相关的神话人物来命名的，比如波塞冬的子女、随从、情人等。其中，以波塞冬子女命名的有：

海卫一 Triton　波塞冬之子

海卫五 Despina　波塞冬之女

海卫八 Proteus　波塞冬之子

[①] 源于希腊神话典故的著名品牌很多，当然好的品牌都会取所寓意：特洛亚城Trojan city久攻不破，于是一种避孕套也取此名Trojan，隐喻持久且不会泄露；刻耳柏洛斯Cerberus看守着地狱的入口，从不轻易让活人进去，鬼魂也不敢出来，于是美国一个基金取名为Cerberus，隐喻这个基金非常保险；奥德修斯漂泊流浪，去过很多地方，于是一个旅行社取名为Odyssey Travel，有人将其翻译为长城旅行社。

以海中仙女命名的有：

海卫二 Nereid

海卫六 Galatea

海卫九 Halimede

海卫十 Psamathe

海卫十一 Sao

海卫十二 Laomedeia

海卫十三 Neso

另外，

海卫三 Naiad 来自水泽仙女之名；

海卫四 Thalassa 以远古女海神命名；

海卫七 Larissa 以海神波塞冬的情人命名。

这些人物居住在由海王波塞冬所统治的水域，都属于广义上的海神家眷。用她们的名字来命名海王星的卫星，正符合英文中卫星satellite 一词的本质意义，因为她们都【陪伴】着海神波塞冬。

被用来命名海卫的十三个人物中，我们已经述及海卫一 Triton、海卫二 Nereid、海卫三 Naiad、海卫六 Galatea、海卫八 Proteus、海卫十 Psamathe。还剩下七位人物，在此补充简要的分析。

海卫四 Thalassa

塔拉萨属于远古神族，是天光之神埃忒耳和白昼女神赫墨拉所生的女儿。塔拉萨与远古海神蓬托斯结合，生下了众多海域[1]。塔拉萨的名字 Thalassa 一词意为'大海'，古希腊人多用该词表示地中海。在地理学中，将最初尚未分裂的整体大陆成为泛大陆 Pangaea【全部的陆地】，相应地，此时尚未被割裂的海洋叫做泛海 Panthalassa【全部的海洋】；还有海洋性贫血 thalassemia【海洋贫血】，对比白血病leukemia、贫血症 anemia，制海权 thalassocracy 则是【对海的统治】。

海卫五 Despina

得斯波娜是海王波塞冬和丰收女神得墨忒耳的女儿。她的名字

[1] 古希腊人将地中海称为thalassa，而将黑海叫做pontos，这两大海洋基本上覆盖了古希腊人海洋活动的全部范围。因此塔拉萨与远古海神蓬托斯生下众多海域，或许正是对"地中海和黑海组成全部的海"这一知识的神话表述。

Despina 来自希腊语的 despoina '女士'，后者是 despotes '君主、主人'的阴性形式，因此 Despina 一名可以理解为【女主人】。希腊语的 despotes 一衍生出了英语中的 despot "专制君主"。

海卫七 Larissa

拉里萨是忒萨利亚地区的一位宁芙仙子，她和海神波塞冬相爱，并为其生下了 Achaeus、Pelasgus 和 Phthius。Pelasgus 后来成为佩拉斯基亚人 Pelasgians 的祖先。人们用仙女拉里萨的名字 Larissa 命名了忒萨利亚地区的城市拉里萨 Larissa。larissa 一名本意为'城堡'。

海卫九 Halimede

海卫十二 Laomedeia

海中仙女哈利墨得 Halimede 和拉俄墨得亚 Laomedeia 两位仙女几乎只是留下了一个名字，关于她们的神话传说很少。注意到 Halimede 和 Laomedeia 名字中都有着共同的 med- 成分，其来自希腊语的 medon '统治者'，毕竟她们各是管理某一片海域的仙女。Laomedeia 一名由 laos '人民' 和 medon '统治者' 组成，字面意思是【统治人民】，对比特洛亚国王拉俄墨冬 Laomedon【人民的统治者】、特洛亚预言家拉奥孔 Laocoon【人们的公正】、人名尼古拉斯 Nicolas【人民的胜利】。

哈利墨得的名字 Halimede 由希腊语的 hals '海' 和 medon '统治者' 构成，字面意思为【统治大海】，这一名称正契合其海中仙女的身份。

海卫十一 Sao

女仙萨俄是拯救水手、保障水手安全的海中仙女。她的名字 Sao 一词意为'救难'，因此有了希腊语中的'拯救者'saoter【救难的人】[①]，元音紧缩为 soter[②]。英语中血小板被称为 soterocyte【救命的细胞】，因为它在流血的时候起到凝血的作用；自救主义 autosoterism 是一种【自我拯救】，而 creosote 字面看明显是用来【保护肉】的，中文译为木馏油。

希腊语的 sao '救难' 与拉丁语的 salus '安全、拯救' 同源[③]，后者衍生出了英语中：拯救 salvation【拯救】、援助 salvage【救助】；药膏 salve 乃是用来【救人】的，救世主 Salvador 则是【拯救者】；1492 年 10 月 12 日，当哥伦布带领的船队经过两个月的艰苦航行终于来到了

[①]在古希腊语中，动词词干加-ter后缀表示动作的执行者。

[②]元音紧缩是希腊语中的一种元音音变法则，原因 a与o相邻时一般紧缩为长音o，比如pha-os紧缩为 phos '光'。

[③]关于这一点，可以对比一下英语中同源的save和safe，save是拯救，被拯救就safe了。

中美洲，他们将最早看到的陆地称为圣萨尔瓦多 San Salvador【神圣的救主】，以感谢神在绝望中对他们伸出援手；见面打招呼 salute 其实就是说就相当于在说【祝您安好】，法国人至今见面打招呼时还说 salut，而远在罗马帝国时代当角斗士进入斗兽场时会像罗马皇帝致敬说

Ave, Imperator, morituri te salutant.①

①吾皇万岁，赴死者向您致敬。

海卫十三 Neso

仙女涅索的名字 Neso 意为【在岛上】，源自古希腊语的 nesos '岛屿'。后者衍生出了不少地名，比如太平洋的三大群岛即波利尼西亚 Polynesia【多岛群岛】、美拉尼西亚 Melanesia【黑色群岛】、密克罗尼西亚 Micronesia【小岛群岛】。而印度尼西亚 Indonesia 则意为【印度群岛】，当然，这跟印度并没有直接的关系，之所以这样称呼是因为 15 世纪时欧洲人对东方不甚了解，在他们看来印度就是远东的代名词②，于是，欧洲人将亚洲东南部的一片群岛取名为 Indonesia。1492 年，哥伦布打算西行穿越大西洋抵达中国，意外到达了一片巨大的未知大陆，在有生之年他一直以为自己到了传说中的大汗国（实际上是古巴纳坎，也就是现在的古巴 Cuba）和西潘戈（欧洲人对日本的称呼）。他认为这就是东方的印度，从此美洲土著就被称为印第安人 Indian【印度人】。哥伦布将这片群岛命名为印度群岛，后来学者亚美利哥证明这是一片新的大陆③，为了区分便将这片群岛称为西印度群岛 West Indies。著名的伯罗奔尼撒战争 Peloponnesian War 意思是【发生在伯罗奔尼撒地区的战争】，而伯罗奔尼撒则位于希腊半岛南部，传说中由英雄珀罗普斯征服统一故名为 Peloponnesos【珀罗普斯之岛】。至今，希腊东部贴近亚洲大陆的一个群岛叫做 Dodecanesos【十二岛群岛】，就因为群岛由十二个岛屿组成而名。

②即使是在大航海时代，欧洲人为了寻找马可波罗笔下的大汗国，也就是元朝时代的中国，他们也说是为了通往印度，而不是说大汗国。

③美洲的名字America就是为了纪念亚美利哥Americus而得名的。

4.8 怀念被开除的冥王星

① 克莱德·威廉·汤博（Clyde William Tombaugh，1906—1997），美国天文学家，1930年根据其他天文学家的预测，他发现了太阳系第九颗大行星冥王星。

② 帕西瓦尔·罗威尔（Percival Lowell，1855—1916）美国天文学家、商人、作家与数学家。罗威尔曾经将火星上的沟槽描述成运河，并且在美国亚利桑那州的弗拉格斯塔夫建立了罗威尔天文台，最终促使冥王星在他去世14年后被人们发现。

③ 事实上，地球也可以上算，地球作为星球有时也被称为Tellus或Gaia，即用大地女神的名字来称呼。

1930年，美国亚利桑那州劳维尔天文台工作人员克莱德·威廉·汤博[①]发现海王星轨道外的一颗行星。在当时太阳系所有已知的行星中，这颗行星距离太阳最远，一直沉默在无尽的黑暗之中。因为离太阳过远，这个星球几乎沉浸在一片黑暗中，就如同传说中的冥界一般。于是天文学家以罗马神话中的冥王普路同 Pluto 命名，相当于希腊神话中的冥王哈得斯。凑巧的是，冥王星 Pluto 一名中开头的两字母也正是劳维尔天文台之发起者帕西瓦尔·罗威尔[②]名字的首字母缩写。后者根据海王星的运动轨迹，推算出冥王星的存在，并花了数年时间寻找这颗行星，甚至临死时还在为找寻它而努力。

至此，我们已经讲完了太阳系各大行星的命名法则。除地球外[③]，其他行星都用希腊神话中的重要神明来命名，但是命名却采用了这些神祇对应的罗马名。这些行星的卫星则使用与行星对应神明有关的人物来命名。冥王星也不例外，冥卫一就是用冥河渡夫卡戎的名字 Charon 命名的，冥卫四以看守冥土入口的三头犬刻耳柏洛斯命名，即冥卫四 Kerberos；冥卫五则以冥界五大河之一的恨河斯堤克斯河命名，故冥卫五 Styx。另外，冥卫二以与冥界一样漆黑昏暗的黑夜之女神倪克斯的名字命名，即冥卫二 Nix；冥卫三以可怕并能置人于死地的九

➢ 图 4-97 The planets

头水蛇许德拉之名命名，即冥卫三 Hydra；这两颗卫星的命名也都以飞往冥王星的 New Horizons 号探测器首字母为概念。

发现冥王星之后，人们一直相信太阳系有九大行星，直到 2006 年天文学家发现了比冥王星还要远的一颗行星。这颗星比身为太阳系第九大行星的冥王星体积还大，它的出现引起了天文学者的纷争，争论的结果是：2006 年 8 月 24 日，国际天文学会决议，将冥王星开除大行星行列，降为矮行星，同时将新发现的行星也定为矮行星。由于这颗新星曾引起了学者激烈的争论，并最终导致冥王星的身价沦落，天文学家便将这颗新发现的星体以神话中引起纷争的不和女神厄里斯 Eris 命名。

在希腊神话中，冥王哈得斯的名字为 Hades，字面意思为【看不见者】。冥王之所以得此名称，可能与如下几个原因有关：

1. 哈得斯得有一只隐身头盔，戴上这头盔的就会隐形，法力再高的人都无法看出。而这里的隐形，无疑是对 Hades 的很好诠释。

2. 古希腊人认为，活人是看不到冥王的，如果你不巧看到了，那很不幸，说明你已经不在活人之列。这个"看不见"也是对冥王 Hades 一名的诠释。

3. 从神话的角度来讲，"看不见"的黑暗乃是对死亡的概念很好的隐喻。

4. Hades 一词除了用来表示冥王外，还常用来表示冥界。在所有的神话中，冥界、黄泉、阴曹地府都被描述为暗淡无光、阴森恐怖的地方，所以这个"看不见"也是对冥界很好的解释。

在希腊神话中，冥王也经常被称为普路托斯 Ploutos。毕竟人们不敢直呼冥王的名字，怕提冥王时，说曹操曹操就到，"曹操"一到自己的小命就不保了。于是人们用其他的方式来称呼冥王，比较常用的一个名字为 Ploutos。这个名字被罗马人转写为普路同 Pluto，后者也成为了冥王星的名字。希腊语的 ploutos 意为'富有'，对统治着地下世界的冥王如此称呼，大概是基于一个古老的观念，即大地之下是一切财富的渊源：人们吃的粮食作物，都是从大地下长出，这说明这些财富源于大地；更重要的是，地下还有着丰富的矿产，青铜、黑铁、黄金、白银等都源自大地的深处，所以地下世界的统治者就应该统治管理着大批大批的财富，因此冥王被封以一个财神一般的别名。

希腊语的 ploutos '财富'衍生出了英语中：财阀政治 plutocracy【富豪统治】，对比民主 democracy【人民统治】、贵族政治 aristocracy【贵族人统治】、独裁政治 autocracy【一个人统治】（我想到法国的专制皇帝路易十四，他有句名言"朕即国家"，不过在中国这就不是什么名言了，因为每个统治者都这么认为）、圣贤统治 hagiocracy（我想到了尧舜禹时代）、暴君统治 despotocracy（我想到了桀纣）、自然统治 physiocracy（想起老子的治国理念：无为）、暴民统治 mobocracy、儿童统治 pedocracy（我想起红孩儿）、官僚统治 bureaucracy【官员统治】、僧侣统治 hierocracy、基督教统治 Christocracy、一族统治 ethnocracy、长老统治 gerontocracy、精英统治 meritocracy、律法统治 nomocracy、神权统治 theocracy、男权统治 androcracy……① 拜金主义者 plutolater 就是【崇拜金钱的人】，对应的拜金现象为 plutolatry；世界之大，拜什么的都有，比如崇拜神 theolatry（宗教的内容都是拜神）、崇拜太阳 heliolatry（比如古埃及人崇拜太阳神拉）、画像崇拜 iconolatry（不禁想起了段誉的"神仙姐姐"）、崇拜石头 litholatry（比如中国人崇拜玉石）、崇拜火 pyrolatry（想到拜火神教）、崇拜词典 lexicographicolatry（想到中国各地学习英语的孩子，天天拿着单词书在背，从 A 条目背到 Z 条目）、崇拜动物 zoolatry、崇拜野兽 Theriolatry、崇拜狗 cynolatry、崇拜驴 onolatry、崇拜蛇 ophiolatry、崇拜牛 taurolatry、崇拜鱼 ichthyolatry、崇拜水 hydrolatry、崇拜植物 phytolatry、崇拜树 arborolatry、崇拜大自然 physiolatry、崇拜星体 astrolatry、崇拜月亮 lunolatry、崇拜魔鬼 demonolatry、崇拜圣人 hagiolatry、崇拜英雄 herolatry、崇拜自己 idiolatry、崇拜女性 gyneolatry 等。

ploutos 表示'富有'，与拉丁语中的 pluere '下雨'、英语的 flow "水流"同源。所谓富有也可以字面解释为【财物的 overflow】，即'富足、富裕'。所谓的洪水 flood、舰艇 fleet、漂浮 float、飘荡 flutter、小舰艇 flotilla，哪个和水流没有关系呢？下雨也是一种流水，因此拉丁语中将雨水称为 pluvia，后者衍生出了英语中：多雨

① 对应的统治者将 -cracy 改为 crat 即是，比如官僚 bureaucrat、贵族 aristocrat。

的 pluvial【雨水的】、蓄雨池 impluvium【储雨水之器】、等雨量线 isopluvial【雨量相等的】、雨量计 pluviometer【雨表】。

冥界旅游路线（单程）

下文系统讲述一下传说中的冥界，带大家一同去游历那古代希腊人心中的阴曹地府——冥界。

根据神话记载，冥界位于大地的深处。大地上有一个通往冥府的入口，这入口是山谷中一个深邃而崎岖的岩洞，洞内幽深宽阔，洞口大张，由一汪黑水湖和一片阴森的树林保护着。这湖中散发出一种有毒的水汽，没有任何禽鸟能飞跃它的上空而不受到伤害，因此希腊人称这个地方为阿俄耳诺斯 Aornos，而罗马人则称其为阿维耳努斯 Avernus，意思都是【无鸟湖】。当一个人死去以后，他的亡灵会在神使赫耳墨斯的带领下，从这里进入这亡灵的世界。就如同俄耳甫斯教的祷歌所唱诵的那样：

> 你穿越珀耳塞福涅的神圣住所，
> 在地下引领命运衰戚的灵魂，
> 当他们命中注定的时刻来临。
> 你以神杖惑魅他们，赐他们
> 安眠，直到又将他们唤醒。因
> 珀耳塞福涅给你荣誉，只你在塔耳塔洛斯
> 深处开启人类永恒灵魂的道路。
> 极乐神哦，请给你的信徒带来劳作的丰收吧！
>
> ——《俄耳甫斯教祷歌》第 57 5-12

人们相信灵魂会转世，就如同众多东方民族所信仰的那样，但因为灵魂都在冥界饮用了忘川之水，已不再记得前生。于是现在你可能是可爱的少年或是少女，来生却是灌木是鸟儿或是海里静默的鱼。每个转世的人都永久忘却了前世的记忆和亡魂在冥府中经历的事情，因此没有人知道冥界到底是个什么样子。当然，例外也是有的，神话中确实有几位活着走出冥界的人物：

传说乐师俄耳甫斯为救回死去的妻子，怀抱着一把七弦琴一路

弹唱着悲伤的歌谣进入冥府，他凄美的琴声和对爱情的执著打动了冥王冥后，然而当他带妻子灵魂走出冥界时却忘记遵守冥王的嘱咐回头看了妻子一眼，从此永远地失去了她；后来俄耳甫斯回到人间，将自己在冥界的见闻写成祷歌，并创立了俄耳甫斯教。大英雄赫剌克勒斯为完成最后一项任务，只身来到冥界，他制服了冥界看门犬刻耳柏洛斯，并将其带到阳间；赫剌克勒斯还解救了多年前闯入冥府，却被冥王扣留在忘忧椅上的雅典英雄忒修斯。特洛亚战争结束后，英雄奥德修斯为了结束漫长的漂泊，在女巫的指引下进入冥界，向先知忒瑞西阿斯的灵魂请教归家的路途。而战败的特洛亚联军中，英雄埃涅阿斯带领残余的部下经历种种苦难逃往意大利，并在女祭司西比尔的带引下进入冥界，在冥界中听取了亡父关于罗马帝国的预言。丘比特的爱妻普绪刻为了挽回被丈夫放弃的爱情，捧着爱神维纳斯交付的盒子进入冥界拜访冥后，并在各路神灵、自然精灵的帮助下活着走出了冥府。

① 即从俄耳甫斯教的教旨和祷歌内容、荷马史诗《奥德赛》、维吉尔的《埃涅阿斯纪》以及阿普列乌斯的《金驴记》诸作品中关于冥界的著述里得到关于冥界的知识。

我们关于冥界的认识，也正从这些传说中得知[1]。当亡灵在赫耳墨斯的带领下进入冥界之后，须乘坐艄公卡戎的船渡过冥河，进入冥界内越来越黑暗幽深的地方，那里一片死寂，连一片细羽落在水面上也会产生很大的回响。当亡灵渡过冥河，踏上这片幽灵的国土之后，他们需穿过阿斯福得罗斯草原，在冥府宫殿内被正直的冥界三大判官审判。高尚者、大英雄、神子等可以进入极乐园厄吕西翁 Elysium，享受死后的极乐世界；罪大恶极者则要被送入地狱深渊塔耳塔洛斯 Tartarus，在里面忍受各种各样的残酷刑罚；介于两者之间的大多数平庸人，则被留在阿斯福得罗斯草原 Asphodel Meadow。

关于冥界的构成，简单地讲，冥界的主体由三个区域和五大河流组成。组成冥界的三个区域分别是：阿斯福得罗斯草原、极乐园厄吕西翁、地狱深渊塔耳塔洛斯。冥界的五大河为：辛酸之河 Acheron、忘川 Lethe、火河 Phlegethon、哭泣河 Cocytus、恨河 Styx。为了让大家更加清楚地了解掌握这些区域和河流的位置关系，现将史诗《埃涅阿斯纪》中描述的冥界情况附上。

假设你生活在古希腊传说中的一个时代，有一天你一不小心挂了。考虑到阁下可能不是一位勇猛无敌的大英雄，也不是才华横溢的

▷ 图 4-98 Map of the Underworld

乐手，更没有强大的神祇后台，你还是乖乖地按照普通亡魂的方式去冥界报到吧。

当你发现自己已经倒在地上死去，浑身冰冷、面色青白，这说明你已经灵魂出窍了。你的灵魂长时间徘徊在自己的躯体前，不愿意离去。或许你一直望着尸体一旁伤心悲痛的亲人，但是你却无法安慰他们，甚至无法和他们交流了。或许还没来得及完全接受这个事实，当你尝试很多次，都无法唤醒自己的躯体时，这时亡灵引导神赫耳墨斯会将你的灵魂像牧人牵引羊羔一样牵走，带你路过无数的田野无数的村庄，直到抵达了冥界入口。进了冥界，你会发现这里几乎是永恒的黑夜，在一大片荒凉的原野上，有些弯弯曲曲的小路，沿着这条小路走向更加昏暗深邃的幽冥之中。这样缓缓地往深处游移，几天之后你会来到一条河边，也就是传说中的辛酸之河，这条河的水质非常之清，即使一片轻巧的羽毛也会立即沉下去，而欲过此河，就必须乘坐冥河渡夫卡戎的船，因为只有这条特殊的船只能够浮于此水。卡戎也独家垄断了该生意，并对渡河的灵魂收取一枚钱币的费用。

因此在古希腊，当一个人死后，他的亲人都会往死者嘴里放一枚钱，用以支付在冥界坐船的费用。当然，没有亲戚朋友的人就比较惨了，因为没有渡船的费用，他们的灵魂会一直飘荡在辛酸河之河畔，一百年都得不到安息。

冥界五大河流的辛酸之河、忘川、火河、哭泣河、恨河都汇集一处，这里形成了一片沼泽，当船夫卡戎载着亡灵穿过辛酸之河后，还要穿过静寂中布满烟瘴的阴森沼泽。下船了你张开嘴巴，卡戎就会拿走你口中衔着的那一枚钱币。

现在你已经正式进入冥国了。离开河岸，往冥国的深处走，不久你会遇到看守冥府的三头犬刻耳柏洛斯。现在我要正式声明一下，这条线路是单程的，一个亡魂一旦进入冥国中就再也别想出来了，除非你能够制服这只凶恶的三头恶犬。传说中只有乐手俄耳甫斯用美丽的音乐、少女普绪刻用蜜面包、赫剌克勒斯用武力、英雄奥德修斯和英雄埃涅阿斯因神灵相助才未被这恶犬吃掉，并且这些都是活人，逃逸的亡灵从来都只有被这只恶犬吃掉的命运。不过现在你已经是一个在冥界深处游荡的鬼魂了，不用怕这只怪物，因为它只吃从冥府里逃出来的幽魂，以及任何试图进入冥国的活人。

现在你已经踏上了一片冥土中的大草原，也就是传说中的阿斯福得罗斯草原。脚下无边无际的漫草在昏暗的光线中摇曳，这里永远如同黄昏或夜晚一般。没有灯盏。所有平庸的人死后，灵魂都被发配到这个地方，在这之前他们须饮用忘川之水，以忘记生前的一切。亡魂在草原上到处游荡，以金穗花^①为食，这些金穗花生长在离河畔不远的地方。因此当你的魂灵沿着那条草隙间的小径漂游，路上会遇见很多漫无目的、漂泊游移的鬼魂，也许你还会遇到自己熟悉的人，但此时他们的记忆已经被忘川之水洗刷得空空荡荡，早已经不认识你了。对他们来说，没有回忆、没有将来、没有情感、没有目的，只有饿的时候来到河畔，以河畔丛生的花

① 阿斯福得罗斯草原 Asphodel Meadow到处生长着金穗花，并被认为是亡灵们用来充饥的食物，因此金穗花也被称为asphodel。

➤ 图 4-99 The bark of Charon, the sleep of the night and Morpheus

朵充饥而已。

游荡很久之后，你会来到一个有着三岔路口的大平原，这里就是审判之地了。著名的冥界三大判官弥诺斯 Minos、剌达曼堤斯 Rhadamanthys、埃阿科斯 Aeacus 就守在这里，判官们根据生前的善恶对每个亡灵进行审判，神灵的后代、大英雄、伟大的人死后被判往极乐园，他们穿过哈得斯宫殿一路前行，进入传说中的极乐园，在那里享受着无忧无虑、不用劳作的天堂般的日子；平庸人的灵魂则被留在阿斯福得罗斯草原，并须饮忘川之水，遗忘生前的一切；而生那些前亵渎神灵、罪大恶极者，他们的魂灵则被打入地狱深渊塔耳塔洛斯中，承受无休无止的折磨，这深渊中有着三位罪大恶极的人物，分别是西绪福斯 Sisyphus、坦塔罗斯 Tantalus、伊克西翁 Ixion。

关于冥府的情况，不同的作品中的描述略有区别，上述内容我们以维吉尔的《埃涅阿斯纪》一书为蓝本。根据诗人品达[1]所述，在奥林波斯神系统治确立之后，宙斯将其父克洛诺斯从塔耳塔洛斯中释放出来，并与其握手言和，让克洛诺斯统治着冥界的极乐园。而赫西俄德等诗人则认为，克洛诺斯及几位提坦首领一直都被关押在地狱深渊塔耳塔洛斯中，百臂巨人在这个深渊的出口把手着。当然，关于冥界入口的说法也有不同。据说赫剌克勒斯在执行最后一项任务时，是从伯罗奔尼撒半岛南端的一处入口进入了冥界中。而根据荷马史诗《奥德赛》中的描述，奥德修斯泊孤船于大洋西岸，在那里上岸后并沿着一条昏暗的小径到达冥界的入口。在《埃涅阿斯纪》中，埃涅阿斯从库迈海岸的岩洞中进入了冥府。而在阿普列乌斯的《金驴记》中，少女普绪刻则从拉刻代蒙地区的一处山洞进入冥界。

回到正题上来。我们跑题的这一会儿，三判官肯定已经对你的生平审判完毕了，打发你去忘川饮忘却之水，喝完这水之后你就会忘却所有，以后就只能在阿斯福得罗斯草原飘荡了。真不好意思，进入冥界只有单程路线，再也回去不了，毕竟你不是大英雄，也没有强大的背景。对了，沿着这草原一直走到尽头就是忘川，喝完忘川之水后你会连本文中所说的路线都忘得一干二净了。

哎，就当我什么都没说。

[1] 品达（Pindar，约公元前518～前442），古希腊著名抒情诗诗人。

4.9　行星宇宙

至此，我们已经对太阳系诸大行星及各行星的卫星系统进行了系统的命名分析，本篇中将对太阳系的内容进行总结和概括，为大家提供一个较为全面、更为广泛的认识。

从中文看，之所以称为行星，乃因其与相对位置不变的恒星不同，它们在夜空中的相对位置一直在变动，而英语中的 planet 则源于古希腊语的 planetes，意思和中文相近，表示【漂泊者】。在地心说盛行的古代，行星的概念包括五行和日月，共有七颗。我们的祖先则称之为七曜。从哥白尼的时代开始，人们逐渐接受了日心学说，并认识到行星（包括地球）都是绕着太阳运转的。于是太阳被列入恒星，而绕着太阳运转的则被称为行星。2006 年国际天文学会将冥王星开除大行星行列，因此太阳系就只剩下八大行星，其分别是：水星 Mercury、金星 Venus、地球 Tellus、火星 Mars、木星 Jupiter、土星 Saturn、天王星 Uranus、海王星 Neptune。这些行星的命名都来自于希腊神话中的重要神祇，使用的却是这些神祇对应的罗马名称。这些行星的命名简要知识如表：

表4-5　太阳系八大行星与对应神明

行星	罗马神名	希腊神名	神职	行星取名原因
水星	Mercury	Hermes	信使之神	水星跑的最快，与信使之神相似
金星	Venus	Aphrodite	爱神	金星最耀眼，与光彩夺目的爱神相似
地球	Tellus	Gaia	大地女神	地球即脚下广阔的大地
火星	Mars	Ares	战神	火星呈红色，与嗜血的战神相似
木星	Jupiter	Zeus	神主	明亮耀眼
土星	Saturn	Cronos	农神	土星周期长，故命以时间之神
天王星	Uranus	Uranus	天神	天神为农神之父，而天王星紧临土星
海王星	Neptune	Poseidon	海神	海水蓝色，而海王星亦呈蓝色

其中 Mercury、Venus、Mars、Saturn、Jupiter 五位行星很早就已被古人掌握，天文学家还为其配上了相应的行星符号。这五星在中国古代称为"五行"。天王星和海王星的发现都是十八世纪以后的事，为了配合之前的"神祇命名行星"法则，这些新发现的行星也同样以神祇命名，并配以新的行星符号。于是，八大行星及其符号对应如下：

表4-6　八大行星及其符号

行星名称	罗马神名	希腊神名	神职	行星符号	符号解释
水星	Mercury	Hermes	信使之神	☿	神使的带翼权杖
金星	Venus	Aphrodite	爱神	♀	维纳斯的镜子
地球	Tellus	Gaia	大地女神	⊕	画有赤道和子午线的地球
火星	Mars	Ares	战神	♂	战神的盾牌和长矛
木星	Jupiter	Zeus	神主	♃	宙斯的闪电
土星	Saturn	Cronos	农神	♄	农神的镰刀形象
天王星	Uranus	Uranus	天神	♅	绕字母H的球体，H指其发现者Herschel
海王星	Neptune	Poseidon	海神	♆	海王的三叉戟

围绕着行星转动的是卫星，中文称为卫星，寓意其如士兵一般守卫着作为中心天体的行星；然而英文的 satellite 则是另一个意思，这个词源自拉丁语 satellites，意思是【侍者、陪从】。于是我们看到木星 Jupiter 的卫星其实都是些柔弱的女子，她们并不能保卫主神宙斯（即罗马神话中的 Jupiter），而多是宙斯的情人妻妾，即其陪从者而已。相似地，海王星 Neptune 的卫星也都是海王 Neptune 的妻妾随从，这更加印证了卫星 satellite 一概念的本意。八大行星的卫星分布及命名情况如表：

表4-7　八大行星卫星命名

行星名称	对应神祇	神职	已知卫星数	命名卫星数	命名卫星构成
水星	Hermes	信使之神	0	0	
金星	Aphrodite	爱神	0	0	
地球	Gaia	大地女神	1	1	月亮，古已知之
火星	Ares	战神	2	2	战神的两个儿子
木星	Zeus	神主	66	50	神主的情人或女儿
土星	Cronos	农神	61	53	传说中的巨神
天王星	Uranus	天神	27	27	莎士比亚和蒲伯戏剧中人物
海王星	Poseidon	海神	13	13	海王的情人、随从、子女

从近代天文学的观点来看，我们生活的太阳系中，中心天体太阳属恒星 fixed star【固定星】，因为它相对恒定不动；围绕着恒星运动的是行星 planet【漂泊者】，它们绕着太阳"行走"；绕着行星运行的为卫星 satellite【陪从】，因为其"陪伴"着行星一起运行；有时我们

还能看到彗星，中国人称其为扫把星，因为它的尾巴像只扫把，而古希腊人认为其像长头发，故为其取名为 cometes【长发者】，后者演变出英语中的 comet。这些天体构成了太阳系的主体。然而，古人的宇宙观毕竟大不相同，至少一千年以前，人们认识中的宇宙与我们今天所了解的宇宙有着巨大区别，那时根本就没有太阳系的概念，人们也不知道卫星，不知道地球围着太阳转，也不知道天上的星星个个都是巨大无比的天体，更不知道宇宙是多么的浩无边际……

那么，他们心中的宇宙究竟是什么样的景象呢？

公元一世纪末，著名的天文学家托勒密在其巨著《至大论》中提出了当时最先进的、系统、严密的天文学理论。该理论中的宇宙模型是以大地为中心的，该理论认为：宇宙是一个有限的球体，分为天地两层，地球位于宇宙中心，所以日月围绕地球运行，物体总是落向地面。地球之外有 7 个等距行星层，由里到外的排列次序是月球天、水星天、金星天、太阳天、火星天、木星天、土星天。在行星层外面，是一个被称为恒星天的天层，这个天层上镶嵌着夜空中所有的星星，它们的位置是相对不动的，除此之外，其他的七个星体都是相对运动的，并绕着地球不停运转，故称为行星。因此，对于古希腊学者以及后世的众多学者来说宇宙中一共有七大行星，它们由中心天体地球由内到外分别是：月球 Luna、水星 Mercury、金星 Venus、太阳 Sol、火星 Mars、木星 Jupiter、土星 Saturn。从当时的观点看来，托勒密的宇宙模型是如此完美，不仅很好地满足了后来的基督教教义，还继承了巴比伦的星象文化，并深刻影响了西方文化的内容[1]。因此，这个理论统治了天文界长达十四个世纪，直到十六世纪初哥白尼第一次对其提出深刻的质疑。

起源于两河流域巴比伦文明的拜星文化，在地心说体系中也得到了很好的继承。在拜星文化中，每一个行星都被赋予一个重要的神明并得到敬拜，后来，七个行星和希伯来文化的上帝创世周期又完美地对应起来，于是一周七天都被许以相应诸神的名字，从各语言的星期命名中我们可以清楚看到这一点。对比一下英语、德语、日语、拉丁语、法语、意大利语、西班牙语等各语言中星期名称的来历就知道。

①基督教教义认为，地球是宇宙的中心，而各星体则环绕着地球运动，从这一点来看，托勒密的宇宙模型无疑非常符合基督教的宇宙模型。这也是为什么他的学说长久以来被人们所接受并深信不疑的原因。当哥白尼、布鲁诺、伽利略等人提出日心说的新见解时，无疑都受到了深重的阻挠。

表4-8　日语中的星期名称对应

星期	对应神明	对应七大行星	日语名称	日语含义
星期日	太阳神	太阳	日曜日	太阳日
星期一	月亮女神	月亮	月曜日	月亮日
星期二	战神	火星	火曜日	火星日
星期三	智慧、神使	水星	水曜日	水星日
星期四	雷神	木星	木曜日	木星日
星期五	爱神	金星	金曜日	金星日
星期六	农神	土星	土曜日	土星日

表4-9　英语中的星期名称对应

星期	对应神明	英语名称	英语名称释义	涉及神明
星期日	太阳神	Sunday	太阳日	太阳Sunna
星期一	月亮女神	Monday	月亮日	月亮Mani
星期二	战神	Tuesday	战神日	战神Tyr
星期三	智慧、神使	Wednesday	智慧神日	智慧神Odin
星期四	雷神	Thursday	雷神日	雷神Thor
星期五	爱神	Friday	爱神日	爱神Frigg
星期六	农神	Saturday	农神日	农神Sætern

表4-10　德语中星期名称对应

星期	对应神明	德语名称	德语名称释义	涉及神明
星期日	太阳神	Sonntag	太阳日	太阳Sunna
星期一	月亮女神	Montag	月亮日	月亮Mani
星期二	战神	Dienstag	战神日	战神Tyr
星期三	智慧、神使	Mittowoch	一周的中间	星期三在一周的最中间
星期四	雷神	Donnerstag	雷神日	雷鸣Thor
星期五	爱神	Freitag	爱神日	爱神Frigg
星期六	农神	Samstag	安息日	希伯来语 shavat '他歇息'

表4-11　拉丁语、法语、意大利语、西班牙语中星期名称的对应

星期	拉丁语名称	法语	意大利语	西班牙语	名称释义
星期日	dies Solis	dimanche	domenica	domingo	主日
星期一	dies Lunæ	lundi	lunedi	lunes	月亮日
星期二	dies Martis	mardi	martedi	martes	战神日
星期三	dies Mercurii	mercredì	mercoledì	miércoles	使神日
星期四	dies Jovis	jeudi	giovedì	jueves	雷神日
星期五	dies Veneris	vendredi	venerdi	viernes	爱神日
星期六	dies Saturni	samedi	sabato	sábado	农神日

正如五行学说对中国文化的深刻影响一样，七大行星的概念对西方文化也产生了深远的影响，比如西方的占星学和中世纪的炼金术。在炼金术方面，中世纪的炼金术士们将当时已知的七种金属与七大行星联系起来，并与相应神明一一对应，同时也采用行星相同的金属符号，从而为炼金术抹上一层更加神秘而玄奥的面纱。不懂得这些对应以及其相应的象征、暗喻，一般读者实在是很难读懂这些术士们留下的著作和那些神秘的绘图的。

表4-12　金属符号的行星起源

金属名称	金属符号	符号解释	对应神明	对应七大行星	对应星期
金	☉	太阳	太阳神	太阳	星期日
银	☽	月亮	月亮女神	月亮	星期一
铁	♂	战神的盾甲和矛	战神	火星	星期二
汞	☿	神使之权杖	智慧、神使	水星	星期三
锡	♃	闪电标志	雷神	木星	星期四
铜	♀	爱神之镜	爱神	金星	星期五
铅	♄	农神镰刀	农神	土星	星期六

附录1 神话人物名索引

对于希腊神话人物名称的翻译，国内学者们大多采用著名古希腊文学翻译专家罗念生老前辈所提出的"罗氏希腊文译音表"。本书亦采用罗氏译音表翻译全书中的希腊神话人物名。

中文	英文	希腊文	说明
阿刻罗俄斯	Achelous	Ἀχελῷος	河神
阿喀琉斯	Achilles	Ἀχιλλεύς	特洛亚战争中的著名英雄
埃阿科斯	Aeacus	Αἰακός	宙斯之子，死后成为冥界判官
埃厄忒斯	Aeetes	Αἰήτης	科尔基王
埃该翁	Aegaeon	Αἰγαίων	蛇足巨人之一，号称"风暴"
埃癸斯托斯	Aegisthus	Αἴγισθος	克吕泰涅斯特拉的情夫
埃癸娜	Aegina	Αἴγινα	河神之女，为宙斯生下埃阿科斯
埃格勒	Aegle	Αἴγλη	黄昏三仙女之一
埃罗	Aello	Ἀελλώ	怪鸟哈耳皮埃之一
埃涅阿斯	Aeneas	Αἰνείας	爱神阿佛洛狄忒之子，特洛亚将领
埃俄罗斯	Aeolus	Αἴολος	忒萨利亚地区的一个国王
埃忒耳	Aether	Αἰθήρ	天光之神
埃特拉	Aethra	Αἴθρα	英雄忒修斯之母
阿伽门农	Agamemnon	Ἀγαμέμνων	特洛亚战争中希腊军统帅
阿格莱亚	Aglaia	Ἀγλαΐα	美惠三女神之一，代表光辉
阿格里俄斯	Agrius	Ἄγριος	蛇足巨人，号称"野蛮人"
埃阿斯	Aias	Αἴας	特洛亚战争中希腊方著名将领
阿尔克墨涅	Alcmene	Ἀλκμήνη	赫剌克勒斯的母亲
阿尔库俄涅	Alcyone	Ἀλκυόνη	①普勒阿得斯七仙女之一 ②风神之女
阿尔库俄纽斯	Alcyoneus	Ἀλκυονεύς	蛇足巨人，号称"大力士"
痛苦之神	Algea	Ἄλγεα	不和女神厄里斯的后代
翠鸟七仙女	Alkyonides	Ἀλκυονίδες	翠鸟七仙女
阿玛尔忒亚	Amalthea	Ἀμάλθεια	山羊仙女
阿玛宗	Amazon	Ἀμαζών	传说中的女战士民族，也译为"亚马逊"
争论之神	Amphilogiai	Ἀμφιλογίαι	不和女神厄里斯的后代
安菲特里忒	Amphitrite	Ἀμφιτρίτη	海中仙女，海后
安菲特律翁	Amphitryon	Ἀμφιτρύων	赫剌克勒斯名义上的父亲
阿密摩涅	Amymone	Ἀμυμώνη	波塞冬的情人

中文	英文	希腊文	说明
安喀塞斯	Anchises	Ἀγχίσης	阿佛洛狄忒之情人，埃涅阿斯之父
屠杀之神	Androctasiai	Ἀνδροκτασίαι	不和女神厄里斯的后代
安德洛墨达	Andromeda	Ἀνδρομέδα	英雄珀耳修斯的妻子
安泰俄斯	Antaeus	Ἀνταῖος	大力巨人
安提克勒亚	Anticlea	Ἀντίκλεια	英雄奥德修斯的母亲
阿俄伊得	Aoede	Ἀοιδή	缪斯三仙女之一，歌唱女神
阿帕忒	Apate	Ἀπάτη	欺骗女神
阿佛洛狄忒	Aphrodite	Ἀφροδίτη	爱与美之女神
阿波罗	Apollo	Ἀπόλλων	光明之神，文艺之神
阿耳卡斯	Arcas	Ἀρκάς	卡利斯托之子，阿卡迪亚人的祖先
阿瑞斯	Ares	Ἄρης	战神
阿耳革斯	Arges	Ἄργης	独目三巨人之一，强光巨人
阿里翁	Arion	Ἀρίων	神驹
阿耳忒弥斯	Artemis	Ἄρτεμις	月亮女神，狩猎女神
阿斯克勒庇俄斯	Asclepius	Ἀσκληπιός	医药之祖，死后被尊为医神
阿索波斯之女	Asopides	Ἀσωπίδες	河神阿索波斯的几个女儿
阿索波斯	Asopus	Ἀσωπός	河神
阿萨剌科斯	Assaracus	Ἀσσάρακος	特洛亚王子
阿斯忒里亚	Asteria	Ἀστερία	星夜女神
阿斯特赖亚	Astraea	Ἀστραῖα	正义女神
阿斯特赖俄斯	Astraeus	Ἀστραῖος	众星之神
蛊惑之神	Ate	Ἄτη	不和女神厄里斯的后代
阿塔玛斯	Athamas	Ἀθάμας	玻俄提亚地区的一位国王
雅典娜	Athena	Ἀθηνᾶ	智慧女神
阿特拉斯	Atlas	Ἄτλας	扛天巨神
阿特柔斯	Atreus	Ἀτρεύς	阿伽门农和墨涅拉俄斯之父
阿特洛波斯	Atropos	Ἄτροπος	命运三女神之一
奥托吕科斯	Autolycus	Αὐτόλυκος	著名大盗
奥托墨冬	Automedon	Αὐτομέδων	阿喀琉斯的御手
奥克索	Auxo	Αὐξώ	时令三女神之一，象征生长季
比阿	Bia	Βία	暴力女神
玻瑞阿得斯	Boreades	Βορέαδες	北风神的两个孪生子
玻瑞阿斯	Boreas	Βορέας	北风之神
布里阿瑞俄斯	Briareus	Βριάρεως	百臂三巨人之一，强壮者
布戎忒斯	Brontes	Βρόντης	独目三巨人之一，雷鸣巨人
卡德摩斯	Cadmus	Κάδμος	腓尼基王子，忒拜城的建立者
卡利俄珀	Calliope	Καλλιόπη	史诗女神，缪斯九仙女之一

中文	英文	希腊文	说明
卡利洛厄	Callirrhoe	Καλλιρρόη	大洋仙女，特洛亚王特洛斯之妻子
卡吕普索	Calypso	Καλυψώ	大洋仙女，奥德修斯的情人
卡耳波	Carpo	Καρπώ	时令三女神之一，象征成熟季
卡西俄珀亚	Cassiopeia	Κασσιόπεια	埃塞俄比亚王后
卡斯托耳	Castor	Κάστωρ	勒达之子，海伦之兄
刻莱诺	Celaeno	Κελαινώ	普勒阿得斯七仙女之一
刻甫斯	Cepheus	Κηφεύς	埃塞俄比亚国王
刻耳柏洛斯	Cerberus	Κέρβερος	地狱看门犬
刻托	Ceto	Κητώ	远古海神，象征海之危险
刻托斯	Cetus	Κῆτος	被英雄珀耳修斯杀死的一只海怪
刻宇克斯	Ceyx	Κήϋξ	阿尔库俄涅的丈夫，死于海难
卡俄斯	Chaos	Χάος	创世之前的混沌
美惠三女神	Charites	Χάριτες	宙斯与欧律诺墨所生的三个女儿
卡戎	Charon	Χάρων	冥河渡夫
喀迈拉	Chimera	Χίμαιρα	具有狮、羊、蛇三只头的怪物
喀戎	Chiron	Χείρων	著名的半人马，众多英雄的导师
克律萨俄耳	Chrysaor	Χρυσάωρ	墨杜莎之子
克勒俄	Clio	Κλειώ	历史女神，缪斯九仙女之一
克罗托	Clotho	Κλωθώ	命运三女神之一
库阿涅	Cyane	Κυανή	宁芙仙子，曾试图拯救被冥王抢走的少女
克吕墨涅	Clymene	Κλυμένη	大洋仙女，普罗米修斯的母亲
克吕泰涅斯特拉	Clytemnestra	Κλυταιμνήστρα	阿伽门农之妻，海伦的姐妹
克吕提厄	Clytie	Κλυτίη	太阳神的恋人，死后变为向日葵
克吕提俄斯	Clytius	Κλυτίος	蛇足巨人，号称"显赫者"
科俄斯	Coeus	Κοῖος	十二提坦神之一，光明之神
科耳库拉	Corcyra	Κόρκυρα	河神之女，波塞冬的情人之一
科托斯	Cottus	Κόττος	百臂三巨人之一，狂暴者
克剌托斯	Cratos	Κράτος	强力之神
克瑞透斯	Cretheus	Κρηθεύς	伊俄尔科斯国王
克瑞俄斯	Crius	Κρεῖος	十二提坦神之一，力量之神
克洛诺斯	Cronos	Κρόνος	十二提坦神之一，提坦神王
独目巨人	Cyclops	Κύκλωψ	独目巨人
库诺苏拉	Cynosura	Κυνοσούρα	北极仙女
达那厄	Danae	Δανάη	英雄珀耳修斯之母
达佛涅	Daphne	Δάφνη	阿波罗所爱恋的宁芙仙子
达佛尼斯	Daphnis	Δάφνις	牧羊少年，牧歌的发明者
达耳达诺斯	Dardanus	Δάρδανος	特洛亚人祖先，达耳达尼亚城之创建者

中文	英文	希腊文	说明
得摩斯	Deimos	Δεῖμος	战神阿瑞斯之子
得诺	Deino	Δεινώ	灰衣三妇人之一
得伊俄纽斯	Deioneus	Δηιονεύς	伊克西翁的岳父，被伊克西翁害死
得墨忒耳	Demeter	Δημήτηρ	丰收女神
得斯波娜	Despoina	Δέσποινα	秘仪仙女
狄刻	Dike	Δίκη	秩序三女神之一，象征公正
狄俄墨得斯	Diomedes	Διομήδης	特洛亚战争中希腊方著名将领
狄俄涅	Dione	Διώνη	大洋仙女，宙斯的妻子
狄俄倪索斯	Dionysus	Διόνυσος	酒神
狄俄斯库洛	Dioscuri	Διόσκουροι	宙斯与勒达生下的双生子英雄
多里斯	Doris	Δωρίς	大洋仙女，50位海中仙女的母亲
德律阿得斯	Dryads	Δρυάδες	众树林仙女
德律俄珀	Dryope	Δρυόπη	水泽仙女，与许拉斯相爱
混乱之神	Dysnomia	Δυσνομία	不和女神厄里斯的后代
厄喀德娜	Echidna	Ἔχιδνα	女蛇妖，堤丰的妻子
厄科	Echo	Ἠχώ	宁芙仙子，回音的象征
厄勒堤亚	Eileithyia	Εἰλείθυια	助产女神
厄瑞涅	Eirene	Εἰρήνη	秩序三女神之一，象征和平
厄勒克特拉	Electra	Ἠλέκτρα	①大洋仙女；②阿伽门农的女儿
恩刻拉多斯	Enceladus	Ἐγκέλαδος	蛇足巨人，号称"冲锋号"
恩得伊斯	Endeïs	Ἐνδεῖς	喀戎的女儿，埃阿科斯之妻
恩底弥翁	Endymion	Ἐνδυμίων	月亮女神爱恋着的美少年
厄倪俄	Enyo	Ἐνυώ	灰衣三妇人之一
厄俄斯	Eos	Ἠώς	黎明女神
厄俄斯福洛斯	Eosphoros	Ἐωσφόρος	启明星
厄菲阿尔忒斯	Ephialtes	Ἐφιάλτης	蛇足巨人，号称"梦魇"
厄庇米修斯	Epimetheus	Ἐπιμηθεύς	后觉神，因娶潘多拉而给人间带来灾难
厄波珀宇斯	Epopeus	Ἐπωπεύς	莱斯博斯国王，奸污了自己的女儿
厄剌托	Erato	Ἐρατώ	爱情诗女神，缪斯九仙女之一
厄瑞玻斯	Erebus	Ἔρεβος	昏暗之神，创世神之一
厄里达诺斯	Eridanus	Ἠριδανός	传说中的大河，法厄同曾坠落于此
厄里斯	Eris	Ἔρις	纷争女神
厄洛斯	Eros	Ἔρως	爱欲之神，创世神之一
厄律忒斯	Erytheis	Ἐρύθεις	黄昏三仙女之一
欧玻亚	Euboea	Εὔβοια	河神之女，波塞冬的情人之一
欧诺弥亚	Eunomia	Εὐνομία	秩序三女神之一，象征良好秩序
欧佛洛绪涅	Euphrosyne	Εὐφροσύνη	美惠三女神之一，代表快乐

中文	英文	希腊文	说明
欧洛斯	Eurus	Εὖρος	东风之神
欧律阿勒	Euryale	Εὐρυάλη	蛇发三女妖之一
欧律巴忒斯	Eurybates	Εὐρυβάτης	奥德修斯的先行官
欧律比亚	Eurybia	Εὐρυβία	远古海神，象征海之力量
欧律克勒亚	Euryclea	Εὐρύκλεια	奥德修斯的乳母
欧律马科斯	Eurymachus	Εὐρύμαχος	珀涅罗珀的追求者之一
欧律墨冬	Eurymedon	Εὐρυμέδων	阿伽门农王的御者
欧律诺墨	Eurynome	Εὐρυνόμη	大洋仙女
欧律皮洛斯	Eurypylus	Εὐρύπυλος	仙女刻莱诺之子，和哥哥吕科斯统治着幸福岛
欧律斯透斯	Eurystheus	Εὐρυσθεύς	迈锡尼国王
欧律托斯	Eurytus	Εὔρυτος	蛇足巨人，号称"泛流者"
欧忒耳珀	Euterpe	Εὐτέρπη	缪斯九仙女之一，音乐与抒情诗女神
该亚	Gaia	Γαῖα	大地女神，创世神之一
伽拉忒亚	Galatea	Γαλάτεια	海中仙女
伽倪墨得斯	Ganymede	Γανυμήδης	美少年，特洛亚王子，宙斯的酒童
癸干忒斯	Gegantes	Γίγαντες	蛇足巨人族
革剌斯	Geras	Γῆρας	衰老之神
革律翁	Geryon	Γηρυών	三身巨人，为赫剌克勒斯所杀
戈耳工	Gorgon	Γοργών	蛇发三女妖
格赖埃	Graiai	Γραῖαι	灰衣三妇人
古厄斯	Gyes	Γύης	百臂三巨人之一，巨臂者
哈得斯	Hades	Ἅιδης	冥王
哈利墨得	Halimede	Ἁλιμήδη	海中仙女
哈耳皮埃	Harpy	Ἅρπυια	怪鸟
赫卡忒	Hecate	Ἑκάτη	幽灵女神
百臂巨人	Hecatonchires	Ἑκατόγχειρες	百臂巨人族
海伦	Helen	Ἑλένη	宙斯和勒达之女，最美貌的女人
赫利阿得斯	Heliades	Ἡλιαδες	阳光三仙女
赫利刻	Helike	Ἑλίκη	柳树仙女
赫利俄斯	Helios	Ἥλιος	提坦神族中的太阳神
赫勒	Helle	Ἕλλη	阿塔玛斯与云之仙女的女儿，坠海而死
赫墨拉	Hemera	Ἡμέρα	白昼女神
赫淮斯托斯	Hephaestus	Ἥφαιστος	火神，锻造之神
赫拉	Hera	Ἥρα	天后
赫耳玛佛洛狄托斯	Hermaphroditus	Ἑρμαφρόδιτος	爱神和信使之神所生的儿子
赫耳墨斯	Hermes	Ἑρμῆς	神使
赫斯珀拉	Hespera	Ἑσπέρα	黄昏三仙女之一

中文	英文	希腊文	说明
赫斯珀里得斯	Hesperides	Ἑσπερίδες	黄昏三仙女
赫斯珀洛斯	Hesperos	Ἕσπερος	黄昏之神
希波达弥亚	Hippodamia	Ἱπποδάμεια	珀罗普斯的妻子
希波吕托斯	Hippolytus	Ἱππόλυτος	蛇足巨人，号称"放马者"
时序女神	Horae	Ὧραι	掌管时令和季节的几位女神
誓言之神	Horkos	Ὅρκος	不和女神厄里斯的后代
许阿铿托斯	Hyacinthus	Ὑάκινθος	斯巴达美少年，阿波罗的恋人
许阿得斯	Hyades	Ὑάδες	七仙女同父异母的姐妹
许阿斯	Hyas	Ὑάς	雨之女神
许德拉	Hydra	Ὕδρα	九头水蛇
许拉斯	Hylas	Ὕλας	美少年，被水泽仙女诱入池塘中
许珀里翁	Hyperion	Ὑπερίων	十二提坦神之一，高空之神
许普诺斯	Hypnos	Ὕπνος	睡神
混战之神	Hysminai	Ὑσμῖναι	不和女神厄里斯的后代
伊阿珀托斯	Iapetus	Ἰαπετός	十二提坦神之一，冲击之神
伊阿西翁	Iasion	Ἰασίων	因与得墨忒耳结合而遭宙斯所杀
伊罗斯	Ilus	Ἶλος	特洛亚王，该城因其名而被称为伊利昂
伊那科斯	Inachus	Ἴναχος	伊俄的父亲
伊诺	Ino	Ἰνώ	卡德摩斯的女儿
伊俄	Io	Ἰώ	宙斯情妇，被宙斯变为母牛
伊俄拉俄斯	Iolaus	Ἰόλαος	赫剌克勒斯的随从和战友
伊里斯	Iris	Ἶρις	彩虹女神
伊克西翁	Ixion	Ἰξίων	忒萨利亚一国王，半人马族之祖先
卡勒	Kale	Καλή	美惠女神之一
刻耳	Ker	Κήρ	毁灭女神
刻瑞斯	Keres	Κῆρες	死亡女神
科瑞	Kore	Κόρη	冥后珀耳塞福涅的原名
拉刻西斯	Lachesis	Λάχεσις	命运三女神之一
拉冬	Ladon	Λάδων	看守金苹果的百首龙
拉厄耳忒斯	Laertes	Λαέρτης	英雄奥德修斯的父亲
拉奥孔	Laocoon	Λαοκόων	特洛亚祭司
拉俄墨得亚	Laomedeia	Λαομήδεια	海中仙女，守护女神
拉俄墨冬	Laomedon	Λαομέδων	特洛亚国王
拉里萨	Larissa	Λάρισσα	一位宁芙仙子
遗忘之神	Lethe	Λήθη	不和女神厄里斯的后代
勒托	Leto	Λητώ	暗夜女神
饥荒之神	Limos	Λιμός	不和女神厄里斯的后代

中文	英文	希腊文	说明
吕科斯	Lycus	Λύκος	仙女刻莱诺之子，和弟弟--起统治着幸福岛
战争之神	Machai	Μάχαι	不和女神厄里斯的后代
迈亚	Maia	Μαῖα	阿特拉斯之女，赫耳墨斯之母
美狄亚	Medea	Μήδεια	科尔基国王的女儿，伊阿宋之妻
墨冬	Medon	Μέδων	埃阿斯的兄弟
墨杜萨	Medusa	Μέδουσα	蛇发三女妖之一
墨勒忒	Melete	Μελέτη	缪斯三仙女之一，实践女神
墨利萨	Melissa	Μέλισσα	蜜蜂仙女
墨尔波墨涅	Melpomene	Μελπομένη	悲剧女神
墨涅拉俄斯	Menelaus	Μενέλαος	阿伽门农的弟弟，海伦的丈夫
墨涅斯透斯	Menestheus	Μενεσθεύς	特洛亚战争时代的雅典国王
墨诺提俄斯	Menoetius	Μενοίτιος	提坦巨神之一，被打入地狱深渊之中
墨洛珀	Merope	Μερόπη	普勒阿得斯七仙女之一
墨提斯	Metis	Μῆτις	大洋仙女，雅典娜的母亲
弥玛斯	Mimas	Μίμᾱς	蛇足巨人，号称"效仿者"
谟涅墨	Mneme	Μνήμη	缪斯三仙女之一，记忆女神
谟涅摩绪涅	Mnemosyne	Μνημοσύνη	十二提坦神之一，记忆女神
摩伊赖	Moerae	Μοῖραι	命运三女神
摩摩斯	Momus	Μῶμος	挑剔抬杠之神，诽谤之神
摩洛斯	Moros	Μόρος	厄运之神
摩耳甫斯	Morpheus	Μορφεύς	睡梦之神
密耳弥多涅人	Myrmidon	Μυρμιδόνες	传说由蚂蚁变来的种族
那伊阿得斯	Naiads	Ναϊάδες	水泽仙女
那耳喀索斯	Narcissus	Νάρκισσος	河神之子，迷恋上自己美貌的人
瑙普利俄斯	Nauplius	Ναύπλιος	海王与阿密摩涅之子，阿耳戈英雄之一
争端之神	Neikea	Νείκεα	不和女神厄里斯的后代
涅墨西斯	Nemesis	Νέμεσις	报应女神
涅俄普托勒摩斯	Neoptolemus	Νεοπτόλεμος	阿喀琉斯之子
涅斐勒	Nephele	Νεφέλη	云之仙女
海中仙女	Nereids	Νηρηΐδες	海神涅柔斯的50个女儿
涅柔斯	Nereus	Νηρεύς	远古海神，象征海之友善
涅索	Neso	Νησώ	海中仙女，海岛仙女
尼刻	Nike	Νίκη	胜利女神
诺弥亚	Nomia	Εὐνομία	宁芙仙子，与达夫佛斯相爱
诺托斯	Notus	Νότος	南风之神
倪克提墨涅	Nyctimene	Νυκτιμένη	莱斯博斯公主，被自己的父亲奸污
倪克斯	Nyx	Νύξ	黑夜女神，创世神之一

中文	英文	希腊文	说明
大洋仙女	Oceanids	Ὠκεανίδες	环河之神的3000个女儿
俄刻阿诺斯	Oceanus	Ὠκεανός	十二提坦神之一，环河之神
俄库珀忒	Ocypete	Ὠκυπέτη	怪鸟哈耳皮埃之一
奥德修斯	Odysseus	Ὀδυσσεύς	特洛亚战争中的著名英雄
俄狄浦斯	Oedipus	Οἰδίπους	忒拜国王，弑父娶母者
俄诺玛俄斯	Oenomaus	Οἰνόμαος	希波达弥亚的父亲
俄匊斯	Oizys	Ὀϊζύς	苦难之神
俄涅洛伊	Oneiroi	Ὄνειροι	梦呓神族
俄瑞阿得斯	Oreads	Ὀρεάδες	山岳仙女
俄瑞斯忒斯	Orestes	Ὀρέστης	阿伽门农之子，为父报仇而杀死了母亲
俄里翁	Orion	Ὠρίων	著名的猎户
俄耳甫斯	Orpheus	Ὀρφεύς	著名乐手，曾经只身进入冥府寻妻
俄耳托斯	Orthus	Ὄρθος	双头犬
乌瑞亚	Ourea	Οὔρεα	远古山神
帕拉斯	Pallas	Πάλλας	①战争之神；②蛇足巨人之一
潘多拉	Pandora	Πανδώρα	给人类带来灾难的女人
帕里斯	Paris	Πάρις	特洛亚王子，拐走了美女海伦
帕西忒亚	Pasithea	Πασιθέα	美惠女神之一，火神的妻子
珀伽索斯	Pegasus	Πήγασος	飞马
珀琉斯	Peleus	Πηλεύς	大英雄阿喀琉斯之父
彭佛瑞多	Pemphredo	Πεμφρηδώ	灰衣三妇人之一
珀涅罗珀	Penelope	Πηνελόπη	奥德修斯的妻子
珀涅俄斯	Peneus	Πηνειός	达佛涅的父亲
珀耳塞斯	Perses	Πέρσης	破坏之神
珀耳修斯	Perseus	Περσεύς	著名英雄，迈锡尼的建立者
方塔索斯	Phantasus	Φάντασος	幻象之神
菲罗墨拉	Philomela	Φιλομήλα	变为夜莺的少女
菲罗忒斯	Philotes	Φιλότης	淫乱之神
菲吕拉	Philyra	Φιλύρα	大洋仙女，喀戎的母亲
福柏托耳	Phobetor	Φοβήτωρ	噩梦之神
福玻斯	Phobos	Φόβος	战神阿瑞斯之子
福科斯	Phocus	Φῶκος	埃阿科斯之子
福柏	Phoebe	Φοίβη	十二提坦神之一，光明女神
杀戮之神	Phonoi	Φόνοι	不和女神厄里斯的后代
福耳库得斯	Phorcydes	Φόρκιδες	众后辈怪物
福耳库斯	Phorcys	Φόρκυς	远古海神，象征海之愤怒
佛里克索斯	Phrixus	Φρίξος	阿塔玛斯与云之女神的儿子

中文	英文	希腊文	说明
庇里托俄斯	Pirithous	Πειρίθοος	拉庇泰英雄
普拉塔亚	Plataea	Πλάταια	河神之女，宙斯的情人之一
普勒阿得斯	Pleiades	Πλειάδες	普勒阿得斯七仙女
普勒俄涅	Pleione	Πληιόνη	大洋仙女，七仙女的母亲
普路托斯	Ploutos	Πλοῦτος	财神
波吕玻忒斯	Polybotes	Πολυβώτης	蛇足巨人，号称"饕餮者"
波吕丢刻斯	Polydeuces	Πολυδεύκης	勒达之子，卡斯托耳之兄弟
波吕许尼亚	Polyhymnia	Πολύμνια	颂歌女神，缪斯九仙女之一
波吕斐摩斯	Polyphemus	Πολύφημος	独眼巨人，波塞冬之后代
劳役之神	Ponos	Πόνος	不和女神厄里斯的后代
蓬托斯	Pontos	Πόντος	远古海神
波耳费里翁	Porphyrion	Πορφυρίων	蛇足巨人，号称"汹涌"
波塞冬	Poseidon	Ποσειδῶν	海王
众河神	Potamoi	Ποταμόι	环河之神的3000个儿子
普里阿摩斯	Priam	Πρίαμος	特洛亚王
普罗米修斯	Prometheus	Προμηθεύς	先觉神，因替人类盗取火种而受宙斯惩罚
普洛透斯	Proteus	Πρωτεύς	波塞冬的长子
普萨玛忒	Psamathe	Ψάμαθη	海中仙女，沙滩仙女
谎言之神	Pseudologoi	Ψευδολόγοι	不和女神厄里斯的后代
普绪刻	Psyche	Ψυχή	小爱神丘比特之恋人
瑞亚	Rhea	Ῥέα	十二提坦神之一，流逝女神
萨拉弥斯	Salamis	Σαλαμίς	河神之女，波塞冬的情人之一
萨尔玛喀斯	Salmacis	Σαλμακίς	宁芙仙子，和赫耳玛佛洛狄托斯合为一体
萨尔摩纽斯	Salmoneus	Σαλμωνεύς	埃俄罗斯王之子
萨俄	Sao	Σαώ	海中仙女，救助仙女
斯库拉	Scylla	Σκύλλα	西西里岛附近的海妖
塞勒涅	Selene	Σελήνη	提坦神族中的月亮女神
塞墨勒	Semele	Σεμέλη	酒神狄俄倪索斯之母
西诺珀	Sinope	Σινώπη	河神之女，宙斯的情人之一
塞壬	Siren	Σειρήν	以歌声引诱水手的女妖
西绪福斯	Sisyphus	Σίσυφος	科林斯王，死后被罚推巨石
斯芬克斯	Sphinx	Σφίγξ	人面狮身的怪物
斯忒洛珀	Sterope	Στερόπη	普勒阿得斯七仙女之一
斯忒洛珀斯	Steropes	Στερόπης	独目三巨人之一，闪电巨人
斯忒诺	Stheno	Σθεννώ	蛇发三女妖之一
斯堤克斯	Styx	Στύξ	大洋仙女，冥河仙女
绪任克斯	Syrinx	Σύριγξ	宁芙仙子，为潘神所追求

中文	英文	希腊文	说明
坦伽拉	Tangara	Τανάγρα	河神之女，赫耳墨斯的情人之一
坦塔罗斯	Tantalus	Τάνταλος	宙斯之子，死后被打入地狱深渊之中
塔耳塔洛斯	Tartarus	Τάρταρος	地狱深渊之神，创世神之一
陶革塔	Taygeta	Ταϋγέτη	普勒阿得斯七仙女之一
忒拉蒙	Telamon	Τελαμών	英雄埃阿斯的父亲
忒勒马科斯	Telemachus	Τηλέμαχος	奥德修斯之子
忒耳普西科瑞	Terpsichore	Τερψιχόρη	歌舞女神，缪斯九仙女之一
忒堤斯	Tethys	Τηθύς	十二提坦神之一，海洋女神
塔拉萨	Thalassa	Θάλασσα	泛海女神
塔勒亚	Thalia	Θάλεια	①缪斯女神之一；②美惠女神之一
塔罗	Thallo	Θαλλώ	时令三女神之一，象征萌芽季
塔那托斯	Thanatos	Θάνατος	死神
陶玛斯	Thaumas	Θαῦμας	远古海神，象征海之奇观
忒柏	Thebe	Θήβη	河神之女，宙斯的情人之一
忒亚	Theia	Θεία	十二提坦神之一，光体女神
忒弥斯	Themis	Θέμις	十二提坦神之一，秩序女神
忒斯庇亚	Thespia	Θεσπία	河神之女，阿波罗的情人之一
忒提斯	Thetis	Θέτις	海中仙女，阿喀琉斯之母
托翁	Thoon	Θόων	蛇足巨人，号称"飞毛腿"
托俄萨	Thoosa	Θόωσα	宁芙仙子之一
堤厄斯忒斯	Thyestes	Θυέστης	珀罗普斯之子，阿特柔斯之兄弟
忒瑞西阿斯	Tiresias	Τειρεσίας	忒拜城的著名先知
特里同	Triton	Τρίτων	海神波塞冬之子
特洛斯	Tros	Τρώς	特洛亚城的名祖
堤丰	Typhon	Τυφῶν	该亚与地狱深渊所生的巨大怪物
乌剌尼亚	Urania	Οὐρανία	天文女神，缪斯九仙女之一
乌剌诺斯	Uranus	Οὐρανός	天空之神，第一代神主
仄罗斯	Zelos	Ζῆλος	热诚之神
仄费洛斯	Zephyrus	Ζέφυρος	西风之神
宙斯	Zeus	Ζεύς	奥林波斯神族之神主

附录2　全书地名索引

全书所涉及的地名，大多数为古希腊各地区及城邦，以及爱琴海、地中海周边地区。因为地名的特殊性，翻译时优先考虑已经广为流传的汉语译名，比如 Aegean Sea "爱琴海"；对于尚未有标准翻译的，或者翻译名称较多的，采用接近古希腊语音的罗氏希腊文译音翻译。

中文	英文	希腊文	说明
埃伊那岛	Aegina	Αἴγινα	希腊萨罗尼克湾中一岛屿
爱琴海	Aegean Sea	Αἰγαῖον πέλαγος	希腊半岛东部的海域
埃俄利亚	Aeolia	Αἰολία	忒萨利亚的别称
雅典	Athens	Ἀθῆναι	阿提卡地区的中心城邦，希腊重要城邦
阿卡迪亚	Arcadia	Ἀρκαδία	伯罗奔尼撒中部一地区
阿耳戈斯	Argos	Ἄργος	伯罗奔尼撒地区的重要城邦
阿提卡	Attica	Ἀττική	中部希腊东南一地区，南与东濒爱琴海
玻俄提亚	Boeotia	Βοιωτία	中部希腊中间一地区
高加索	Caucasus	Καύκασος	位于黑海、亚速海和里海之间的一个地区
库迈	Cumae	Κύμαι	意大利那不勒斯西北的一个地区
西利西亚	Cilicia	Κιλικία	小亚细亚东南部的一个地区
科尔基	Colchis	Κολχίς	遥远的东方国度，在黑海的东岸
科林斯	Corinth	Κόρινθος	希腊中部和伯罗奔尼撒半岛连接点处的重要城邦
克库拉岛	Corcyra	Κέρκυρα	伊奥尼亚海中的一个岛屿，今称科孚岛
克里特	Crete	Κρήτη	地中海东部一个大岛
塞浦路斯	Cyprus	Κύπρος	地中海东部一个大岛屿，今天的塞浦路斯
得洛斯	Delos	Δῆλος	爱琴海中一岛屿，太阳神阿波罗的圣地
德尔斐	Delphi	Δελφοί	阿波罗神谕发布之地，位于福基斯地区
欧玻亚岛	Euboea	Εὔβοια	爱琴海中最大的一个岛屿
赫利孔山	Helicon	Ἑλικών	帕耳那索斯山的一部分
赫勒海	Hellespont	Ἑλλήσποντος	即达达尼尔海峡，赫勒坠海而得名
伊达山	Ida	Ἴδη	克里特岛的一座山，传说中宙斯长大的地方
伊俄尔科斯	Iolcus	Ἰωλκός	忒萨利亚地区的一个城邦
伊奥尼亚海	Ionian Sea	Ἰόνιον πέλαγος	希腊西部的一片海域
喀泰戎山	Kithairon	Κιθαιρών	希腊中部的丛山

中文	英文	希腊文	说明
拉刻代蒙	Lacedaemon	Λακεδαίμων	斯巴达的别称
拉里萨	Larissa	Λάρισα	忒萨利亚地区的一个城邦
利姆诺斯岛	Lemnos	Λήμνος	爱琴海东部一大岛屿
勒耳那	Lerna	Λέρνη	阿耳戈斯城北部的一个地区
莱斯博斯岛	Lesbos	Λέσβος	爱琴海东部一岛屿
吕基亚	Lycia	Λυκία	小亚细亚内的一个地区
瑙普里翁城	Nauplion	Ναύπλιον	伯罗奔尼撒东北部的一个城邦
涅墨亚	Nemea	Νεμέα	阿耳戈斯城北部的一个地区
倪萨山	Nysa	Νύσα	酒神出生的地方
俄古癸亚岛	Ogygia	Ὠγυγίη	伊奥尼亚海中的一个岛屿
奥林波斯山	Olympus	Ὄλυμπος	忒萨利亚境内，奥林波斯众神的寓居之地
奥林匹亚	Olympia	Ὀλυμπία	伯罗奔尼撒西部的一个地区
佛律癸亚	Phrygia	Φρυγία	小亚细亚西北一地区
帕耳那索斯山	Parnassus	Παρνασσός	位于中部希腊的德尔斐地区
伯罗奔尼撒	Peloponnesos	Πελοπόννησος	位于希腊半岛的整个南部地区
皮埃里亚	Pieria	Πιερία	在德尔斐地区
普拉提亚	Plataea	Πλάταια	玻俄提亚东南部的一个城邦
罗得岛	Rhodes	Ῥόδος	小亚细亚西南一岛屿
萨拉米斯	Salamis	Σαλαμίς	爱琴海萨罗尼克湾内的一个岛屿
锡诺普	Sinop	Σινώπη	小亚细亚北部的一个城邦
斯巴达	Sparta	Σπάρτα	伯罗奔尼撒南部的一个重要城邦
忒拜	Thebes	Θῆβαι	玻俄提亚地区的中心城邦，亦称为底比斯
忒萨利亚	Thessaly	Θεσσαλία	希腊中北部一地区
色雷斯	Thrace	Θράκη	希腊东北部地区名，在爱琴海北面
特洛亚	Troy	Τροία	特洛亚城，特洛亚战争发生的地方

附录3　古希腊文转写对照表

为了方便读者学习，书中所使用的古希腊文皆使用拉丁字母进行转写。此处附上书中所用转写词与古希腊文原词，供有需要的读者查阅使用。

含义	书中转写	希语原词	含义	书中转写	希语原词
田野	agros	ἀγρός	优美，漂亮	charis	χάρις
发光，燃烧	aitho	αἴθω	冬天	cheima	χεῖμα
山羊	aix	αἴξ	手	cheir	χείρ
真理	aletheia	ἀλήθεια	嫩芽	chloe	χλόη
在周围	amphi	ἀμφί	胆汁	chole	χολή
争吵	amphilogos	ἀμφίλογος	歌舞	choros	χορός
风	anemos	ἄνεμος	时间	chronos	χρόνος
歌曲	aoede	ἀοιδή	名望	cleos	κλέος
欺骗	apate	ἀπάτη	梭子	closter	κλωστήρ
泡沫	aphros	ἀφρός	著名的	clytos	κλυτός
熊，北	arctos	ἄρκτος	头发	come	κόμη
毁灭，灾难	are	ἀρή	昏睡	coma	κῶμα
懒惰的	argon	ἀργόν	彗星	cometes	κομήτης
星星	aster	ἀστήρ	彗星	cometes aster	κομήτης ἀστήρ
闪电	asterope	ἀστεροπή	喜剧	comoidia	κωμῳδία
天文	astronomia	ἀστρονομία	乌鸦	corone	κορώνη
增长	auxo	αὔξω	区分	crino	κρίνω
轴	axon	ἄξων	公羊	crios	κριός
王国	basileia	βασιλεία	深蓝	cyane	κυανῆ
国王	basileus	βασιλεύς	圆形的	cyclos	κύκλος
判官	crites	κριτής	银河	cyclos galaxias	κύκλος γαλαξίας
最美的	callistos	κάλλιστος	月桂	daphne	δάφνη
美丽的	calos	καλός	可怕的	deinos	δεινός
藏匿	calypto	καλύπτω	畏惧	deos	δέος
果实	carpos	καρπός	女士	despoina	δέσποινα
躺下	ceimai	κεῖμαι	君主	despotes	δεσπότης
角	ceras	κέρας	公正	dike	δίκη
海怪	cetos	κῆτος	给予	didomi	δίδωμι

含义	书中转写	希语原词
想	doceo	δοκέω
教义	dogma	δόγμα
礼物	doron	δῶρον
行为	drama	δρᾶμα
做	drao	δράω
橡树，树木	drys	δρῦς
二	duo	δύο
坏	dys-	δυσ-
公民大会	ecclesia	ἐκκλησία
被召唤者	eccletos	ἔκκλητος
我	ego	ἐγώ
看见	eido	εἴδω
影像	eidos	εἶδος
和平	eirene	εἰρήνη
琥珀	electron	ἤλεκτρον
前来帮忙	eleytho	ἐλευθώ
黎明	eos	ἕως
蜉蝣	ephemeron	ἐφήμερα
在表面，在后面	epi	ἐπί
知识	episteme	ἐπιστήμη
春季	er	ἦρ
作为	ergon	ἔργον
爱欲	eros	ἔρως
好	eu	εὖ
愉快的	euphron	εὔφρων
宽的，广的	eurys	εὐρύς
奶	gala	γάλα
大地	ge	γῆ
老年	geron	γέρων
巨大的	gigas	γίγας
知道	gignosco	γιγνώσκω
想法	gnoma	γνῶμα
让人恐惧的	gorgon	γοργόν
老年的	graia	γραῖα
字	gramma	γράμμα
写	grapho	γράφω

含义	书中转写	希语原词
在下面	hypo	ὑπό
血色的	haimatites	αἱματίτης
翠鸟	halcyone	ἀλκυών
海，盐	hals	ἅλς
一百	hecaton	ἑκατόν
座位	hedos	ἕδος
座椅	hedra	ἕδρα
太阳	helios	ἥλιος
希腊	Hellas	Ἑλλάς
日、天	hemera	ἡμέρα
爱神日	hemera Aphrodites	ἡμέρα Ἀφροδίτης
战神日	hemera Areos	ἡμέρα Ἄρεως
农神日	hemera Cronou	ἡμέρα Κρόνου
雷神日	hemera Dios	ἡμέρα Διός
太阳日	hemera Heliou	ἡμέρα Ἡλίου
神使日	hemera Hermou	ἡμέρα Ἑρμοῦ
月亮日	hemera Selenes	ἡμέρα Σελήνης
七	hepta	ἑπτά
英雄	heros	ἥρως
黄昏	hesperos	ἕσπερος
家灶	hestia	ἑστία
六	hex	ἕξ
时节	hora	ὥρα
水	hydor	ὕδωρ
树木	hyle	ὕλη
颂歌	hymnos	ὕμνος
睡眠	hypnos	ὕπνος
战斗	hysmina	ὑσμίνη
医生	iater	ἰατήρ
看，知	ido	εἴδω
走	io	ἴω
行走	ion	ἰόν
美丽的	kale	καλή
少女	kore	κόρη
少年	kouros	κοῦρος
分配	lachein	λαχεῖν

含义	书中转写	希语原词
狮子	leon	λέων
隐藏	lethe	λήθη
饥馑	limos	λιμός
石头	lithos	λίθος
话语	logos	λόγος
学习	mathema	μάθημα
战争	mache	μάχη
预测	mantis	μάντις
母亲	mater	μάτηρ
学习，思考	mathein	μάθεῖν
智慧，思想	medos	μῆδος
歌曲	melos	μέλος
歌唱	melpo	μέλπω
月亮	mene	μήνη
力量	menos	μένος
酒	methu	μέθυ
回想	mnaomai	μνάομαι
记忆	mneme	μνήμη
记性好的	mnemon	μνήμον
好记性	mnemosyne	μνημοσύνη
影像	morphe	μορφή
缪斯的技艺	mousike techne	μουσική τέχνη
博物馆	mousion	μουσεῖον
流动	nao	νάω
船	naus	ναῦς
争吵	neikos	νεῖκος
分配	nemo	νέμω
新的	neos	νέος
云	nephele	νεφέλη
岛屿	nesos	νῆσος
胜利	nike	νίκη
雪	nipha	νίφα
法则	nomos	νόμος
疾病	nosos	νόσος
新娘	nymphe	νύμφη
夜晚	nyx	νύξ

含义	书中转写	希语原词
急速的	ocys	ὠκύς
歌曲	oide	ᾠδή
房屋	oikos	οἶκος
红酒	oinos	οἶνος
名字	onoma	ὄνομα
眼睛，脸，声音	ops	ὄψ
所见	orama	ὄραμα
看	orao	ὁράω
直，正	orthos	ὀρθός
山	ouros	οὖρος
父亲	pater	πατήρ
家系	patria	πατριά
泉水	pegai	πηγαί
灰鸽	peleia	πέλεια
黄蜂	pemphredon	πεμφρηδών
摧毁	persomai	πέρσομαι
使显现	phaino	φαίνω
光	phaos	φῶς
现象	phenomenon	φαινόμενον
带来	phero	φέρω
喜好	philia	φιλία
喜爱的	philos	φίλος
恐惧	phobos	φόβος
带来	phoreo	φορέω
光	phos	φῶς
兄弟	phrater	φράτηρ
理智，精神	phren	φρήν
保护人	phylax	φύλαξ
漂泊者	planetes	πλανήτης
财富	ploutos	πλοῦτος
诗作	poema	ποίημα
做	poeosis	ποίησις
诗人	poetes	ποητής
公民权	politeia	πολιτεία
公民	polites	πολίτης
多，非常	polys	πολύς

含义	书中转写	希语原词
河流	potamos	ποταμός
足	pous	πούς
在前	pro	πρό
往前扔	proballo	προβάλλω
障碍	problema	πρόβλημα
沙滩	psammos	ψάμμος
假的	pseudes	ψευδής
谎言	pseudologos	ψευδολόγος
灵魂	psyche	ψυχή
流动	rheo	ρέω
河流	rheos	ρεος
蜥蜴	sauros	σαῦρος
月亮	selene	σελήνη
智慧	sophia	σοφία
聪明	sophos	σοφός
拯救者	soter	σωτήρ
种子	sperma	σπέρμα
撒种	speiro	σπείρω

含义	书中转写	希语原词
紧束	sphingo	σφίγγω
力量	sthenos	σθένος
技艺	techne	τέχνη
喜欢	terpsis	τέρψις
绿枝，嫩叶	thalos	θαλός
死亡	thanatos	θάνατος
看	thaomai	θάομαι
景观	thauma	θαῦμα
所做	thema	θέμα
抵押人	thetes	θέτης
门	thyra	θύρα
敬重	tio	τίω
做，制定	tithemi	τίθημι
山羊	tragos	τράγος
转	tropos	τροπος
烟	typhos	τῦφος
天空	uranos	οὐρανός
生命，动物	zoe	ζῷή

附录4 古希腊地图

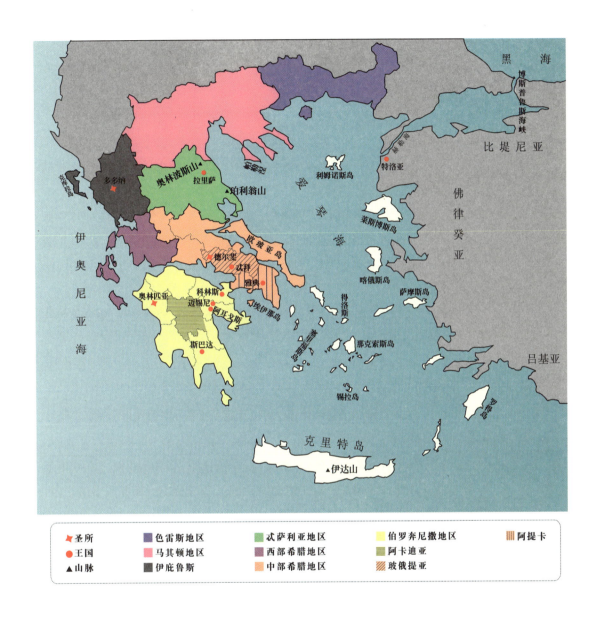

⚑ 圣所	■ 色雷斯地区	■ 忒萨利亚地区	■ 伯罗奔尼撒地区	▦ 阿提卡
● 王国	■ 马其顿地区	■ 西部希腊地区	▤ 阿卡迪亚	
▲ 山脉	■ 伊庇鲁斯	■ 中部希腊地区	▨ 玻俄提亚	

参考文献

1. [古希腊] 荷马. 伊利亚特. 罗念生、王焕生译. 上海人民出版社，2012 年版.

2. [古希腊] 荷马. 奥德赛. 王焕生译. 人民文学出版社，1997 年版.

3. [古希腊] 赫西俄德. 神谱. 吴雅凌译. 华夏出版社，2010 年版.

4. [古希腊] 俄耳甫斯. 俄耳甫斯教祷歌. 吴雅凌译. 华夏出版社，2006 年版.

5. [古希腊] 阿波罗尼俄斯. 阿尔戈英雄纪. 罗道然译. 华夏出版社，2011 年版.

6. [古希腊] 埃斯库罗斯、索福克勒斯等. 古希腊悲剧喜剧集. 张竹明、王焕生译. 译林出版社，2011 年版.

7. [古希腊] 赫西俄德. 赫拉克勒斯之盾. 罗道然译. 华夏出版社，2010 年版.

8. [古希腊] 伊索. 伊索寓言. 李汝仪译. 译林出版社，2010 年版.

9. [古希腊] 亚里士多德. 宇宙论. 吴寿彭译. 商务印书馆，1999 年版.

10. [古罗马] 奥维德. 变形记. 杨周翰译. 人民文学出版社，1958 年版.

11. [古罗马] 维吉尔. 埃涅阿斯纪. 曹鸿昭译. 吉林出版集团有限责任公司，1958 年版.

12. [古罗马] 阿普列乌斯. 金驴记. 刘黎婷译. 译林出版社，2012 年版.

13. Adrian Room 编著. 古典神话人物词典. 刘佳、夏天译. 外语教学与研究出版社，2007 年版.

14. [德] 莎德瓦尔德. 古希腊星象说. 卢白羽译. 华东师范大学，2008 年版.

15. [美] 布鲁斯·林肯. 死亡、战争与献祭. 晏可佳译. 上海人民出版社，2002 年版.

16. 李楠. 希腊罗马神话 18 讲：英语词语历史故事. 中国书籍出版社，2009 年版.

17. [英] 米歇尔·霍斯金. 剑桥插图天文学史. 江晓原等译. 山东画报出版社，2003 年版.

18. 张闻玉. 古代天文历法讲座. 广西师范大学出版社，2008 年版.

19. [美] 斯塔夫里阿诺斯. 全球通史. 吴象婴、梁赤民、董书慧、王昶译. 北京大学出版社，2012 年版.

20. 中国基督教两会. 圣经（NRSV 版）. 南京爱德印刷有限公司，2005 年.

21. Dr. Ernest Klein. *A Comprehensive Etymological Dictionary of the English Language*. Elsvier Publishing Company, 1965.

22. Jonh Algeo, Thomas Pyles. *the Origins and Development of the English Language (fifth edition)*. Wadsworth Publishing, 2004.

23. Richard Hinckley Allen. *Star Names: Their Lore and Meaning*. Dover Publications Inc ,1889.

24. Julius Pokorny. *Proto-Indo-European Etymological Dictionary*. 2007.

25. Peter Andreas Munch. *Norse Mythology:Legends of Gods and Heros*. In the revision of Magnus Olsen, New York：The American-Scandinavian Foundation,1926.

后记

　　看着窗外夏天游移在树隙间的光影，忽然间想到，从开始提笔写这本书已经过去了近三年的时光。其间有妙趣横生的故事，有再三斟酌的细节用词，也有一再补充更正的内容。愈是到了要交稿的日期，愈觉得诚惶诚恐。虽然对全书内容多次修改完善，但自己看来总有难以完美的地方。笔者才学有限，却又怀着在本书中将天文文化、希腊神话、英语词源完美融合的写作理想，这实在是一件极具挑战性的写作课题。我努力让自己做好本书写作构架的每一部分内容，但难免会有疏漏之处，不足之处还请读者朋友们包涵。

　　高中年代起开始迷上看星星。

　　对那时的我来说，看星星或许只是一种精神寄托，或许是对繁重课业和考试压力的一种逃避。到高三时，看星星似乎变成自己日常生活中的一部分——每每晚读结束以后，总是一个人偷偷逃到熄灯后的操场上，静静地望着漆黑夜空中的点点繁星。并且只是那样静静地望着，清空大脑中的一切思绪，忘掉一直烦扰的数学试题，忘掉厌恶又不得不背诵的篇章，忘掉带着红叉的试卷和莫名的失落，忘掉老师们口中的前途和家人所说的出息，忘掉在身边慢慢流走的时间，就那样一直呆呆地望着夜空。

　　我想，对天文的爱好大概是从那时候开始的吧。大学之后开始阅读各种天文类书籍，便被天文那浩瀚广博的美所深深迷醉，这门既古老又极其现代的科学无疑对人类历史文化产生过巨大的影响。人们至今仍对天文相关的很多传说津津乐道、乐此不疲。古老的天文宇宙观念被同古老的神话传说融合在一起，于是就有了关于星空的种种神话故事。这些星空故事中，最广为流传的莫过于希腊神话故事了。这些神话故事是如此受人青睐，以至于当你在夜晚仰望天空时，看到的每一颗星或者这颗星所在的星座，背后都有一大堆趣味横生的传说和故事。

我曾经一直愿望，等将来遇到自己喜欢的女孩，带着她一起去看星星，为她讲述那些写满星空的神话故事。后来终于实现了这个愿望。作为一个天文爱好者，同时也是一个执迷于希腊罗马文化和古典语言的人，我把这些有趣的知识融合在一起，著成本书。希望能够为同好的朋友，不论是天文爱好者、神话爱好者、古典爱好者、语言爱好者或想要学好英语的朋友带来益处。希望本书能够为读者带来更加系统的知识视野，带来一席知识和文化的美味盛宴。

请允许我把这本书献给我的女朋友，潘玲玲。因为写作本书的时间本来应该是陪伴她的时间，也因为她是本书写作的最初动力。很感谢她一直以来对写作本书的支持，正是她的支持和鼓励使我最终认真完成了这本有意义的书作。

同时，我还要感谢所有为本书内容校订和制作出版做出贡献的朋友：特别感谢词源学专家袁新民博士对词源内容的勘误，英国华威大学神话学助教清源老师对古希腊语和神话内容的勘误，科学松鼠会员孙正凡博士对天文内容的勘误，天主教会广州教区的刘勋·保禄朋友对拉丁语内容的勘误，苏州大学法文系的吕玉冬老师对法语内容的勘误，西班牙语翻译二十二桥朋友对西语内容的勘误；同时还要感谢中国词源教研中心丁朝阳、摩西、张晓东、刘新格、何英君等老师在本书写作过程中给予的各种建议和各方面的帮助，也感谢二牛、Maigo、Ent 等众多果壳网友对文中内容所提的建议；感谢湖北美术学院的顾励超朋友花费大量时间为本书制作了精美的地图、神谱图等附图；感谢清华大学出版社编辑熊力老师能够认真听取并采纳我关于这本书的制作的想法和要求；感谢青青虫设计工作室负责人方加青老师在排版方面的精益求精；最后，也感谢其他对本书写作和出版提出有用意见的朋友。谢谢你们对本书的贡献。

稻草人语

2013 年夏